BIANDIAN YUNWEI GONGZUO SHOUCE

变电运维
工作手册

国网江苏省电力有限公司苏州供电分公司　组编

中国电力出版社
CHINA ELECTRIC POWER PRESS

内 容 提 要

为了在最短的时间内使相关人员具备基本的运维技能，本书突破性地采用面向业务的方式，除了讲述一些基本的专业知识外，开篇梳理了变电运维专业可能涉及的日常工作流程，为初涉运维的人员构建了一幅"立体"的日常工作场景；重点讲述日常工作流程中涉及的业务技能，并且归纳了日常工作常见的问题及相关工作需要掌握的数据。

本书共四章，包括专业基础、工作流程、业务技能、相关数据汇总。可以说这既是一本变电运维工作的入职指导书，也是从事日常运维工作的工具手册。

本书可供从事变电运维工作的员工使用，同时可供变电运维新入职员工学习参考。

图书在版编目（CIP）数据

变电运维工作手册 / 国网江苏省电力有限公司苏州供电分公司组编 . —北京：中国电力出版社，2021.5
（2023.2 重印）
ISBN 978-7-5198-4904-7

Ⅰ . ①变⋯　Ⅱ . ①国⋯　Ⅲ . ①变电所–电力系统运行–技术手册　Ⅳ . ①TM63-62

中国版本图书馆 CIP 数据核字（2020）第 157216 号

出版发行：中国电力出版社
地　　址：北京市东城区北京站西街 19 号（邮政编码 100005）
网　　址：http://www.cepp.sgcc.com.cn
责任编辑：罗　艳（yan-luo@sgcc.com.cn，010-63412315）
责任校对：黄　蓓　常燕昆　朱丽芳
装帧设计：张俊霞
责任印制：石　雷

印　　刷：北京博海升彩色印刷有限公司
版　　次：2021 年 5 月第一版
印　　次：2023 年 2 月北京第二次印刷
开　　本：787 毫米×1092 毫米　16 开本
印　　张：26　插　页 1
字　　数：655 千字
定　　价：148.00 元

编　委　会

主　　任　杨　波

副 主 任　郭成功　　黄国栋　　石一峰　　汤　峻

成　　员　陈　伟　李　博　蒋昊松　周　飞　夏　峰

编 写 工 作 组

组　　长　陈　伟

副 组 长　李　博　　蒋昊松

编写人员　张耀勋　　于云娟　　吴婧瑜　　谢潇磊　　闫少波
　　　　　金志峰

演示人员　姚志浩　　魏天航

前　言

近些年来，随着我国电网规模快速发展，变电站数量激增，与此同时，大量新技术的应用，特别是国家电网有限公司建设世界一流能源互联网企业指导思想的引领，对高技能、高水平变电运维人员的需求将越来越大。

日益繁重的变电运维工作造成了短时人员缺口，不断扩充的业务范畴提出了新的技能要求。如何使广大新入职变电运维人员尽快熟悉岗位日常工作流程，迅速掌握岗位的基本技能，达到胜任当前电网发展需要的工作水平，成为当前变电运维专业迫切的任务之一。

本书共四章，包括专业基础、工作流程、业务技能和相关数据汇总。

为了在最短的时间内使相关人员具备基本的运维技能，本书突破性地采用面向业务的方式，除了讲述一些基本的专业知识外，开篇梳理了变电运维专业可能涉及的日常工作流程，为初涉运维的人员构建了一幅"立体"的日常工作场景；重点讲述日常工作流程中涉及的业务技能，并且归纳了日常工作常见的问题及相关工作需要掌握的数据。本书以江苏电网为例，其他地区电网略有不同，可作参考。

可以说这既是一本变电运维工作的入职指导书，也是从事日常运维工作的工具手册。

由于作者水平有限、编写时间仓促，书中难免有疏漏和不当之处，敬请专家和读者不吝指正。

编　者
2020 年 12 月

目　录

第一章

专 业 基 础

第一节 变 电 站 简 介

一、变电站概述

变电站是指电力系统中对电压和电流进行变换，接受电能及分配电能的场所。

变电站内的电气设备分为一次设备和二次设备。一次设备是指直接生产、输送、分配和使用电能的设备，主要包括变压器、高压断路器、隔离开关、母线、避雷器、电容器、电抗器等；二次设备是指对一次设备和系统的运行工况进行测量、监视、控制和保护的设备，主要包括继电保护装置、自动装置、测控装置（电流互感器、电压互感器）、计量装置、自动化系统以及为二次设备提供电源的直流设备。

在建造场地上，由原来的全部敞开式户外变电站，逐步出现了户内变电站和一些地下变电站，变电站的占地面积大大缩小。

在电压等级上，随着电力技术的发展，由原来以少量 110kV 和 220kV 变电站为枢纽变电站，35kV 为终端变电站的小电网输送模式，逐步发展成以特高压 1000kV 变电站和 500kV 变电站为枢纽变电站，220kV 和 110kV 变电站为终端变电站的大电网输送模式。

在电气设备方面，一次设备由原来敞开式的户外设备为主，逐步发展到气体绝缘封闭组合电器（Gas Insulated Switchgear，GIS）和混合式气体金属封闭开关设备（Hybird Gas Insulated Switchgear，HGIS）；二次设备由早期的晶体管和集成电路保护发展到微机保护。

按照电压等级、在电网中的重要性将变电站分为一类、二类、三类和四类变电站。

（1）一类变电站是指交流特高压站，直流换流站，核电、大型能源基地（300 万 kW 及以上）外送及跨大区（华北、华中、华东、东北、西北）联络 750/500/330kV 变电站。

（2）二类变电站是指除一类变电站以外的其他 750/500/330kV 变电站，电厂外送变电站（100 万 kW 及以上、300 万 kW 以下）及跨省联络 220kV 变电站，主变压器或母线停运、开关拒动造成四级及以上电网事件的变电站。

（3）三类变电站是指除二类变电站以外的 220kV 变电站，电厂外送变电站（30 万 kW 及以上、100 万 kW 以下），主变压器或母线停运、开关拒动造成五级电网事件的变电站，为一级及以上重要用户直接供电的变电站。

（4）四类变电站是指除一、二、三类以外的 35kV 及以上变电站。

二、变电站布置

1. 布置方式

变电站的布置方式分为户外式、户内式、半户内式三种。

（1）户外变电站（见图1-1），是指除控制设备、直流电源设备等放在室内以外，变压器、断路器、隔离开关等主要设备均布置在室外的变电站。这种布置方式占地面积大，电气装置和建筑物可以充分满足各类型的距离要求，如电气安全净距、防火间距等，运行维护和检修方便。电压较高的变电站一般需要采用室外布置。

（2）户内变电站（见图1-2）。是指主要设备均放在室内的变电站。该类变电站减少了总占地面积，但对建筑物的内部布置要求更高，具有紧凑、高差大、层高要求不一等特点，易满足周边景观需求，适宜市区居民密集地区，或位于海岸、盐湖、化工厂及其他空气污秽等级较高的地区。

图1-1 户外变电站

图1-2 户内变电站

（3）半户内变电站（见图1-3），是指除主变压器以外，其余全部配电装置都集中布置在一幢生产综合楼内不同楼层的电气布置方式。该方式结合了户内站节约占地面积、与四周环境协调美观、设备运行条件好和户外式变电站造价相对较低的优点，适宜在经济较发达的小城镇以及需要充分考虑环境协调性和经济技术指标的区域建设。

图1-3 半户内变电站

2. 布置型式

变电站的布置型式可分为高型布置、半高型布置、中型布置三种。

（1）高型布置（见图 1-4）。将双母线中型布置时并列的两组母线和母线隔离开关作上下层重叠布置，母线隔离开关对应安装在各母线层下，并分设操作走廊，其他比较重的设备（如断路器、互感器、避雷器等）则布置在地面或设备支架上。高型布置的优点是布置更紧凑，在一个间隔内能布置两个回路，进出线和母线不交叉跨越，可以大大缩小占地面积，一般只为中型布置的一半。缺点是消耗钢材多，可达中型布置的两倍，从而增加了投资和维护工作量。

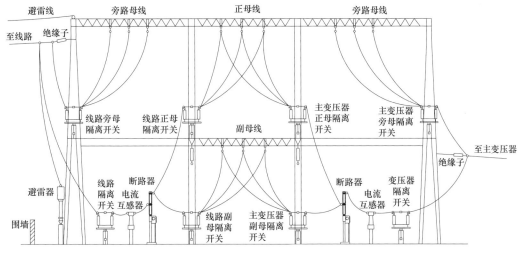

图 1-4　高型布置

（2）半高型布置（见图 1-5）。一般将断路器和母线隔离开关分别布置在上下层，前者在地面，后者在母线构架的隔离开关横梁上，其离地高度为 4～10m（根据电压、隔离开关型

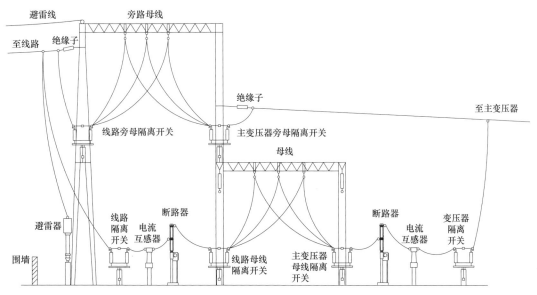

图 1-5　半高型布置

式和布置特点而定），并设置隔离开关巡视走廊，但操动机构一般设在地面上，在地面上进行操作。构架顶部为母线层，若为双母线，则两组母线左右排列在一个平面上，由于这种布置节省用地，使设备在空间上有重叠，因而属于紧凑型布置，其特点是投资少。双母线接线采用这种布置方式效果更佳，相比中型布置一般能使纵向尺寸缩小三分之一到二分之一，缺点是检修条件比中型布置差，上层瓷件损坏跌落或检修时误落检修工具都会击坏下层的设备。

（3）中型布置（见图 1-6）。把电力设备安装在支架上或地面基础上，处在与地面保持一定高度的相近平面内，母线与设备之间连接大多采用绞线式，设备的维护检修和操作都在地面上进行，布置上较之前两者在结构上更加清晰明了，设备的安装、检修和搬运较方便，可靠近设备巡视，缺点是占地面积大，水电厂因地形狭窄不宜采用。

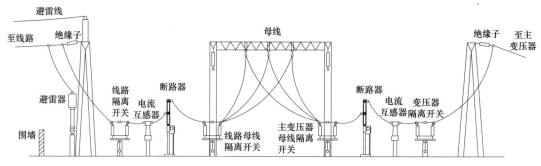

图 1-6　中型布置

第二节　电气主系统

一、电力系统有功功率与频率

（1）有功功率与频率。电力系统频率是整个电力系统中同步发电机产生的交流正弦电压的频率。在稳态条件下各发电机同步运行，整个电力系统频率是相等的。它是表征电能质量最重要的指标之一，电力系统的额定频率为 50Hz 或 60Hz，中国及欧洲地区采用 50Hz，美洲地区采用 60Hz。并列运行的每一台发电机组的转速与系统频率的关系为

$$f = \frac{pn}{60}$$

式中：p 为发电机转子极对数；n 为发电机组的转速，r/min；f 为系统频率，Hz。

显然，频率控制实际上就是调节发电机组的转速。

电力系统中的发电与用电设备都是按照额定频率设计和制造的，只有在额定频率附近运行时，才能发挥最好的效能。系统频率过大的变动，对用户和发电厂的运行都将产生不利的影响。

电力系统频率的恒定是以系统有功功率的平衡为前提的。正常运行时，当系统全部负荷所消耗的有功功率（包括网损）与系统的总出力相等时，系统频率保持为额定值。当系统有功功率平衡破坏时，各发电机组的转速及相应的频率就要发生变化。电力系统的负荷是时刻变化的，负荷的任何变化，都要引起全系统功率的不平衡，导致频率的变化。当系统发电功

率一定，负荷增加时，频率降低；反之，负荷减少时频率增大。电力系统运行的重要任务之一，就是要及时调节各发电机的出力，以保持频率的偏移在允许的范围之内。

（2）频率调整和有功管理。江苏省调在调度规程中规定，江苏电网标准频率为 50Hz，系统容量为 300 万 kW 及以上时，频率应保持在 50Hz，频率偏差不得超过 ±0.2Hz；系统容量为 300 万 kW 以下时，频率应保持在 50Hz，其偏差不得超过 ±0.5Hz。并网发电厂机组必须具备一次调频功能，且正常投入运行。发电机组有功调节性能包括调差性能、AGC 调节性能和一次调频性能。单机容量 5 万 kW 及以上水电机组（含抽水蓄能机组）和单机容量 12.5 万 kW 及以上火电机组均应具有 AGC 功能。正常运行时，机组一次调频功能必须经过江苏省调确认；机组一次调频性能（频率偏差死区、转速不等率、负荷调节范围和动态响应指标）应满足江苏电网的规定要求。

二、电力系统无功功率和电压

（1）无功负荷。电网无功负荷包括变压器、异步电动机、电抗器等所消耗的励磁功率，另外还包括电网中各个环节的输电线路和变压器串联阻抗中电抗器的无功损耗。

1）无功功率负荷：白炽灯、电阻炉等不消耗无功，个别的如同步电动机可以发出无功，大多数用电设备，主要是异步电动机要消耗无功。

2）输电线路的无功损耗：串联电抗 X 和并联电纳 B 中的无功损耗。

3）变压器无功损耗：励磁支路损耗和绕组漏抗损耗。

4）并联电抗器：并联电抗器是吸收无功的设备。由于超高压长距离架空线路和电缆线路的日益增多，线路充电无功过剩问题日益严重，并联电抗器在超高压电网中得到了广泛的应用。

（2）无功电源。

1）发电机：发电机是电网中唯一的有功功率电源，同时又是最基本的无功功率电源。发电机根据系统需要，既能够发出无功，又能够吸收无功，改变发电机的无功功率输出，一般可通过改变进入转子回路的励磁电流来实现。

2）并联电容器：并联电容器发出无功功率，提高电压。并联电容器只能根据负荷变化、电压波动分组投切，调压是阶梯形的，与母线电压平方成正比，在电网发生故障或其他原因使电压下降时，电容器无功输出的减少将导致电压进一步下降，其无功功率调节性能相对较差。

3）同步调相机：同步调相机是一种专门设计的无功功率电源，是不带机械负载的同步电动机。一般装设在电网的负荷区，它从电网吸收少量有功功率供给其运行时的铜耗、铁耗和机械损耗等，并根据电网要求调节其无功功率的方向和大小。

4）电缆：电缆由于电抗值小，再加上具有更高的电纳值，更容易比架空输电线产生无功功率。

5）用户同步电动机：同步电动机可以在功率因数超前的方式下运行，除带机械负荷外，还向电网输送无功功率。

6）静止无功补偿器：由于我国超高压大容量长距离输电电网的不断出现，稳定运行问题也更加突出，因此在考虑超高压电网的无功补偿时，要考虑超高压电网的静态和暂态稳定运行问题。静止补偿装置能较好地解决上述问题。与调相机比较，它的调压速度快，并具有能抑制过电压、电网功率振荡和电压突变，吸收谐波，改善不平衡度等优点，且运行可靠、维护方便、投资少。

7）静止无功发生器：静止无功发生器实质上是一个电压源型逆变器，将电容上的直流电压转换成与电网电压同步的三相交流电压，再通过电抗器和变压器并联接入电网。适当控制逆变器的输出电压，就可以灵活地改变其运行工况，使其处于容性、感性或零负荷状态。与静止无功补偿器相比，静止无功发生器响应速度更快，谐波电流更少，而且在系统电压较低时仍能向系统注入较大的无功。

8）其他无功补偿设备：随着电网技术发展，新的无功补偿设备也在逐步应用，如新型静止无功发生器和静止同步补偿器等。

（3）影响电力系统电压的因素。

1）电网发电能力不足，缺无功功率，造成电压偏低。

2）电网和用户无功补偿容量不足。当电网无功缺少，容性无功补偿不足时，电压偏低；当电网中无功过剩，感性无功补偿不足时，电压偏高。

3）供电距离超过合理的供电半径。

4）线路导线截面选择不当。

5）受冲击性负荷或不平衡负荷的影响。

6）系统运行方式改变引起的功率分布和网络阻抗变化。

7）在生产、生活、气象等条件引起的负荷变化时没有及时调整电压。

8）还有一些人为的因素，如对电压不重视，电压管理存在问题等。

9）对于用户，电压质量还涉及供电设备（线路和变压器）压降及其调压方式（逆调压、顺调压和常调压）以及改变系统运行方式、调变压器分接头（有载和无载）、投切电容器等调压措施的实施情况。

（4）电压调整的原则及方法。

1）电压调整的原则。电网的无功补偿实行分层分区就地平衡的原则。在电压的调整上，也应该按照分层平衡和地区供电网络无功电力就地平衡原则。

a. 电压监测点。电压监测点是指电网中可反映电压水平的主要负荷供电点以及某些有代表性的发电厂、变电站。只要这些点的电压质量符合要求，其他各点的电压质量也就能基本满足要求。

b. 电压中枢点。电网中重要的电压支撑点称为电压中枢点，电压中枢点一定是电压监测点，而电压监测点却不一定是电压中枢点。

c. 电压允许的范围。按照 DL/T 1773—2017《电力系统电压和无功电力技术导则》，正常情况下电压允许范围如下。

500（330）kV 母线：正常运行方式时，最高运行电压不得超过系统额定电压的 +110%；最低运行电压不应影响电力系统同步稳定、电压稳定、厂用电的正常使用及下一级电压的调节。

向空载线路充电，在暂态过程衰减后线路末端电压不应超过系统额定电压的 1.15 倍，持续时间不应大于 20min。

发电厂和 500kV 变电站的 220kV 母线：正常运行方式时，电压允许偏差为系统额定电压的 0～+10%；事故运行方式时为系统额定电压的−5%～+10%。

发电厂和 220（330）kV 变电站的 110～35kV 母线：正常运行方式时，电压允许偏差为相应系统额定电压的−3%～+7%；事故后为系统额定电压的±10%。

发电厂和变电站的 10（6）kV 母线：应使所带线路的全部高压用户和经配电变压器供电的低压用户的电压，均符合用户受电端的电压允许偏差值中的规定值，一般可按 0～+7%考虑。

变压器运行电压，一般不得超过其相应分接头电压的 105%；个别情况下，根据变压器的构造特点（铁芯饱和程度等），经试验或制造厂认可，允许变压器运行电压不超过其相应分接头电压的+110%。

2）电压调整的方法。

a. 顺调压。即最大负荷时允许中枢点电压低一些（但不得低于线路额定电压的 102.5%），最小负荷时允许中枢点电压高一些（但不得高于线路额定电压的 107.5%）。在无功调整手段不足时，可采用这种方式，但一般应避免采用。只有在负荷变动很小，线路电压损耗小，或用户处于允许电压偏移较大的农网，才能采取该种方式。

b. 逆调压。如中枢点供电至各负荷点的线路较长，各点负荷的变动较大，且变化规律大致相同，则在最大负荷时，要提高中枢点电压以抵偿线路上因最大负荷而增大的电压损耗。在最小负荷时，则要将中枢点电压降低一些以防止负荷点的电压过高。这种中枢点的调压方式称为"逆调压"。一般采用逆调压的中枢点，在最大负荷时的保持电压比线路额定电压高5%；在最小负荷时，电压则下降至线路的额定电压。因能满足大多用户要求，故有条件的电网均应采用逆调压方式。

c. 恒调压。如果负荷变动较小，线路上的电压损耗也较小，则只要把中枢点电压保持在较线路额定电压高 2%～5%的数值，不必随负荷变化来调整中枢点的电压即可保证负荷点的电压质量。这种调压方式称为恒调压或称常调压。

江苏省调规定，江苏电网按逆调压对电网电压进行控制和调整。

3）根据各发电厂和变电站在电网中的位置和无功调整能力的大小，分别明确其相应的电压控制范围，使电网的电压控制按无功平衡落实到各厂站的电压控制上，从而使电网电压运行质量不仅在正常方式下得到保证，而在某些特殊方式下也能化解不利的运行方式对电网运行电压的影响。具体来说就是在实际工作中，调度下达电压曲线时，以电厂调压为主，各变电站协调配合，按照分层和就地平衡原则，在网架适宜的电网按逆调压原则控制。当厂站电压偏移电压曲线时，可以通过以下办法进行调节。

a. 调整发电机、调相机的无功出力。

b. 投退补偿电容、补偿电抗及动用其他无功储备。

c. 调整潮流，转移负荷。

d. 在不影响系统稳定水平的前提下，按预先安排断开轻载线路或投入备用线路。

e. 电压严重超下限运行时，按规定切除相应地区部分用电负荷。

f. 改变变压器变比。改变变压器变比调压，只能改变无功的分布，因此只能在电网无功功率充裕情况下进行，否则不但不可能起到调压作用，反而会对电网稳定运行起到副作用。

g. 当无功功率缺乏时，提高电压应在高峰负荷到来前完成。

值得注意的是，提高电压时，一般是先将电压最低地区的电厂及无功补偿设备调至最大，其中尤应以从低到高的电压顺序优先投入电容器为原则，并按此顺序由受端电网到主电网的方向逐步调整，从而维持电网电压运行在一个较高的电压水平，同时使电网损耗最小。降低电压时，调压顺序与提高电压时相反，即首先降低主电网电厂及中枢点的电压，然后再减少地区电厂的无功功率，此时若电网电压仍然偏高，则按从高电压等级到低电压等级的顺序切除无功补偿设备。

（5）电压无功自动控制策略。目前，电力系统的大多数变电站都采用9区图的控制方法。9区图是工程实际及实际经验相结合的实用控制方法，利用9区图进行实时无功补偿、电压优化调节，简单、易行，一直以来被许多变电站所采用。

电力系统电压无功限值区间划分（动态9区图）见图1-7，其中"9"区间是满足要求的理想区间，不需要任何调节，其他各个区间的运行参数都不满足条件，必须根据各个区间的实际情况进行调节，以最优的控制顺序和电压无功设备组合使运行点的无功、电压均满足要求的第9区。电压控制按照逆调压方式，即当电压变化超出电压曲线的允许偏差范围（$U_H - U_L$）或超出无功功率允许偏差范围（$Q_H - Q_L$）时，根据整定的偏移量发出电容器投切指令或变压器分接头调整指令，从而达到调整电压和无功潮流的目的。

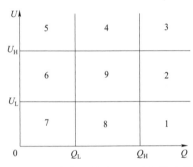

图1-7 电力系统电压无功限值区间
划分（动态9区图）

图1-7中，U_H、U_L分别为电压约束上、下限；Q_H、Q_L分别为无功约束上、下限，各区动作方案如下。

1区：电压超下限，无功超上限，投入电容器，当电容器全部投入后，视情况调节或不调节分接头，使电压趋于正常。

2区：电压合格，无功超上限，发出电容器投入指令，当电容器全部投入后运行点仍在该区时，视情况调节或不调节分接头，使电压趋于正常。

3区：电压超上限，无功超上限，调节分接头降压。电压正常后，投入电容器，否则不投。

4区：电压超上限，无功合格，调节分接头降压，至极限档位后仍无法满足要求时，强行切除电容器。

5区：电压超上限，无功超下限，切除电容器，视情况调节或不调节分接头。

6区：电压合格，无功超下限，切除电容器，视情况调节或不调节分接头。

7区：电压超下限，无功超下限，调节变压器分接头升压，电压正常后切除电容器，否则不切。

8区：电压超下限，无功合格，调节变压器分接头升压，至极限档位后仍无法满足要求时，强行投入电容器。

9区：电压、无功均在合格范围内。

三、调频和调压的关系

电网频率和电压的变化是相互影响的。当电网频率下降时，无自动励磁调节器的发电机发出的无功功率将减少（发电机电动势是按励磁接线的不同，随频率的平方或三次方成正比变化），用户需要的无功功率将增加。此时若电网无功电源不足，便会在频率下降时使电网电压下降。所以在频率下降的电网中，电压是很难维持正常水平的，通常频率下降1%时，电压下降 0.8%~2%。而当电网频率上升时，发电机的无功出力将增加，而用户的无功功率却减少，结果导致电网电压上升。

同样电压的变化也会影响电网的有功负荷。在发电负荷一定时，电压升高，有功负荷增加，引起电网频率下降；电压降低，用户的有功功率将减少，电网有功负荷下降，反过来起到了阻止频率下降的作用。

因此，电网的频率与电压相互关联，但频率调整与电压调整的相互影响在正常参数（额定参数）附近运行时相互影响并不大。即在额定频率附近，若想用调整频率的办法来改善电压，或用调整电压的办法来改善电网频率，其作用都不大。但是，在电网事故运行情况下，负荷的频率静态特性和电压静态特性间的相互影响就可能很大，如在一个由联络线或大型发电厂输入很大功率的电网内，当联络线（或发电厂）跳闸后，若不考虑负荷的电压静态特性对负荷的影响，则受端电网的频率将会因功率缺额太大而严重下降；但在考虑负荷的电压静态特性后，频率下降的程度有时可能不大，甚至还会出现稍许升高的现象。其原因就是在当发电厂机组（或联络线）跳闸后，（受端）电网电压严重下降，引起了有功负荷的大幅度下降，从而造成有功功率短时过剩的结果。

四、电力系统稳定

（1）概念。电力系统稳定性指的是电力系统受到扰动后，能够恢复到原始稳态运行方式，或者达到一种新的平衡状态的能力。根据动态过程的特征和参与动作的元件及控制系统，我国电力系统通常将稳定性的研究划分为静态稳定、暂态稳定、动态稳定和电压稳定等。

1）静态稳定是指电力系统受到小干扰后，不发生非周期性失步，自动恢复到初始运行状态的能力。

2）暂态稳定是指电力系统受到大扰动后，各同步电机保持同步运行并过渡到新的或恢复到原来稳态运行方式的能力，通常指保持第一或第二个振荡周期不失步的功角稳定。

3）动态稳定是指电力系统受到小的或大的扰动后，在自动调节和控制装置的作用下，保持长过程的运行稳定性的能力。动态稳定的过程可能持续数十秒至几分钟。

4）电压稳定是指电力系统受到小的或大的扰动后，系统电压能够保持或恢复到允许的范围内，不发生电压崩溃的能力。无功功率的分层分区供需平衡是电压稳定的基础。

（2）提高电力系统稳定性的主要措施。

1）快速保护。其主要作用是，在电力系统发生短路故障时，加快故障切除速度，减小切除角，这样既减小了加速面积，又增大了减速面积，从而提高了暂态稳定性。减少短路切除时间，应从改善开关性能和继电保护这两方面着手。

2）自动重合闸。其作用是，在线路故障跳闸后，由保护、开关设备自动将输电线路重新投入运行，尽快恢复电力系统的完整性，提高电力系统稳定性。自动重合闸成功，对暂态稳定和事故后的静态稳定，都有很好的作用。自动重合闸作为一种二次技术措施，具有投资省、效果好的优点，尤其对于电网结构比较薄弱的输电系统，具有特别重要的意义。

3）提高输电电压。输电系统输电能力与电压平方成正比。从提高电力系统稳定性的角度来看，提高输电线路的额定电压将使稳定极限显著提高。这也是在大容量和远距离输电中，不得不提高输电电压等级的原因。

4）输电系统的并联补偿。在线路上并联接入电抗器来吸收线路电容所产生的无功功率。

装设了足够容量的并联电抗器之后,发电机可以在较低而且是滞后的功率因数下运行,提高了发电机电动势,从而使系统稳定性得到提高,如静止无功补偿器和静止同步补偿器已得到广泛应用。

5)切负荷。主要有集中切负荷和分散切负荷。当系统中出现电网频率下降、线路过负荷、电压持续下降等事故,而采用其他措施(如分散式切负荷)无法满足系统安全稳定运行时,为防止电力系统稳定破坏,可通过电力系统稳定控制装置进行集中切负荷。集中切负荷可以提高系统运行频率,减轻某些线路的过负荷,提高受端电压水平,主要用于防止稳定破坏、消除异步运行方式和限制设备过负荷等。

6)低频减载、低压减载。局部系统因有功、无功不足而导致频率、电压降低至允许值以下时,如不采取相应的控制措施有可能导致系统频率、电压崩溃,扩大系统事故范围,此时常用的措施主要有低频减载、低电压减载等。

五、电力系统中性点运行方式

电力系统的中性点是指三相系统中用作星形连接的变压器和发电机的中性点。目前,我国电力系统常见的中性点运行方式可分为中性点非有效接地和有效接地两大类。中性点非有效接地包括中性点不接地、中性点经消弧线圈接地、中性点经高阻抗接地;中性点有效接地包括中性点直接接地、中性点经低阻抗接地。

中性点采用不同的接地方式,会影响到电力系统许多方面的技术经济问题,如电网的绝缘水平、供电可靠性、对通信系统的干扰、继电保护的动作特性等。因此,选择电力系统的中性点运行方式是一个综合性问题。

(1)中性点不接地系统。电力系统运行时,三相导体之间和各相导体对地之间,沿导体全长分布着电容,这些电容在电压的作用下将引起附加的电容电流。由于各相导体间的电容及其所引起的电容电流较小,可以不考虑。当三相导线经过完全换位后,各相导线对地的电容是相等的。

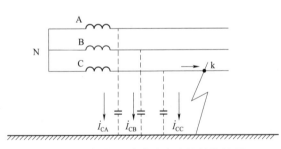

图1-8 C相k点发生完全接地的情况

在中性点不接地三相系统中,由于绝缘损坏等原因会发生单相接地故障。图1-8所示为C相k点发生完全接地的情况。所谓完全接地,也称为金属性接地,即认为接地处的电阻近似于零。单相接地故障时的接地电流,等于正常运行时一相对地电容电流的三倍。接地电流 I_C 的值与网络的电压、频率和对地电容有关。而对地电容又与线路的结构(电缆或架空线)、布置方式和长度有关。

当发生不完全接地时,即通过一定的电阻接地,接地相对地电压大于零而小于相电压,未接地相对地电压大于相电压而小于线电压,中性点对地电压大于零而小于相电压,线电压仍保持不变,但此时接地电流要小一些。

综上所述,中性点不接地系统发生单相接地故障时产生的影响可从以下几个方面来分析。

1)单相接地故障时,由于线电压保持不变,使负荷电流不变,电力用户能继续工作,提高了供电可靠性。然而要防止由于接地点的电弧或者过电压引起故障扩大,发展成为多点接地故障。所以在这种系统中应装设交流绝缘监察装置，当发生单相接地故障时，立即发出信号通知值班人员及时处理。相关规程规定，在中性点不接地的三相系统中发生单相接地时，继续运行的时间不得超过 2h，并要加强监视。

2）由于非故障相电压升高到线电压，所以在这种系统中，电气设备和线路的对地绝缘应按能承受线电压考虑设计，从而相应地增加了投资。

3）接地处有接地电流流过，会引起电弧。当接地电流不大时，交流电流过零值时电弧将自行熄灭，接地故障随之消失。但是，在 10kV 电网中接地电流大于 30A 时，将产生稳定电弧，此电弧的大小与接地电流成正比，从而形成持续的电弧接地。高温的电弧可能损坏设备，甚至导致相间短路，尤其在电动机或电器内部发生单相接地出现电弧时最危险。在接地电流小于 30A 而大于 5A 时，可能产生一种周期性熄灭与复燃的间歇性电弧，这是由于网络中的电感和电容形成的振荡回路所致，随着间歇性电弧的产生将出现网络电压不应有的升高，引起过电压，其幅值可达 2.5～3 倍的相电压，足以危及整个网络的绝缘水平。

目前我国中性点不接地系统的适用范围如下：

1）电压小于 500V 的三相三线制装置（380/220V 的照明装置除外）。

2）3～6kV 系统，当单相接地电流小于 30A 时；10kV 系统，当单相接地电流小于 20A 时、电缆线路小于 30A 时。

3）3～10kV 钢筋混凝土或金属杆塔的架空线路构成的系统、20～66kV 系统，当单相接地电流小于 10A 时。

如不满足上述条件，通常将中性点直接接地或经消弧线圈或小电阻接地。

（2）中性点经消弧线圈接地系统。中性点不接地系统具有发生单相接地故障时仍可继续供电的优点，但在单相接地电流较大时却不能适用。为了克服这个缺点，出现了经消弧线圈接地的系统。

消弧线圈装设在变压器或发电机的中性点。当发生单相接地故障时，可形成一个与接地电流的大小接近相等但方向相反的电感电流，这个电流与电容电流相互补偿，使接地处的电流变得很小或等于零，从而消除了接地处的电弧以及由它所产生的一切危害。消弧线圈也正是因此而得名的。此外，当电流经过零值而电弧熄灭之后，消弧线圈的存在还可以显著减小故障相电压的恢复速度，从而减小了电弧重燃的可能性。

消弧线圈是一个具有铁芯的可调电感线圈，线圈的电阻很小，电抗很大，电抗值可用改变线圈的匝数来调节，通常有 5～9 个分接头可供选用，以改变补偿的程度。为避免铁芯饱和，保持电流与电压的线性关系，消弧线圈采用具有空气隙的铁芯。传统的消弧线圈只能无载有级调整，停电后调节分接头改变电感量。目前，消弧线圈大量采用自动跟踪补偿调节，消弧线圈产品已经出现了多种负载调整方式，目前取得运行经验的主要有调隙式、调匝式、调容式和磁偏式等。

消弧线圈装在系统中发电机或变压器的中性点与大地之间。正常运行时，中性点对地电压为零，消弧线圈中没有电流通过。根据单相接地故障时消弧线圈电感电流对接地电流的补偿程度不同，可有三种补偿方式，即完全补偿、欠补偿和过补偿。

过补偿是使电感电流大于接地电流，即 $I_L > I_C$。单相接地故障时接地处有感性过补偿电流 $I_L - I_C$，这种补偿方式不会有上述缺点，因为当接地电流减小时，过补偿电流更大，不会变为完全补偿。即使将来电网发展使电容电流增加，由于消弧线圈留有一定裕度也可继续使用一段时间，故过补偿方式在电网中得到广泛使用。但应指出，由于过补偿方式在接地处有一定的过补偿电流，这一电流值不能超过 10A，否则接地处的电弧便不能自动熄灭。

近年来，在我国电网中还广泛采用了自动跟踪调谐式消弧线圈成套装置，这是考虑到当电力系统中的电容电流因运行方式的变化（如线路的投切）、气象条件的变化等原因而发生变化时，为了达到最佳的补偿效果，应当自动及时地相应改变消弧线圈的电感值（如调节匝数或调节磁路以改变电感等）来实现自动跟踪补偿。这种装置的测量、调节、控制全部依靠自动装置来实现。从运行实践看，所取得的自动补偿效果是很好的。

中性点经消弧线圈接地系统能有效地减少单相接地故障时接地处的电流，迅速熄灭接地处电弧，防止间歇性电弧接地时所产生的过电压，故广泛应用于 6～63kV 电压等级的电网。在这些电压等级的电网中单相接地故障（如雷击闪络等）较易发生，采用不接地或经消弧线圈接地方式可以提高其供电可靠性。由于单相接地电流都不大，故它们又称为小电流接地系统。

（3）中性点直接接地系统。随着电力系统输电电压的提高和线路的增长，电网的接地电流会随之增大，使中性点不接地或经消弧线圈接地的运行方式不能满足电力系统正常、安全、经济运行的要求。针对这样的情况，中性点可以采用直接接地的运行方式，即中性点经过非常小的电阻与大地连接。

中性点直接接地的主要优点是在单相接地时中性点的电位近于零，非故障相对地电压接近相电压，这样设备和线路对地绝缘可以按相电压设计，从而降低了造价。研究表明，中性点直接接地系统的绝缘水平与中性点不接地时相比，大约可降低 20% 左右造价。电压等级愈高，其经济效益愈显著。

中性点直接接地系统的缺点如下：

1）由于中性点直接接地系统在单相短路时须断开故障线路，中断用户供电，将影响供电的可靠性。为了弥补这一缺点，目前在中性点直接接地系统的线路上，广泛装设自动重合闸装置。当发生单相短路时，在继电保护作用下断路器迅速断开，经一段时间后，在自动重合闸装置作用下断路器自动合闸。如果单相接地是暂时性的，则线路接通后用户恢复供电；如果单相接地是永久性的，继电保护将再次使断路器断开。据统计，采用一次重合闸的成功率在 70% 以上。

2）单相短路时短路电流很大，有时甚至会超过三相短路电流，有可能须选用较大容量的开关设备。为了限制单相短路电流，通常只将系统中一部分变压器的中性点接地或经阻抗接地。

3）由于较大的单相短路电流只在一相内通过，在三相导线周围将形成较强的单相磁场，巨大的单相接地电流还将形成强大的电磁干扰源，对附近通信线路产生电磁干扰。必须在线路设计时考虑电力线路在一定距离内避免和通信线路平行，以减少可能产生的电磁干扰。

总体来说，中性点直接接地电网的主要优点是在单相接地时中性点的电位接近于零，非故障相的对地电压接近于相电压，这样就可以使电网的绝缘水平和造价降低。目前，我国对 110kV 及以上的系统基本上都采用中性点直接接地方式。中性点直接接地系统由于单相接地时所产生的接地电流较大，故又称大电流接地系统。

严格地说，"中性点直接接地系统"这种称呼不够确切，这是由于：①对直接接地的变压器而言，是通过其零序阻抗而接地的；②为了减少单相接地电流，电网中往往不是所有变压器的中性点都直接接地。为此，目前国际上称呼这种方式为"有效接地系统"。

（4）中性点经阻抗接地系统。为了提高供电可靠性以及城市建设的要求，目前在城市电网中已经大量使用电缆线路来逐步代替架空线路。对于电缆供电的中、低压网络而言，传统的消弧线圈接地方式存在以下主要缺点与不足。

1）由于电缆单位长度的对地电容通常较架空线路大得多，因而电缆网络的电容电流大增，有的地区甚至达到 100～150A 及以上，相应就要求补偿用消弧线圈的容量很大。另外由于城市电网的负荷和运行方式的变化范围很大，即便采用自动跟踪调谐的消弧线圈，不论在机械寿命、响应时间、调节限位等方面，也难以满足在这种情况下需要频繁地、适时地大范围调节的需要。

2）电缆线路为非自恢复性绝缘，发生单相接地多为永久性故障，如采用的消弧线圈运行在单相接地情况下，其非故障相将处在稳态的工频过电压下，持续运行可能超过 2h 以上，其结果不仅会导致绝缘的过早老化，甚至将引起多点接地之类的事故扩大。所以电缆线路在发生单相接地后是不容许继续运行的，必须迅速切断电源，避免扩大事故。这是电缆线路与架空线路的最大不同之处。

3）消弧线圈接地系统的内过电压倍数较高，可达 3.5～4 倍相电压，特别是弧光接地过电压与铁磁谐振过电压，已超过了避雷器容许的承载能力。

4）人身触电不能立即跳闸，甚至因接触电阻大而发不出信号，因而对运行人员的安全不能保证。

为了克服上述缺点，目前对主要由电缆线路所构成的电网，当电容电流超过 10A 时，均建议采用经小电阻接地，其电阻值一般小于 10Ω。

中性点经小电阻接地方式的原理接线如图 1-9 所示。其基本运行性能接近于上述中性点直接接地方式，当发生单相接地故障时，小电阻将流过较大的单相短路电流。同时，继电保护装置将使出口断路器 QF 断开，切除故障。这样非故障相的电压一般不会升高，也不致发生前述的内部过电压，因而电网的绝缘水平较之采用消弧线圈接地方式要低。

但是，由于接地电阻值较小，故发生故障时的单相接地电流值较大，从而对接地电阻元件的材料及其动、热稳定性能也提出了较高的要求。

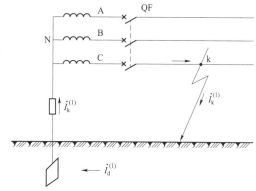

图 1-9 中性点经小电阻接地方式的原理接线

目前我国有不少厂家都已生产了这种小电阻接地的成套装置，其运行情况良好。

综上所述可知，中性点经小电阻接地应当属于"有效接地系统"或"大电流接地系统"。

采用中性点经小电阻接地方式运行时，为限制接地相回路的电流，减少对周围通信线路的干扰，中性点所接接地电阻的大小以限制接地相电流在 600～1000A 为宜。

（5）中性点经高阻抗接地的三相系统。对发电机—变压器组单元接线的 200MW 及以上发电机，当接地电流超过允许值时，常采用中性点经过电压互感器一次绕组形成高电阻接地的方式，电阻接在电压互感器二次侧。此种接线方式可改变接地电流的相位，加速泄放回路中的残余电荷，促使接地电弧的熄灭，限制间歇电弧过电压。同时经电压互感器提供零序电压，便于实现对发电机定子绕组的 100%范围的保护。

另外，较小城市的配电网一般以架空线路为主，除采用中性点经消弧线圈接地方式外，也可考虑采用经高阻抗接地方式（发生单相接地时不跳闸，可以继续运行较长时间），以降低设备投资、简化运行工作并维持适当的供电可靠性。

中性点经高阻抗接地运行方式尚需在配电网上进行试验性运行，检验其效果，取得经验，以做出进一步的改进和完善。

（6）各种接地方式的比较与适用范围。如前所述，中性点接地方式是一个涉及电力系统的许多方面的综合性问题，根据电压等级的不同，对电力系统中性点接地方式的选择也不同。

1）220kV 及以上的超高压电网。这时对降低过电压与绝缘水平方面的考虑占首要地位，因为它对设备价格和整个电网建设的投资影响较大，而且在这种电力系统中接地电流具有很大的有功分量，实际上已使消弧线圈不能起到消弧作用。所以，目前世界各国在这个电压等级下都无例外的采用中性点直接接地方式。

2）110～154kV 的电网。对这部分电压等级而言，上述几个因素对选择中性地接地方式都有影响。各国由于具体条件和考虑的侧重点的不同，所采用的方式是不一样的。有采用直接接地方式的，有采用消弧线圈接地方式的。在我国，110kV 电网则大部分采用直接接地方式，小部分采用经消弧线圈接地的方式。如前所述，对一些雷击活动强烈的地区或没有装设避雷线的地区，采用消弧线圈接地可以大大减少雷击跳闸率，从而提高了供电的可靠性。

3）20～66kV 电网。这种电力系统一般说来线路长度不大，网络结构不太复杂，电压也不算很高，从绝缘水平对电网建设费用和设备投资的影响而言，不如 110kV 及以上电网那样显著。另外，这种电网一般都不是沿全线装设架空地线，所以通常总是从供电可靠性出发，采用经消弧线圈接地或不接地的方式。而在电缆供电的城市电网，则一般采用经小电阻接地方式。

4）3～10kV 电网。此时供电可靠性与故障后果是考虑的主要因素，一般均采用中性点不接地的方式。当电网的接地电流大于一定值时，则应采用经消弧线圈接地方式。在城网中，当采用电缆线路时，有时也采用经小电阻接地。

5）1000V 以下电网。由于这种电网绝缘水平低，保护设备通常只有熔断器，故障范围所带来的影响也不大，因此可以选择中性点接地或不接地的方式。唯一例外的是，对于 380/220V 的三相四线制系统，从对人员的安全角度出发，中性点直接接地可以防止一相接地时出现超过 250V 的危险电压。

六、变电站一次主接线

（1）双母线。图 1-10 所示为双母线接线。这种接线有两组母线（母线Ⅰ和母线Ⅱ），在两组母线之间通过母线联络断路器 QF 连接；每一条引出线和电源支路都经一台断路器和两组母线隔离开关分别接至两组母线上。

（2）双母线带旁路。图 1-11 所示为带旁路母线的双母线接线，图 1-11 中 WP 为旁路母线，QFa 为专用的旁路断路器。旁路断路器可代替出线断路器工作，使出线断路器在检修时，线路供电不受影响。

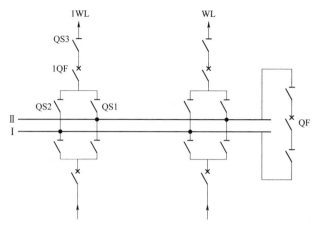

图 1-10　双母线接线

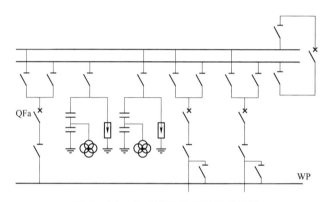

图 1-11　带旁路母线的双母线接线

另外，还有将母联断路器兼做旁路断路器或者用旁路断路器兼做母联断路器的旁路母线接线，如图 1-12 和图 1-13 所示。

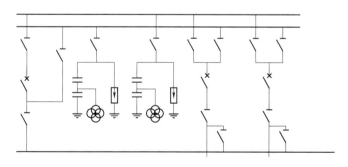

图 1-12　母联断路器兼旁路断路器接线方式

（3）双母线单分段。图 1-14 所示为双母线单分段接线，Ⅰ母线由分段断路器分为两段，每段母线与Ⅱ母线之间分别通过母联断路器连接。

（4）双母线双分段。双母线除可单分段接线外，还可以进行双母线双分段，如图可将Ⅱ母线也进行分段，便形成了双母线双分段接线，如图 1-15 所示。

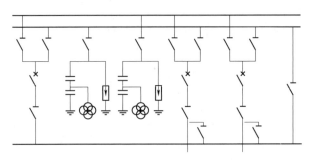

图 1-13　旁路断路器兼母联断路器接线方式

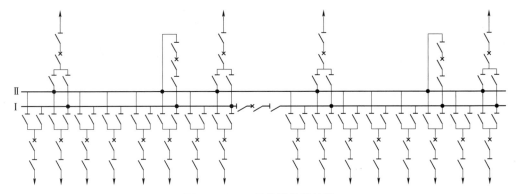

图 1-14　双母线单分段接线

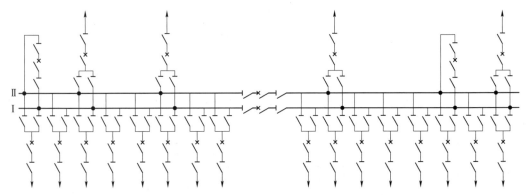

图 1-15　双母线双分段接线

（5）单母分段。图 1-16 所示为单母线单分段接线。

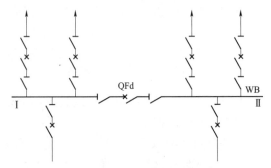

图 1-16　单母线单分段接线

母线分段按照电源的数目、容量、出线回数、运行要求等不同，一般用分段断路器将母线分为 2～3 段。当对可靠性要求不高时，也可利用分段隔离开关进行分段。

单母线分段接线的优点是：当母线发生故障时，仅故障母线段停止运行，另一段母线仍可继续运行。两段母线可看成是两个独立的电源，提高了供电可靠性。

单母线分段接线的缺点是：当母线侧隔离开关故障或检修时，该分段母线上的所有出线回路均需停电。任一出线断路器检修时，该出线必须停止运行。

（6）单母分段带旁路。图 1-17 所示为单母线分段带旁路母线典型接线。该分段断路器兼做旁路断路器或称旁路断路器兼做分段断路器。

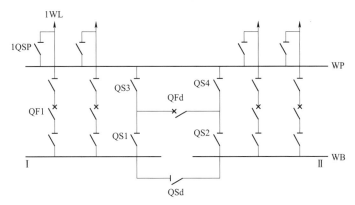

图 1-17　单母线分段带旁路母线典型接线

这种接线方式兼顾了旁路母线和母线分段两方面的优点。正常运行时，按单母线分段方式运行，即靠旁路母线侧的隔离开关 QS3、QS4 断开，分段断路器（兼旁路断路器）QFd、隔离开关 QSl、QS2 处于合闸位置。当需要检修某一出线断路器时，可将分段路器作为旁路断路器使用，即由 QSl、QFd、QS4 从 Ⅰ 母线接至旁路母线，或由 QS2、QFd、QS3 从 Ⅱ 母线接至旁路母线再经过旁路隔离开关 1QSP 构成向出线供电的旁路。此时分段隔离开关 QSd 闭合，Ⅰ、Ⅱ 段母线并列运行。

不设专用旁路断路器的接线，优点是节约专用旁路断路器和配电装置间隔。缺点是当进出线检修时，增加了操作难度和破坏了单母线分段的接线方式。

（7）桥形接线（见图 1-18）。桥形接线适用于仅有两台变压器和两条出线的装置中，桥形接线仅用三台断路器，根据桥回路 QFL 的位置不同，桥形接线又分为内桥接线和外桥接线两种形式。正常运行时，桥形接线三台断路器均可闭合工作，也可以两台工作一台检修或备用。

1）内桥接线。内桥接线如图 1-18（a）所示，桥臂置于线路断路器的内侧。正常运行时线路停送电操作方便，变压器操作

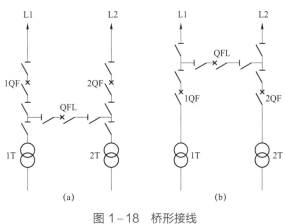

图 1-18　桥形接线
（a）内桥接线；（b）外桥接线

复杂；线路故障时，仅故障线路的断路器跳闸，其余三条支路可继续工作，并保持相互间的联系；变压器故障时，未故障线路的供电受到影响，需经倒闸操作后，方可恢复供电。

内桥接线便于线路的正常投切操作，适用于输电线路较长、线路故障率较高、穿越功率少和变压器不需要经常切换的场合。

2）外桥接线。外桥接线如图1-18（b）所示，桥臂置于线路断路器的外侧。正常运行时变压器切换方便，线路操作复杂；变压器发生故障时，仅跳故障变压器支路的断路器，其余三条支路可继续工作保持相互间的联系；线路发生故障时，未故障变压器的供电受到影响，需经倒闸操作后，方可恢复工作。

外桥接线便于变压器的切换操作，适用于线路较短、故障率较低、主变压器需按经济运行要求经常投切以及电力系统有较大的穿越功率通过桥臂回路的场合。

3）扩大桥接线（见图1-19）。桥形接线当用于有三台变压器和两条出线的装置中时，可以形成扩大桥接线。

（8）线变组。图1-20所示为线变组接线，其优点是：接线最简单、设备最少，不需要高压配电装置；其缺点是：线路故障或检修时，变压器停运，变压器故障或检修时线路停运。

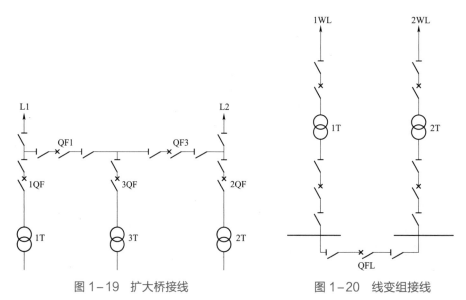

图1-19　扩大桥接线　　　　　　图1-20　线变组接线

七、一次设备状态定义

一次主设备状态定义见表1-1，一次附属设备状态定义见表1-2。

表1-1　　　　　　　　　　　　　一次主设备状态定义

电气设备	状态	状态释义
开关	运行	开关及两侧隔离开关合上（含开关侧电压互感器等附属设备）
	热备用	两侧隔离开关合上，开关断开
	冷备用	开关及两侧隔离开关均断开（接在开关上的电压互感器、高低压熔断器一律取下，一次隔离开关拉开）

续表

电气设备	状态	状态释义
开关	带电冷备用	GIS 开关本身在断开位置，其有电侧隔离开关合闸，无电侧隔离开关拉开
	检修	开关及两侧隔离开关拉开，开关操作回路熔断器取下，开关两侧挂上接地线（或合上接地刀闸）
隔离开关	拉开	动静触头分离
	合上	动静触头接触
线路	运行	线路开关运行（包括电压互感器、避雷器等）
	热备用	线路开关热备用（电压互感器、避雷器等运行）
	冷备用	线路开关及隔离开关都在断开位置，线路电压互感器、避雷器运行
	检修	隔离开关及开关均断开，线路接地刀闸合上或装设接地线（电压互感器、高低压熔断器取下、一次隔离开关拉开）
电压互感器	运行	高低压熔断器装上、一次隔离开关合上
	冷备用	高低压熔断器取下、一次隔离开关拉开
母线	运行	冷备用、检修以外的状态均视为运行状态
	冷备用	母线上所有设备的开关及隔离开关都在断开位置，母线电压互感器冷备用
	检修	该母线的所有开关、隔离开关均断开，母线电压互感器为冷备用或检修状态，并在母线上挂好接地线（或合上接地刀闸）
变压器	运行	一侧及以上开关（隔离开关）运行
	热备用	一侧及以上开关热备用，且其余侧开关非运行
	冷备用	各侧开关及附属设备均冷备用（有高压隔离开关的则拉开）
	检修	各侧开关及附属设备均冷备用（有高压隔离开关的则拉开），变压器各侧挂上接地线（或合上接地刀闸），并断开变压器冷却器电源
手车式开关柜	运行	开关手车在"工作"位置，开关在"合闸"位置
	热备用	开关手车在"工作"位置，开关在"分闸"位置
	冷备用	开关手车在"试验"位置，开关在"分闸"位置
	线路检修	开关手车在"试验"或"退出"位置，线路侧接地刀闸在合位
充气式开关柜	运行	母线侧隔离开关在合位，开关在"合闸"位置
	热备用	母线侧隔离开关在合位，开关在"分闸"位置
	冷备用	无
	开关检修	母线侧隔离开关在接地位置，线路侧加装接地线，开关在"分闸"位置
	线路检修	母线侧隔离开关在接地位置，开关在"合闸"位置，断开开关控制电源

表 1—2 一次附属设备状态定义

电气设备	状态	状态释义
站用变压器	运行	电源侧开关运行，一次隔离开关合上，高低压熔断器装上
	冷备用	电源侧开关冷备用，一次隔离开关拉开，高低压熔断器取下
接地变压器	运行	电源侧开关运行，一次隔离开关合上，高低压熔断器装上
	冷备用	电源侧开关冷备用，一次隔离开关拉开，高低压熔断器取下

续表

电气设备	状态	状态释义
电容器	运行	电源侧开关运行
	热备用	电源侧开关热备用
	冷备用	电源侧开关冷备用
电抗器	运行	电源侧开关运行
	充电	后置式开关热备用
	热备用	电源侧开关热备用
	冷备用	电源侧开关冷备用
消弧线圈	运行	与其相连的开关、隔离开关均合上
	冷备用	与其相连的开关、隔离开关均断开
避雷器	运行	一次隔离开关合上
	冷备用	一次隔离开关拉开

第三节　高　压　设　备

一、油浸式变压器

变压器是一种通过改变电压而传输交流电能的静止感应电器。它有一个共用的铁芯和与其交链的几个绕组，且它们之间的空间位置不变。当某一个绕组从电源接受交流电能时，通过电感生磁、磁感生电的电磁感应原理改变电压和电流，在其余绕组上以同一频率、不同电压输出交流电能。变压器外观如图 1-21 所示。

图 1-21　变压器外观

1. 基本结构

按照单台变压器的相数来区分，可以分为三相变压器和单相变压器。在三相电力系统中，一般应用三相变压器，当容量过大且受运输条件限制时，在三相电力系统中也可以应用三台单相式变压器组成变压器组。

按照绕组分，可分为双绕组变压器和三绕组变压器。通常的变压器都为双绕组变压器，即在铁芯上有两个绕组，分别是一次绕组和二次绕组。三绕组变压器为容量较大的变压器，用以连接三种不同的电压输电线。

按照结构型式分，则可分为铁芯式变压器和铁壳式变压器。如绕组包在铁芯外围则为铁芯式变压器；如铁芯包在绕组外围则为铁壳式变压器。二者在结构上稍有不同，在原理上没有本质的区别。电力变压器都为铁芯式。

油浸式变压器由铁芯、绕组、引线、油箱、组件等构成，典型变压器结构见图1-22。

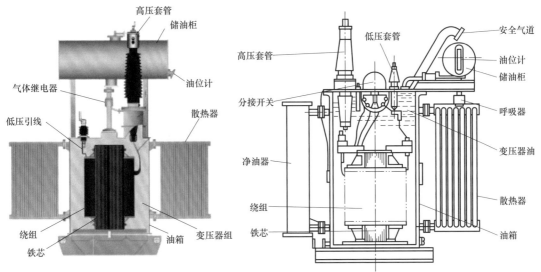

图 1-22 典型变压器结构图

变压器组件是变压器类产品的一个重要组成部分，是变压器安全可靠运行的一个重要保证，按照其在变压器运行中的作用，可以大致分为以下几类：①在变压器运行中起到安全保护类组件，包括气体继电器、油位计、压力释放阀、多功能保护装置等。②测温装置，主要指各类温度计及测温元件。③油保护装置，主要有储油柜、吸湿器等。④变压器冷却装置，如散热器、风冷却器、水冷却器等。⑤各类套管。⑥调压装置即分接开关，分为无载调压开关和有载调压开关。

2. 工作原理

变压器是根据电磁感应原理制成的，工作原理如图1-23所示。

（1）双绕组变压器。变压器两个独立的绕组按照一定的方向套在同一个铁芯回路上。N_1为一次绕组匝数，N_2为二次绕组匝数。在一次绕组施加交流电压u_1，产生交变的励磁电流，在铁芯中产生交变磁通。该交变磁通在铁芯回路中穿过一、二次绕组，称为主磁通。根据电磁感应原理，当穿过绕组的磁通发生变化时，绕组就产生感应电动势。一、二次绕组出现的感应电动势为e_1、e_2。

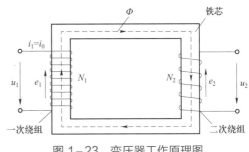

图 1-23 变压器工作原理图

感应电动势的有效值E_1、E_2的计算公式分别为

$$E_1 = 4.44 f N_1 \Phi_m, \quad E_2 = 4.44 f N_2 \Phi_m$$

式中：f为磁通的变化频率，Hz；N_1、N_2为一次、二次绕组的匝数；Φ_m为穿过绕组的磁通幅值，Wb。

E_1和一次电压有效值U_1基本相等，同理，E_2和二次电压有效值U_2基本相等，故有

$$U_1/U_2 = E_1/E_2 = N_1/N_2 = K$$

式中：K 为变压器的变比。一、二次绕组匝数不同，一、二次电压就不同，实现改变电压大小的目的，这就是变压器改变电压的基本原理。

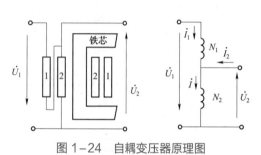

图 1-24　自耦变压器原理图

（2）自耦变压器。普通双绕组变压器的一、二次绕组之间只有磁的耦合，没有电的联系，而自耦变压器只有一个绕组，其低压绕组为高压绕组的一部分，一、二次绕组之间既有磁的联系，又有电的联系，原理如图 1-24 所示。

根据电磁感应定律

$$U_1 \approx E_1 = 4.44f(N_1 + N_2)\Phi_{\mathrm{m}}$$

$$U_2 \approx E_2 = 4.44fN_2\Phi_{\mathrm{m}}$$

则自耦变压器变比为

$$K_{\mathrm{a}} = \frac{E_1}{E_2} = \frac{N_1 + N_2}{N_2} \approx \frac{U_1}{U_2}$$

有负载时，根据磁动势平衡关系，在忽略励磁电流的情况下，有

$$\dot{I}_1(N_1 + N_2) + \dot{I}_2 N_2 = 0$$

$$\dot{I}_1 = -\frac{N_2}{N_1 + N_2}\dot{I}_2 = -\frac{1}{K_{\mathrm{a}}}\dot{I}_2 = -\dot{I}_2'$$

公共绕组的电流为 $\dot{I}$，由于 $\dot{I}_1$ 与 $\dot{I}_2$ 总是反相，则有

$$I_2 = I_1 + I$$

由于 $I < I_2$，与双绕组变压器相比，自耦变压器公共绕组的导线截面可以减小，变比越接近 1，I 越小。一般变比取 1.25～2，经济效益最高。

自耦变压器的额定容量为

$$S_{\mathrm{N}} = U_{1\mathrm{N}}I_{1\mathrm{N}} = U_{2\mathrm{N}}I_{2\mathrm{N}}$$

二次侧输出容量为

$$S_2 = U_2 I_2 = U_2(I_1 + I) = U_2 I_1 + U_2 I$$

可见，自耦变压器输出容量由两部分组成：一部分为电磁容量 $U_2 I$，即公共绕组的绕组容量，它是通过电磁感应由一次侧传递到二次侧的功率；另一部分为传导容量 $U_2 I_1$，它是通过电的联系，由一次侧传递到二次侧的功率。

（3）三绕组变压器。三绕组变压器多用于二次侧有两种不同电压的电网中，其有高压、中压和低压三个绕组，一般同心套装在同一铁芯柱上。为了便于绝缘和节省绝缘材料，高压绕组通常排列在最外层。在升压变压器中，考虑漏磁场分布均匀，漏电抗分配合理，一般将低压绕组布置在高、中压绕组之间，从而提高功率传递效率，保证较好的电压变化率和运行性能。

国家相关标准规定，三相三绕组变压器的标准联结组别有 YNyn0d11 和 YNyn0y0 两种。

图 1-25 所示为三绕组变压器负载运行示意图。

三绕组变压器有三个变比，即

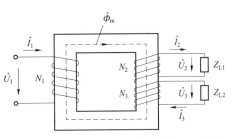

图 1-25 三绕组变压器负载运行示意图

$$K_{12} = \frac{N_1}{N_2} \approx \frac{U_1}{U_2}$$

$$K_{13} = \frac{N_1}{N_3} \approx \frac{U_1}{U_3}$$

$$K_{23} = \frac{N_2}{N_3} \approx \frac{U_2}{U_3}$$

三绕组变压器额定容量是指三个绕组中容量最大的那个绕组的容量。若以额定容量作为100%，三个绕组容量配合有 100/100/100、100/100/50、100/50/100 等不同的容量配置方式。需要指出，各绕组容量间的分配，并不是指实际功率的分配比例，而是指各绕组传递功率的能力。

二、高压交流断路器

断路器是能够关合、承载、开断运行回路正常电流，并能在规定时间内关合、承载及开断规定的过载电流（包括短路电流）的开关设备。高压交流断路器是电力系统中最重要的开关设备，它担负着控制和保护的双重任务。如果断路器不能在电力系统发生故障时迅速、准确、可靠地切除故障，就会使事故扩大，造成大面积的停电或电网事故。因此，高压断路器的好坏、性能的可靠程度是决定电力系统安全的重要因素，高压断路器的发展也直接影响到电力系统的发展。

断路器按照绝缘和灭弧介质可以分为油断路器、真空断路器、SF_6 断路器等，自 20 世纪70 年代以来，我国电力系统开始采用高压 SF_6 断路器，目前 110kV 及以上的电压等级基本上采用 SF_6 断路器。

1. SF_6 断路器

SF_6 断路器是指利用 SF_6 气体作为绝缘和灭弧介质的断路器，按结构特点可分为瓷柱式和罐式。理论上 SF_6 气体的灭弧能力比空气约高 100 倍，且 SF_6 断路器具有单断口电压高、电气性能稳定、开断大小电流性能优良、检修周期长、维护工作量少等优点，因此发展迅速，尤其在高压和超高压领域已占据主导地位。

（1）瓷柱式（又称支持瓷套式或敞开式）。这类断路器的结构特点是安置触头和灭弧室的容器（可以是金属筒，也可以是绝缘筒）处于高电位，靠支持瓷套对地绝缘，它可以用串联若干个开断元件和加高对地绝缘的方法组成更高电压等级的断路器。

瓷柱式 SF_6 断路器又称敞开式 SF_6 断路器，其总体结构和常规的瓷柱式空气断路器和少油断路器相似，属积木式结构，灭弧室与接地装置之间的绝缘由支持瓷套来承担，灭弧室装在支持瓷套的上部，一般每个瓷套内装一个断口，随着电压等级的提高，支持瓷套的高度以及串联灭弧室的个数也将增加。支持瓷套的下端与操动机构相连，通过支持瓷套内的绝缘拉杆带动触头完成断路器的分合闸操作。

瓷柱式 SF_6 断路器的灭弧室可布置成"T"型或"Y"型，如断路器超过两个断口就要在灭弧室瓷套边上装设并联均压容器，对于 330kV 及以上的 SF_6 断路器应根据过电压计算结果决定是否装设合闸电阻。瓷柱式 SF_6 断路器具有产品系列性好、制造容易、用气量少、价格便宜、SF_6 气体维护量少等优点，但存在抗振性能不如落地罐式 SF_6 断路器、电流互感器要单独安装等不利之处。由于受瓷套的限制，断口的耐受电压水平不可能做得很高；受机械性能的影响，瓷套长度不可能做得很长。

（2）罐式（又称接地金属箱型或落地罐式）。其特点是触头和灭弧室安装在接地金属箱中，导电回路由绝缘套管引入，对地绝缘由 SF_6 气体承担。

罐式断路器又称落地罐式 SF_6 断路器或落地箱式 SF_6 断路器，其总体结构与多油断路器相似，其特点是导电部分和灭弧室在充有 SF_6 气体的金属箱体内，箱体接地，带电部分与箱体之间的绝缘由 SF_6 气体承担，随着断路器额定电压的提高，断口（灭弧室）也随之增多。为了均压，每个灭弧室都装设了并联电容器，电流经高压套管引入，高压引线通过箱体上装设的两个套管引入，一般都装设了套管式电流互感器，引线套管内腔充 SF_6 气体。如断路器超过两个断口就要装设并联均压电容器，对于 330kV 及以上的 SF_6 断路器还应根据过电压计算结果决定是否装设合闸电阻。

罐式 SF_6 断路器的优点是结构紧凑、重心低、抗振能力强，在地震区域比较受欢迎。该类型断路器可提供多个电流互感器装设位置。以罐式断路器为基础，可以集成其他高压电器元件，形成 HGIS、GIS 等系列复合开关设备。罐式断路器的主要元器件都放在内充 SF_6 气体的金属箱体内，不受外部环境影响，运行可靠性较高。断路器的断口和灭弧室在 SF_6 气体中，绝缘性能强，可以开发出更高电压等级的断路器，从适应外部环境低温角度来看，大容积的罐式 SF_6 断路器有优势，可以在罐内装设加热器，而瓷柱式断路器可通过使用混合气体如 SF_6+N_2 或 SF_6+CF_4 等方法来解决，但其灭弧室性能不如罐式 SF_6 断路器。

2. 真空断路器

真空断路器是指触头在真空中开断，用真空作为绝缘介质和灭弧介质的断路器，需求的真空度在 10^{-4}Pa 以上。高度真空具有很高的绝缘性能、介质恢复速度和良好的灭弧性能。真空断路器触头开距小、结构简单轻巧、机械和电气寿命长，适用于频繁操作，可以配用更为小巧的操动机构，整体体积小、结构简单、机械寿命长，无火灾危险，维护工作量小，但目前价格仍比常规油断路器高，开断电容电流一般不重燃。由于制造工艺限制，真空断路器的电压等级较低，目前 10～35kV。10kV 真空断路器的开距为 10～12mm，分闸速度为 1～1.5m/s，35kV 真空断路器的开距为 20～30mm。技术较先进的真空灭弧室，开距也只有 12mm 左右，分闸速度为 1.5m/s 左右，其真空泡如图 1-26 所示。

三、组合电器

组合电器是指将两种或两种以上的高压电气设备，按电力系统主接线要求组成一个有机的整体而各电器设备元件仍能保持原规定功能的装置，主要包括 GIS、HGIS、PASS、COMPASS 等。

1. 基本结构

（1）GIS（见图 1-27）。GIS 是全封闭组合电器，是将断路器、隔离开关、接地开关、电流互感器、电压互感器、避雷器以及母线等功能单元全部封闭在金属壳体内，以 SF_6 气体作为绝缘介质的一种电气设备。

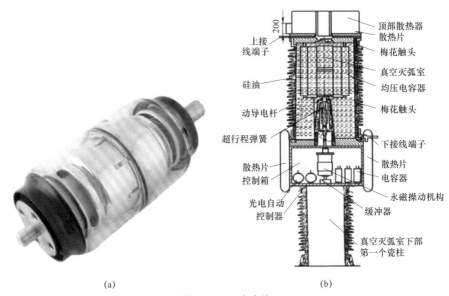

图 1-26　真空泡
（a）实物；（b）结构剖面图

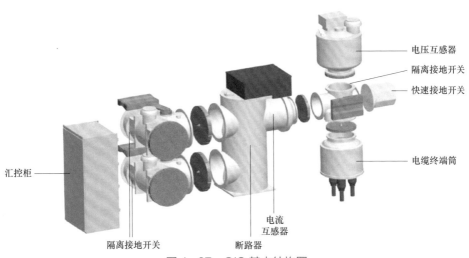

图 1-27　GIS 基本结构图

　　按结构型式 GIS 可分为三相共箱型（见图 1-28）和三相分箱型（见图 1-29），其中 110kV 及以下设备大多采用三相共箱型；而 220kV 及以上设备大多采用三相分箱型；还有部分设备为主母线三相共箱，分支母线三相分箱，见图 1-30。

　　（2）HGIS（见图 1-31）。HGIS 基本结构与 GIS 大体相同，是将除母线外的断路器、隔离开关、接地开关、快速接地开关、电流互感器、电压互感器等功能单元封闭于金属壳内，以 SF$_6$ 气体为绝缘介质的一种电气设备，主要用于 220kV 及以上设备。

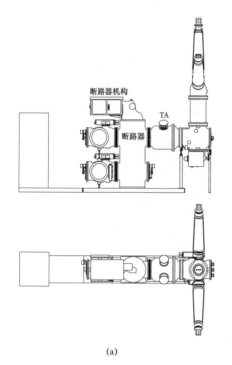

(a)   (b)

图 1-28　三相共箱型

（a）结构图；（b）实物图

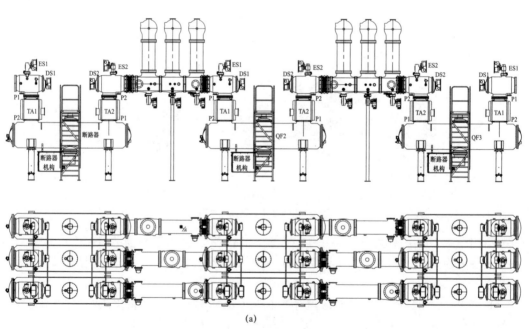

(a)

图 1-29　三相分箱型（一）

（a）结构图

（b）

图 1-29 三相分箱型（二）

（b）实物图

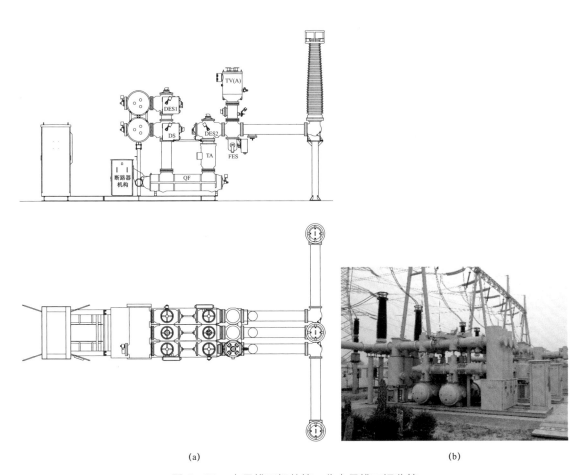

（a）   （b）

图 1-30 主母线三相共箱，分支母线三相分箱

（a）结构图；（b）实物图

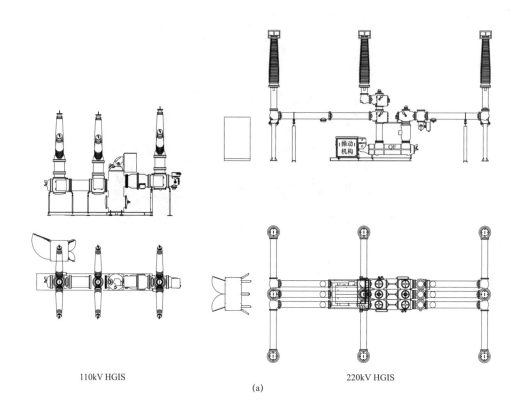

110kV HGIS   220kV HGIS

(a)

(b)

图 1-31 HGIS 设备示意图

（a）结构图；（b）实物图

　　与 GIS 相比，HGIS 的最大特点在于母线采用常规导线，接线清晰、简洁、紧凑，而 GIS 母线缺陷率较高，且消缺停电范围大。另外，HGIS 布置方式灵活，按照断路器可分为 3+0、1+2、1+1+1 等多种布置方式，适合现场 AIS 改造工程应用，见图 1-32～图 1-34。

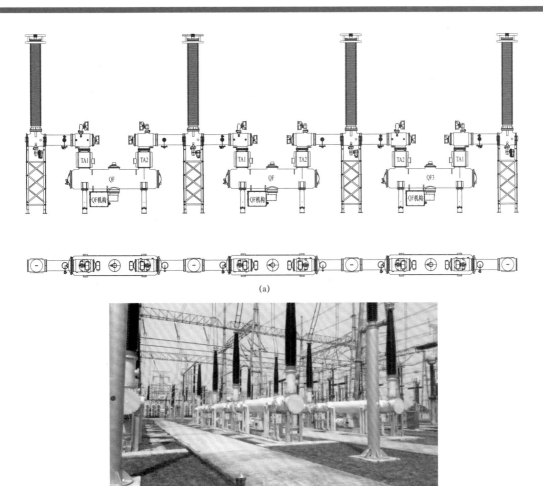

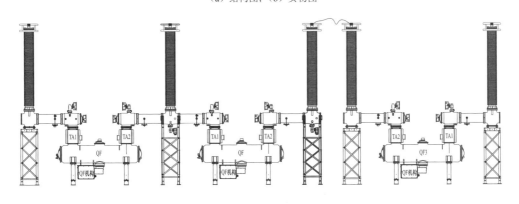

图 1-32　HGIS 3+0 布置方式

（a）结构图；（b）实物图

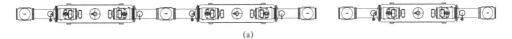

图 1-33　HGIS 1+2 布置方式（一）

（a）结构图

(b)

图 1-33　HGIS 1+2 布置方式（二）

（b）实物图

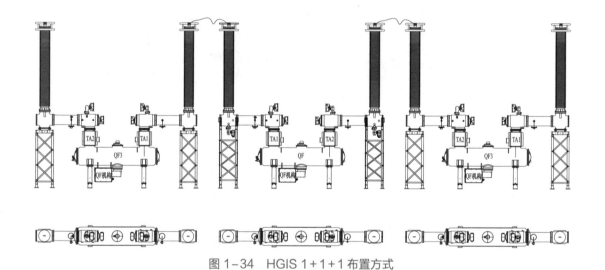

图 1-34　HGIS 1+1+1 布置方式

（3）PASS（见图 1-35）。PASS 是半封闭组合电器（罐式），采用紧凑化设计、罐式结构，是将断路器、隔离/接地开关、电流互感器等功能单元封闭于金属壳内，以 SF$_6$ 气体为绝缘介质的一种电气设备，可根据需求在标准模块基础上配置出线侧隔离/接地开关、快速接地开关等，其应用电压等级主要集中在 220、110、66kV。

（4）COMPASS（见图 1-36）。COMPASS 是敞开式空气外绝缘 SF$_6$ 高压组合电器，采用模块化设计，将断路器、电流互感器、隔离开关、接地开关，甚至避雷器等多项功能元件压缩在一个功能设备上，无需绝缘子及钢架的自支撑管母线，断路器水平布置降低了设备高度，使设备既能用于户外，也能用于户内。

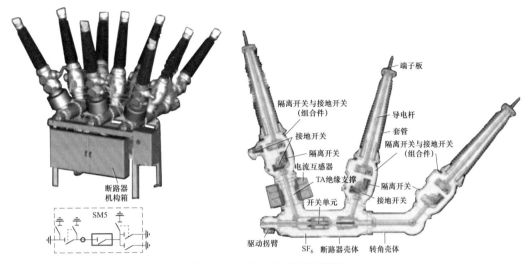

图 1-35　PASS 设备示意图

图 1-36　COMPASS 设备示意图

2. 工作原理

组合电器是利用 SF_6 气体的优异绝缘性，把 SF_6 断路器、电流互感器、电压互感器、隔离开关、母线、电缆终端盒组装在全封闭的金属容器内，主要依靠它的气体系统实现其功能。气体系统划分为断路器室、母线室、进出线室等，每一个间隔都设有一个就地控制柜，各气室的气体监视装置和各元件控制回路等二次部分都集中配置在控制柜中，保证了气室绝缘性、密封性、耐压性、抽真空度及含水量的检查以及各种设备的运作，确保了电器安全运行。

断路器是组合电器中重要的工作和保护设备，它的灭弧特性尤其重要。断路器按照现场布置方式分为立式和卧式两种。立式用于 220kV 及以下电压等级的 GIS 设备，220kV 及以上电压等级的 GIS 设备若采用立式，则需要增加安装厂房的高度，变电站的空间走廊也将受到影响，所以一般采用卧式。断路器外部结构见图 1-37，内部结构见图 1-38。

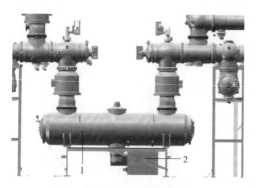

图 1-37　断路器外部结构

1—断路器；2—操动机构

图 1-38　断路器内部结构

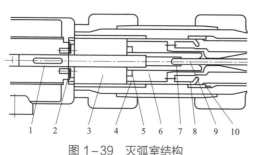

图 1-39　灭弧室结构

1—拉杆；2—弹性释压阀；3—压气室；4—活塞；
5—单向阀；6—热膨胀室；7—动弧触头；
8—动主触头；9—静弧触头；10—静主触头

灭弧室结构如图 1-39 所示，静触头部分为两个环氧树脂浇注的绝缘板顶部，动触头由绝缘台支承在罐底部，且与绝缘拉杆和拐臂盒相连。灭弧室为有热膨胀室并带有辅助压气室的自能灭弧结构，灭弧过程以自能吹弧为主，压气灭弧为辅。在合闸位置，主回路从上出线端子经静触头、动触头、气缸和中间触头到下出线端子。在分闸操作时，绝缘操作杆在分闸弹簧的作用下，使动弧触头、喷口、气缸、拉杆等一起快速向下运动。在运动中，静主触头和动主触头首先分离，接着静弧触头和动弧触头分离，产生电弧。在开断短路电流时，由于电流大，故弧触头间的电弧能量大，弧区热气流流入热膨胀室，在热膨胀室内进行热交换，形成低温高压气体。此时，由于热膨胀室内的压力大于压气室压力，故单向阀关闭。当电流为零时，热膨胀室的高压气体吹向断口间使电弧熄灭。在分闸过程中，压气室内的气体开始被压缩，但达到一定的压力时，底部弹性释压阀打开，一边压气，一边放气，使机构不必克服更多的压气反力，从而大大地降低了操作功。开断小电流时（通常在几千安以下），由于电弧能量小，热膨胀室内产生的压力小。此时压气室的压力高于热膨胀室内的压力，单向阀打开，被压缩的气体向断口处吹去。在电流为零时，具有一定压力的气体吹向断口使电弧熄灭。在合闸操作时，绝缘操作杆向上运动，此时，SF_6 气体迅速进入气缸内，动静弧触头首先接通，然后主动静触头接通，完成合闸操作。

四、隔离开关

隔离开关是一种在分闸位置时，触头间有符合规定要求的绝缘距离和明显的断开标志；在合闸位置时，能承载正常回路条件下的电流及在规定时间内异常条件（例如短路）下的电流的开关设备。通常情况下，隔离开关不具有关合和开断其所承载的额定工作电流及短路故障电流的能力，但当回路电流"很小"时，或者当隔离开关每极的两接线端间的电压在关合和开断前后无显著变化时，隔离开关具有关合和开断回路的能力。

隔离开关在线路中，主要用以满足检修和改变回路连接而对线路设置一种安全的、可以开闭的断口。其具体用途如下：

（1）检修与分段隔离。利用隔离开关断口的可靠绝缘能力，使需要检修或分段的线路相互隔离。为确保检修工作的安全，由接地开关提供检修侧接地。

（2）倒换母线。在断口两端接近等电位的条件下，带负荷进行分闸、合闸，变换双母线或其他不长的并联线路的接线。

（3）分、合带电电路。利用隔离开关断口分开时在空气中自然熄弧的能力，用来分合很小的电流。例如用以分合套管、母线、不长的电缆等的充电电流以及测量用互感器或分压器等的电流。

（4）自动快速隔离。快速隔离开关具有自动快速分开断口的性能。这类隔离开关在一定条件下与快速接地开关、上一级断路器联合使用，能迅速隔开已发生故障的设备，起到防止故障扩大和节省断路器用量的作用。

1. 基本结构

隔离开关的类型很多，按照部件的功能，可以分为导电系统、连接部分、触头、支柱绝缘子和操作绝缘子、操动机构和机械传动系统及底座。

（1）导电系统。隔离开关的主导电回路是指系统电流流经的接线端子装配部分、端子与导电杆的连接部分、导电杆、动触头和静触头装配部分，是电力系统主回路的组成部分。

（2）连接部分。隔离开关的连接部分是指导电系统中各个部件之间的连接，包括接线端子与接线座的连接、接线座与导电杆的连接、导电杆与导电杆的连接（折叠式动触杆）、动触头与静触头之间的连接。这些连接部分有固定连接，也有活动连接，包括旋转部件的导电连接，这些连接部位的连接可靠性是保证导电系统可靠导电的关键。

（3）触头。隔离开关的触头是在合闸状态下系统电流通过的关键部位，它由动、静触头间通过一定的压力接触后形成电流通道。长久地保持动、静触头之间的必需的接触压力是保证开关长期可靠运行的关键。

（4）支柱绝缘子和操作绝缘子。隔离开关的支柱绝缘子是用以支撑其导电系统并使其与地绝缘的绝缘子，同时它还将支撑隔离开关的进、出引线；操作绝缘子则通过其转动将操动机构的操作力传递至与地绝缘的动触头系统，完成分合闸的操作。不同形式的隔离开关，支柱绝缘子同时也可作为操作绝缘子，既起支持作用，又起操作作用，如双柱式或三柱式隔离开关。但对于单柱式隔离开关，则要分设支柱绝缘子和操作绝缘子。不管是支柱绝缘子还是操作绝缘子，它们既是电气元件也是机械部件。

（5）操动机构和机械传动系统。隔离开关的分合闸是通过操动机构和包括操作绝缘子在内的机械传动系统来实现的，操动机构分为人力操作和动力操作两种。而动力操作，又可分电动操作、气动操作或液压操作。人力或动力操作可分为直接操作和储能操作，储能操作一般是使用弹簧，可以是手动储能，也可以是电动机储能，或者是用压缩介质储能。在机械传动系统中，还包括隔离开关和接地开关之间的防止误操作的机构联锁装置，以及机械连接的分合闸位置指示器。

（6）底座。隔离开关的底座是支柱绝缘子和操作绝缘子的装配和固定基础，也是操动机构和机械传动系统的装配基础。隔离开关的底座可分为共底座和分离底座，分离底座中，每极的动、静触头分别装在两个底座上。

2. 典型型号

（1）中心断口隔离开关（CR）。GW4-40.5/72.5/126 等系列双柱水平旋转式高压交流隔离开关（见图 1-40）为双柱水平旋转中央单断口式，由底座、支柱绝缘子及导电部分组成，可在一侧或两侧加装接地开关。主、地刀均可采用电动机构或人力机构进行三相联动操作或分相操作。主刀操动机构动作时，垂直传动杆带动隔离开关的一个支柱绝缘子转动，通过装在底座中的一套交叉四连杆结构带动另一个支柱绝缘子转动，从而实现了左、右导电部分的分、合闸动作。

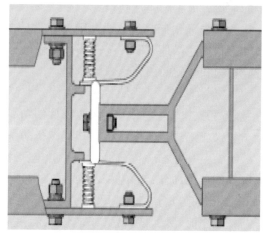

图 1-40　GW4-40.5/72.5/126 等系列双柱水平旋转式高压交流隔离开关

（2）双面隔离开关（DR）。GW7F 系列高压交流隔离开关包括三个单极（见图 1-41），每极为三柱结构，主要由底座、支柱绝缘子、主闸刀、主闸刀静触头组成。三个支柱绝缘子并排立在底座上，主闸刀装在中间支柱绝缘子的顶部，两个主闸刀静触头分别在两侧的支柱绝缘子顶部。静触头的一侧或两侧可根据现场情况加装接地开关。主、地刀均可采用电动机

图 1-41　GW7F 系列高压交流隔离开关（一）

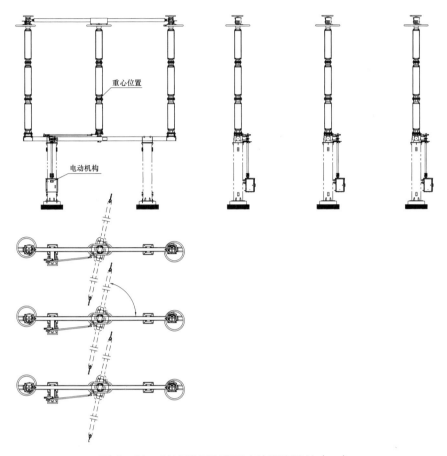

重心位置

电动机构

图 1-41 GW7F 系列高压交流隔离开关（二）

构或人力机构进行三相联动操作或分相操作。操作时，中间支柱绝缘子上端的主闸刀先水平旋转 70°，动触头进入静触头后再翻转 45°，使静触头的触指夹紧动触头，完成合闸动作，分闸运动反之。

（3）双柱水平伸缩式隔离开关（KR）。GW23A 系列高压交流隔离开关（见图 1-42）包括三个单极，每极为双柱式结构，分为动侧和静侧两部分。动侧主要由底座、支柱绝缘子、旋转绝缘子、主闸刀等组成。支柱绝缘子、旋转绝缘子并排立在底座上，主闸刀装在支柱绝缘子和操作绝缘子的顶部。静侧主要由底座、支柱绝缘子、主闸刀静触头等组成，支柱绝缘子立在高压隔离开关底座上，主闸刀静触头装在支柱绝缘子上。主闸刀为机械手式的单臂折叠式结构，分闸时犹如人的手臂一样向上合拢折叠，与水平方向的静触头间形成清晰醒目的水平绝缘断口。

（4）PR 单柱双臂垂直伸缩式隔离开关。GW6A 系列高压交流隔离开关（见图 1-43）是单柱垂直断口双臂折叠式隔离开关，由三个单极组成，三极之间通过电气联动操作。每极主要包括底座、支柱绝缘子、旋转绝缘、主闸刀、静触头、操动机构等，也可根据需要配装接开关。

（5）VR V 型中心断口隔离开关。GW5-40.5/72.5/126 系列双柱水平旋转式 V 型高压交流隔离开关（见图 1–44），其接线座与接线端子间采用固定软连接通流；接线端子上下两端采用绝缘轴套，确保通流可靠，转动灵活。接线端子与出线柱采用一体式结构，增加强度的同时减少了一个可能的发热点。

图 1–42　GW23A 系列高压交流隔离开关

图 1–43　GW6A 系列高压
交流隔离开关

图 1–44　GW5–40.5/72.5/126 系列双柱水平旋转式
V 型高压交流隔离开关

（6）GW8 系列中性点隔离开关（见图 1–45）为单极单柱式结构，主要有底座、支柱绝缘子、导电回路、操动机构等组成。闸刀装在支柱绝缘子的下部，静触头装在支柱绝缘子的上部。分闸时闸刀与正上方的静触头之间形成竖直方向的绝缘端口。合闸动作时，闸刀在竖直平面内左旋转运动，直至打入静触头，正确啮合。

（7）GW13 系列中性点隔离开关（见图 1-46）为单断口双极旋转式结构，由底座、支柱绝缘子、接线座、左右触头等部分组成。它是由一个直立的棒式支柱绝缘子和一个 35kV 的棒式支柱绝缘子分别固定在同一个底座上，其交角为 50°，形成一个 V 型结构，底座固定在一个与水平面成 25°的底架上。

图 1-45　GW8 系列中性点隔离开关

图 1-46　GW13 系列中性点隔离开关

五、开关柜

开关柜（又称成套开关或成套配电装置）是以断路器为主的电气设备，是指生产厂家根据电气一次主接线图的要求，将有关的高低压电器（包括控制电器、保护电器、测量电器）以及母线、载流导体、绝缘子等装配在封闭的或敞开的金属柜体内，作为电力系统中接受和分配电能的装置。

开关柜由固定的柜体和真空断路器手车等组成。就开关柜功能而言，进线柜或出线柜是基本柜方案，同时有派生方案，如母线分段柜、计量柜、互感器柜等。此外还有配置固定式负荷开关、真空接触器手车、隔离手车等方案。

针对不同的类型的开关柜，内部的基本结构也有不同。

按断路器安装方式分为移开式（手车式）和固定式。①移开式或手车式开关柜：表示柜内的主要电器元件（如断路器）是安装在可抽出的手车上的。由于手车柜有很好的互换性，因此可以大大提高供电的可靠性，常用的手车类型有隔离手车、计量手车、断路器手车、TV 手车、电容器手车和站用变压器手车等，如 KYN28A-12。移开式分为中置式和落地式。②固定式开关柜：表示柜内的所有电器元件（如断路器或负荷开关等）均为固定安装的，固定式开关柜较为简单经济，如 XGN2-10、GG-1A 等。

充气柜是采用低气压的 SF_6 气体、N_2 气体或混合气体（一般为 0.02～0.05MPa）作为开关设备的绝缘介质，用真空或 SF_6 为灭弧介质，将母线、断路器、隔离开关等中压元件集中密闭在箱体中，既紧凑又可扩充，适用于配电自动化。充气柜具有结构紧凑、操作灵活、联锁可靠等特点，综合运用现代绝缘技术、开断技术、制造技术、传感技术、数字技术生产的集智能控制、保护、监视、测量、通信于一体的高新技术产品。

1. 移开式开关柜

移开式开关柜分为中置式（见图1-47）和落地式（见图1-48）。

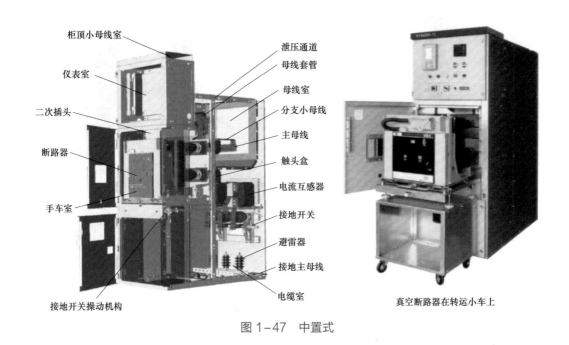

柜顶小母线室
仪表室
二次插头
断路器
手车室
接地开关操动机构

泄压通道
母线套管
母线室
分支小母线
主母线
触头盒
电流互感器
接地开关
避雷器
接地主母线
电缆室

真空断路器在转运小车上

图1-47 中置式

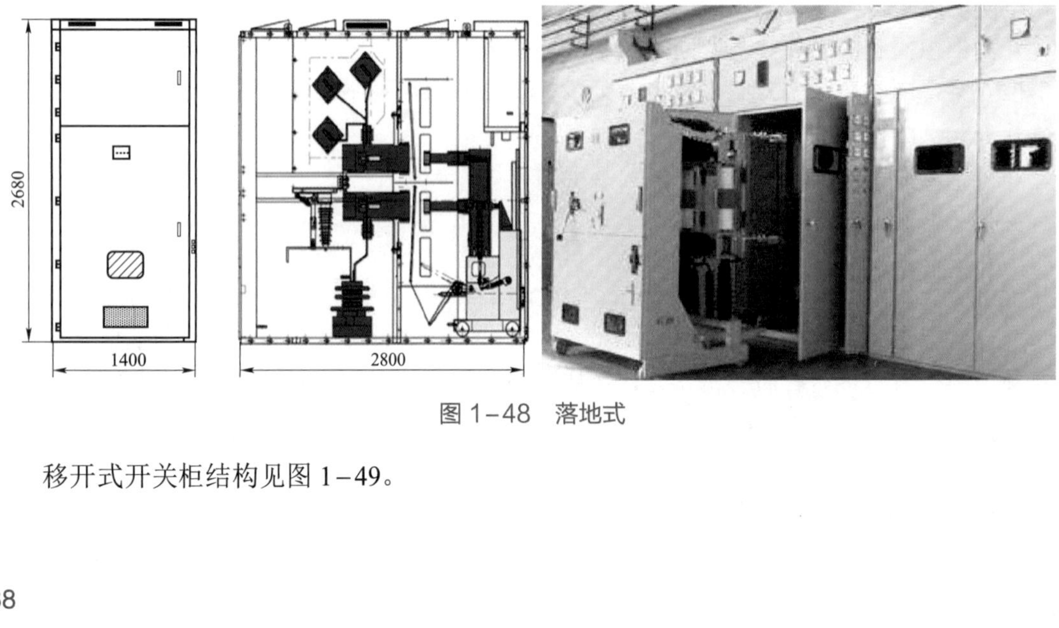

2680
1400
2800

图1-48 落地式

移开式开关柜结构见图1-49。

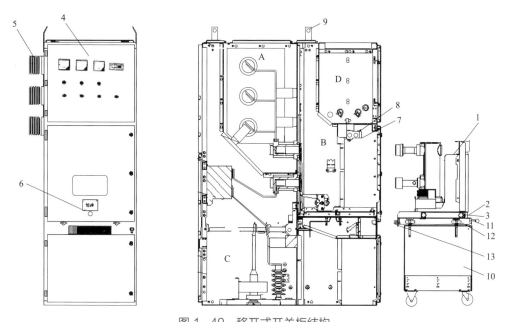

图 1-49　移开式开关柜结构

A—母线室；B—断路器室；C—电缆室；D—低压室

1—断路器手车；2—滑动把手；3—锁键（连到滑动把手）；4—控制和保护单元；5—穿墙套管；6—丝杆机构操作孔；

7—二次插头；8—联锁杆；9—起吊耳；10—运输小车；11—小车锁定把手；12—调节螺栓；13—锁舌

2. 固定式开关柜

如图 1-50 所示为固定式开关柜的外形与结构示意图。

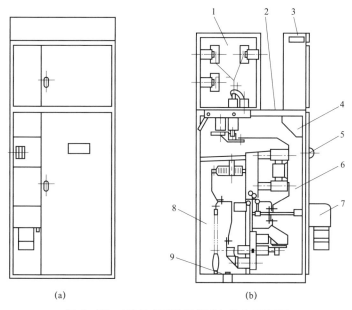

(a) 　　　　　　　　　　　　(b)

图 1-50　固定式开关柜外形与结构示意图

（a）外形；（b）结构示意图

1—母线室；2—压力释放通道；3—仪表室；4—组合开关室；5—手动操作及联锁机构；6—断路器室；

7—电磁式弹簧机构；8—电缆室；9—接地母线

3. 充气柜

如图 1-51 所示为充气柜的外形图。图 1-51 中各部位简介如下：

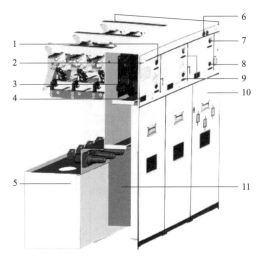

图 1-51 充气柜的外形图

1—负荷开关操作孔；2—压力指示器；3—操动机构；4—带电指示器；5—压力释放室；6—分、合闸按钮操作；
7—储能操作孔及储能指示；8—接地开关操作孔；9—挂锁装置；10—熔断器室；11—电缆连接室

（1）负荷开关操作孔。利用操作手柄转动负荷开关操作轴，可对负荷开关进行分、合闸操作。

（2）压力指示器。ELE 系列开关均配置压力指示器。室温时指针位于红色区域表示压力偏低，位于绿色区域表示压力正常。

（3）操动机构。操动机构采用弹簧储能设计，结构紧凑、操作力小、寿命长，可选配电动操动机构附件。

（4）带电指示器。带电指示器显示套管是否带电，指示灯下方的三个插口可用于二次核相。带电显示器设置开关按钮，有效延长了使用寿命。

（5）压力释放室。压力释放装置位于气箱底部，与电缆室之间有金属板隔开，如气箱内压力过高时，装置内防爆垫片可破裂，以释放压力。

（6）分、合闸按钮操作。负荷开关+熔断器组合电器的操动机构储能后，可通过分、合闸按钮对负荷开关进行分、合闸操作。

（7）储能操作孔及储能指示。利用操作手柄转动储能机构操作轴，令负荷开关+熔断器组合电器的操动机构储能。观察储能指示可以掌握操动机构的储能情况。

（8）接地开关操作孔。利用操作手柄转动接地开关操作轴，可对接地开关进行分、合闸操作。

（9）挂锁装置。挂锁装置联动的挂锁板将操作孔遮挡，只有拨动挂锁装置才可以将操作手柄插入操作孔。不操作时可配置挂锁，防止非授权人员误操作。

（10）熔断器室。熔断器安装在由环氧树脂浇注的熔断器绝缘筒中，从前面可以方便地进行更换。熔断器与外界完全隔离，从而保证了安全的电气绝缘。若一相熔断器熔断，则负荷开关脱扣跳闸。

（11）电缆连接室。电缆连接室内设符合 DIN 47636 的套管，通过全绝缘、全密封可分离连接器（电缆接头）连接进出线电缆。

六、电流互感器

为了测量高电压交流电路内的电流，必须使用电流互感器将大电流变换成小电流，利用互感器的变比关系，配备适当的电流表计进行测量。同时电流互感器也是电力系统的继电保护、自动控制和指示等方面不可缺少的设备，起到变流和电气隔离作用，运行中严禁二次开路。

1. 基本结构

电流互感器的分类如下：

（1）按用途，分为测量用电流互感器和保护用电流互感器。

（2）按装置种类，分为户内型电流互感器和户外型电流互感器。

（3）按绝缘介质，分为干式绝缘、油绝缘、浇注绝缘和气体绝缘。其中，干式绝缘包括有塑料外壳（或瓷件）和无塑料外壳，由普通绝缘材料，经浸漆处理的电流互感器，当用瓷件作为主绝缘时，也称为瓷绝缘；油绝缘即油浸式电流互感器，其绝缘主要由纸绕包，并浸在绝缘油中，若在绝缘中配置有均压电容屏，通常又称为油纸电容型绝缘；浇注绝缘的绝缘主要是绝缘树脂混合浇注经固化成型；气体绝缘主要是具有一定压力的绝缘气体，如 SF_6 气体。

2. 工作原理

电流互感器的工作原理与变压器类似，一次绕组和二次绕组是电流互感器电流变换的基本部件，它们绕在同一个铁芯上，其工作原理和接线图如图 1−52 所示。

当电流互感器一次绕组流过电流 I_1 时，则建立磁通势 $F_1=N_1I_1$（N_1 为一次匝数），F_1 又称为一次安匝。一次磁通势分为两部分，其中很小部分用来励磁，称作励磁磁通势。它是励磁电流 I_0 与一次匝数 N_1 的乘积，另外绝大部分是用来平衡二次绕组电流 I_2 建立的磁通势 $F_2=I_2N_2$（N_2 为二次匝数），F_2 又称为二次安匝。

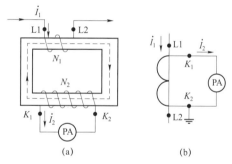

图 1−52　电流互感器工作原理和接线图
（a）工作原理；（b）接线原理

电流互感器原线圈匝数 N_1 通常仅一匝或数匝，串联于一次电路中，二次线圈匝数 N_2 较多与测量仪表和继电器的电流线圈串联。

电流互感器的变比 $K=I_1/I_2=N_2/N_1$。

电路互感器与变压器的不同之处在于，电流互感器二次串接负载是仪表和继电器的电流线圈，阻抗很小，因此互感器运行是处于短路状态，此时铁芯中磁通非常小。

七、电压互感器

1. 电磁式电压互感器

电磁式电压互感器就是一个小容量的变压器，容量小、结构紧凑，实际应用中为了使用灵活和制造方便，大部分电磁式电压互感器均为单相结构。其容量较小，只有几十到几

图1-53 电磁式电压互感器外形图
(a)油浸式;(b)干式

百伏安,不需要散热器等冷却装置。根据其绝缘方式的不同,电磁式电压互感器可分为干式、环氧树脂浇注式、SF$_6$和油浸式四种。油浸式和干式电磁式电压互感器外形如图1-53所示。

(1)基本结构。电磁式电压互感器按结构原理可分为单级式和串级式两种。

1)单级式。主要应用于35kV及以下系统。其铁芯与绕组置于接地的油箱内,高压引线通过套管引出。高压引出线有两种方式,一种是只有一个高压套管引出,高压端尾需接地;另一种是有两个高压套管引出,高压尾端可接高压或接地。

2)串级式。应用于60kV及以上系统。其铁芯和绕组均装在瓷箱里,绕组及绝缘全浸在油中,以提高绝缘强度,瓷箱既起高压出线套管的作用,同时代替了油箱。铁芯采用硅钢片叠成口字形,铁芯上柱套有平衡绕组、一次绕组,下柱套有平衡绕组、一次绕组、测量绕组、保护绕组及剩余电压绕组,器身由绝缘材料固定在用钢板焊成的基座上,装在充满变压器油的瓷箱内。一次绕组由上部接线,其余所有绕组均通过基座上的小套管引出,瓷箱顶部装有金属膨胀器,使变压器油与大气隔离,防止油受潮和老化,并可通过油位窗观测到膨胀器的工作状态。

(2)工作原理。

1)单相电磁式电压互感器。常用于10~35kV电压等级的户外装置,其一次绕组的额定电压为系统相电压,由三台电压互感器接成Y0接线,中性点接地。二次绕组额定电压一般为100/$\sqrt{3}$V,接成y0接线,中性点接地供测量用。第三绕组接成开口三角形,用于测量零序电压,供系统接地保护用,单相电磁式电压互感器三相接线图如图1-54所示。

2)三相五柱电磁式电压互感器。为了提供零序磁通回路,其铁芯具有旁轭。器身浸在油箱中,由套管引出接线,常用于10kV及以下电压等级,其原理接线图如图1-55所示。

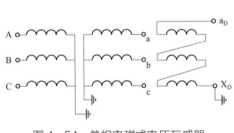

图1-54 单相电磁式电压互感器
三相接线图

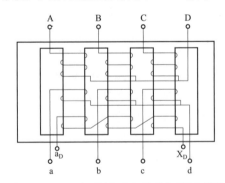

图1-55 三相五柱式电磁式电压互感器
原理接线图

3)串级式电磁式电压互感器。采用两级结构,有一个铁芯,一次绕组分成两个匝数相同的部分,分别套在上下两个铁芯柱上,并相互串联,为了加强上下两个绕组的磁耦合,在铁芯柱上还绕有平衡绕组。平衡绕组对上铁芯柱起去磁作用，对下铁芯柱起助磁作用，从而平衡了上下两个一次绕组所分配的电压，也就增强了上铁芯柱上的一次绕组和下铁芯柱上的二次绕组间的耦合。

110kV 电压互感器绕组位置与原理接线图如图 1–56 所示。

2. 电容式电压互感器

电容式电压互感器是通过电容分压把高电压变换成低电压的电压互感器，用于计量、继电保护、自动控制、信号指示等。还可以将载波频率耦合到输电线用于通信、高频保护和遥控等。与电磁式电压互感器相比，电容式电压互感器可防止因电压互感器铁芯饱和引起铁磁谐振，还具有电网谐波监测功能，在电力系统中应用广泛。

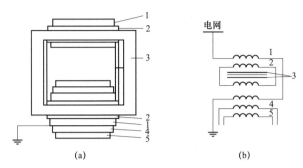

图 1–56　110kV 电压互感器绕组位置与原理接线图

（a）位置图；（b）原理接线图

1—一次绕圈；2—平衡线圈；3—铁芯；
4—二次线圈；5—附加二次线圈

（1）基本结构。主要由两部分组成，即电容分压器和电磁单元。结构如图 1–57 所示。

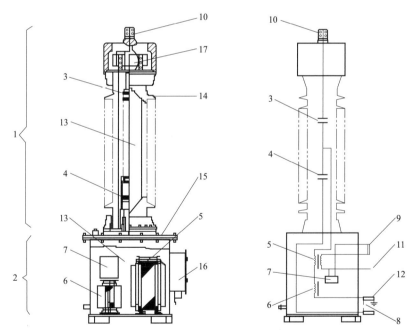

图 1–57　电容式电压互感器结构图

1—电容分压器；2—电磁单元；3—高压电容；4—中压电容；5—中间变压器；6—补偿电抗器；7—阻尼器；
8—电容分压器低压端对地保护间隙；9—阻尼器连接片；10—一次接线端；11—二次输出端；12—接地端；
13—绝缘油；14—电容分压器套管；15—电磁单元箱体；16—端子箱；17—外置式金属膨胀器

电容分压器由瓷套、电容器芯子、电容器油和金属膨胀器组成，电容器芯子由若干个膜纸复合绝缘介质与铝箔卷绕的元件串联而成，经真空浸渍处理，瓷套内灌注电容器油，并装有金属膨胀器补偿油体积随温度的变化。

电磁单元由装在密封油箱内的中间变压器、补偿电抗器和阻尼装置组成。

此外，电容式电压互感器还包括二次出线盒、油箱等，二次出线盒内装有载波通信端子，并带有过电压保护间隙，油箱外有油位表、出线盒、铭牌、放油塞、接地座等。

电容式电压互感器通过电容分压到中间变压器，中间变压器有两个二次绕组，主二次绕组用于测量，辅助二次绕组用于继电保护，为了能监视系统的接地故障，附加二次绕组接成开口三角形之用。阻尼电阻接在辅助二次绕组上，用于抑制谐波的产生。

电容式电压互感器结构有分装式和组装式两种。分装式由电容分压器构成一个单元，电抗器和中间变压器等构成另一个单元，分开安装；组装式即将电容分压器单元叠置在电抗器、中间变压器单元上，连成一体。

（2）工作原理。电容式电压互感器从中间变压器高压端处把分压电容分成两部分，一般称下面电容器的电容为 C_2，上面的电容器串联后的电容为 C_1，则当外加电压为 U_1 时，电容 C_2 上分得的电压 U_2 将为

$$U_2 = C_1/(C_1 + C_2) \times U_1$$

调节 C_1 和 C_2 的大小，即可得到不同的分压比。

为保证 C_2 上的电压不随负载电流而改变，串入一适当的电感，即电抗器。当把电抗器的电抗调整为 $\omega L = 1/\omega(C_1 + C_2)$ 时，即电源的内阻抗为零，并经过中间变压器降压后再接表计，二次侧的负载电流经过中间变压器变换就可以大大减小，电容分压器的输出容量（或额定容量）将不受测量精度的限制。原理接线图如图1-58所示。

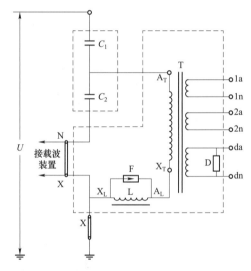

图1-58　电容式电压互感器原理接线图

C_1—高压电容；C_2—中压电容；T—中间变压器；L—补偿电抗器；D—阻尼器；F—保护装置；1a、1n—主二次1号绕组；2a、2n—主二次2号绕组；da、dn—剩余电压绕组（100V）

八、避雷器

避雷器是与电气设备并接在一起的一种过电压保护设备。避雷器在正常工作电压下，流过避雷器的电流很小，相当于一个绝缘体，当遭受雷电过电压或操作过电压时，避雷器阻值急剧减小，使流过避雷器的电流可瞬间增大到数千安培，将雷电流泄入大地，限制被保护设备上的过电压幅值，使电气的绝缘免受损伤或击穿。

1.基本结构

电力系统中运行的避雷器主要有阀型避雷器和氧化锌避雷器两种类型。

（1）阀型避雷器。典型阀型避雷器最基本的构造元件是火花间隙（简称间隙）和非线性工作电阻片（简称阀片），它们串联叠装在密封的瓷套管内，阀片的主要原料为电工型碳化硅（SiC结晶）。

1）放电间隙是由若干个标准单个放电间隙（间隙电容）串联而成，有时并联一组均压电阻，可提高间隙绝缘强度的恢复能力。

2）非线性工作电阻片也是由许多单个阀片串联而成，火花间隙由数个圆盘形的铜质电极组成，每对间隙用 0.5～1mm 厚云母片（垫圈式）隔开。

根据结构性能和用途的不同，阀型避雷器主要有以下几种型号：

1）FS 型避雷器，无并联电阻，结构较为简单，一般用来保护 10kV 及以下的配电设备，如配电变压器、柱上断路器、隔离开关、电缆头等。

2）FZ 型避雷器，有并联电阻，保护性能好，主要用于 3～220kV 电气设备的保护。

3）FCD 型避雷器，有磁吹限流间隙，工频续流值低，用于旋转电机的保护。

4）FCZ 型避雷器，有磁吹限流间隙，电气性能好，主要用于变电站高压电气设备的保护。

（2）氧化锌避雷器。实际应用中的氧化锌避雷器指无间隙氧化锌避雷器，其基本结构包括阀片和绝缘两部分，其中电压等级不同，阀片堆叠层数也不同；阀片是以氧化锌为主要成分，并附加少量的 Bi_2O_3、CO_2O_3 等金属氧化物添加物，经高温焙烧而成。氧化锌避雷器结构如图 1-59 所示。

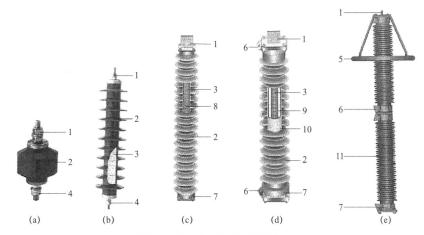

图 1-59 氧化锌避雷器结构

（a）低压氧化锌避雷器；（b）氧化锌配电避雷器；（c）"笼式"芯体设计的高压氧化锌避雷器；
（d）"管式"芯体设计的高压氧化锌避雷器；（e）瓷外套超高压氧化锌避雷器
1—高压接线端子；2—有机合成外套；3—ZnO 电阻片；4—接地端子；5—均压环；6—喷弧口；7—底座；
8—环氧玻璃纤维棒；9—氮气；10—环氧玻璃纤维布卷制筒；11—瓷套管

以下为典型配电避雷器和电站避雷器的结构型式：

1）配电避雷器一般仅包括芯体和有机外套两部分，芯体由 ZnO 电阻片、上下电极、接线端子和调节高度的金属垫块和弹簧等叠加而成。

2）电站避雷器主要有 3 种结构：

a."笼式"结构。ZnO 电阻片固定在环氧玻璃纤维树脂棒之间构成芯体，直接注塑硅橡胶成型，机械强度较配电避雷器高，适用于 35～110kV 变电站。

b."管式"结构。在"笼式"结构芯体外增加套筒作为内绝缘，外部注塑硅橡胶成型；其套筒内充入干燥氮气，顶部设有压力释放装置；为改善电压分布，110kV 及以上避雷器装有均压环。

c.瓷套结构。外绝缘采用瓷套，设有压力释放装置、密封组件及均压环，主要用 220kV 及以上变电站。

2．工作原理

（1）阀型避雷器。阀型避雷器在正常运行时，非线性电阻阻值很大，而在过电压时，其阻值又很小，利用这一特性，当电力系统出现危险的过电压时，间隙很快被击穿，冲击电流通过阀片流入大地；当过电压消除之后，非线性电阻阻值很大，间隙又恢复为断路状态，确保电力设备正常运行。

（2）氧化锌避雷器。氧化锌阀片具有优良的非线性和大通流性，当过电压作用时，电阻急剧下降，泄放过电压的能量，达到保护设备的效果；当过电压作用结束后，ZnO 电阻片又

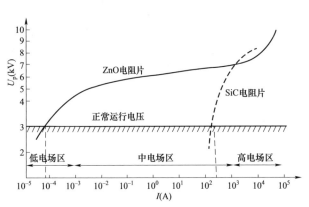

图 1-60　SiC 电阻与 ZnO 电阻伏安特性曲线比较

恢复绝缘状态，续流仅为微安级，实际上可认为无续流。对于单柱避雷器，当电流增大到 1mA 时，它开始动作，此时电压称为起始动作电压，用 U_{1mA} 表示。

图 1-60 是 SiC 电阻与 ZnO 电阻伏安特性曲线比较，ZnO 电阻片单位面积的通流能力约为 SiC 电阻片的 4 倍，在工作电压下，SiC 电阻片的电流高达 200～500A，必须用火花间隙隔离高压，而 ZnO 电阻片仅通过微安级的泄漏电流，这种优异的非线性特性使氧化锌避雷器无需串联火花间隙而在运行电压下接近绝缘状态。

相比阀型避雷器，氧化锌避雷器具有以下突出优点：

1）氧化锌避雷器无串联火花间隙，极大地改善了避雷器的特性，消除了有串联火花间隙放电需要一定的时延，避免了对电压分布及放电电压的影响，使电气设备所受的过电压降低，提高了对设备保护的可靠性。

2）氧化锌避雷器电阻片具有较好的非线性，在正常工作电压下，避雷器只有很小的泄漏电流通过，而在过电压下动作后并无工频续流通过，因此避雷器释放的能量大为减小，从而可以承受多重雷击，延长了工作寿命。

3）由于氧化锌阀片的通流能力较大，提高了避雷器的动作负载能力。

4）体积小、质量小、结构简单，运行维护方便。

3．泄漏电流异常原因

图 1-61 粗略显示了避雷器泄漏电流测量原理，其中，R_1 表示底座的绝缘电阻，R_2 表示底座与屏蔽线间的绝缘电阻，A 表示泄漏电流表。

若避雷器的泄漏电流值明显增大，需立即向调度及上级主管部门汇报。对近期的巡视记录进行对比分析。用红外线检测仪对避雷器的温度进行测量。若确认不属于测量误差，经分析确认为内部故障，应申请停电处理。

若避雷器的泄漏电流值变小或为零，则可能由以下原因引起：多数是表计或表计相关回路故障引起，如避雷器屏蔽环软线脱落（小）；避雷器底座绝缘降低（小）；雨雪雾等潮湿天气（小）；泄

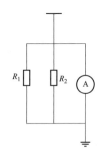

图 1-61　避雷器泄漏电流表测量原理图

漏电流表卡涩（零或小）；泄漏电流表与引线接触不良（小）；表计和绝缘电阻受潮（先降低后升高）。

九、并联电容器

并联电容器主要用于补偿电力系统感性负荷的无功功率，以提高功率因数，改善电压质量，降低线路损耗。单相并联电容器主要由芯子、外壳和出线结构等几部分组成。用金属箔（作为极板）与绝缘纸或塑料薄膜叠起来一起卷绕，由若干元件、绝缘件和紧固件经过压装而构成电容芯子，并浸渍绝缘油。电容极板的引线经串、并联后引至出线瓷套管下端的出线连接片。电容器的金属外壳内充以绝缘介质油。

电网中的电力负荷如电动机、变压器等，大部分属于感性负荷，在运行过程中需向这些设备提供相应的无功功率。在电网中安装并联电容器等无功补偿设备以后，可以提供感性负荷所消耗的无功功率，减少了电网电源向感性负荷提供、由线路输送的无功功率，由于减少了无功功率在电网中的流动，因此可以降低线路和变压器因输送无功功率造成的电能损耗。

1. 基本结构

常用的并联电容器按其结构不同，可分为单台铁壳式、箱式、集合式、半封闭式、干式和充气式等多类品种。高电压并联电容器单元主要由元件、绝缘件、连接件、出线套管和箱壳等组成，有的电容器内部还装设放电电阻和熔丝，其结构如图1-62所示。

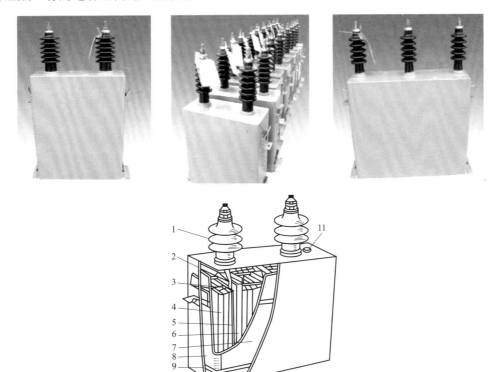

图1-62　高压并联电容器结构图

1—出线套管；2—出线连接片；3—连接片；4—元件；5—出线连接片固定板；6—组间绝缘；

7—包封件；8—夹板；9—紧箱；10—外壳；11—封口盖

（1）元件。元件是电容器的基本电容单元，高压并联电容器中的元件通常由两张铝箔作极板、中间夹多层聚丙烯薄膜卷绕后压扁制成。

（2）绝缘件。电容器内部的绝缘件主要由电缆纸及电工纸板经剪切、冲孔、弯折制成，由其构成元件间、元件组间、芯子对箱壳间、引出线对箱壳间、内熔丝对元件间、放电电阻对元件间等处的绝缘。

（3）内熔丝。内部装设了熔丝的电容器单元成为内熔丝电容器。内熔丝是有选择性的限流熔丝，设置方法是每个元件串联一个熔丝，故也称为元件熔丝。

（4）内部放电电阻。放电器件是电容器从电源脱开后能将电容器端子上的电压在规定时间内降低到规定值以下的器件，以使电容器再次投运时不至于产生高的过电压和涌流，并且是保证维护人员安全的措施之一。

（5）芯子。芯子是由元件、绝缘件、箍紧件及其他器件组装成整体并作适当电气连接的电容器的主体器件。

（6）箱壳。高电压并联电容器通常采用 1.5～2mm 厚的冷轧普通钢板或不锈钢板制成的矩形箱壳。

（7）接线端子。接线端子是用来将电容器连接到输电线或母线上的端子，或是用来与其他电容器元件连接的端子。

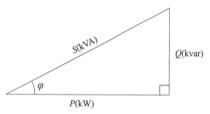

图 1-63　功率向量关系图

P—有功功率；Q—无功功率；S—视在功率

2. 基本原理

功率向量关系如图 1-63 所示。

由功率三角形可以看出，在一定的有功功率下，用电企业功率因数 $\cos\varphi$ 越小，则所需的无功功率越大。如果无功功率不是由电容器提供，则必须由输电系统供给，为满足用电的要求，供电线路和变压器的容量需增大。这样，不仅增加供电投资、降低设备利用率，也将增加线路损耗。为此，《全国供用电规则》规定，无功电力应就地平衡，用户应在提高用电自然功率因数的基础上，设计和装置无功补偿设备，并做到随其负荷和电压变动及时投入或切除，防止无功倒送。还规定，用户的功率因数应达到相应的标准，否则供电部门可以拒绝供电。因此，无论对供电部门还是用电部门，对无功功率进行自动补偿以提高功率因数，防止无功倒送，从而节约电能，提高运行质量都具有非常重要的意义。

无功补偿的基本原理是：把具有容性功率负荷的装置与感性功率负荷并联接在同一电路，能量在两种负荷之间相互交换。这样，感性负荷所需要的无功功率可由容性负荷输出的无功功率补偿。

3. 并联电容器接线方式

电容器组接线方式有星形接线和三角形接线。

实际运行经验表明，三角形接线的电容器组，损坏率远高于星形接线，爆炸起火的事故大多发生在三角形接线的电容器组。这是因为三角形接线的电容器组当电容器发生极间击穿时，会造成电源的相间短路，较大的短路电流流过故障电容器会造成较大的冲击波而使得电容器外壳爆破而起火。而星形接线电容器组，当电容器极间发生击穿不会造成相间短路。即使发生电容器的极间击穿，其故障电流只有电容器组相电流的 3 倍，比起相间短路时故障电流要小很多。因此，目前高压并联电容器组接线只采用星形接线，分为单星形接线和双星形接线，见图1-64。

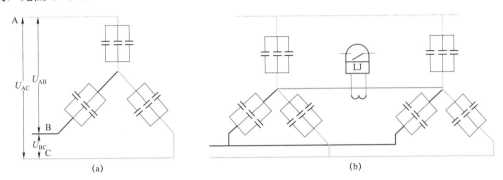

图 1-64　高压并联电容器组星形接线
(a) 单星形；(b) 双星形

星形接线的电容器的极间电压是电网相电压，绝缘承受电压较低，电容器的制造设计可以选择较低的工作场强。其最大优点是可以选择多种保护方式，少数电容器故障击穿短路后，单台的保护可以将故障电容器迅速切除，不致造成电容器爆炸。

双星形接线，是将电容器平均分为两个电容相等或相近的星形接线的电容器组，并联到电网母线，两组电容器的中性点之间经过一台低变比的电流互感器连接。这种接线可以利用其中性点连接的电流保护装置，当电容器故障击穿切除后，会产生不平衡电流，使保护装置动作将电源断开，这种保护方式简单有效，不受系统电压不平衡或接地故障影响。

4. 并联电容器组成套装置

高压并联电容器成套装置（见图1-65）由隔离开关、放电线圈、氧化锌避雷器、串联电抗器、高压并联电容器、电流互感器、断路器和组合柜体（构架）等组成。

QF—断路器，其作用是关、合电容器组。

QS—隔离开关，其作用是在开断电容器组后打开，以防止断路器误合造成事故。操作顺序是在断路器开断后打开，在断路器合闸前先关合。

FV—避雷器，现多用金属氧化物避雷器，其作用是过电压保护（雷电过电压和操作过电压）。

FU—熔断器，其作用是切除单台故障电容器，在设备安全允许切除台数之内时，使电容器装置继续运行。

TV—放电线圈，其作用是在装置退出运行时，将电容器中残存的电荷放掉，其具体要求是在规定的时间内（标准规定，5s），电容器两端的残存电压降到规定值（标准规定，50V），以保证人员和装置在再次合闸的安全。放电线圈的二次电压提供继电保护的信号。

L—串联电抗器，其作用是抑制合闸涌流和电力系统的谐波放大。当仅需抑制合闸涌流时选择电抗率为0.1%～1%的串联电抗器，当需抑制5次谐波放大时选用电抗率4.5%～6%的电抗器，当需抑制3次谐波放大时选用电抗率12%～13%的电抗器。

电抗率一般用K表示，其数值为电抗器的感抗与电容器的容抗的比值百分数表示，即

$$K=XL/XC,\ XL=\omega L,\ XC=1/\omega C$$

式中：XL为感抗；XC为容抗；ω为角频率；L为电感；C为电容。

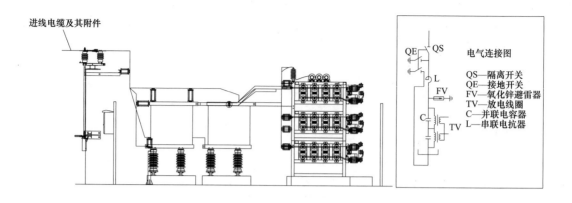

进线电缆及其附件

电气连接图

QS—隔离开关
QE—接地开关
FV—氧化锌避雷器
TV—放电线圈
C—并联电容器
L—串联电抗器

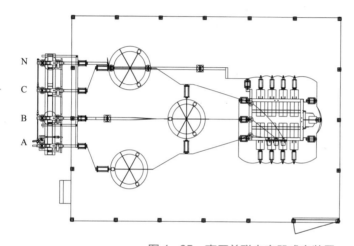

图1-65　高压并联电容器成套装置

5. 并联电容器常见问题

（1）投运时的涌流。

1）产生原因：LC串联谐振，涌流频率为几百赫兹至几千赫兹，可达正常电流的数十倍，其维持时间一般在几十毫秒至几百毫秒。

2）主要危害：造成TA击穿，开关触头电磨损。

（2）退出时的过电压。

1）产生原因：开关重燃，产生的过电压倍数最大可达5倍以上。

2）主要危害：造成电容器及相关设备过电压击穿。

（3）运行中的过电流及过电压。

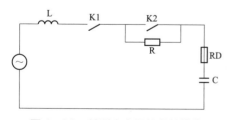

图1-66　并联电容器的保护措施

1）产生原因：电源中的高次谐波与电路的L、C参数产生谐振。

2）主要危害：长时间的过电流和过电压。

（4）并联电容器保护措施（见图1-66）。

1）串联电抗器限流；

2）采用无重燃开关，未经老练的真空开关刚投入使用时，重燃几率为2%～6%，运行中断开电容电流30

次后，基本上就不重燃了；

3）开关中增加辅助触头和并联电阻；

4）单元件熔丝保护；

5）加装避雷器保护；

6）三相电容器组采用双星形接法，当其中某个电容器损坏时，利用中性点不平衡电流起动保护电路。

十、电抗器

电抗器也叫电感器，一个导体通电时就会在其所占据的一定空间范围产生磁场，所以所有能载流的电导体都有一般意义上的感性。然而通电长直导体的电感较小，所产生的磁场不强，因此实际的电抗器是导线绕成螺线管形式，称空芯电抗器；有时为了让这只螺线管具有更大的电感，便在螺线管中插入铁芯，称铁芯电抗器。电抗分为感抗和容抗，目前所说的电抗器专指电感器。电抗器在电力系统中用作限流、稳流、无功补偿、移相等作用，它是一种电感元件，在电网用途十分广泛。

电抗器分类如下：

（1）按结构分，可分为空芯电抗器、铁芯电抗器和带气隙的铁芯电抗器。

（2）按冷却介质分，可分为干式电抗器和油浸式电抗器，如图1-67所示。

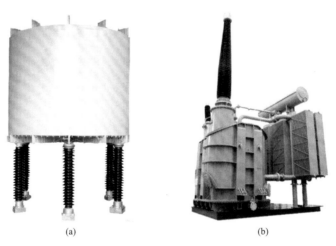

(a)   (b)

图1-67 电抗器

（a）干式电抗器；（b）油浸式电抗器

（3）按作用分。

1）并联电抗器，并联连接在变电站低压侧，用以长距离输电线路的电容无功补偿，使输配电系统电压稳定运行。

2）串联电抗器，在并联补偿电容器装置中，与并联电容器串联连接，用以抑制电压放大，减少系统电压波形畸变和限制电容器回路投入时的冲击电流。

3）限流电抗器，串联连接在6～63kV系统中，在系统发生故障时，用以限制短路电流，使短路电流降至其设备的允许值。

4）滤波电抗器，与电容组成谐振回路，滤除指定的高次谐波。

5）起动电抗器，与交流电动机串联连接，用以限制电动机的起动电流，起动后电抗器被切除。

6）分裂电抗器，在配电系统中，正常运行时其电感很低，一旦出现故障，则对系统呈出较大的阻抗以限制故障电流，这种电抗器被使用在所有情况下保持隔离的两个分离馈电系统。

1. 基本结构

（1）干式电抗器。干式电抗器可分为空芯式和铁芯式，铁芯式干式电抗器按照铁芯结构的不同可以分为两类，一类是铁芯中带非磁性间隙；另一类是铁芯无间隙，与变压器一样，空芯式干式电抗器结构如图 1—68 所示。

铁芯中带非磁性间隙的电抗器是由树脂与玻璃纤维复合固化的绝缘材料浇注成形，以空气为复合绝缘介质、以含有非磁性间隙的铁芯和铁轭为磁通回路，铁饼、间隙、铁轭和绕组是干式铁芯电抗器的主要组成部分。

（2）油浸式电抗器（见图 1—69）。油浸式电抗器可以制成各种电压等级和满足不同的容量要求。超、特高压和大容量的电抗器一般做成单相式，高、中压电抗器则一般做成三相式，结构上分为带气隙的铁芯式和绕组内部没有铁芯的空芯壳式。带气隙的铁芯由硅钢片叠成的铁芯饼组装而成，饼间用弹性模数很高的硬质垫块（通常用陶瓷或石质小圆柱）同铁饼黏结而形成气隙。

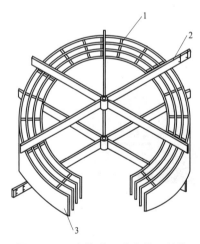

图 1—68　空芯式干式电抗器结构

1—引拔条；2—接线臂；3—包封绝缘

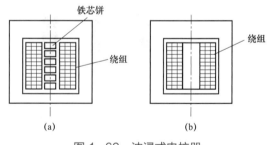

图 1—69　油浸式电抗器

（a）铁芯式；（b）空芯壳式

大容量电抗器的铁芯饼多采用扇形叠片组装的径向辐射形式，以防止向外扩散磁通中的一部分垂直进入叠片而引起涡流过热。超高压大容量的电抗器多采用纠结式绕组，绕组与铁芯间装设若干层铝箔静电围屏。中压大容量的电抗器多采用由多股换位导线绕制的多层螺旋形绕组。有的电抗器在边柱上增加一个二次绕组，可以输出一定的电量，称为带有抽能绕组的电抗器。

2. 工作原理

电抗器是一个大的电感线圈，根据电磁感应原理，感应电流的磁场总是阻碍原来磁通的变化，如果原来磁通减少，感应电流的磁场与原来的磁场方向一致，如果原来的磁通增加，感应电流的磁场与原来的磁场方向相反。

电网中所采用的电抗器，根据需要可以布置为垂直、水平和品字形三种装配形式。在电力系统发生短路时，会产生很大的短路电流。如果不加以限制，要保持电气设备的动态稳定和热稳定是非常困难的。因此，为了满足某些断路器遮断容量的要求，常在出线断路器处串联电抗器，增大短路阻抗，限制短路电流。发生短路时，电抗器上的电压降较大，也起到了维持母线电压水平的作用，使母线上的电压波动较小，保证了非故障线路上的用户电气设备运行的稳定性。

并联电抗器一般接在超高压输电线的末端和地之间，起无功补偿作用。220、110、35kV和 10kV 电网中的电抗器是用来吸收电缆线路的充电容性无功的。可以通过调整并联电抗器的数量来调整运行电压。超高压并联电抗器有改善电力系统无功功率有关运行状况的多种功能，主要包括：①轻空载或轻负荷线路上的电容效应，以降低工频暂态过电压。②改善长输电线路上的电压分布。③使轻负荷时线路中的无功功率尽可能就地平衡，防止无功功率不合理流动，同时也减轻了线路上的功率损失。④在大机组与系统并列时降低高压母线上工频稳态电压，便于发电机同期并列。⑤防止发电机带长线路可能出现的自励磁谐振现象。⑥当采用电抗器中性点经小电抗接地装置时，还可用小电抗器补偿线路相间及相地电容，以加速潜供电流自动熄灭。

十一、消弧线圈

电力系统输电线路经消弧线圈接地，为小电流接地系统的一种，当单相出现短路故障时，10~63kV 电力线路多属于这种情况。消弧线圈的作用是当电网发生单相接地故障后，流经消弧线圈的电感电流与流过的电容电流相加为流过短路接地点的电流，电感电容上电流相位相差180°，相互补偿。当消弧线圈正确调谐时，两电流的量值小于发生电弧的最小电流时，电弧就不会发生，也不会出现谐振过电压现象。即故障点流过电容电流，消弧线圈提供电感电流进行补偿，使故障点电流降至 10A 以下，有利于防止弧光过零后重燃，达到灭弧的目的，有效减少产生弧光接地过电压的几率，还可以有效的抑制过电压的辐值，同时也最大限度地减小了故障点热破坏作用及接地网的电压等，防止事故进一步扩大。

消弧线圈早期采用人工调匝式固定补偿的消弧线圈，称为固定补偿系统。固定补偿方式很难适应变动比较频繁的电网，已逐渐不再使用。取代它的是跟踪电网电容电流自动调谐的装置，这类装置又分为以下三种。

（1）随动式补偿系统。工作方式是：自动跟踪电网电容电流的变化，随时调整消弧线圈，使其保持在谐振点上，在消弧线圈中串联一电阻，增加电网阻尼率，将谐振过电压限制在允许的范围内。当电网发生单相接地故障后，控制系统将电阻短接掉，达到最佳补偿效果，该系统的消弧线圈不能带高压调整。

（2）动态补偿系统。工作方式是：在电网正常运行时，调整消弧线圈远离谐振点，彻底避免串联谐振过电压和各种谐振过电压产生的可能性，当电网发生单相接地后，瞬间调整消弧线圈到最佳状态，使接地电弧自动熄灭。这种系统要求消弧线圈能带高电压快速调整，从根本上避免了串联谐振产生的可能性，通过适当控制，该系统是唯一可能使电网中原有的功率方向型单相接地选线装置继续使用的系统。国内自动补偿的消弧线圈主要有五种产品，分别是调气隙式、调匝式、调容式、高短路阻抗变压器式和偏磁式。

（3）预调式补偿方式。工作方式是系统正常运行的时候，消弧线圈预先调节，等候在补偿装置；当系统发生单相接地故障的时候，消弧线圈零延时进行补偿。而且预调式一次设备部分电子元件少，结构简单可靠，故障发生的时候补偿不依赖于二次电源。

十二、站用变压器

站用变压器俗称站用变，是变电站站用电源变压器，直接从母线取电二次侧一般有一至两组绕组，主要作用有：①提供站内的生产生活用电；②为变电站内设备提供交流电，如保护屏、高压开关柜内的储能电动机、SF_6 开关储能、主变压器有载调压机构等需要操作电源的设备；③为站内直流系统充电。

站用变压器是变压器的一种，工作原理与变压器相同，其原理如图 1-70 所示。

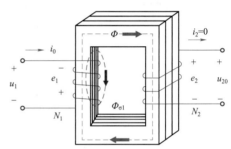

图 1-70　站用变压器工作原理图

十三、接地变压器

接地变压器俗称接地变，根据填充介质，接地变可分为油浸式和干式；根据相数，接地变可分为三相接地变和单相接地变。接地变压器的作用是在系统为△型接线或 Y 型接线中性点无法引出时，引出中性点用于加接消弧线圈或电阻，此类变压器采用 Z 型接线（或称曲折型接线），与普通变压器的区别是，每相线圈分成两组分别反向绕在该相磁柱上，这样连接的好处是零序磁通可沿磁柱流通，而普通变压器的零序磁通是沿着漏磁磁路流通，所以 Z 型接地变压器的零序阻抗很小（10Ω左右），而普通变压器要大得多。接地变压器是人为的制造一个中性点，用来连接接地电阻。当系统发生接地故障时，对正序负序电流呈高阻抗，对零序电流呈低阻抗性使接地保护可靠动作。按规程规定，用普通变压器带消弧线圈时，其容量不得超过变压器容量的 20%。Z 型变压器则可带 90%～100%容量的消弧线圈，接地变压器除可带消弧圈外，也可带二次负载，可代替站用变压器，从而节省投资费用。

接地变压器按接线方式分为 ZNyn 接线（Z 型）或 YNd 接线两种，其中性点可接入消弧线圈或接地电阻接地。现在多采用 Z 型（曲折型）接地变压器经消弧线圈或小电阻接地。

对于 35、66kV 配电网，变压器绕组通常采用 Y 型接线，有中性点引出，就不需要使用接地变压器。对于 6、10kV 配电网，变压器绕组通常采用△型接线，无中性点引出，这就需要用接地变压器引出中性点。接地变压器的作用就是在系统为△型接线或 Y 型接线中性点未引出时，用于引出中性点以连接消弧线圈。

接地变压器采用 Z 型接线（或者称曲折型接线）（见图 1-71），即每一相线圈分别绕在两个磁柱上，两相绕组产生的零序磁通相互抵消，因而 Z 型接地变压器的零序阻抗很小（一般小于 10Ω），空载损耗低，变压器容量可以利用 90%以上。而普通变压器零序阻抗要大很多，消弧线圈容量一般不应超过变压器容量的 20%，由此可见，Z 型接线的变压器作为接地变压器是一种比较好的选择。Z 型接地变压器，在结构上与普通三相芯式电力变压器相同，只是每相绕组上分为上下相等匝数的两部分，结成曲折形连接。按接线方式，又分为 ZNyn1 和 ZNyn11 两种形式。Z 型接地变压器还可以装有低压绕组，结成星形中性点接地的方式，作为站用变使用。

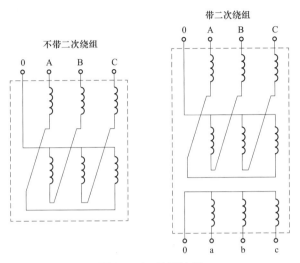

图 1-71　Z 型接线

当系统发生接地故障时，接地变对正序负序电流呈高阻抗，对零序电流呈低阻抗使接地保护可靠动作。

一般系统不平衡电压较大时，Z 型变压器的三相绕组做成平衡式，就可以满足测量需要。当系统不平衡电压较小时（例如全电缆网络），Z 型变压器的中性点要做出 30～70V 的不平衡电压以满足测量需要。

接地变压器除可带消弧线圈外，也可带二次负载，代替站用变压器。在带二次负载时，接地变压器的一次容量应为消弧线圈容量与二次负载容量之和。

十四、耦合电容器

耦合电容器是一种在电路上用于增强并抵抗信号传递干扰的电容器。耦合电容器主要用于家用电器或者高压输电线路，起到保护信号及控制电能的作用。耦合电容器不能单独作为电力设备，通常需要结合阻波器及滤波器一起使用。通过结合滤波器及阻波器使用可以有效提高高压工频电流的稳定及保护高频设备的安全，将高压强电和高频设备隔离，并阻止其他频率信号对于工作信号的干扰。

耦合电容器是使强电和弱电系统通过电容器耦合并隔离，提供高频信号通路，阻止低频电流进入弱电系统，保证人身安全。带有电压抽取装置的耦合电容器除以上作用外，还可抽取工频电压供保护及重合闸使用，起到电压互感器的作用。耦合方法有多种，其中电容耦合又称电场耦合或静电耦合，是由于分布电容的存在而产生的一种耦合方式。

耦合电容器是用来在电网中传递信号的电容器。主要用于工频高压及超高压交流输电线路中，以实现载波、通信、测量、控制、保护及抽取电能等目的。

十五、高压熔断器

熔断器是最简单的保护电器，用来保护电气设备免受过载和短路电流的损害，主要用于高压输电线路、电力变压器、电压互感器等电气设备的过载和短路保护。按安装条件及用途选择不同类型高压熔断器，如户外跌落式、户内式，对于一些专用设备的高压熔断器应选专用系列，常用的熔件材料为银和铜（铜在空气，特别在高温下较易氧化，可采用镀银的办法解决）。

熔断器的选择要求是：在电气设备正常运行时，熔断器不应熔断；在出现短路时，应立即熔断；在电流发生正常变动（如电动机起动过程）时，熔断器不应熔断；在用电设备持续过载时，应延时熔断。熔断器的额定电压要大于或等于电路的额定电压。熔断器的选用主要包括熔断器类型选择和熔体额定电流的确定。熔断器可根据不同的使用场合、电压等级、保护对象和要求进行选型。

目前常见的户内高压熔断器均为填充石英砂的限流型熔断器，如RN1、RN3和RN5型，用于交流电力线路及配电变压器的过载及短路保护；RN2与RN6型，只用于电压互感器的保护，其额定电流只有0.5A一种。户外高压熔断器分为跌落式和支柱式。

十六、母线

母线是指用高导电率的铜（铜排）、铝质材料制成的，在电力系统中，母线将配电装置中的各个载流分支回路连接在一起，用以传输电能，具有汇集和分配电力能力的设备，是变电站输送电能用的总导线。通过它，把发电机、变压器或整流器输出的电能输送给各个用户或其他变电站。

母线一般包括一次设备部分的主母线和设备连接线、站用电部分的交流母线、直流系统部分的直流母线、二次部分的小母线。

1. 母线的分类

母线按外形和结构，大致分为以下三类：

（1）硬母线，包括矩形母线、圆形母线、管型母线等。

（2）软母线，包括铝绞线、铜绞线、钢芯铝绞线、扩径空芯导线等。

（3）封闭母线，包括共箱母线、分相母线等。

2. 母线的特点

采用铜排或者铝排的母线，电流密度大、电阻小、集肤效应小，无须降容使用。电压降小也就意味着能量损耗小，最终节约用户的投资。对于软母线，由于软母线是多股线，其根面积较同电流等级的母线要大，并且其"集肤效应"严重，减少了电流额定值，增加了电压降，容易发热。线路的能量损失大，容易老化。

3. 母线的相色

三相交流母线，A相黄色、B相绿色、C相红色。直流母线，正极为赭色、负极为蓝色。

4. 母线结构图

变电站一次常用母线类型有悬挂式管型母线（见图1-72）、支撑式管型母线（见图1-73）。

图 1-72 悬挂式管型母线

图 1-73 支撑式管型母线

第四节 继电保护及自动装置

一、线路保护

1. 纵联保护

纵联保护是利用线路两端的电气量的变化而构成的保护，而两端信号的传输需要保护通道。线路保护的通道有光纤通道、高频通道、短引线通道、微波通道等，目前主要使用的是光纤通道和高频通道。光纤通道分为专用光纤通道和复用光纤通道，高频通道分为专用高频通道和复用高频通道。从保护装置实际使用来看，纵联差动保护使用的是光纤通道；纵联方向、纵联距离等可使用高频通道，也可使用光纤通道，若使用高频通道，一般投闭锁式逻辑；使用光纤通道，一般投允许式逻辑。

（1）光纤纵联电流差动保护。输电线的纵联差动保护是用某种通信通道将输电线两端的保护装置纵向连接起来，将各端的电气量传送到对端，比较两端的电气量，以判断故障在本线路范围内还是在线路范围外，从而决定是否跳闸。因此，从理论上讲这种纵联差动保护有绝对的选择性。比较不同的电气量构成不同原理的纵联保护。目前，光纤纵联电流差动保护已广泛应用。

（2）高频闭锁方向保护（见图1-74）。高频闭锁方向保护是利用高频信号，间接比较线路两侧电气量的方向，以判别是被保护线路内部故障还是外部故障，决定其是否动作的一种保护。一般规定母线指向线路的电流方向为正方向，线路指向母线的电流方向为反方向。被保护线路两侧都装有方向元件，当被保护线路内部故障时，两侧短路电流方向皆为母线指向线路，方向元件均感受为正方向，两侧均不发闭锁信号，线路两侧断路器立即跳闸。当被保护线路外部故障时，近故障点一侧的短路电流方向由线路指向母线，该侧方向元件感受为

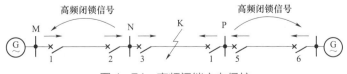
图 1-74 高频闭锁方向保护

反方向，发出高频闭锁信号，一方面使该侧保护不动作；另一方面将高频闭锁信号送到对侧。对侧的短路电流方向由母线指向线路，方向元件虽感受为正方向，但因收到对侧送来的高频闭锁信号，故这一侧保护被闭锁而不会动作，从而保证了选择性。

（3）纵联距离保护。由具有方向性的阻抗继电器来代替纵联方向保护中的方向元件构成纵联距离保护。

线路发生外部故障时，两侧中至少有一侧（近故障点侧）的阻抗测量元件不动作，综合比较两侧阻抗测量元件的动作行为可以区别故障线路与非故障线路，故而把这种纵联保护称作纵联距离保护。

当用闭锁信号实现纵联距离保护时，可让阻抗继电器不动作的一侧一直发闭锁信号。这样在非故障线路 MN 上至少近故障点的 N 侧可一直发闭锁信号，所以两侧保护被闭锁不会误动。而在故障线路上由于两侧阻抗继电器均动作，所以最后两侧都不发闭锁信号，故而两侧都能跳闸。

2. 阶段式距离保护

距离保护是反映故障点至保护安装处的距离，并根据距离的远近确定动作时间的一种保护装置。故障点距保护安装处越近，保护的动作时间就越短；故障点距保护安装处越远，保护的动作时间就越长，从而保证动作的选择性。测量故障点至保护安装处的距离，实际上就是用阻抗继电器测量故障点至保护安装处的阻抗。因此，距离保护又叫做阻抗保护。

为保证选择性，瞬时动作的距离 I 段的保护范围为被保护线路全长的 80%～85%，动作时限为各继电器的固有动作时间，约 0.1s 以内，故认为是瞬时动作。距离 II 段的保护范围为被保护线路的全长及下一线路的 30%～40%，动作时限要与下一线路的距离 I 段的动作时限配合，即 $t_1^{II} = t_2^{I} + \Delta t$，为 0.5s。距离 III 段为后备保护，其保护范围较长，一般包括本线路及下一线路全长甚至更远，故距离 III 段的动作时限应按阶梯原则整定，即 $t_1^{III} = t_1^{II} + \Delta t$。

距离保护是反映故障点到保护安装处的距离并根据距离的远近决定动作时间的保护。即动作时间与故障点到保护安装处的距离成正比，即故障点离保护安装处越近，动作时间越短。距离保护做成三段。第 I 段，动作时限为零（不含阻抗元件的固有动作时间），只能保护被保护线路首端起全长的 80%～85%，否则满足不了选择性的要求。第 II 段保护线路末端（即第 I 段保护不到的部分）和下级线路首端的一部分。上级第 II 段的保护，范围不能超过下级第 I 段保护范围，否则也会无选择动作，动作时限取 0.5s。第 III 段仍为后备保护，按负荷阻抗的大小整定，正常运行不误动，为阶梯型动作时限特性。

阶段式距离保护简易逻辑框图见图 1-75。

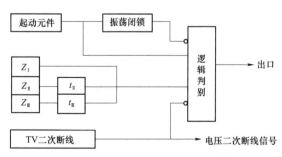

图 1-75　阶段式距离保护简易逻辑框图

3. 零序保护

（1）零序电流保护。零序电流保护通常采用三段式或四段式。三段式零序电流保护由零序电流速断（零序 I 段）、限时零序电流速断（零序 II 段）、零序过电流（零序 III 段）组成。

1）零序 I 段的动作电流应躲过被保护线路末端发生单相或两相接地短路时可能出现的最大零序电流 $3\dot{i}_{0 \cdot max}$。

2）躲过由于断路器三相触头不同时合闸所出现的最大零序电流。

3）在 220kV 及以上电压等级的电网中，当采用单相或综合重合闸时，会出现非全相运行状态，若此时系统又发生振荡，将产生很大的零序电流，按 1）、2）来整定的零序 I 段可能误动作。如果使零序 I 段的动作电流按躲开非全相运行系统振荡的零序电流来整定，则整定值高，正常情况下发生接地故障时，保护范围缩小。

为此，通常设置两个零序 I 段保护。一个是按整定原则 1）、2）整定，由于其定值较小，保护范围较大，称为灵敏 I 段，它用于全相运行状态下出现的接地故障，在单相重合闸时，则将其自动闭锁，并自动投入第二种零序 I 段。称为不灵敏 I 段，按躲开非全相振荡的零序电流整定，其定值较大，灵敏系数较低，用来保护非全相运行状态下的接地故障。

灵敏的零序 I 段，其灵敏系数按保护范围的长度来校验，要求最小保护范围不小于线路全长的 15%。

零序 II 段能保护线路全长，以较短时限切除接地故障。其动作电流与下一线路的零序 I 段配合。零序 II 段的动作时限比下一线路零序 I 段的动作时限大一个时限级差 Δt，为 0.5s。

零序 II 段的灵敏系数，按本线路末端接地短路时的最小零序电流来校验，要求灵敏系数 $K_{sen} \geq 1.5$。

零序过电流保护（零序 III 段）在正常运行及外部相间短路时不应动作，而此时零序电流过滤器有不平衡电流输出并流过本保护，所以零序 III 段的动作电流应按躲过最大不平衡电流来整定。

零序 III 段保护的灵敏系数，按保护范围末端接地短路时的最小零序电流来校验。作近后备时，校验点取本线路末端，要求 $K_{sen} \geq 1.5$；作下一线路的远后备时，校验点取下一线路末端，要求 $K_{sen} \geq 1.25$。

（2）零序方向电流保护。三段式零序方向电流保护的原理接线图如图 1–76 所示。只有在零序功率方向元件动作后，零序电流保护才能动作于跳闸。当发生正方向接地故障时，功率方向继电器判别功率方向为正而动作，电流继电器流过故障电流动作，故保护跳闸。I、II、III 段零序电流保护共用一个功率方向继电器。

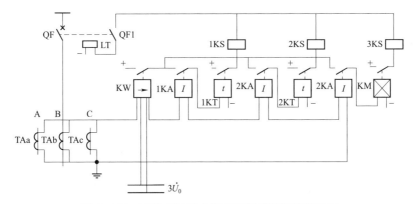

图 1–76 三段式零序方向电流保护的原理接线图

4. 阶段式电流保护

电流速断保护、限时电流速断保护和过电流保护都是反映电流升高而动作的保护，它们之间的区别在于按照不同的原则来选择动作电流。速断是按照躲开本线路末端的最大短路电流来整定；限时速断是按照躲开下级各相邻线路电流速断保护的最大动作范围来整定；过电流保护则是按照躲开本元件最大负荷电流来整定。

由于电流速断不能保护线路全长，限时电流速断又不能作为相邻元件的后备保护，因此为保证迅速而有选择性地切除故障，常常将电流速断保护、限时电流速断保护和过电流保护组合在一起，构成阶段式电流保护。具体应用时，可以只采用速断保护加过电流保护，或限时速断保护加过电流保护，也可以三者同时采用。

5. 不同电压等级线路保护配置

电力系统中的电力设备和线路，应装设短路故障和异常运行的保护装置。电力设备和线路短时故障的保护应有主保护和后备保护，必要时可增设辅助保护，主保护是满足系统稳定和设备安全要求，能以最快速度有选择地切除被保护设备和线路故障的保护。后备保护是主保护或断路器拒动时，用以切除故障的保护。继电保护装置应满足可靠性、选择性、灵敏性和速动性的要求。

（1）110kV 及以下线路微机保护配置。

1）基本要求。3～110kV 电网继电保护一般采用远后备原则，即在临近故障点的继电保护或该断路器本身拒动时，能由电源上一级断路器处的继电保护动作切除故障。110kV 及以下电网均采用三相重合闸。

对于 110kV 单侧电源线路，可装设阶段式相电流和零序电流保护，作为相间和接地故障的保护，如不能满足要求，则装设阶段式相间和接地距离保护，并辅之用于切除经电阻接地故障的一段零序电流保护。110kV 双侧电源线路，可装设阶段式相间和接地距离保护，并辅之用于切除经电阻接地故的一段零序电流保护。

3～10kV 中性点非有效接地电网的线路，对相间短路：单侧电源线路可装设两段过电流保护。双侧电源线路：①可装设带方向或不带方向的电流速断保护和过电流保护；②双侧电源短线路、电缆线路、并联连接的电缆线路宜采用光纤电流差动保护作为主保护，带方向或不带方向的电流保护作为后备保护；③并列运行的平行线路，尽可能不并列运行，当必须并列运行时，应配以光纤电流差动保护，带方向或不带方向的电流保护作后备保护；④发电厂厂用电源线（包括带电抗器的电源线），装设纵联电流差动保护和过电流保护。

3～10kV 中性点非有效接地电网的线路，对单相接地短路：①在发电厂和变电站母线上，应装设单相接地监视装置。监测零序电压，动作于信号；②有条件安装零序电流互感器的线路，如电缆线路或经电缆引出的架空线路，当单相接地电流能满足保护的选择性和灵敏性要求时，应装设动作于信号的单相接地保护；③如不能安装零序电流互感器，而单相接地保护能够躲过电流回路中的不平衡电流的影响，例如单相接地电流较大，或接地电流的暂态值等，也可将保护装置接于三相电流互感器构成的零序回路中。在出线回路数不多，或难以装设选择性单相接地保护时，可用依次断开线路的方法，寻找故障线路。④根据人身和设备安全的要求，必要时，应装设动作于跳闸的单相接地保护，可能时常出现过负荷的电缆线路，应装设过负荷保护。

2）110kV 线路保护配置及组屏。110kV 系统属于大电流接地系统，根据 GB/T 14285—2006《继电保护和安全自动装置技术规程》的相关规定，110kV 线路保护一般配置为：阶段式距离保护、TV 断线后过电流保护、阶段式零序过电流保护、过负荷保护、重合闸，可以选配纵联保护。

相间短路和接地短路由阶段式距离保护实现，距离保护范围不随系统运行方式改变；TV断线时距离保护被闭锁，此时发生短路可由 TV 断线后两段过电流保护实现；四段零序电流保护反映接地故障；系统负荷过大时由过负荷保护动作于信号或跳闸；110kV 及以下系统开关采用三相一致开关，若为架空线路或架空电缆混合线路，其重合闸方式采用三相一次重合闸；线路发生转换性故障或永久性故障时，重合闸与保护的配合宜采用电流后加速保护动作。

110kV 线路保护一般配置单面保护屏，保护装置包括完整的三段相间和接地距离保护、四段零序方向过电流保护、低频保护；装置配有三相一次重合闸功能、过负荷告警功能；装置还带有跳合闸操作回路以及交流电压切换回路。

3）110kV 以下线路保护配置及组屏。110kV 以下电压等级系统为非直接接地系统或小电阻接地系统，目前很多产品是保护、测量、控制、信号四合一装置，可在开关柜就地安装。保护功能配置一般为：①三段定时限过电流保护，其中第三段可整定为反时限段；②三段零序过电流保护/小电流接地选线；③三相一次重合闸（检无压或不检）；④过负荷保护；⑤过电流/零序合闸后加速保护（前加速或后加速）；⑥低频减载、低压减载保护；⑦独立的操作回路及故障录波；⑧选配纵联保护。

非直接接地系统或小电阻接地系统发生相间故障时，三段过电流保护动作，为了提高保护灵敏度，可选带方向电压闭锁，使电流定值下降，反时限过电流保护能提高Ⅰ段Ⅱ段电流保护拒动时保护的速动性，其特点是短路电流越大，保护动作时限越短。在经小电阻接地系统中，接地零序电流相对较大，故采用直接跳闸方法，装置中设置三段零序过电流保护（其中零序过电流Ⅲ段可整定为报警或跳闸）。若为不接地系统，发生单相接地故障时，系统可以非全相运行 2h，依靠小电流接地选线发现故障线路，手动或自动跳闸。110kV 及以下系统开关采用三相一致开关，若为架空线路或架空电缆混合线路，其重合闸方式采用三相一次重合闸。线路发生永久性故障，过电流保护可选择前加速或后加速保护动作，使用广泛的为后加速方式。当电力系统发生严重故障，如联络线跳闸，大机组切除等，有功和无功严重缺额时，超出小系统的正常调节能力，采用低压减载、低频减载功能可以防止电力系统频率或电压崩溃。对于加装以上保护仍不能满足要求的双侧电源短线路、电缆线路、并联连接的电缆线路、并列运行的平行线路、发电厂厂用电源线（包括带电抗器的电源线），宜装设纵联差动保护。

目前很多厂家 110kV 及以下电压等级线路的成套保护采用相同型号，保护装置可通过软件和插件配置，分别实现不同电压等级的保护功能。

（2）220kV 线路微机保护配置。

1）基本要求。根据规定，目前，220kV 线路保护装置配置了纵联保护作为主保护，它对本线路首端、中间、末端金属性短路故障都能快速动作切除故障，当主保护拒动时，距离保护Ⅰ段和零序保护Ⅰ段对线路首端也能无延时快速动作，而对于线路中间和末端的故障，采用距离保护和零序保护的延时段来保证选择性和灵敏性，在不能保证选择性和灵敏性要求，不能兼顾的情况下，优先保证灵敏性，即可使保护无选择动作，但必须采取补救措施，例如采用自动重合闸来补救。

220kV 线路保护一般采用近后备保护方式。即当故障线路的一套继电保护拒动时，由相互独立的另一套继电保护装置动作切除故障。而断路器拒动时，起动断路器失灵保护，断开与故障元件相连的所有其他连接电源的断路器，需要时，可采用远后备保护方式，即故障元件的继电保护或断路器拒动时，由电源侧最近故障元件的上一级继电保护装置动作切除故障。

2）220kV 线路保护的组屏和配置原则。根据 Q/GDW 161—2014《线路保护及辅助装置标准化设计规范》的相关规定，220kV 线路保装置应双重化，即配置两套完全独立的全线速断的数字式保护，宜由不同的保护动作原理、不同厂家的硬件结构构成。220kV 线路两侧对应的保护装置应采用同型号（系列）同原理的保护，每套保护除了全线速断的纵联保护外，还应具有完整阶段式相间距离、接地距离保护及必需的方向零序后备保护。每套完整、独立的保护装置应能处理可能发生的所有类型的故障；两套保护之间不应有任何电气的联系，当一套保护退出时不应影响另一套保护的运行；两套保护装置的跳闸回路应分别作用于断路器的两个跳闸线圈；两套保护装置与其他保护、设备配合的回路应遵循相互独立的原则；应配置两套独立的通信设备（含复用光纤通道、独立光纤芯、微波、载波等通道及加工设备等），并分别由两套独立的通信电源供电，两套通信设备和通信电源在物理上应完全隔离（两套电源人工切换，正常不并列运行，第一套主保护应采用第一跳闸回路，第二套主保护采用第二跳闸回路，其他继电保护装置宜采用第一跳闸回路，与线路断路器控制单元（重合闸、失灵电流判别元件等）组屏在一起的保护为第一套线路保护，与保护操作箱组屏在一起的保护为第二套线路保护。

220kV 线路重合闸按断路器独立配置，应具有单重、三重、综重功能：宜采用单相重合闸；对单侧电源终端线路：电源侧采用任何故障三跳，仅单相故障三合的特殊重合闸，采用检无压方式；无电源或小电源侧保护和重合闸停用；当终端负荷变电站线路保护采用带有弱馈功能的线路保护或线路两侧为分相电流差动保护时，线路重合闸可采用单相重合闸；对同杆双回线不采用多相重合闸方式；正常单线送三台变压器运行时，线路重合闸停用；220kV 电缆线路重合闸正常应停用。电缆架空混合线路重合闸宜正常停用，在运行单位提出要求时也可投入重合闸。

220kV 联络线运行，线路两侧开关正常运行。线路保护投运原则：线路两侧线路保护装置正常投跳（线路有保护运行），线路单相重合闸随纵联保护正常运行。馈电线运行，线路两侧开关正常运行。电源侧线路保护正常投跳，采用"三相一次重合闸方式"，受电侧线路距离、零序、重合闸停用（分相电流差动可为弱电应答状态）。

根据 Q/GDW 161—2014，其组屏和配置原则如下：

a. 220kV 线路按双重化原则配置两套全线速断的数字式保护，按两面屏（柜）方案配置。

a）线路保护 1 屏（柜）：线路保护 1（含重合闸）+分相操作箱 1、2（含电压切换箱）+（信号传输装置）；

b）线路保护 2 屏（柜）：线路保护 2（含重合闸）+（信号传输装置）。

b. 220kV 线路两侧对应的保护装置应采用同一原理、同一型号、同一软件版本的保护。

c. 线路保护屏（柜）上设备居中布置，自上至下依次为分相操作箱、线路保护装置、信号传输装置、打印机、压板。

d. 两套线路保护应完全按双重化原则配置，并满足以下要求：

a）由不同的保护动作原理、不同厂家的硬件结构构成。

b）两套保护装置的直流电源应取自不同电池组供电的直流母线段。

c）两套保护一一对应地作用于断路器的两个跳闸线圈。

d）线路保护独立完成合闸（包括手合、重合）后加速跳闸功能。

e）保护所用的断路器和隔离开关辅助触点、切换回路以及与其他保护配合的相关回路也应遵循互独立的原则按双重化配置。

f）合理分配保护所接电流互感器二次绕组，对确无办法解决的保护动作死区，可采取起动失灵及远方跳闸等措施加以解决。

e. 两套线路保护的外部输入回路、输出回路、压板设置、端子排排列应完全相同。

f. 线路保护装置应具有 GPS 对时功能。

二、主变压器保护

1. 差动保护

变压器的差动保护作为变压器电气量的主保护，其保护范围是各侧电流互感器所包围的电气部分，在这个范围内发生的绕组相间短路、匝间短路、引出线相间短路及中性点接地侧绕组、引出线、套管单相接地短路时，差动保护均要动作。

变压器的差动保护有变压器纵差保护、分侧差动保护、零序差动保护等。

变压器纵差保护是变压器的主保护。电压在 10kV 以上、容量在 10MVA 及以上的变压器均需配备纵差保护。图 1-77 为变压器纵差保护原理接线图。分侧差动保护是将变压器的各侧绕组分别作为被保护对象，在各侧绕组的两端设置电流互感器而实现差动保护。分侧差动保护多用于超高压大型变压器的 Y 侧，与变压器纵差保护相比，其动作灵敏度高、构成简单，不受变压器励磁电流、励磁涌流、带负荷调压及过激磁的影响。图 1-78 变压器高压侧分侧差动原理接线图。

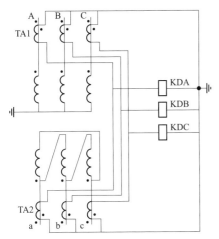

图 1-77　变压器纵差保护原理接线图
TA1、TA2—变压器两侧 TA；
KDA、KDB、KDC—差动元件

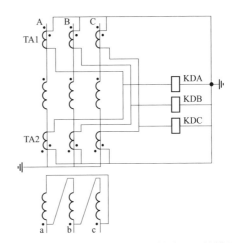

图 1-78　变压器高压侧分侧差动原理接线图
TA1、TA2—高压绕组两侧 TA；
KDA、KDB、KDC—差动元件

零序差动保护由高压侧、中压侧和公共绕组侧的零序电流构成，各侧零序电流由微机型保护自产所得。零差保护主要用于大容量超高压三卷自耦变压器 Y 侧内部接地故障。零差保护不受变压器励磁涌流、过励磁及带负荷调压的影响，其构成简单，动作灵敏度高。图 1-79 为自耦变压器零差保护原理接线图。

2. 复合电压闭锁过电流（方向）保护

复合电压过电流保护适用于升压变压器、系统联络变压器及过电流保护不能满足灵敏度

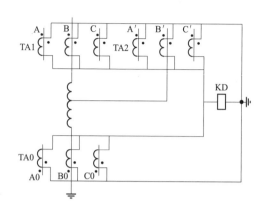

图 1-79　自耦变压器零差保护原理接线图

TA1、TA2、TA0—分别为变压器高、中压侧及公共绕组
零序 TA；KD—零序差动元件

要求的降压变压器。利用负序电压和低电压构成的复合电压能够对反映保护范围内变压器的各种故障，降低了过电流保护的电流整定值，提高了过电流保护的灵敏度。

复合电压过电流保护，由复合电压元件、过电流元件及时间元件构成，作为被保护设备及相邻设备相间短路故障的后备保护。保护的接入电流为变压器本侧 TA 二次三相电流，接入电压为变压器本侧或其他侧 TV 二次三相电压。对于微机型保护，可以通过软件方法将本侧电压提供给其他侧使用，这样就保证了变压器任意某侧 TV 有检修时，仍能使用复合电压过电流保护。

图 1-80 所示为复合电压过电流保护逻辑框图，可以看出，当变压器发生故障，故障侧电压低于整定值或负序电压大于整定值且 a 相或 b 相或 c 相电流大于整定值时，保护动作，经延 t 作用于切除变压器。对于复压闭锁方向过电流保护，在复压闭锁过电流保护的基础上增加了方向元件，方向应指向变压器。保护的接入电流为变压器本侧 TA 二次三相电流，接入电压为变压器本侧 TV 二次三相电压。对于微机型主变压器保护而言，当某侧 TV 检修时，复压闭锁方向过电流保护的方向元件将退出，保护装置根据保护整定自动转换为复压闭锁过电流保护或者过电流保护。

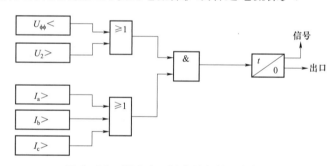

图 1-80　复合电压过电流保护逻辑框图

$U_{\phi\phi}$＜—a、c 两相之间低电压元件；U_2＞—负序过电压元件；I_a＞、I_b＞、I_c＞—a、b、c 相过电流元件

3. 零序保护

（1）零序电流保护。对于中性点直接接地的变压器，装设零序电流保护作为接地短路故障的后备保护。当双绕组变压器中性点接地开关合上时，变压器直接接地运行，零序电流可取自中性点回路的零序电流，接于中性点回路的电流互感器 TA 一次额定电流通常选为高压侧额定电流的（1/4～1/3）。零序保护由两段零序电流构成，见图 1-81，Ⅰ段整定电流（动作电流）与相邻线路零序过电流保护Ⅰ（或Ⅱ）段或快速主保护配合。Ⅰ段保护设两个时限 t_1 和 t_2，时限 t_1 与相邻线路零序过电流Ⅰ（或Ⅱ）段配合，取 $t_1 = 0.5 \sim 1s$，动作于母线解列或跳开分段断路器，以减少停电范围。取 $t_2 = t_1 + \Delta t$，跳开变压器高压侧断路器。第Ⅱ段与相邻元件零序电流保护后备段配合，Ⅱ段保护也设两个时限 t_4 和 t_5，时限 t_4 比相邻元件零序电流保护后备段最长动作时限大一个级差，动作于母线解列或跳开分段断路器，取 $t_5 = t_4 + \Delta t$，跳

开变压器高压侧断路器。

对于全绝缘变压器，除配置零序电流保护外，还应配置零序电压保护，当电网单相接地失去中性点时，零序电压保护经 $0.3\sim0.5s$ 时限动作于断开变压器各侧断路器。

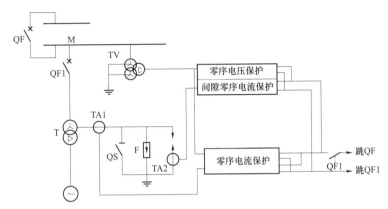

图 1-81　零序保护原理图

（2）间隙零序保护。对于分级绝缘变压器，装设间隙保护作为接地短路故障的后备保护。由于分级绝缘变压器中性点线圈的对地绝缘比较薄弱，为避免系统发生接地故障时，中性点电压升高造成中性点绝缘损坏，在变压器中性点安装一个放电间隙，放电间隙一端接变压器中性点，另一端接地。有球形、棒形、羊角形等。其放电电压一般整定较高，约等于变压器额定相电压。只有当系统发生接地故障时，中性点直接接地变压器全部跳闸后，而带电源的中性点不接地变压器仍留在故障电网中，电网零序电压升高到接近额定相电压，危及变压器绝缘情况下，放电间隙放电，以降低对地电压，防止变压器中性点绝缘损坏，由于放电间隙不允许长时间通过放电电流，所以就需要通过间隙零序电流保护，将变压器从故障电网中切除。

间隙零序保护安装在放电间隙回路，当放电间隙放电流过零序电流时，保护迅速动作，将变压器从电网上断开，保护了变压器中性点绝缘的安全。当放电间隙击穿后，间隙中将流过电流 $3\dot{I}_0$，利用间隙电流 $3\dot{I}_0$ 和在接地故障时母线 TV 开口三角形绕组两端的零序电压 $3\dot{U}_0$ 构成间隙保护。

由于正常运行时，放电间隙回路无电流，所以零序电流动作值可设定较低，如 100A 或更小些。因为放电间隙在电网接地故障时不会轻易放电，如间隙零序电流元件持续动作，说明电网中确实出现了足以危害变压器绝缘的工频过电压。保护动作的时限也允许较短，一般为 0.5s 左右。可见，间隙零序电流保护是保护变压器绝缘不受工频过电压破坏的主保护。

变压器的零序电流保护与放电间隙零序电流保护具有完全不同的定值，前者动作电流大，时间也较长，而后者动作电流小，时间也较短。因此，如果只设一套保护元件，兼做两套保护使用，就需要随着中性点接地方式的改变，随时调整保护定值，否则就有可能由于定值不配合而造成电网接地故障时越级跳闸。为防止出现越级跳闸，采取装设两套独立保护，同时配置两套电流互感器。当变压器中性点接地（QS 合上）运行时，投入零序电流保护，当变压器中性点不接地（QS 断开）运行时，投入间隙保护，作为变压器不接地运行时的零序保护。

4. 非电量保护

变压器非电量保护，主要有瓦斯保护、压力保护、温度保护、油位保护及冷却器全停保护。

GB/T 14285—2006《继电保护和安全自动装置技术规程》规定，0.4MVA 及以上车间内油浸式变压器和 0.8MVA 及以上油浸式变压器，均应装设瓦斯保护。当油箱内故障产生轻微瓦斯或油面下降时，应瞬时动作于信号；当油箱内故障产生大量气体时，应瞬时动作跳开变压器各侧断路器。瓦斯保护能反映油箱内的轻微故障和严重故障，但不能反映引出线故障。重瓦斯的出口一般通过变压器保护装置的非电量保护出口，调试检验时应注意检验相关回路。

（1）轻瓦斯保护主要反映变压器油箱内油位降低。轻瓦斯继电器由开口杯、干簧触点等组成。正常运行时，继电器内充满油，开口杯浸在油内，处在上浮位置，当油面降低时，开口杯下沉，干簧触点闭合，发出轻瓦斯告警信号。

（2）重瓦斯保护反映变压器油箱内故障。重瓦斯继电器由挡板、弹簧及干簧触点等组成（采用排油注氮保护装置的变压器应采用具有联动功能的双浮球结构的气体继电器）。当变压器油箱内发生严重故障时，伴随有电弧的故障电流使变压器油分解，产生大量气体（瓦斯），油箱内压力升高向外喷油，油流冲击挡板，使干簧触点闭合，作用于切除变压器。

重瓦斯保护是变压器油箱内部故障的主保护，能反映变压器内部的各种故障。当变压器少量绕组发生匝间短路时，虽然故障点的短路电流很大，但在差动回路中产生的差流可能不大，差动保护可能拒动。此时靠重瓦斯保护切除故障。

5. 变压器故障类型及保护配置

（1）变压器故障类型。

1）变压器内部故障指的是箱壳内部发生的故障，有绕组的相间短路故障、单相绕组的匝间短路故障、单相绕组与铁芯间的接地短路故障，变压器绕组引线与外壳发生的单相接地短路。此外，还有绕组的断线故障。

2）变压器外部故障指的是箱壳外部引出线间的各种相间短路故障和引出线因绝缘套管闪络或破碎通过箱壳发生的单相接地短路。

（2）变压器不正常运行。变压器的不正常运行主要有过负荷、油箱漏油造成的油面降低、外部短路故障（接地故障和相间故障）引起的过电流。

对于中性点不直接接地运行的变压器，可能出现中性点电压过高的现象；运行中的变压器油温过高（包括有载调压部分）以及压力过高的现象。

对于大容量变压器，因铁芯额定工作磁密与饱和磁密比较接近，所以当电网电压过高或频率降低时，容易发生过励磁。

（3）变压器保护配置。

1）110kV 及以下电压等级的变压器保护类型及配置。

a. 主保护配置。

a）差动保护：包含差动速断保护、比率制动的差动保护，躲过励磁涌流一般采用二次谐波制动原理及间断角原理。

b）本体保护：包含重瓦斯保护、有载调压瓦斯保护和压力保护等。

b. 后备保护及不正常运行保护配置。

a）小电流接地系统变压器后备保护及不正常运行保护配置。①配置两段或三段式复合电压闭锁过电流保护，如果变压器两侧及以上接有电源，则采用两段式或三段式复合电压闭锁过电流保护。②过负荷保护。③冷却系统故障及变压器超温告警（或跳闸）。④轻瓦斯保护告警。

b）大电流接地系统变压器后备保护及不正常运行保护配置。

对于高压侧中性点直接接地的变压器，除上述保护外应考虑设置接地保护，通常针对不同的接地方式配置不同的保护。

如果变压器中性点直接接地运行，对单相接地引起的变压器过电流，配置零序过电流保护。保护可由两段组成，每段可设两个时限，以较短时限动作于缩小故障影响范围，或动作于本侧断路器，以较长时限动作于断开变压器各侧断路器。

当低压侧有电源的变压器中性点可能接地运行或不接地运行时，对单相接地引起的变压器过电流以及对因失去接地中性点引起的变压器中性点电压升高，应根据变压器的绝缘结构配置后备保护。

对于全绝缘变压器，除配置零序过电流保护外，还应配置零序过电压保护，零序过电压保护经 0.3～0.5s 时限动作断开变压器各侧断路器。对于分级绝缘变压器，为限制变压器中性点不接地运行时可能出现的中性点过电压，在变压器中性点应装设放电间隙。此时应配置用于中性点直接接地和经放电间隙接地的两套零序过电流保护，此外还需配置零序过电压保护。

2）220kV 电压等级变压器保护配置原则。

a. 配置要求。220kV 主变压器配置双重化保护。220kV 主变压器保护除了主变压器本体的非电气量保护（瓦斯保护，压力释放等），还另外配置两套齐全的电气量保护，主要包括：①差动；②220kV 二段式复压闭锁过电流和零序过电流、间隙电流、零序过电压、公共绕组零序电流；③110kV 三段式复压闭锁过电流和零序过电流、间隙电流、零序电压；④低压二段式复压闭锁过电流和零序过电流、电抗器复压闭锁过电流。220kV 变压器电气量保护配置如图 1-82 所示。

b. 主保护。

a）配置纵差保护。

b）可配置不需整定的零序分量、负序分量或变化量等反映轻微故障的故障分量差动保护。

c. 高压侧后备保护。

a）复压闭锁过电流（方向）保护。保护为二段式，Ⅰ段带方向，设两个时限，第一时限跳本侧断路器，第二时限跳各侧断路器；Ⅱ段不带方向，延时跳开变压器各侧断路器。

b）零序过电流（方向）保护。保护为二段式，Ⅰ段带方向，设两个时限，第一时限跳本侧断路器，第二时限跳各侧断路器；Ⅱ段不带方向，延时跳开变压器各侧断路器。

c）间隙电流保护和零序电压保护，二者构成"或门"逻辑，各设一个时限，跳开变压器各侧断路器。

d）自耦变压器公共绕组零序过电流保护。保护为一段式，设一个时限，延时跳开变压器各侧断路器。

e）变压器高压侧断路器失灵保护动作后具备跳变压器各侧断路器功能（此功能适用于按"六统一"规范设计的变电站）。

f）过负荷保护，延时动作于信号。

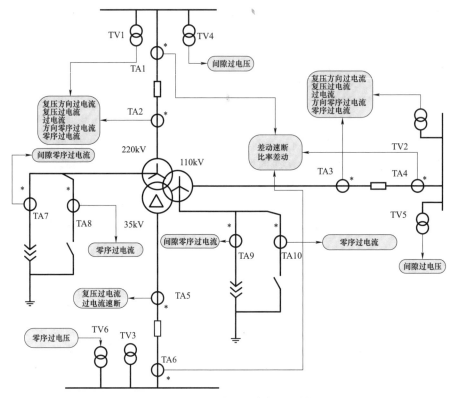

图 1-82　220kV 变压器电气量保护配置

　　d. 中压侧后备保护。

　　a）复压闭锁过电流（方向）保护。保护为三段式，Ⅰ段和Ⅱ段均可带方向；Ⅰ段设三个时限，第一时限跳本侧母联断路器，第二时限跳本侧断路器，第三时限跳变压器各侧断路器；Ⅱ段设三个时限，第一时限跳本侧母联断路器，第二时限跳本侧断路器，第三时限跳变压器各侧断路器；Ⅲ段不带方向，设两个时限，第一时限跳本侧断路器，第二时限跳变压器各侧断路器，该段保护停用。

　　b）零序过电流（方向）保护。保护为三段式，Ⅰ段和Ⅱ段均可带方向；Ⅰ段设三个时限，第一时限跳本侧母联断路器，第二时限跳本侧断路器，第三时限跳变压器各侧断路器；Ⅱ段设三个时限，第一时限跳本侧母联断路器，第二时限跳本侧断路器，第三时限跳变压器各侧断路器；Ⅲ段不带方向，设两个时限，第一时限跳本侧断路器，第二时限跳变压器各侧断路器，该段保护停用。

　　c）间隙电流保护和零序电压保护，二者构成"或门"逻辑，各设两个时限，第一时限跳小电源联络线开关，第二时限跳变压器各侧断路器。

　　d）过负荷保护，延时动作于信号。

　　e. 低压 1（2）分支后备保护。

　　a）复压闭锁过电流（方向）保护。保护为二段式，Ⅰ段和Ⅱ段均可带方向；Ⅰ段设三个时限，第一时限跳本侧分段断路器，第二时限跳本侧断路器，第三时限跳变压器各侧断路器；Ⅱ段设三个时限，第一时限跳本侧分段断路器，第二时限跳本侧断路器，第三时限跳变压器各侧断路器。

b）过负荷保护，延时动作于信号。

f. 低压侧电抗器后备保护（低压侧配电抗器时用）。复压闭锁过电流保护。设一段三时限，第一时限跳低压侧分段断路器，第二时限跳本侧断路器，第三时限跳开变压器各侧断路器。

g. 低压侧零序电流保护（低压侧系统经小电阻接地时用）。零序过电流保护。设一段三时限，第一时限跳本侧分段断路器，第二时限跳本侧断路器，第三时限跳变压器各侧断路器。

三、母线保护

1. 母线保护配置

母线是汇集电能及分配电能的重要设备，是电力系统的重要组成部分之一，又称汇流排。虽然母线结构简单，且处于发电厂和变电站之内，发生故障的几率相对于其他电气设备较小，但由于母线绝缘子或断路器套管闪络、运行人员误操作等原因，还是可能发生故障。母线故障需断开母线上的所有连接元件，从而造成大面积停电，因此合理配置母线保护是非常重要的。

母线保护的配置一般包括母线差动保护、母联失灵保护、母线死区保护、母联过电流保护、充电保护、断路器失灵保护等，另外还有异常告警配置如 TA 短线告警、TV 断线告警等。220kV 及以上母线应当配置两套独立的母线保护。

由于母线保护关联到母线上的所有出线元件，因此，在设计母线保护时，还应考虑与其他保护及自动装置的配合。

（1）当母线发生短路故障或母线上故障断路器失灵时，为使线路对侧的闭锁式高频保护迅速作用于跳闸，母线保护动作后应使本侧的收发信机停信。

（2）当发电厂或重要变电站母线上发生故障时，为防止线路断路器对故障母线进行重合，母线保护动作后应闭锁线路重合闸。

（3）在母线发生短路故障而某一断路器失灵或故障点在断路器与电流互感器之间时，为使失灵保护能可靠切除故障，在母线保护动作后，应立即起动失灵保护。

（4）当母线保护区内发生故障时，为使线路对侧断路器能可靠跳闸，母线保护动作后，应短接线路纵差保护的电流回路，使其可靠动作，切除对侧断路器。

母线的接线方式有单母线、单母线分段、双母线、双母线单分段、双母线双分段、3/2 断路器接线、角形接线等。应根据发电厂或变电站在电力系统中的地位、母线的工作电压以及连接元件的数量及其他条件，选择最适宜的接线方式。

2. 母线差动保护

根据基尔霍夫第一定律，把母线元件看成一个节点，当母线正常运行或发生外部故障时，母线各连接元件的电流的相量和等于零。当母线上发生故障时，流进和流出的电流不再平衡，即出现差流，当差流大于一定值时保护动作。

因此微机型母差保护的差动电流定义为

$$\sum_{j=1}^{n} \dot{I}_j = 0$$

式中：n 为母线上连接的元件；$\dot{I}_j$ 为母线所连第 j 条出线的电流。

保护动作条件为

$$\sum_{j=1}^{n} I_j \geq I_{op}$$

式中：I_{op} 为差动元件的动作电流。

母线差动保护由母线大差动和各段母线的小差动组成。母线大差动是指由母线上所有支路（除母联和分段）电流构成的差动元件，其作用是区分区内故障和区外故障。某段母线的小差动是指由该段母线上的各支路（含与该段母线相联的母联和分段）电流构成的差动元件，其作用是判断故障是否在该段母线之内，从而作为故障母线的选择元件。如果大差动元件和该段母线的小差动元件都动作，则将该段母线切除。

在差动元件中应注意 TA 极性（见图 1-83）的问题，一般各支路 TA 极性为其所在母线侧，母联 TA 极性可指向 I 母或 II 母。图 1-83（b）所示母联 TA 极性在 I 母侧，此时可将母联看作是 I 母的一个支路，图 1-83（a）所示则相反。若 TA 极性与母线保护装置程序中默认的不符，可能导致母差保护误动或拒动。

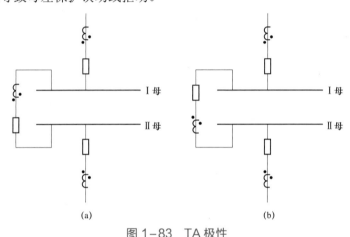

图 1-83 TA 极性

（a）母联 TA 极性指向 II 母；（b）母联 TA 极性指向 I 母

倒闸操作出现隔离开关双跨或强制互联压板投入时，母差装置采取将相关联的两段母线合并为一段母线。在母线发生区外故障时差动保护可靠不动作，发生区内故障时跳开相关联的两段母线上所连接的所有断路器。

电压闭锁采用的是复合电压闭锁，它由低电压、零序电压和负序电压判据组成，其中任一判据满足动作条件即开放该段母线的电压闭锁元件。

母线差动保护由三个分相差动元件构成。为提高保护的动作可靠性，在保护中还设有起动元件、复合电压闭锁元件、TA 二次回路断线闭锁元件及 TA 饱和检测元件等。双母线或单母线分段母差保护逻辑框图（以一相为例）如图 1-84 所示，可以看出，当小差元件、大差元件及起动元件同时动作时，母差保护才动作；此时若复合电压元件也动作，则出口继电器才能去跳故障母线上各支路。如果 TA 饱和鉴定元件鉴定出差流越限是由于 TA 饱和造成时，立即将母差保护闭锁。

3. 母联断路器的失灵保护

母线保护或其他有关保护动作跳母联断路器，但母联二次 TA 仍有电流，即判为母联断路器失灵，起动母联失灵保护。

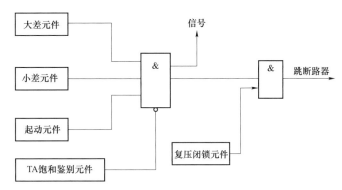

图 1-84　双母线或单母线分段母差保护逻辑框图（以一相为例）

母联失灵保护逻辑框图如图 1-85 所示。所谓母线保护动作，包括Ⅰ母、Ⅱ母母差保护动作，充电保护动作，或母联过电流保护动作。其他有关保护包括发变组保护、线路保护或变压器保护。它们动作后去跳母联断路器的触点闭合。母联失灵保护动作后，经短延时（0.2～0.3s）去切除Ⅰ母及Ⅱ母。

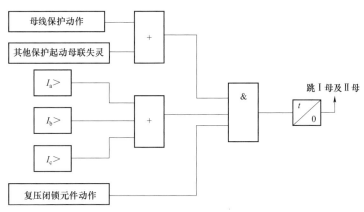

图 1-85　母联失灵保护逻辑框图

I_a、I_b、I_c—母联 TA 二次三相电流

4. 母联断路器的死区保护

当故障发生在母联断路器 QF0 与母联电流互感器之间时，大差元件动作，同时电流 $\dot{I}_1$、$\dot{I}_2$ 及 $\dot{I}_0$ 增大，但流向不变，故Ⅱ母小差元件的差流近似等于零，不动作；而电流 $\dot{I}_3$ 与 $\dot{I}_4$ 的大小及流向均发生了变化（由流出母线变为流入母线），Ⅰ母小差元件的差流很大，Ⅰ母小差动作。Ⅰ母差动保护动作，跳开断路器 QF0、QF1 及 QF2；而此时Ⅱ母小差元件依然不动作，无法跳开断路器 QF3 及 QF4。因此，故障无法切除。

由此可见，对于双母线或单母线分段的母差保护，当故障发生在母联断路器与母联 TA 之间或分段断路器与分段 TA 之间时，非故障母线的差动元件会误动，而故障母线的差动元件会拒动，即保护存在死区，死区故障原理接线图见图 1-86。

由图 1-86 可以看出，当Ⅰ母或Ⅱ母差动保护动作后，母联断路器被跳开（即母联断路器分位），但母联 TA 二次仍有电流，大差元件不返回，这时保护装置经过一个延时封母联 TA（即此时母联 TA 不计入小差元件的差流计算），从而使故障母线的差流不再平衡，差动保护

71

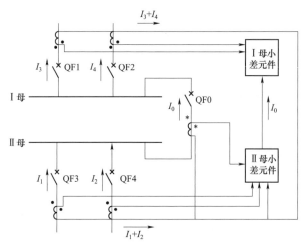

图 1-86　死区故障原理接线图

QF1~QF4—出线断路器；QF0—母联断路器

跳Ⅱ母或Ⅰ母（即去跳另一母线）上连接的各个断路器。

对于母线并列运行（联络断路器合位）发生死区故障而言，母联断路器触点一旦处于分位（可以通过辅助触点或开关动合、开关动断触点读入），再考虑主触点与辅助触点之间的先后时序（50ms），即可封母联 TA，这样可以提高切除死区故障的动作速度。由于母联断路器状态的正确读入对本保护的重要性，可将母联断路器的动合触点和动断触点同时引入装置，以便相互校验。对分相断路器，要求将三相动合触点并联，将三相动断触点串联。

5. 母联过电流保护

母联（分段）过电流保护可以作为母线解列保护，也可以作为线路（变压器）的临时性保护。当母联代路投入运行时，若该线路发生故障，则由母联过电流保护动作跳母联断路器。

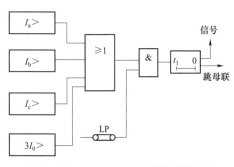

图 1-87　母联过电流保护逻辑框图

LP—母联过电流保护投退压板（或控制字）

母联（分段）过电流保护压板投入后，当母联任一相电流大于母联过电流定值，或母联零序电流大于母联零序过电流定值时，经可整延时跳开母联断路器，不经复合电压闭锁。

母联过电流保护逻辑框图如图 1-87 所示。

6. 母联充电保护

母线充电保护是临时性保护。分段母线其中一段母线停电检修后，可以通过母联（分段）断路器对检修母线充电以恢复双母线运行。此时投入母联（分段）充电保护，当检修母线有故障时，跳开母联（分段）断路器，切除故障。

母联（分段）充电保护的起动需同时满足四个条件：①母联（分段）充电保护压板投入；②其中一段母线已失压，且母联（分段）断路器已断开［前采样状态母联（分段）断路器曾断开］；③母联电流从无到有；④母联断路器分位。

当有流门槛值为 $0.04I_n$（I_n 为额定电流）时，保护逻辑框图如图 1-88 所示。

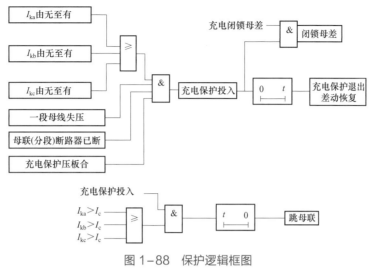

图 1-88 保护逻辑框图

I_c—充电保护电流定值；I_{ka}，I_{kb}，I_{kc}—a，b，c 相短路电流

充电保护一旦投入，自动展宽 200~700ms 后退出。充电保护投入后，当母联断路器任一相电流大于充电电流定值时，经可整定延时跳开母联断路器，不经复合电压闭锁。

充电保护投入期间是否闭锁差动保护，可通过设置保护控制字相关项进行选择。充电保护投入闭锁母差主要是考虑到母联充电保护可以起动母联失灵保护，即使是被充母线有故障，母联断路器跳不开，也可以把整个母线上的元件切除。在母联断路器和 TA 之间发生故障的情况下，运行母线此时判区内故障，母差会动作，跳开运行母线上的所有元件，如果有母联充电保护闭锁母差保护的功能，则母联充电保护动作，跳开母联切除故障，避免扩大停电范围。由于存在母联辅助触点滞后打开的情况，在微机型差动保护中，母联断路器断开时，辅助触点自动将母联断路器差回路不计入差回路，当开始充电通过合闸按钮使母联断路器合上时，辅助触点有可能滞后打开，二次回路中因辅助触点滞后打开，母联 TA 二次电流未计入差回路，运行母线上存在差流，就会引起母差保护误动，跳开非故障母线。

四、电容器、电抗器保护

1. 电容器的故障类型、不正常运行状态及保护配置

（1）电容器的故障类型和不正常运行状态。电容器的故障类型包括电容器引线、电缆或电容器本体上发生的相间短路、单相接地等。电容器可能因运行电压过高受损或电容器失压后再次充电受损。部分电容器熔断器熔断退出运行造成三相电压不平衡引起其他电容器单体运行电压过高导致损坏。

（2）电容器保护的配置。

1）电流保护：限时电流速断保护和相间过电流保护。

2）电压保护：包括过电压保护和欠电压保护。

3）不平衡保护：包括不平衡电流保护和不平衡电压保护，可根据一次设备接线情况进行选择。不平衡保护动作带有短延时，防止电容器组合闸、断路器三相合闸不同步、外部故障等情况下误动作，延时一般取 0.5s。中性点不接地单星形接线电容器组，可装设中性点电压不平衡保护；中性点接地单星形接线电容器组，可装设中性点电流不平衡保护；中性点不接

地双星形接线电容器组，可装设中性点电流或电压不平衡保护；中性点接地双星形接线电容器组，可装设反映中性点回路电流差的不平衡保护。

4）电压差动保护。

5）单星形接线的电容器组，可采用开口三角电压保护。

（3）异常告警配置。

1）零序过电流保护。

2）TV断线告警或闭锁保护。

3）微机保护装置提供了各种保护软件模块，可根据电容器一次设备接线进行配置，表1-3是典型的数字式电容器保护配置，适用于35kV及以下电压等级的各种接线方式的电容器保护。

表1-3　　　　　　　　　　　典型的数字式电容器保护配置

保护分类	保护类型	段数	每段时限数	备　　注
电容器保护	相间过电流保护	2或3	1	
	过电压保护	1	1	
	欠电压保护	1	1	
	不平衡保护	1	1	根据一次接线采用电流或电压保护
	零序过电流保护	1	1	
	TV断线告警或闭锁保护	1	1	

2. 电容器保护工作原理

（1）过电流保护。为保护电容器各部分发生的相间短路故障，可以设置2～3段反映相电流增大的过电流保护作为电容器相间短路故障的主保护。在执行过电流判别时，各相、各段判别逻辑一致，各段可以设定不同时限。当任一相电流超过整定值达到整定时间时，保护动作。

（2）零序过电流元件。设置一段零序过电流保护，主要反映电容器各部分发生的单相接地故障。当所在系统采用中性点直接接地方式或经小电阻接地方式时，零序过电流保护可以作用于跳闸；当采用中性点不接地或经消弧线圈接地时，零序过电流保护动作告警，并可与零序电压配合实现接地选线。为避免各相电流互感器特性差异降低灵敏度，宜采用专用零序电流互感器。零序过电流元件的实现方式基本与过电流元件相同，当零序电流超过整定值达到整定时间时，保护动作。

（3）反时限元件。相间过电流及零序电流均可带有反时限保护功能。反时限保护元件是动作时限与被保护线路中电流大小自然配合的保护元件，通过平移动作曲线，可以非常方便地实现全线的配合，常见的反时限特性解析式大约分为标准反时限、非常反时限、极端反时限、长时间反时限四类，可以根据实际需要选择反时限特性。

（4）欠电压保护。欠电压保护主要是为了防止电容器因备自投或重合闸动作，失电后在短时间内再次带电时，由于残余电荷的存在对电容器造成冲击损坏，欠电压保护延时应小于备自投或重合闸动作时间。为了防止TV断线时欠电压保护误动，设置有电流判据进行闭锁。欠电压元件的一般动作条件：

1）三个线电压均低于欠电压定值。

2）三相电流均小于电流整定值。

3）线电压从有压到欠电压。

4）断路器在合位。

（5）过电压保护。过电压保护主要是防止运行电压过高造成电容器损坏，根据需要可以选择动作告警还是跳闸。为避免系统接地造成保护误动，电压判据应采用线电压。过电压元件的一般动作条件是：

1）三个线电压中的任一个电压高于过电压整定值。

2）断路器在合位。

（6）不平衡保护。不平衡保护主要用来保护电容器内部故障，单只或部分电容器故障退出运行，电容器三相参数不平衡造成其余电容器过电压损坏。可以根据一次设备接线情况选择配置不平衡电压保护和不平衡电流保护，如采用单星形接线方式下，将各相放电线圈二次电压串接形成不平衡电压保护；采用双星形接线时，将两个星形中性点连接线电流接入形成不平衡电流保护。其动作条件如下：

1）不平衡电压或电流大于不平衡整定值。

2）断路器在合位。

（7）TV 断线检测。TV 断线时装置报发 TV 断线信号、点亮告警灯，并自动退出过电压保护和欠电压保护。各保护装置在判别 TV 断线时逻辑有所差异，典型判据如下（电压数值以现场为准）：

1）三相电压均小于 8V，其中一相有电流，判为三相失压。

2）三相电压和大于 8V，最小线电压小于 16V，判为两相 TV 断线。

3）三相电压和大于 8V，最大线电压与最小线电压差大于 16V，判为单相的 TV 断线。

3. 电抗器的故障类型、不正常运行状态及保护配置

（1）电抗器的故障类型和不正常运行状态。电抗器故障可分内部故障和外部故障。电抗器内部故障指的是电抗器箱壳内部发生的故障，有绕组的相间短路故障、单相绕组的匝间短路故障、单相绕组与铁芯间的接地短路故障，电抗器绕组引线与外壳发生的单相接地短路。此外，还有绕组的断线故障。电抗器外部故障指的是箱壳外部引出线间的各种相间短路故障，以及引出线因绝缘套管闪络或破碎通过箱壳发生的单相接地短路。

电抗器的不正常运行状态主要包括过负荷引起的对称过电流、运行中的电抗器油温过高以及压力过高等。

（2）电抗器保护配置。针对电抗器各种故障和不正常运行状态，需要配置相应的保护。电抗器保护的类型可分为主保护、后备保护及异常运行保护。

1）主保护配置。

a. 差动保护：包含差动速断保护、比率制动的差动保护。

b. 非电量保护：包含本体气体保护、压力释放保护等。

2）后备保护配置。

a. 阶段式过电流保护或反时限过电流保护。

b. 零序过电流保护。

c. 过负荷保护。

d. TV 断线告警或闭锁保护。

表 1-4 是典型的数字式电抗器保护配置，适用于 35kV 及以下电压等级的各种接线方式的电抗器保护。

表 1-4 典型的数字式电抗器保护配置

保护分类	保护类型	段数	每段时限数	备注
差动保护	差动速断	1		
	二次谐波比率差动	1		
后备保护	定时限过电流保护	2 或 3	1	
	反时限过电流保护	1	1	
	零序过电流保护	1	1	
	过负荷保护	1	1	告警
非电量保护	气体保护			
	压力释放			

（3）干式空芯并联电抗器的保护。干式空芯并联电抗器都是单相式结构。绕组的结构有两种，即单绕组和双绕组。单绕组一般按单星形接线，双绕组可按双星形接线。干式空芯并联电抗器通常安装在户外，只有在严重污染地区才安装在户内。三相采用品字形或直列式布置。电抗器各相绕组之间发生相间故障的概率很小，在设计保护时可不考虑电抗器的相间故障。电抗器的单相接地故障，可由母线上的公用接地保护来监视，不需装设单独的接地保护。因此，干式空芯并联电抗器的继电保护比较简单，只需设置电抗器引线相间短路的过电流保护即可。

双绕组干式并联电抗器接成双星形之后，在两星形中性点之间装设电流互感器，可实现电抗器的单元件零序横差保护。正常情况下，两星形中性点见的不平衡电流不会超过 5A。当其任一相发生故障（主要指匝间短路）时，中性点间的不平衡电流增大，超过继电器整定值时，保护动作，切断电抗器电源。这种保护方式与双星形接线的电力电容器组单元件零序横差保护类似。但实际应用上，不如电力电容器组单元件零序横差保护的效果好，故一般不推荐采用双绕组干式并联电抗器。

五、断路器保护

1. 断路器保护配置

（1）断路器运行中可能出现的异常和故障。系统发生故障，保护正确动作，但因各种原因断路器拒动，导致相邻元件保护动作切除故障，造成停电范围扩大和故障切除时间延长。

分相操作断路器或电气联动断路器出现三相位置不一致，在负荷电流作用下产生零序和负序电流，严重影响系统的正常运行。

断路器与 TA 之间发生故障造成延时切除。

手合断路器于故障时，因 TV 未正常投入造成元件主保护无法正常动作，导致故障延时切除。

（2）断路器保护的配置。针对上述问题，需要配置相关保护如失灵保护、三相不一致保护、死区保护、充电保护等。表1-5是典型的断路器保护配置。

表1-5　　　　　　　　　　　　　　典型的断路器保护配置

保护分类	保护类型	段数	每段时限数
断路器保护	失灵保护	1	2
	三相不一致保护	1	1
	充电保护	1或2	1
	自动重合闸	1	1
报警闭锁功能	TV断线告警		
	动断触点异常告警		
	同期电压告警		

2. 断路器保护工作原理

（1）断路器失灵保护。当系统发生故障保护正确动作后，若断路器因各种原因拒动，必须由相邻断路器来切除故障，由于220kV及以上系统相邻元件后备保护灵敏度不够，即使相邻保护能够动作，其动作延时也不能满足系统稳定的需要。必须依靠本地设置断路器失灵保护在较短延时内切除失灵断路器的相关元件以隔离故障。

通常判断断路器失灵的依据是保护已经向断路器发出了跳闸命令，但是断路器电流仍然大于正常运行电流，表明系统故障没有消除，此时即可起动失灵保护。在失灵保护动作切除相邻元件前，可以瞬时或以较短延时跟跳失灵断路器，若是因部分二次回路故障造成的断路器拒动，则可以迅速切除，防止进一步切除相邻元件。对于分相操作断路器，按相对应的线路保护跳闸触点和失灵过电流都动作后起动失灵保护；对于可能接收三跳命令的断路器，应设置三跳起动失灵回路，即三跳命令下，任一相失灵电流动作即起动失灵保护。充电保护也可以起动失灵保护。

断路器失灵保护动作逻辑框图如图1-89所示，以RCS-921A装置为例，下同。

（2）断路器三相不一致保护。断路器处于三相不一致状态时，在负荷电流作用下产生的零序和负序电流会对系统的正常运行产生严重影响，必须在较短时间内断开其余各相，同时应该躲开断路器正常单相重合闸动作，即动作时间大于单相重合闸时间。装置通过检查三相断路器位置和各相电流来判断断路器状态。当任一相开关动断触点动作且无电流时，即认为该相断路器在跳闸位置，当任一相在跳闸位置而三相不全在跳闸位置，则认为不一致。不一致可经零序电流或负序电流开放，经延时出口跳开本断路器。断路器三相不一致保护逻辑框图如图1-90所示。

（3）充电保护。充电保护主要用于向设备充电时作为临时快速保护，充电前投入，充电正常后立即退出，正常运行时不得投入。该保护用1~2段电流和时间定值均可设置的带延时的过电流保护实现。电流取自本断路器TA，与断路器失灵保护共用。充电保护动作后，起动失灵保护并闭锁重合闸。充电保护动作逻辑框图如图1-91所示。

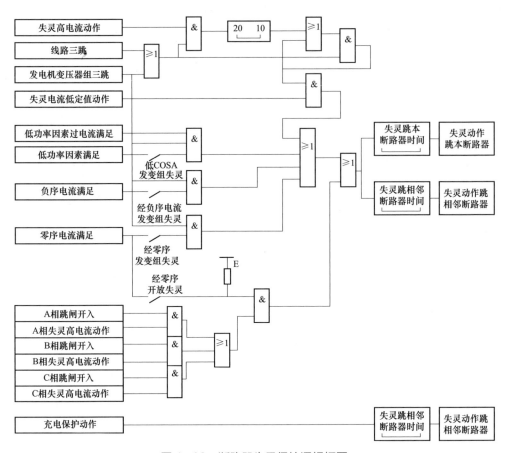

图 1-89 断路器失灵保护逻辑框图

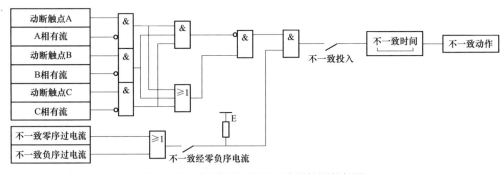

图 1-90 断路器三相不一致保护逻辑框图

图 1-91 充电保护动作逻辑框图

I_{cd1}—充电Ⅰ段过电流定值；I_{cd2}—充电Ⅱ段过电流定值；I_{max}—A、B、C三相电流中的最大相电流值

六、自动装置及重合闸

1. 备用电源自动投入装置

当工作电源因故障被断开以后，能自动而迅速地将备用电源投入工作的装置称为备用电源自动投入装置，简称备自投装置。

在 GB/T 14285—2016《继电保护和安全自动装置技术规程》中，规定以下情况应装设备用电源自动投入装置：

1）装有备用电源的发电厂厂用电源和变电站站用电源；

2）由双电源供电，其中一个电源经常断开作为备用的变电站；

3）降压变电站内有备用变压器或有互为备用的母线段；

4）有备用机组的某些重要辅机。

（1）典型备自投的一次接线。备自投装置根据备用方式，可以分为明备用和暗备用两种。

1）明备用是指正常情况下有专用的备用变压器或备用线路，如图 1-92 所示。图 1-92（a）中正常运行时 3QF，4QF，5QF 在断开状态，变压器 2T 作 1T，3T 的备用；图 1-92（b）中正常运行时 3QF，4QF 在断开状态，变压器 2T 作 1T 的备用；图 1-92（c）中备用线路作为工作线路的备用；图 1-92（d）中备用线路作为两条工作线路的备用。

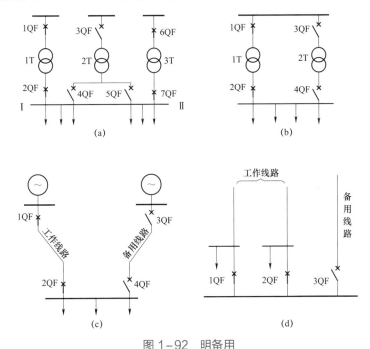

图 1-92 明备用

（a）3QF，4QF，5QF 断开，变压器 2T 作 1T，3T 的备用；（b）3QF，4QF 断开，变压器 2T 作 1T 的备用；
（c）备用线路作为工作线路的备用；（d）备用线路作为两条工作线路的备用

2）暗备用是指正常情况下没有专用的备用电源或备用线路，而是在正常运行时负荷分别接于分段母线上，利用分段断路器取得相互备用，如图 1-93 所示。图 1-93（a）和图 1-93（b）中正常运行时，5QF 在断开状态，Ⅰ、Ⅱ段母线分别通过各自的线路或变压器供电，当任一母线由于线路或变压器故障跳开而失电时，5QF 自动合闸，从而实现线路或变压器互为备用。在暗备用方式中，每个工作电源的容量应根据两个分段母线的总负荷来考虑，否则在备自投动作前后，要适当切除相应负荷。对于负荷比较稳定的可采用备投前切负荷，对变化较大的负荷可采用备投后切负荷。

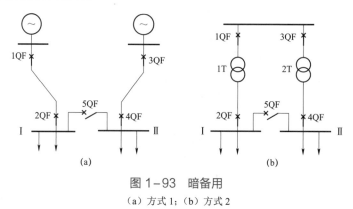

图1-93　暗备用
（a）方式1；（b）方式2

采用备自投装置后有以下优点：

1）提高供电可靠性，节省建设投资。

2）简化继电保护。

3）限制短路电流，提高母线残压。

备自投结构简单、投资少，且可靠性高，因此广泛应用在电力系统中。

（2）对备自投装置的要求。

1）应保证在工作电源和设备断开后，备自投装置才能动作。以免将备用电源系统连接至故障点，扩大事故，加重设备的损坏程度。因此备自投装置的合闸部分应由供电元件受电侧断路器的辅助动断触点起动。

2）工作母线上电压消失时，备自投装置应起动。因此备自投装置应有独立的低电压起动部分。

3）备自投装置应保证只动作一次。在备自投装置将备用电源断路器合上以后，如果继电保护装置动作出口将此断路器跳闸，说明可能存在永久性故障，因此必须控制备用电源发出的合闸脉冲时间。

4）若电力系统内部故障使工作电源和备用电源同时消失时，备自投装置不应动作。因此备自投装置设有备用母线电压监视，当备用电源消失时，闭锁备自投装置。

5）当一个备用电源作为几个工作电源备用时，如备用电源已代替一个工作电源后，另一个工作电源又断开，备自投装置应起动。但要核定备用电源容量能满足。

6）应校验备用电源自动投入时过负荷以及电动机自起动的情况，如过负荷超过允许限度，或不能保证自起动时，备自投装置动作于自动减负荷。

7）当备自投装置动作时，如备用电源投于永久故障，应使其保护加速动作。

8）备自投装置的动作时间以使负荷的停电时间尽可能短为原则。所谓备自投装置动作时间，即指从工作母线受电侧断路器断开到备用电源投入之间的时间。当工作母线上装有高压大容量电动机时，工作母线停电后因电动机反送电，若备自投动作时间太短，工作母线上残压较高，此时若备用电源电压和电动机残压之间的相位差较大，会产生较大的冲击电流和冲击力矩，损坏电气设备。

（3）典型备投方式。微机型备自投装置是通过逻辑判断来实现只动作一次要求的，为了便于理解装置采用电容器"充放电"概念来模拟这种功能。备自投装置满足起动的逻辑条件为"充电"条件满足；延时起动的时间为"充电"时间，"充电"时间结束，备自投装置准备就绪；当备自投装置动作后或任一闭锁满足时，立即瞬时"放电"，"放电"后备自投装置被闭锁。这种"充放电"与重合闸中电容器"充放电"的概念相同。

备自投装置的动作逻辑的控制条件可分为充电条件、闭锁条件和起动条件。即在所有充电条件均满足、无闭锁条件时，经过一固定延时（如10s）完成充电，一旦出现起动条件即动作出口。取一定的充电时间主要考虑到：①等待故障造成的系统扰动充分平息，认为系统已经恢复到故障前的稳定状态；②躲过对侧相邻保护最后一段的延时和重合闸最长动作周期。以免合闸在故障上造成开关跳跃和扩大事故。

1）内桥断路器备自投。内桥（分段）断路器备自投主接线图如图1-94所示。

正常运行时，内桥（分段）断路器3QF在断开状态，Ⅰ、Ⅱ段母线分别通过各自的供电设备或线路供电，1QF、2QF在合位，L1和L2互为备用电源（暗备用），当某一段母线因供电设备或线路故障跳开或偷跳时，此时若另一母线有电，则3QF自动合闸，从而实现互为备用。

a. 充电条件：1QF合位；2QF合位；3QF分位；Ⅰ母三相有压；Ⅱ母三相有压。满足全部条件备自投装置充电，经设定时间充电结束。

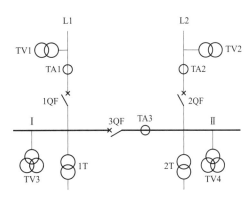

图1-94 内桥（分段）断路器备自投主接线图

b. 闭锁条件：1QF分位；2QF分位；3QF合位；Ⅰ母Ⅱ母同时三相无压。出现任一条件备自投装置放电。

c. 起动条件：Ⅰ母失压时，Ⅰ母三相无压，检进线Ⅰ无流，Ⅱ母三相有压，2QF合位，备自投起动经延时跳1QF，合3QF，并发动作信号。Ⅱ母失压时，Ⅱ母三相无压；进线Ⅱ无流；Ⅰ母三相有压，1QF合位。备自投起动后经延时跳2QF，合3QF，并发动作信号。

内桥（分段）断路器备自投逻辑框图如图1-95所示。

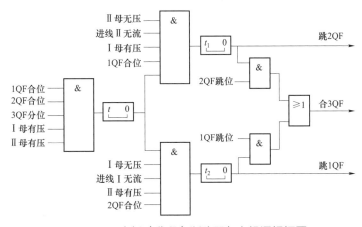

图1-95 内桥（分段）断路器备自投逻辑框图

在这种内桥（分段）暗备用方式中，每个工作电源的容量应根据总负荷来考虑，否则备投要考虑减去相应负荷。动作逻辑可考虑两轮的 L1、L2 线过负荷联切。

为防止 TV 断线时备自投误动，取线路电流作为母线失压的闭锁判据。如果变压器或母线发生故障，保护动作跳开进线开关，进线开关将处于跳闸位置，此时备自投被闭锁。手跳进线断路器情况类似。

2）进线备自投。工作线路同时带两段母线运行，另一条进线处于明备用状态。当工作线路失电，其断路器处于合位，在备用线路有压、桥开关合位的情况下跳开工作线路，经延时合备用线路。若工作电源断路器偷跳即合备用电源。为防止 TV 断线时备自投误动，取线路电流作为线路失压的闭锁判据。

以进线 L1 为工作电源，进线 L2 备用为例，备自投过程如下。

a. 充电条件。1QF 合位；2QF 分位；3QF 合位；Ⅰ母三相有压；Ⅱ母三相有压；进线Ⅰ三相有压。满足以上全部条件，备自投装置充电，经设定时间充电结束。

b. 闭锁条件。1QF 分位；2QF 合位；3QF 分位；进线Ⅰ三相无压。出现以上任一条件，备自投装置放电。

c. 起动条件。Ⅰ母三相无压；Ⅱ母三相无压；进线Ⅰ无流；进线Ⅱ三相有压；备自投起动，经延时跳开 1QF，合上 2QF。

进线备自投逻辑框图如图 1-96 所示。

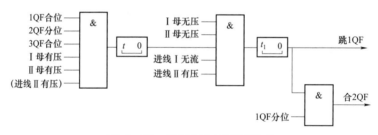

图 1-96　进线备自投逻辑框图

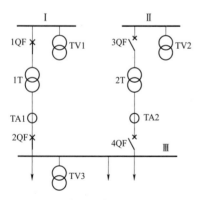

图 1-97　变压器备自投一次接线图

3）变压器备自投。变压器备自投一次接线图如图 1-97 所示。变压器备自投分热备用和冷备用两种。

a. 热备用：主变压器低压侧断路器处于合位，母线失电，在备用变压器高压侧有压情况下跳开工作变压器低压侧断路器，合备用变压器低压侧断路器；为防止 TV 断线时备自投误动，取主变压器低压侧电流作为母线失压的闭锁判据。

b. 冷备用：母线失压，同时跳开工作变压器高、低压侧断路器，合备用变压器高、低压侧断路器。

以变压器热备用为例说明备自投过程。

1）充电条件：1QF 合位；2QF 合位；母线Ⅲ三相有压；Ⅱ主变压器高压侧三相有压。满足以上全部条件，备自投装置充电，经设定时间充电结束。

2）放电条件：1QF 分位；2QF 分位；Ⅱ主变压器高压侧三相无压。出现以上任一条件，备自投装置放电。

3）起动条件：母线Ⅲ三相失压；Ⅱ主变压器高压侧三相有压；4QF 分位。备自投起动后，经延时跳开 2QF，合上 4QF。

变压器备自投逻辑框图如图 1-98 所示。

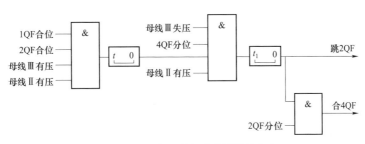

图 1-98　变压器备自投逻辑框图

2. 自动重合闸

（1）自动重合闸的作用及应用。电力系统的输电线路的故障按其性质可分为瞬时性故障和永久性故障两种。瞬时性故障主要是指由雷电引起的绝缘子表面闪络、线路对树枝放电、大风引起的短时碰线、通过鸟类身体的放电等原因引起的短路。这类故障由继电保护动作断开电源后，短路点电弧熄灭，故障自行消失，此时若重新合上线路断路器，就能正常恢复供电。显然这将大大提高输电线路供电可靠性。自动重合闸装置就是将被跳开的线路断路器重新合上的一种自动装置。

（2）自动重合闸的分类。自动重合闸装置的类型很多，根据不同的特征，通常可分为以下几类：

1）按作用于断路器的方式可分为三相、单相和综合重合闸三种。

2）按重合闸条件可分为单侧电源线路、双侧电源线路重合闸。双侧电源线路重合闸又可分为快速、非同期、检无压和检同期重合闸。

3）按动作次数可分为一次、二次重合闸。所谓二次重合闸是第一次重合闸时，故障还未消失，继电保护又将断路器跳开，自动重合闸再发第二次合闸命令。对于永久性短路故障，这样做的后果是系统将在短时间内连续受到三次短路电流的冲击，对系统稳定很不利，断路器也需要在短时间内连续切除三次短路电流，所以二次重合闸很少使用。

为了实现一次重合闸，通常采用"电容器充放电"的原理，工程上也称"重合闸充放电"。当手动合闸或者自动合闸后，如果一切正常重合闸开始"充电"。充电时间一般达到 10～15s 后"充电"结束。当重合闸发合闸命令前先要检查重合闸是否充电，只有"充电"结束才能发合闸命令。重合闸发出合闸命令时立即"放电"。当断路器重合成功以后又开始充电。如果重合于永久性故障线路上，保护立即再次将断路器跳开。重合闸将再次发合闸命令，由于"充电"时间短，"充电"未结束，所以不再发合闸命令，实现了一次重合闸的要求。需要闭锁重合闸时，采用瞬时"放电"来实现的。

220kV 联络线一般采用"单相重合闸"方式，即单相故障跳单相，重合单相，重合不成跳三相，相间故障跳三相，不重合；220kV 馈供线路一般采用"三相一次重合闸"方式，即单相故障跳三相，重合三相，重合不成跳三相，相间故障跳三相，不重合。

（3）对自动重合闸的基本要求。

1）自动重合闸装置动作应迅速。为尽量减少停电对用户造成损失，要求自动重合闸动作时间愈短愈好。但自动重合闸装置动作时间必须考虑保护装置复归、故障点去游离及绝缘强度恢复、断路器操动机构复归及再次合闸所需的准备时间。

2）手动跳闸时不应重合。当运行人员手动操作控制开关或遥控使断路器跳闸时，属正常运行操作，自动重合闸不应动作。

3）手动合闸于故障线路时，继电保护动作使断路器跳闸后不应重合。因为手合前，线路上还没有电压，如果合闸到故障线路，则线路故障多数为永久性故障，即使重合也不成功。

4）自动重合闸装置宜采用控制开关与断路器位置不对应起动，即当控制开关在合闸后位置而断路器处在断开位置的情况下起动重合闸。这样可以保证无论什么原因使断路器跳闸后，都可以起动重合。

5）自动重合闸的动作次数应符合规定。在任何情况下（包括装置本身元件损坏以及继电器触点黏结或拒动）均不应使断路器重合次数超过规定次数（如一次重合闸只允许动作一次）。否则当重合于永久性故障时，系统将多次受到冲击，损坏断路器，并扩大事故。

6）自动重合闸装置应能在重合闸动作后自动复归，准备好下次动作。

7）自动重合闸装置应能在重合闸后加速继电保护动作。必要时，也可在重合闸前加速保护动作。自动重合闸与继电保护相互配合，可加速切除故障。

8）自动重合闸装置应能自动闭锁。当断路器处于不正常状态（如气压、液压低，开关未储能等）、自动按频率减负荷装置、母差保护动作不允许自动重合闸时，应将自动重合闸闭锁。

（4）自动重合闸与继电保护的配合。

1）重合闸前加速保护。重合闸前加速保护，简称"前加速"。一般用于具有几段串联的辐射形线路，自动重合闸装置仅安装在靠近电源的线路上，当本线路及以下线路发生故障时，靠近电源的保护首先无选择性地瞬时动作于跳闸，重合闸后，如果是瞬时性故障，则重合成功；如果是永久性故障，则按照保护的时限配合实行选择性跳闸。这种先用速断保护无选择地将故障切除，然后进行重合闸的方式称为重合闸前加速保护方式。

"前加速"的优点是既能加速切除瞬时性故障，又能在重合后有选择性地断开永久性故障。其缺点是保护首次动作无选择性，一旦断路器或自动重合闸拒动，将扩大停电范围。且配有自动重合闸的断路器动作次数多。所以前加速保护方式主要适用于 10kV 的直配线路上，以便快速切除故障保证母线电压。

2）重合闸后加速保护。自动重合闸后加速保护，简称"后加速"。采用自动重合闸后加速时，必须在各线路上都装设有选择性的保护和自动重合闸装置。当任一线路发生故障时，首先由故障线路的保护有选择性动作动作，将故障切除，然后由自动重合闸装置进行重合。如果是瞬时性故障，则重合成功，线路恢复正常供电；如果是永久性故障，则加速故障线路保护瞬时动作，将故障再次切除。这种在重合闸后加速保护动作，使永久性故障加速切除的方式，称为重合闸后加速。

"后加速"的优点是：保护动作是有选择性地切除故障，不会扩大停电范围，能保证永久性故障在重合闸后瞬时切除。特别是在高压电网中，一般不允许保护无选择性动作，所以应用重合闸后加速方式比较合适。在电力系统中，检同期重合闸不采用"后加速"。因为若线路发生故障为瞬时性故障，无压侧重合成功，故障已消失，所以同期侧就不需要采用后加速。若是永久性故障，无压侧重合后已再次跳开，同期侧采用后加速已没有意义。

（5）重合闸时间整定。重合闸时间应根据系统条件、系统稳定的需要及可能成功等因素选定。精确的重合闸时间只能通过暂态稳定计算结果才能确定，且随线路送电负荷潮流的大小而有所变化，实际应用中，单相重合闸的整定时间应当按线路传输最大负荷潮流的暂态稳定要求确定，且保持整定值不变，方便继电保护整定。江苏电网单相重合闸时间一般为 0.8s 或 1.1s。

七、接地变压器保护

1. 保护背景

目前 10kV 电网中一般都采用中性点不接地的运行方式。电网中主变压器配电电压侧一般为三角形接法，没有可供接地电阻的中性点。当中性点不接地系统发生单相接地故障时，线电压三角形仍然保持对称，对用户继续工作影响不大，并且电容电流比较小（小于 10A）时，一些瞬时性接地故障能够自行消失，这对提高供电可靠性，减少停电事故是非常有效的。

由于该运行方式简单、投资少，所以在我国电网初期阶段一直采用这种运行方式，并起到了很好的作用。但是随着现在城市电网中电缆电路的增多，电容电流越来越大（超过 10A），此时接地电弧不能可靠熄灭，就会产生单相接地电弧发生间歇性的熄灭与重燃、容易发生相间短路；产生铁磁谐振过电压，容易烧坏电压互感器并引起避雷器的损坏甚至可能使避雷器爆炸。这些后果将严重威胁电网设备的绝缘，危及电网的安全运行。

为了防止上述事故的发生，为系统提供足够的零序电流和零序电压，使接地保护可靠动作，需人为建立一个中性点，以便在中性点接入接地电阻。由于很多接地变压器只提供中性点接地小电阻，而不需带负载，所以很多接地变压器属于无二次的。接地变压器在电网正常运行时，接地变压器相当于空载状态。但是，当电网发生故障时，只在短时间内通过故障电流，中性点经小电阻接地电网发生单相接地故障时，高灵敏度的零序保护判断并短时切除故障线路，接地变只在接地故障至故障线路零序保护动作切除故障线路这段时间内起作用，其中性点接地电阻和接地变压器才会通过零序电流。

2. 相间电流保护

接地变压器相间电流保护目标：保护接地变压器本身，若接地变压器兼站用变压器，则可兼站用变压器出线故障的后备。

相间电流保护整定：接地变压器接在低压侧母线时，电流速断和过电流保护动作后应联跳主变压器低压侧断路器，过电流保护动作时间宜与主变压器后备保护跳低压侧断路器时间一致。若接地变压器接于主变压器低压侧引线时，电流速断和过电流保护动作后跳主变压器各侧断路器，过电流保护动作时间宜大于主变压器后备保护跳各侧断路器时间。

电流速断保护定值：保证接地变压器电源侧在最小方式下两相短路有足够灵敏度，保障充电合闸时躲过励磁涌流，一般大于 7～10 倍接地变压器额定电流，躲过接地变压器低压侧故障电流。

过电流保护定值：躲过接地变压器额定电流；躲过区外单相接地时流过接地变压器的最大故障相电流。

3. 零序电流保护

接地变压器零序电流保护目标：保护接地变压器本身；母线故障、母线出线故障的后备保护；主变压器低压侧引线接地故障。

（1）零序Ⅰ段定值：电流定值保证单相接地故障有足够灵敏度；与下级零序电流Ⅱ段保护定值配合。动作时间应大于母线各连接元件零序电流Ⅱ段的最长动作时间。

（2）零序Ⅱ段定值：电流定值保单相高阻接地故障有灵敏度；可靠躲过线路电容电流。动作时间应大于接地变压器零序Ⅰ段动作时间。

（3）跳闸方式：接地变压器接于主变压器低压侧母线上时，零序Ⅰ段动作跳母联断路器；Ⅱ段动作跳主变压器低压侧开关。接地变压器接于主变压器低压侧引出线上时，零序Ⅰ段动作第一时限跳母联断路器，第二时限跳主变压器低压侧开关；Ⅱ段动作跳主变压器各侧开关。

八、综合自动化系统

1. 总要求

变电站自动化系统应安全可靠、经济适用、技术先进、符合国情，应采用具有开放性和可扩充性、抗干扰性强的产品。变电站自动化系统应满足江苏电网二次系统规划的要求。

（1）监控范围及操作控制方式。

1）监控范围。变电站所有的断路器、隔离开关、接地开关、变压器、电容器、电抗器、交直流站用电及其辅助设备、保护信号和各种装置状态信号都归入自动化系统的监视范围。对所有的断路器、电动隔离开关、电动接地开关、主变压器有载调压开关等实现远方控制。远方控制中心通过数据处理及通信装置，对继电保护的状态信息、动作报告、保护装置的复归和投退、定值的设定和修改、故障录波的信息等实现监视和控制。

2）操作控制方式。操作控制功能可按远方控制中心、站控层、间隔层、设备层的分层操作原则考虑。操作的权限也由远方控制中心—站控层—间隔层—设备层的顺序层层下放，原则上间隔层和设备层只作为后备操作或检修操作手段。

在自动化系统运行正常的情况下，无论设备处在哪一层操作控制，设备的运行状态和选择切换开关的状态都应处于自动化系统的监视中。

（2）继电保护和安全自动装置。

1）变电站内继电保护和自动装置配置，应符合 GB/T 14285—2006 及《国家电网有限公司十八项电网重大反事故措施（2018 年修订版）》等有关规定和要求。

2）变电站内继电保护和安全自动装置配置与测控装置在功能上应保证相对独立。对于重要的保护信号宜采用硬接点方式送入自动化系统。

3）35kV 及以下电压等级的继电保护和自动装置可与测控装置组合成一个独立装置。其中测控部分的技术指标必须满足测量精度和实时性要求。

2. 系统构成

（1）系统结构。

1）系统结构应为网络拓扑的结构型式，变电站向上作为远方控制中心的网络终端，同时又相对独立，站内自成系统，结构分为站控层和间隔层，层与层之间应相对独立。采用分层、分布、开放式网络系统实现各设备间连接。见图 1-99。

2）站控层。站控层由计算机网络连接的操作员站、数据处理及通信装置等组成，提供站内运行的人机界面，实现管理控制间隔层设备等功能，形成全站监控、管理中心，并与远方控制中心通信。

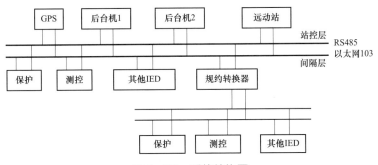

图 1-99 系统结构图

3）间隔层。间隔层由计算机网络连接的若干个监控子系统组成，在站控层及网络失效的情况下，仍能独立完成本间隔设备的就地监控功能。

站控层网络与间隔层网络采用直接连接方式。站控层设备宜集中设置，间隔层设备宜按相对集中方式设置，即 220kV 和 110kV 及主变压器的测控设备集中布置在继电器室内，35kV及以下的测控设备在条件许可时按分散方式布置在配电装置室内。

（2）网络结构。

1）站控层网络应采用以太网。网络应具有良好的开放性，以满足与电力系统其他专用网络连接及容量扩充等要求。

2）间隔层网络应具有足够的传送速率和极高的可靠性，应采用以太网。间隔层监控子系统间应能实现直接通信。

3）220kV 变电站采用双重化网络，配置两组数据处理及通信装置。

4）220kV 变电站自动化系统网络结构框图如图 1-100 所示。

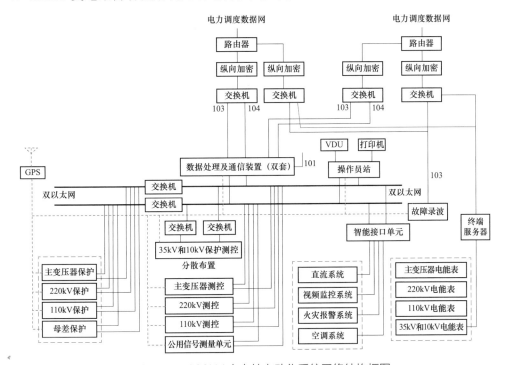

图 1-100 220kV 变电站自动化系统网络结构框图

5）110（35）kV 变电站采用单网结构，配置单组数据处理及通信装置。

6）110（35）kV 变电站自动化系统网络结构框图如图 1-101 所示。

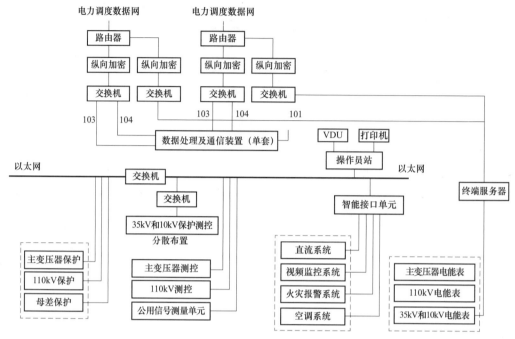

图 1-101　110（35）kV 变电站自动化系统网络结构框图

3. 硬件配置

（1）自动化系统必须选用性能优良、符合工业标准的通用产品。计算机装置的硬件配备必须满足整个系统的功能要求和性能指标要求。系统硬件主要包括站控层设备、间隔层设备和网络设备。

（2）站控层的硬件设备宜包括操作员站、数据处理及通信装置、智能接口单元、网络设备、打印机等。

（3）220kV 变电站应设置双套数据处理及通信装置，110（35）kV 变电站设置单套数据处理及通信装置，远动信息应直接来自间隔层采集的实时数据。

典型测控装置如图 1-102 所示。

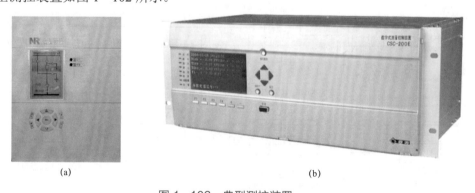

(a)　　　　　　　　　　　　　　　(b)

图 1-102　典型测控装置

（a）RCS9700 测控装置；（b）CSI-200E 测控装置

（4）间隔层设备包括 I/O 测控单元、网络接口。测控单元应按电气单元配置，母线设备和站用电设备的测控单元独立配置。

间隔层设备组柜原则：对于 220kV 变电站，220kV 测控保护每 2 个电气单元组一面柜、110kV 测控保护每 2 个电气单元组一面柜、每台主变压器三侧测控组一面柜、35kV 和 10kV 测控保护单元就地布置于开关柜上、公用设备测控单独组柜；对于 110kV 和 35kV 变电站，在按照以上原则的基础上，根据继电器室结构灵活组柜。

交换机采用具备网络管理能力的交换机。

九、"六统一"

1. 概述及主要特点

国家电网公司对保护装置功能配置、回路设计、端子排布置、接口标准、屏柜压板、保护定值（报告格式）六方面作出统一规范，简称"六统一"。其主要特点：

（1）遵照现行有关继电保护的国标、行标、《国家电网有限公司十八项电网重大反事故措施（2018 年修订版）》及《国家电网公司输变电工程通用设计》的有关要求，通过规范 220kV 及以上的线路及辅助保护装置的技术原则、配置原则、组屏方案、端子排设计、压板设置和回路设计，为继电保护的制造、设计、运行、管理和维护工作提供有利条件。

（2）优先通过继电保护装置自身实现相关保护功能，尽可能减少外部输入量，以降低对相关回路的依赖。

（3）优化回路设计，在确保可靠实现继电保护功能的前提下，尽可能减少屏（柜）内装置间以及屏（柜）间的连线。

（4）继电保护双重化包括保护装置的双重化以及与保护配合回路（含通道）的双重化，双重化配置的保护装置及其回路之间应完全独立，不应有直接的电气联系。

（5）《设计规范》中 3/2 断路器主接线形式主要用于 330kV 及以上系统，双母线主接线形式主要用于 220kV 系统；当 330kV 及以上系统采用双母线主接线形式，220kV 系统采用 3/2 断路器主接线形式以及其他接线形式时可参照执行。

（6）制订微机保护"保护装置定值清单"和"保护输出报告"标准格式。

2. 功能配置

主要原则：

（1）主要解决各地区保护配置的差异而造成保护的不统一（零序保护、保护原理非统一）。

（2）保护功能配置的统一，比如：线路保护分两种，即纵联距离（方向）保护和纵联电流差动保护。纵联电流差动保护装置中主保护为纵联电流差动保护，后备保护为相间距离三段、接地距离三段、零序Ⅱ、Ⅲ段；反时限零序保护为选配。

（3）并非对保护原理的统一，只对保护功能提出相关的技术要求（比如：在纵联电流差动保护中，为防止 TA 断线导致电流差动保护误动，要求差动电流不能作为装置的起动元件）。

（4）线路保护统一配置三段相间距离、三段接地距离、二段方向零序保护。线路保护屏上配置的断路器保护中失灵电流判别功能不用，仅用其中过电流保护功能。每一套线路保护均投入重合闸功能，两套重合闸无相互起动和相互闭锁回路。

（5）母差保护每套保护均含失灵保护功能。取消了母联短充保护，增加了母线联络（母联、分段）开关分位的判断逻辑，增加了母联充电至死区保护。

（6）单独配置的母联、分段保护动作起动两套母线保护的失灵保护。

（7）增加变压器高压侧断路器失灵动作联跳主变压器各侧断路器功能。

3．线路保护

（1）配置。①主保护纵联距离（方向）或纵联电流差动保护；②后备保护相间距离三段、接地距离三段、零序Ⅱ、Ⅲ段；③选配保护反时限零序保护；④重合闸双重化配置。

（2）组屏。①线路保护柜 1 线路保护、重合闸 1+分相双跳圈操作箱；②线路保护柜 2 线路保护、重合闸 2+充电过电流保护装置；③采用线路 TV 的情况：分相双跳圈操作箱不带电压切换功能。

（3）压板。①出口硬压板保护跳闸、起动失灵、重合闸；②功能硬压板类纵联保护投/退、停用重合闸投/退、保护检修状态投/退；③软压板纵联保护、停用重合闸、远方修改定值（只有"停用重合闸"采用或逻辑）。

［例］220kV 沧浪变电站，该变电站保护压板说明和配置见表 1－6 和表 1－7。

表 1－6　　　　　　　　　　　PCS－931GMM 保护压板说明

编号	压板名称	投退	编号	压板名称	投退
1CLP1	A 相跳闸	投	4CLP1	第一组三跳起动失灵	投
1CLP2	B 相跳闸	投	4CLP2	第二组三跳起动失灵	投
1CLP3	C 相跳闸	投	1LP1	投通道 A 差动保护	投
1CLP4	重合闸	投	1LP3	停用重合闸	退
1CLP8	A 相失灵起动	投	1LP4	投检修状态	退
1CLP9	B 相失灵起动	投			
1CLP10	C 相失灵起动	投			

表 1－7　　　　　　　　　　　PSL603UW 保护压板配置

编号	压板名称	投退	编号	压板名称	投退
1CLP1	A 相跳闸	投	8CLP3	起动失灵保护Ⅰ	退
1CLP2	B 相跳闸	投	8CLP4	起动失灵保护Ⅱ	退
1CLP3	C 相跳闸	投	1LP1	主保护投入 A	投
1CLP4	重合闸	投	1LP2	停用重合闸	退
1CLP8	A 相失灵起动	投	1LP3	603 装置检修状态	退
1CLP9	B 相失灵起动	投	8LP1	充电过电流保护投入	退
1CLP10	C 相失灵起动	投	8LP2	631 装置检修状态	退
8CLP1	充电及过电流跳闸Ⅰ	退			
8CLP2	充电及过电流跳闸Ⅱ	退			

（4）改变。①取消距离、零序保护功能压板，不能单独停启用；②取消重合闸方式切换把手，通过定值、控制字实现；③特殊点：原来重合闸"停用"方式并不全都会沟通三跳（如931，放上沟通三跳压板才会任何故障均三跳），"六统一"后放上停用重合闸压板即沟通三跳。

（5）运行注意事项。

1）正常运行时，若停启用主保护，则取下或放上"主保护投入"压板；距离、零序保护不能单独停用，只能通过修改保护定值实现。

2）正常运行时，若需停用某套保护时，则应取下其跳闸出口、分相失灵起动、重合闸出口压板，但不得放上其"停用重合闸"压板，也不得取下"三跳失灵起动"压板。

3）"六统一"要求，取消"重合闸方式转换开关"，重合闸方式通过控制字实现。其中，单相重合闸、三相重合闸、禁止重合闸和停用重合闸方式，有且只能有一项置"1"，如不满足此要求，保护装置报警并按停用重合闸处理。"停用重合闸"功能压板投入时，任何故障保护三跳闭重。所以，对于重合闸双重化线路，如停用某一套装置重合闸，不能投入"停用重合闸"压板，而应该将该装置重合闸出口压板解除，让另一套保护重合闸可以正常工作。

4）正常运行操作时：①重合闸就地操作时："停用重合闸"软压板为"0"即为单相重合闸或三相一次重合闸起用状态；操作屏上的"停用重合闸"硬压板，投、退重合闸。②重合闸远方控制时：屏上的"停用重合闸"硬压板退出状态，即为单相重合闸或三相一次重合闸起用状态；操作"停用重合闸"软压板"0，1"方式。

5）"六统一"线路保护其中一套的重合闸功能有问题时，现场按对应的装置命名向调度值班员汇报，调度发令针对某一装置的起（停）用。

6）线路保护校验时，应在安措票上取下该开关两套线路保护及操作箱的失灵起动压板。

4. 主变压器保护

（1）配置。新建变电站每台主变压器配置双重化的主、后备保护一体变压器电气量保护和一套非电量保护。

（2）组屏。①保护柜1变压器保护1+中（高）压侧电压切换箱（采用母线电压互感器，高压侧需加装电压切换箱）；②保护柜2变压器保护2+中（高）压侧电压切换箱（采用母线电压互感器，高压侧需加装电压切换箱）；③辅助柜非电量保护+高压侧、中压侧、低压1分支（和2分支）操作箱。

（3）压板。①出口硬压板保护跳闸、起动失灵、解复压、闭锁低压侧分段备投。②功能硬压板类：主保护投/退、各侧后备保护投/退、各侧电压投退、非电量保护跳闸功能投退、保护检修状态投/退。③软压板：主保护、各侧后备保护、远方修改定值。

［例］220kV沧浪变电站，该变电站变压器保护和非电量保护见表1-8和表1-9。

表1-8 PCS-978GB-JS变压器保护

编号	压板名称	投退	编号	压板名称	投退
1CLP1	跳1号主变压器2501开关	投	1CLP8	跳中压侧母联	退
1CLP2	起动1号主变压器2501失灵	投	1CLP9	闭锁中压侧备投	退
1CLP3	解除1号主变压器2501失灵复压闭锁	投	1CLP10	跳1011号主变压器开关	投
1CLP4	跳高压侧母联	退	1CLP11	跳低压侧1分支分段	退
1CLP5	跳高压侧母联备用	退	1CLP12	闭锁10kVⅠ、Ⅳ段备投	投
1CLP6	跳高压侧母联备用	退	1CLP13	跳1021号主变压器开关	投
1CLP7	跳11011号主变压器开关	投	1CLP14	跳低压侧2分支分段	退

编号	压板名称	投退	编号	压板名称	投退
1CLP15	闭锁 10kVⅡ、Ⅲ段备投	投	1LP6	投 101 1 号主变压器后备保护	投
1CLP16	起动风冷Ⅰ段	退	1LP7	101 1 号主变压器电压	投
1CLP17	闭锁调压	投	1LP8	投 102 1 号主变压器后备保护	投
1CLP18	起动风冷Ⅱ段	退	1LP9	102 1 号主变压器电压	投
1LP1	投主保护	投	1LP10	101 1 号主变压器电抗后备	投
1LP2	投高压侧后备保护	投	1LP11	102 1 号主变压器电抗后备	投
1LP3	投高压侧电压	投	1LP12	投公共绕组后备保护	投
1LP4	投中压侧后备保护	投	1LP13	投检修状态	投
1LP5	投中压侧电压	投			

表 1-9　　　　　　　　　　　　PCS-974A 非电量保护

编号	压板名称	投退	编号	压板名称	投退
5CLP1	跳 1 号主变压器 2501 第一组跳圈	投	5FLP1	本体重瓦斯起动跳闸	投
5CLP2	跳 1 号主变压器 2501 第二跳圈	投	5FLP2	有载重瓦斯起动跳闸	投
5CLP3	跳 1101 1 号主变压器开关	投	5FLP3	压力释放起动跳闸	退
5CLP4	跳 101 1 号主变压器开关	投	5FLP4	有载压力释放起动跳闸	退
5CLP5	跳 102 1 号主变压器开关	投	5FLP5	压力突变起动跳闸	退
5LP1	投非电量延时跳闸	退	5FLP6	有载压力突变起动跳闸	退
5LP2	投检修状态	退	5FLP7	油温高起动跳闸	退
			5FLP8	绕组温高起动跳闸	退
			5FLP9	冷却器全停起动跳闸	退

（4）改变。

1）220kV 主变压器开关失灵（220kV 主变压器保护动作）：主变压器保护动作，主变压器 220kV 侧开关失灵，瞬时起动 220kV 母差失灵逻辑（电流判别和延时在母差中实现），母差保护判定主变压器高压侧断路器失灵后，短延时跳母联分段，长延时跳失灵开关所在母线上所有开关。

2）220kV 主变压器开关失灵（220kV 母差动作）：经主变压器保护失灵联跳主变压器三侧（电流判别、延时时间在母差保护中实现；变压器高压侧断路器失灵保护动作接点开入后，应经灵敏的、不需整定的电流元件并带 50ms 延时后跳变压器各侧断路器）。

（5）运行注意事项。主变压器保护校验时应在安措票上取下每套主变压器保护失灵起动母差及解复压压板。

5. 母差保护

（1）配置。220kV 母线配置双套保护，每套母线保护均配置失灵保护功能，每套各跳一个跳圈。

1）失灵保护。每套母线保护均配置失灵保护功能。每套线路保护及变压器电气量保护各起动一套失灵装置。母联、分段保护动作起动两套母线保护的失灵装置。

失灵保护功能由 220kV 母线保护实现。线路保护及主变压器保护只提供起动失灵保护用的跳闸接点，起动母线保护的断路器失灵保护，失灵电流判别功能［线路支路只考虑单相失灵，采用相电流、零序电流（或负序电流）"与门"逻辑；变压器支路考虑三相失灵、采用相电流、零序电流、负序电流"或门"逻辑］以及失灵延时（0.3s 以及 0.6s）由母线保护实现。每套线路保护各起动一套母差失灵装置。

失灵保护及其相关回路逻辑图见图 1-103。

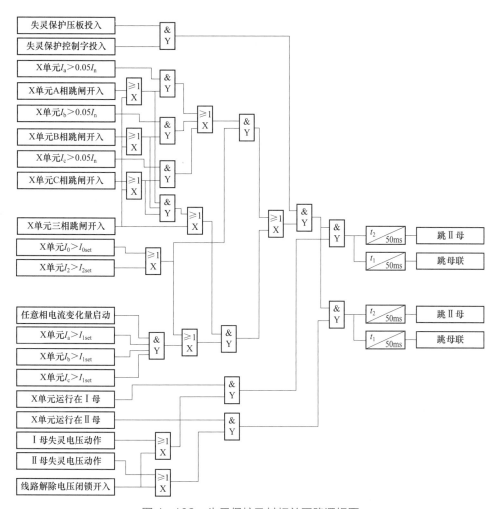

图 1-103　失灵保护及其相关回路逻辑图

t_1—失灵保护 1 时限；t_2—失灵保护 2 时限；I_{0set}—失灵零序电流定值；I_{2set}—失灵负序电流定值；I_{1set}—三相失灵相电流定值

失灵保护功能由母线保护实现，起动失灵的保护跳闸接点由各个间隔的保护提供，失灵电流判别功能由母线保护实现。主变压器间隔除提供保护动作接点起动失灵保护外，还需提供解除电压闭锁的保护跳闸接点（与起动失灵接点为不同继电器）开入至母线保护。满足失灵判据经整定延时起动失灵保护。

2）死区保护。母联充电至死区：增加了母联充电至死区保护，其逻辑为：正常运行状态下，大差动作时，检测到最近 1 s 之内有合母联操作，则闭锁母差保护，跳母联断路器。充电至死区保护最长投入 300ms，期间若检测到母联有流则立即退出并开放母差保护出口（由于 TA 位于检修母线侧且母联有电流，表明故障点不在死区）。

死区故障动作逻辑与非六统一母差保护一致。

（2）压板。

1）出口硬压板：出口跳闸、失灵联跳。

2）功能硬压板：投差动、投失灵、互联、分列、投检修态、过电流。

3）软压板：差动、失灵，远方修改定值、母联及分段过电流。

［例］220kV 沧浪变电站，该变电站母线保护装置见表 1-10。

表 1-10 　　　　　　　　　　　　BP-2C 220kV 母线保护装置

编号	压板名称	编号	压板名称
1CLP1	跳 220kV 母联 2510 开关	1SLP1	起动 1 号主变压器 2501 失灵联跳
1CLP4	跳 1 号主变压器 2501 开关	1SLP2	起动 2 号主变压器 2502 失灵联跳
1CLP5	跳 2 号主变压器 2502 开关	1LP1	差动保护投入
1CLP6	跳 2A74 待用 4 仓开关	1LP2	失灵保护投入
1CLP8	跳沧华 2L43 开关	1LP3	双母分列运行
1CLP9	跳沧华 2L44 开关	1LP4	互联
1CLP10	跳沧越 2L07 开关	1LP7	检修状态
1CLP11	跳沧越 2L08 开关		

（3）改变。

1）母线联络（母联、分段）断路器分位判断逻辑如下：

正常运行状态下，"分列压板"和开关动断触点取"与"逻辑，两者都为 1，判为联络断路器分列运行。任一为 0，联络断路器 TA 接入，其电流计入小差回路。

母差保护已动作且未返回状态下，开关动断触点开入为 1，即判为联络断路器分列运行。

双母双分的分段断路器任何情况均取"分列压板"和开关动断触点开入的"与"逻辑，两者均为"1"判为联络断路器分列运行。

在分列运行状态下，若某联络断路器有流经延时后，装置解除该联络断路器的分列状态，其 TA 恢复接入，电流计入小差回路。

分列状态判断改变，要求运行人员在联络断路器断开后，投入对应联络断路器的"分列压板"；在合联络断路器前，退出"分列压板"。从而实现分列运行时的联络断路器死区保护。

取消了母联短充保护，即取消了对检修母线充电时，短时（200ms）自动投入的充电保护，带时限（长充电保护）可选。

2）新增母联充电的充电预投逻辑：母联电流从无到有；判断前一周波母联断路器所连接的两段母线中任一个母线失压；母联断路器断开。

上述条件满足，则将母联断路器置为合，投入母联 TA，并延时 50ms 之后，才重新按辅助接点实际位置判断母联断路器状态。这样可以避免由于开关位置滞后于开关实际状态，投入母差保护时可能出现检修母线故障，母联电流未能及时计入小差，导致运行母线误动的后果。

母线复役，用母联断路器向另一段母线充电时，应启用母联（分段）单独配置的过电流保护。充电结束后，过电流保护应立即停用，之后才可进行接排方式恢复操作。

引入分段及母联断路器的手合接点，实现分段、母联断路器合闸充电于死区故障时瞬时切除分段、母联断路器，避免误切运行母线。

（4）运行注意事项。

1）正常运行时，两套母差保护均投入，且母差失灵保护均投入。调度操作发令起（停）用母差保护应指明第一套或第二套母差保护，如：将220kV第一套母差保护由信号改接跳闸。

2）母线复役，由一段母线对另一段母线充电时，应启用母联（分段）单独配置的过电流保护。充电结束后，过电流保护应立即停用，之后才可进行接排方式恢复操作。充电时过电流保护定值按定值单要求执行，起（停）用由现场自行操作，调度在操作任务中注明充电，如：将220kV母联××××由冷备用改为运行（充电）。

3）若两段母线均已经带电，母联（分段）合环操作时，则不需启用单独配置的过电流保护（继电保护有特殊要求的除外）。

4）母线正常复役，对母线充电、合环操作时，母差保护均不需退出。

5）变电站母联（分段）断路器分列运行时，要求运行人员在联络断路器断开后，投入对应母联（分段）开关的"分列压板"；在合联络断路器之前，退出"分列压板"，否则发生死区故障会误切正常母线。

6）220kV母差停用，应将母差失灵联跳主变压器压板停用。

7）220kV母线上某电气元件停役或保护停用，且保护回路有工作时，现场运行人员应将该电气元件保护失灵保护起动回路压板断开，以防母差保护误动作。

6. 断路器保护（母联、分段等）

（1）配置。断路器保护均单套配置，母联（分段）保护+操作箱。线路间隔中仅配置断路器保护，保护配置充电及过电流（相间及零序过电流）取消失灵保护功能。

（2）组屏。母联（分段）保护+操作箱；第二套线路保护+断路器保护。

（3）压板。

1）母联（分段）保护。①出口硬压板：出口跳闸、起动失灵。②功能硬压板：充电过电流保护投入、投检修。③软压板：充电过电流保护投入、远方修改定值。

2）线路保护屏上的断路器保护。①功能硬压板：充电过电流保护投入、投检修。②软压板：充电保护投入、过电流保护投入、远方修改定值。

（4）改变。

1）母联、分段保护动作起动两套母线保护的失灵保护（失灵功能在母差保护中）。

2）母联（分段）保护柜提供手合接点至母线保护，用于充电至死区保护。

（5）运行注意事项。对母线充电、合环操作时，采用独立的母联电流保护进行充电时，母差保护均不需退出。充电时需要放上充电过电流保护投入压板、出口跳闸压板。如果三跳起动失灵压板是保护装置动作出口的，在启用母联电流保护进行充电时三跳起动失灵压板也需放上。

线路保护屏上配置的断路器保护中失灵电流判别功能不用（失灵保护电流判别在母差保

护中），仅用其中过电流保护功能。当线路保护正常运行时，过电流保护正常也停用，若断路器保护装置发生异常可以停用该装置处理，其他保护不作调整。

十、状态定义

状态定义见表1–11。

表1–11 状 态 定 义

电气设备	状态	状态定义
母差保护	跳闸	保护直流电源投入，保护出口跳闸压板接通
	信号	保护直流电源投入，保护出口跳闸压板断开
分相电流差动保护	跳闸	保护直流电源投入，保护功能压板接通，保护出口跳闸压板接通
	信号	保护直流电源投入，保护功能压板断开
	弱电应答	保护直流电源投入，保护功能压板接通，保护出口跳闸压板断开
高频保护	跳闸	保护直流电源投入，保护功能压板接通，保护出口跳闸压板接通
	信号	保护直流电源投入，保护功能压板断开
	停用	保护直流电源投入，保护功能压板断开，收发信机电源停用（通道开关断开）
主变压器差动保护	启用	保护直流电源投入，保护功能压板接通
	停用	保护直流电源投入，保护功能压板断开
瓦斯保护	跳闸	保护直流电源投入，保护功能压板接通
	信号	保护直流电源投入，保护功能压板断开
主变压器后备保护	启用	保护直流电源投入，保护功能压板接通，保护出口跳闸压板接通
	停用	保护直流电源投入，保护功能压板断开
重合闸	启用	装置直流电源投入，装置功能压板接通，方式开关按调度要求放置
	停用	装置功能压板退出
备自投	启用	装置直流电源投入，跳闸及合闸出口压板接通
	停用	装置直流电源投入，跳闸及合闸出口压板断开
电网振荡解列装置	启用	装置直流电源投入，出口跳闸压板接通
	停用	装置直流电源投入，出口跳闸压板断开
低周低压解列装置	启用	装置直流电源投入，出口跳闸压板接通
	停用	装置直流电源投入，出口跳闸压板断开
低周低压减载装置	启用	装置直流电源投入，出口跳闸压板接通
	停用	装置直流电源投入，出口跳闸压板断开
稳定控制装置	跳闸	装置直流电源投入，出口压板根据整定方式放置
	信号	装置直流电源投入，保护出口跳闸压板断开
	停用	装置直流电源停用，保护出口跳闸压板断开
距离、方向零序保护	启用	保护直流电源投入，保护功能压板接通，保护出口跳闸压板接通
	停用	保护直流电源投入，保护功能压板断开

第五节 智能变电站

一、概述

国内外变电站自动化系统的发展经历了传统变电站（见图 1-104），数字化变电站（见图 1-105）和智能变电站（见图 1-106）这三个阶段。

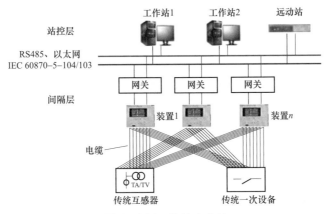

图 1-104 传统变电站

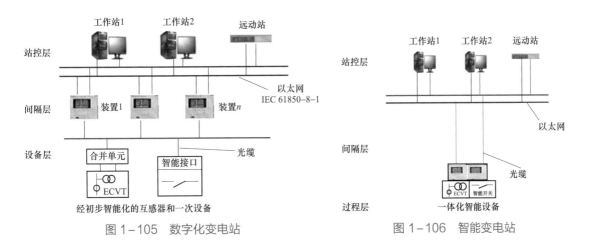

图 1-105 数字化变电站

图 1-106 智能变电站

1. 数字化变电站的特点

（1）数据交换标准化：全站采用统一的通信规约 IEC 61850 实现信息交互。

（2）二次设备网络化：新增合并单元、智能终端、过程层交换机等，采用网络跳闸。光纤取代常规变电站控制电缆。

（3）一次设备初步智能化：新增电子互感器、合并单元、智能终端等过程层设备。

2. 智能变电站与数字化变电站比较

（1）相同点：智能变电站具有数字化变电站的特征，具有相同的变电站自动化系统"三层两网"的架构，均采用 IEC 61850 实现信息交互。

（2）不同点："数字化"只是智能变电站的实现手段，智能变电站面向智能电网需求，更强调高级功能、集成应用和互动性。与数字化站相比，强化了智能设备、状态监测、变电站自动化系统高级功能等方面的功能应用。

二、IEC 61850

IEC 61850 提出了变电站内信息分层的概念，无论从逻辑上还是物理概念上，都将变电站的通信体系分成站控层、间隔层和过程层（见图 1-107）。其中过程层设备通过过程层总线互联，间隔层设备通过站控层总线互联。

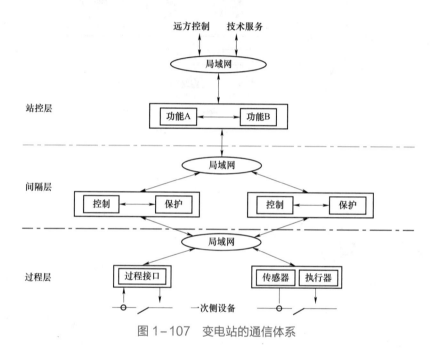

图 1-107 变电站的通信体系

1. 功能分层

（1）站控层：完成对本站内间隔层设备及一次设备的控制，并完成与远方控制中心、工程师站及人机界面的通信功能，主要包括远动站、工程师站、监控中心。

（2）间隔层：用本间隔的数据完成对本间隔设备的监测和保护判断，主要包括保护、测控、计量、录波。

（3）过程层：完成与一次设备相关的功能，如开关量、模拟量的采集以及控制命令的执行等，主要包括电子式互感器、智能开关。

2. MMS（制造报文规范）

MMS 即 ISO/IEC 9506，是由 ISO TC 184 提出的解决在异构网络环境下智能设备之间实现实时数据交换与信息监控的一套国际报文规范。IEC 61850 中采纳了 ISO/IEC 9506-1 和 ISO/IEC 9506-2 部分，制定了 ACSI 到 MMS 的映射。

在 IEC 61850 ACSI 映射到 MMS 服务上，报告服务是其中一项关键的通信服务，IEC 61850 报告分为非缓冲与缓冲两种报告类型，分别适用于遥测与遥信量的上送。MMS 具有以下特点：

（1）定义了交换报文的格式，结构化层次化的数据表示方法，可以表示任意复杂的数据结构；

（2）定义了针对数据对象的服务和行为；

（3）为用户提供了一个独立于所完成功能的通用通信环境。

3. 面向通用对象事件（GOOSE）

IEC 61850 中提供了面向通用对象事件（Generic Object Oriented Substation Event，GOOSE）模型，可在系统范围内快速且可靠的传输数据值。GOOSE 使用 ASN.1 编码的基本编码规则（Basic Encoding Rule，BER），不经过 TCP/IP 协议，直接映射的以太网链路层上进行传输，采用了发布者/订阅者模式，逻辑链路控制（Logical Link Control，LLC）协议的单向无确认机制，具有信息按内容标识、点对多点传输、事件驱动的特点。

GOOSE 报文采用发布/订阅机制，可以快速可靠的传输实时性要求非常高的跳闸命令，也可同时向多个设备传输开关位置等信息。

4. 服务（SV）

IEC 61850 中提供了采样值（Sampled Value，SV）相关的模型对象和服务，以及这些模型对象和服务到 ISO/IEC 8802-3 帧之间的映射。SV 采样值服务也是基于发布/订阅机制，在发送侧发布者将值写入发送缓冲区；在接收侧订阅者从当地缓冲区读值。在值上加上时标，订阅者可以校验值是否及时刷新。

三、智能一次、二次设备

1. 智能设备（Intelligent Equipment）

一次设备和智能组件的有机结合体，具有测量数字化、控制网络化、状态可视化、功能一体化和信息互动化特征的高压设备，是高压设备智能化的简称。

2. 电子式互感器（Electronic Instrument Transformer）

一种装置，由连接到传输系统和二次转换器的一个或多个电流或电压传感器组成，用于传输正比于被测量的量，以供给测量仪器、仪表和继电保护或控制装置。

3. 电子式电流互感器（Electronic Current Transformer，ECT）

一种电子式互感器，在正常适用条件下，其二次转换器的输出实质上正比于一次电流，且相位差在联结方向正确时接近于已知相位角。

4. 电子式电压互感器（Electronic Voltage Transformer，EVT）

一种电子式互感器，在正常适用条件下，其二次电压实质上正比于一次电压，且相位差在联结方向正确时接近于已知相位角。

5. 电子式电流电压互感器（Electronic Current & Voltage Transformer，ECVT）

一种电子式互感器，由电子式电流互感器和电子式电压互感器组合而成。

6. 智能组件（Intelligent Component）

智能高压设备的组成部分，由本体的测量、控制、监测、保护（非电量）、计量等全部或部分智能电子装置（IED）集合而成，通过电缆或光缆与高压设备本体连接成一个有机整体，实现和/或支持对高压设备本体或部件的智能控制，并对其运行可靠性、控制可靠性及负载能力进行实时评估，支持电网的优化运行。通常运行于高压设备本体近旁。

7. 合并单元（Merging Unit，MU）

用以对来自二次转换器的电流和/或电压数据进行时间相关组合的物理单元。合并单元可是互感器的一个组成件，也可是一个分立单元。

8. 智能终端（Smart Terminal）

一种智能组件。与一次设备采用电缆连接，与保护、测控等二次设备采用光纤连接，实现对一次设备（如：断路器、隔离开关、主变压器等）的测量、控制等功能。

9. 智能电子设备（Intelligent Electronic Device，IED）

包含一个或多个处理器，可接收来自外部源的数据，或向外部发送数据，或进行控制的装置，例如：电子多功能仪表、数字保护、控制器等。为具有一个或多个特定环境中特定逻辑接点行为且受制于其接口的装置。

10. 交换机（Switch）

一种有源的网络元件。交换机连接两个或多个子网，子网本身可由数个网段通过转发器连接而成。

11. 数据通信网关机（Communication Gateway）

一种通信装置。实现智能变电站与调度、生产等主站系统之间的通信，为主站系统实现智能变电站监视控制、信息查询和远程浏览等功能提供数据、模型和图形的传输服务。

12. GOOSE（Generic Object Oriented Substation Event）

GOOSE 是一种面向通用对象的变电站事件。主要用于实现在多 IED 之间的信息传递，包括传输跳合闸信号（命令），具有高传输成功概率。

13. SV（Sampled Value）

采样值。基于发布/订阅机制，交换采样数据集中的采样值的相关模型对象和服务，以及这些模型对象和服务到 ISO/IEC 8802-3 帧之间的映射。

四、智能站自动化系统

1. 系统构成

遵循 DL/T 860（变电站通信网络和系统）。自动化系统在功能逻辑上由站控层、间隔层、过程层组成。间隔层由若干个二次子系统组成，在站控层及网络失效的情况下，仍能独立完成间隔层设备的就地监控功能。过程层由电子式互感器、合并单元、智能终端等构成。

2. 网络结构

全站网络采用高速以太网，通信规约宜采用 DL/T 860，传输速率不低于 100Mbit/s。全站网络在逻辑功能上可由站控层、间隔层、过程层网络组成。变电站站控层、间隔层及过程网络结构应符合 DL 860.1 定义的变电站自动化系统接口模型，以及逻辑接口与物理接口映射模型。站控层网络、间隔层网络、过程层网络应相对独立，减少相互影响。应满足继电保护直采直跳要求。

（1）站控层网络：可传输 MMS 报文和 GOOSE 报文。宜冗余网络，网络结构拓扑宜采用双星形或单环形（220kV 及以上）。逻辑功能上覆盖站控层之间数据交换接口、站控层与间隔层之间数据交换接口。

（2）间隔层网络：可传输 MMS 报文和 GOOSE 报文。逻辑功能上覆盖间隔层内数据交换、间隔层与站控层数据交换、间隔层之间（根据需要）数据交换接口。

站控层及间隔层网络配置见图 1-108。

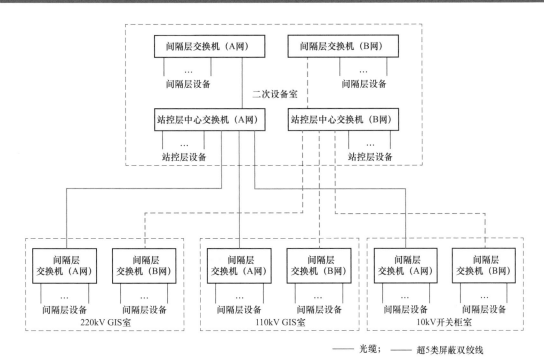

图 1-108 站控层及间隔层网络配置

（3）过程层网络（含采样值和 GOOSE）：逻辑功能上，覆盖间隔层与过程层数据交换接口。按照 Q/GDW 383—2009《智能变电站技术导则》对保护装置跳闸要求，对于单间隔的保护应直接跳闸，涉及多间隔的保护（母线保护）宜直接跳闸。对于涉及多间隔的保护（母线保护），如确有必要采用其他跳闸方式，相关设备应满足保护对可靠性和快速性的要求；其余 GOOSE 报文采用网络方式传输。过程层网络配置见图 1-109。

五、智能站继电保护

1. 保护配置

智能变电站继电保护符合继电保护装置标准化设计通用技术原则，且采用智能站版本。江苏省内新建智能变电站 220kV 线路保护、主变压器保护、母线保护均采按双重化原则配置，重合闸功能位于线路保护中，失灵保护由母线保护实现。

智能站每套保护装置与合并单元、智能终端一一对应，即每套保护的采样和跳闸回路之间没有相互联系，双套配置的智能终端间宜有相互闭锁重合闸回路。

由于 220kV 母线保护采用直采直跳方式，当接入支路间隔较多时，可采用主机+子机的配置方式。根据 Q/GDW 441—2010《智能变电站继电保护技术规范》要求，江苏省新建智能变电站 220kV 继电保护采用直接采样、直接跳闸方式，数据同步方式不依赖于外部时钟。

2. 压板类型

保护装置取消了功能硬压板和出口硬压板，采用相应软压板实现。软压板类型主要包括功能软压板、出口软压板、接收软压板等。保护装置、合并单元、智能终端等另设置检修硬压板。智能终端设置保护硬压板：跳闸压板和重合闸压板（双套智能终端情况另设置重合闸相互闭锁压板）；同时可设置遥控硬压板（开关遥控压板、隔离开关遥控压板等）。

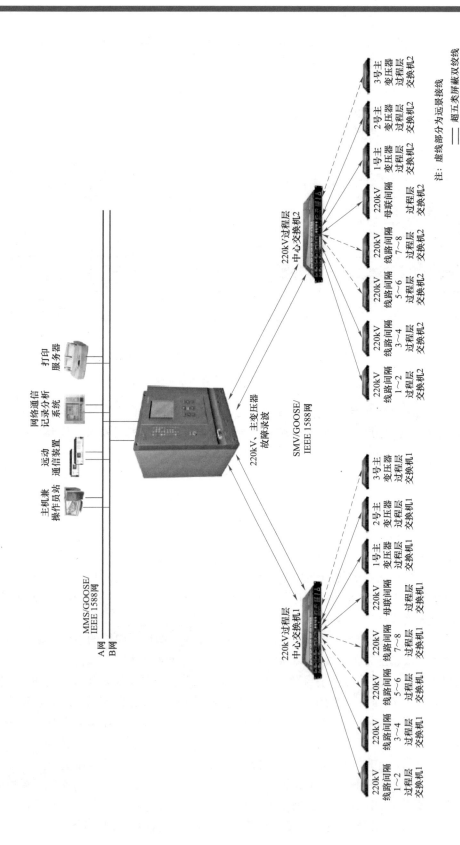

图 1-109 过程层网络配置

智能变电站二次设备采用了检修机制，相关智能设备（保护装置、合并单元、智能终端等）设置了检修硬压板，可作为装置检修状态下的隔离措施。智能变电站检修机制是利用报文中的"检修"位，装置在检修状态下发出的报文带"检修"标识。若智能设备接收的报文中"检修"位与自身装置的检修状态不一致时，则不执行报文内容；若检修状态相同（包括全 0 或全 1）则执行。

3. 状态定义

220kV 继电保护整套装置设置"跳闸""信号"和"停用"三种状态，具体含义为：

（1）跳闸：保护装置直流电源投入，保护功能软压板投入，保护出口压板（GOOSE 跳闸、起动失灵）投入、相应 SV，GOOSE 接收软压板投入，保护装置检修硬压板取下；智能终端装置直流电源投入，出口硬压板（含保护跳/合闸，遥控出口）投入，检修硬压板断开；合并单元装置直流电源投入，检修硬压板断开。

（2）信号：保护装置直流电源正常，保护功能软压板投入，保护出口压板（GOOSE 跳闸、起动失灵）退出，保护检修状态硬压板断开。

（3）停用：保护装置直流电源退出，保护功能软压板退出，保护出口压板（GOOSE 跳闸、起动失灵）退出，保护检修状态硬压板投入。

保护功能的投退状态定义同传统"六统一"变电站，若仅退某一功能，则退出相应功能软压板即可。

第六节 交 直 流 系 统

一、交流系统

1. 220kV 变电站交流系统配置情况

（1）变电站交流电源作为变电站的重要组成部分，为一次设备的操动机构、主变压器冷却装置、充电机、监控系统等子系统提供可靠的工作电源。

（2）装有两台及以上主变压器的 220kV 及以下变电站，应至少配置两路电源，分别取自本站不同主变压器；或一路取自本站主变压器，另一路取自站外可靠电源。该站外电源应与本站提供站用电源的主变压器独立，提供站用电源的主变压器停电时站外电源仍能可靠供电。装有两台主变压器站用变压器布置情况如图 1-110 所示。

（3）装有一台主变压器的变电站，应配置两路电源，其中一路取自本站主变压器，另一路取自站外可靠电源，见图 1-111。

（4）不装设变压器的开关站，应配置两路电源，分别取自不同的站外可靠电源。两路站用电源不得取自同一个上级变电站。

（5）两台站用变压器分列运行，站用电母线采用按工作站用变划分的单母线，每段母线配置一块交流馈线屏。站用电母线具有单母线分段、单母线分段加公用段等运行方式。

2. 接线图示例

（1）单母线分段。单母线分段交流系统接线图见图 1-112。

1）无备自投情况：Ⅰ段母线、Ⅱ段母线分列运行，Ⅰ段母线失电后，通过手动合上分段断路器 FDL，由Ⅱ段母线供电。反之，若Ⅱ段母线停电，则手动合上分段断路器 FDL，由Ⅰ段母线供电。

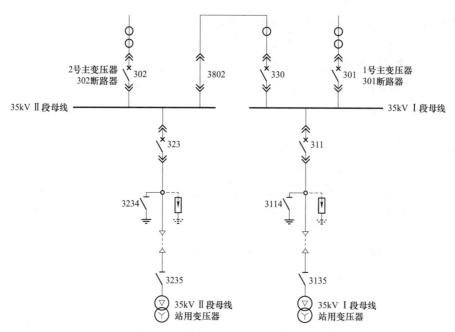

图 1-110　装有两台主变压器站用变压器布置情况

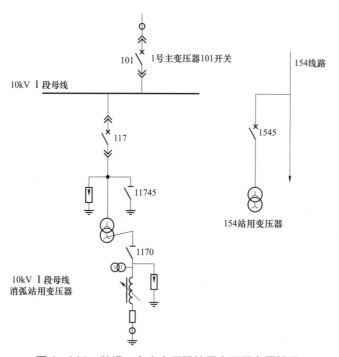

图 1-111　装设一台主变压器站用变压器布置情况

2）有备自投情况：Ⅰ段母线、Ⅱ段母线分列运行，分段断路器 FDL 装有备自投装置，Ⅰ段母线失电后，备自投动作自动合上分段断路器 FDL，由Ⅱ段母线供电。反之，若Ⅱ段母线停电，则备自投动作自动合上分段断路器 FDL，由Ⅰ段母线供电。备自投动作时间设置要大于站用变压器低压侧空气开关跳闸时间。

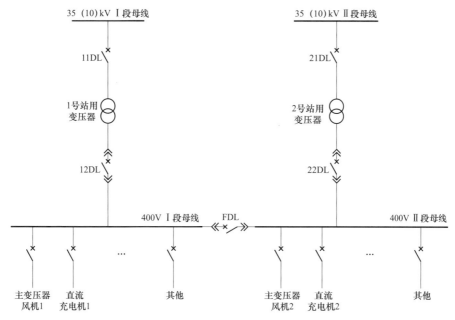

图 1-112 单母线分段交流系统接线图

（2）单母线分段加公用段（见图 1-113）。正常运行方式为 1、2 号站用变压器分列运行，1 号进线电源作为 400V Ⅰ 段母线及公用母线的主供电源，2 号进线电源作为 400V Ⅱ 段母线的主供电源。ATS 可设置为"自动"工作模式，当 1 号进线电源消失后，ATS 装置自动切换至 2 号进线电源，确保公用母线由 2 号进线供电。

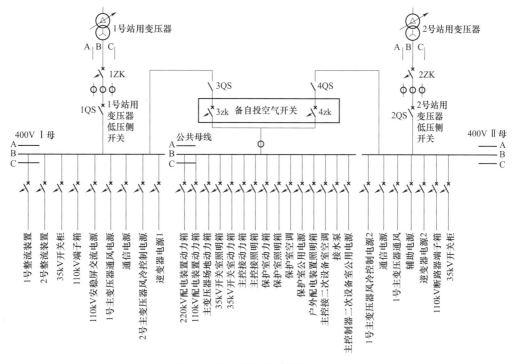

图 1-113 单母线分段加公共段

3. 220kV 变电站站用交流系统负载情况（环网、馈线）

站用交流系统负载由站用电母线经交流空气开关送出，分成三种情况：

（1）单电源馈线：站用电系统一般负荷，如各房间照明、空调、动力电源等采用单回路供电，可接于任一段母线或公用母线上。

（2）双电源馈线：站用电系统重要负荷（不允许失电），如主变压器冷却器、直流系统充电机、交流不间断电源、消防水泵等采用双回路供电，且接于不同的站用电母线段上，并能实现自动切换。双电源馈线的两路电源不允许并列运行。双电源馈线接线图如图 1-114 所示。

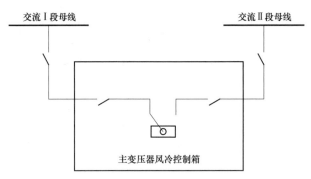

图 1-114　双电源馈线接线图

（3）环网馈线：各电压等级的端子箱内的交流电源采用环网供电方式，如端子箱内的加热，储能，隔离开关操作等，从一站用电母线段空气开关引出交流电经同一电压等级设备间隔的所有端子箱至另一站用电母线段空气开关形成环网，环网馈线必须开环运行。环网馈线接线图如图 1-115 所示。

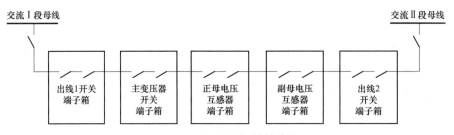

图 1-115　环网馈线接线图

4. UPS

不间断电源（Uninterruptible Power System，UPS），是指在主电源（通常是市电）出现供应故障情况下临时向需要不间断工作的系统连续供电的电源系统。UPS 在主电源输入正常时，也可对品质不良的电源进行稳压、稳频、抑制浪涌、滤除噪声、防雷击、净化电源、避免高频干扰等，从而提供给使用者一个稳定纯净的、还具有较高的电压、频率稳定性、波形失真小等优点。

UPS 具备三个独立的供电电源：①来自站用电的交流屏上 380V 交流电源（交流输入 2 路）；②来自直流主馈电屏上的直流 220V 直流电源；③来自另一台 UPS 机直接输出 220V 交

流电源。

站用变压器电源 1 经 QF2 进入 UPS 主回路，整流器将交流电源变换为直流，该直流电源给逆变器供电，逆变器将直流电源变换为高质量交流电源，经静态开关 1 给负载供电。另一台机输出电源 2 分为 2 路：1 路经 QF3 进入自动静态旁路，通过静态开关 2 给负载供电，另 1 路经 QF4 进入手动旁路开关，直接给负载供电。在一台站用变压器电源正常情况下，由主回路、整流器、逆变器、静态开关 1 给负载供电。当站用变压器电源失电或整流器出现问题停下后，由直流屏（蓄电池组）经 QF1 向逆变器供电，经静态开关 1 向负载提供几分钟至几小时的电源，提供电源的时间取决于蓄电池的容量大小。当逆变器本身发生故障时，静态开关 1 自动断开，同时静态开关 2 闭合，另一台 UPS 机电源经自动静态旁路向负载供电。旁路开关 QF3 进行维修时，合上手动旁路 QF4 直接给负载供电。

二、直流系统

1. 直流系统接线要求

（1）330kV 及以上电压等级变电站及重要的 220kV 变电站应采用三台充电装置，两组蓄电池组的供电方式。每组蓄电池和充电装置应分别接于一段直流母线上，第三台充电装置（备用充电装置）可在两段母线之间切换，任一工作充电装置退出运行时，手动投入第三台充电装置。

（2）每台充电装置应有两路交流输入（分别来自不同站用电源）互为备用，当运行的交流输入失去时能自动切换到备用交流输入供电。

（3）两组蓄电池组的直流系统，应满足在运行中两段母线切换时不中断供电的要求，切换过程中允许两组蓄电池短时并联运行，禁止在两系统都存在接地故障情况下进行切换。

（4）直流母线在正常运行和改变运行方式的操作中，严禁发生直流母线无蓄电池组的运行方式。

2. 几种典型的直流系统接线方式

（1）单组蓄电池组单组充电装置接线如图 1-116 所示。此种接线方式，直流母线为单母线接线，只有一组蓄电池组和充电装置，直流系统的供电可靠性较低，一般只适用于 110kV 及以下变电站。

（2）两组蓄电池两组充电装置如图 1-117 所示。此种接线方式，直流母线为单母线分段接线，有两组蓄电池组，两组充电装置，当有一组充电装置故障退出时，将有一组蓄电池组失去浮充电。此种直流供电的可靠性相对较高，我省 220kV 变电站一般采用此种接线方式。

（3）两组蓄电池三组充电装置如图 1-118 所示。此种接线方式，直流母线为单母线分段接线，有两组蓄电池组，三组充电装置，任一充电装置故障时，不会中断对蓄电池的浮充电。此种接线方式供电可靠性高，江苏省 500kV 变电站一般采用此种接线方式。

3. 典型 220kV 变电站直流系统配置情况

（1）220kV 变电站直流系统，由直流母线、充电装置（也叫整流装置、充电机等）、蓄电池、辅助装置组成。

（2）直流母线为单母线分段接线，即 220V I 段直流母线和 220V II 段直流母线。

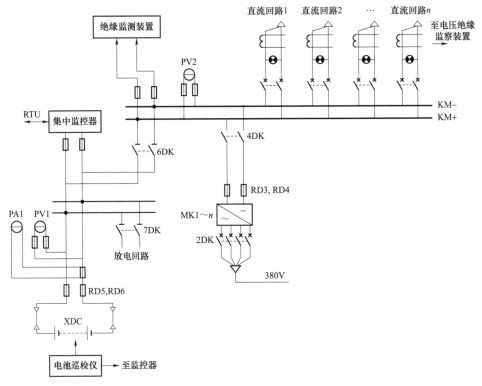

图 1-116　单组蓄电池组单组充电装置接线

（3）充电装置为两套，选用高频开关电源模块型式，高频开关电源模块按 $N+1$ 配置，并联方式运行，模块总数宜不小于 3 块（根据不同厂家，每套模块数为 3~7 个不等）。

（4）蓄电池为两组，每组通常由 104 只蓄电池串联而成、单体电压 2V，或者 108 只蓄电池组成、单体电压 2V，部分早期变电站每组是 36 只蓄电池组成、单体电压 6V。

（5）绝缘监察装置，可以实现母线电压、母线对地电压、对地绝缘电阻、支路接地电阻和支路号及瞬时接地监测、显示和报警（接地选线）。

（6）绝缘监测装置配置具有交流窜直流故障的测记和告警功能。

（7）双路电源切换装置，充电装置配有两路交流电源，分别引自不同站用变压器的低压侧。双路交流电源进线切换装置上"电源选择"开关置"自动"位置，当工作电源失电后，备用电源会自动投入，工作电源恢复后，自动切回至工作电源。

（8）正常运行状态下直流控制母线电压由高频斩波调压自动装置自动调节，当高频斩波调压自动装置故障时自动将硅链调压装置投入，进行自动或手动调压。正常运行时硅调压开关 QK 置"自动"位置，当自动调节失灵或自动调节时控制母线电压仍不能满足要求时，应将 QK 切至手动位置，并根据控制母线电压情况加硅或减硅，其上数字表示表示硅链被短接的只数，如切至"1"时表示投入 4 只硅，切至"5"时表示硅链全被短接，这时控制母线电压最高。

（9）蓄电池应采用阀控式密封铅酸蓄电池，蓄电池组容量为 200Ah 及以上时应选用单节电压为 2V 的蓄电池，容量 300Ah 以下的阀控式蓄电池，可安装在电池柜内，容量 300Ah 及以上的阀控式蓄电池应安装在专用蓄电池室内。

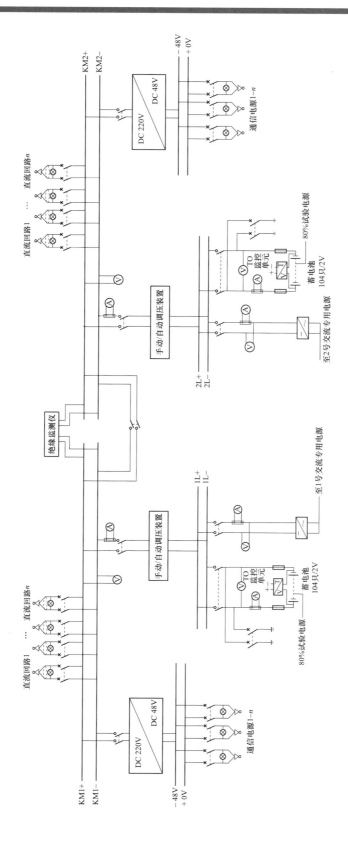

图 1-117 两组蓄电池两组充电装置

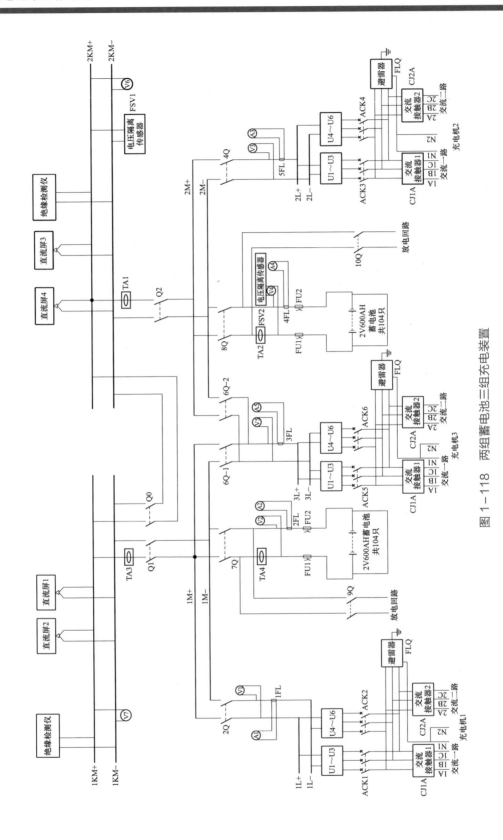

图 1-118 两组蓄电池三组充电装置

（10）蓄电池室照明应使用防爆型照明，空调采用防爆空调，照明开关、通风装置开关应设置在蓄电池室外，蓄电池室应采取保温、通风措施，配备温湿度计，防止阳光直射的措施。

4. 典型 220kV 变电站直流系统负载情况（环网、辐射馈供）

（1）直流母线上接的主要负载有保护及自动装置电源、测控装置电源、自动化及通信装置电源、断路器控制电源、交换机电源、故障录波器、UPS 直流电源等。

（2）220kV 变电站直流系统对负载供电，66kV 及以上应按电压等级设置分电屏供电方式，不应采用直流小母线供电方式。直流系统的馈出网络应采用辐射状供电方式，严禁采用环状供电方式。35kV 及以下开关柜每段母线采用辐射供电方式，即在每段柜顶设置一组直流小母线，每组直流小母线由一路直流馈线供电，开关柜配电装置由柜顶直流小母线供电。

（3）220kV 双重化配置的主变压器、线路保护等，两套主保护电源分别取自直流Ⅰ、Ⅱ段母线，开关控制电源回路两路分别取自直流Ⅰ、Ⅱ段母线（第一组跳闸回路及合闸回路取自直流Ⅰ母、第二组跳闸回路取自直流Ⅱ母）。

（4）采用直流小母线方式供电，采用环路供电的直流回路，一般应在直流配电屏上将一路电源开关合上，另一环路电源开关分开，并在该环路开关上挂"不得合闸"的标示牌。

（5）变电站内保护装置集中在一个保护室内，各装置直流电源直接从直流馈线屏引入，如果保护（含智能终端、合并单元、合智一体装置）分散在几处，可从直流馈线屏接至直流分电屏以便就地供直流电。

（6）部分 220kV GIS、110kV GIS、10kV/35kV 开关柜设备直流电源为环路接线，正常只合一路电源、另一路电源分开，主电源故障时手动先分后合切换至备用电源供电。

（7）部分早期的 220kV 变电站，直流负载（保护装置电源）为屏顶直流小母线接线方式。

5. 接线图示例

部分 220kV 变电站直流系统采用两电两充、短时并列接线，如图 1-119 所示。

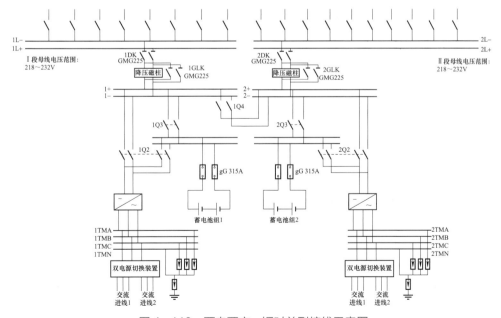

图 1-119 两电两充、短时并列接线示意图

（1）说明。配置两台高频开关充电、浮充电装置，两组蓄电池组。

每组蓄电池和其中两套高频开关充电装置分别接于一段直流母线上，两套高频开关充电装置互为备用。设置一路分段联络隔离开关，两组蓄电池允许短时并联运行。

直流系统采用主分屏两级方式，辐射型供电。直流馈线屏（柜）至每面分屏（柜）每段各引二路电源。

（2）正常运行方式。正常运行时，直流Ⅰ段、Ⅱ段母线分列运行，1号充电机正常带Ⅰ段直流母线负荷，并对1号蓄电池进行浮充电；2号充电机正常带Ⅱ段直流母线负荷，并对2号蓄电池进行浮充电。

第1（2）组蓄电池投入开关1Q3（2Q3）：正常在"合上"位置。

Ⅰ、Ⅱ段母线联络断路器1Q4：正常在"断开"位置。

1（2）组充电机交流电源开关：正常在"合上"位置。双路电源都输入，装置自动切换。

1（2）组充电机直流输出开关 1Q2（2Q2）："投母线""投蓄电池"。正常在"投母线"位置。

（3）运行操作原则。正常运行方式下，充电模块除对蓄电池浮充电外，还作为直流电源供全部直流负荷，只有在异常和事故情况下，蓄电池供负荷电流；

正常Ⅰ路交流电源为主电源，充电模块由Ⅰ路供电，Ⅱ路作为备用，一旦Ⅰ路交流停电或发生异常（过电压或欠电压），则Ⅱ路自动投入使用；

直流母线电压正常为220V±1%，允许波动范围为220V±10%；

充电机在检修结束恢复运行时，应先合交流侧开关，再带直流负荷；

正常运行时绝缘监测仪均投入使用。

直流系统可短时并列，但禁止长时间并列运行，直流系统发生接地时，禁止并列运行。

直流系统发生接地时禁止在二次回路上工作，处理直流接地时不得造成直流短路和另一点接地。

第七节 防 误 装 置

一、防止电气误操作概念

防止电气误操作包括一次电气设备"五防"和二次设备防误。

（1）一次电气设备"五防"功能包括：①防止误分、误合断路器（开关）；②防止带负荷拉、合隔离开关（刀闸）或进、出手车；③防止带电挂（合）接地线（接地刀闸）；④防止带接地线（接地刀闸）合断路器（开关）、隔离开关（刀闸）；⑤防止误入带电间隔。

（2）二次设备防误包括：①防止误碰、误动运行的二次设备；②防止误（漏）投或停继电保护及安全自动装置；③防止误整定、误设置继电保护及安全自动装置的定值；④防止继电保护及安全自动装置操作顺序错误。

二、常见防误闭锁装置

1. 机械闭锁

机械防误闭锁是利用电气设备的机械联动部件对相应电气设备操作构成的闭锁。机械闭锁是指机械结构到达预定目的一种闭锁，机械锁实现一电气设备操作后另一电气设备就不能操作。变电站常见的机械闭锁一般有以下几种：

（1）线路（变压器）隔离开关与线路（变压器）接地开关之间的闭锁。

（2）线路（变压器）隔离开关和断路器与线路（变压器）侧接地开关之间的闭锁。

（3）母线隔离开关与断路器母线侧接地开关之间的闭锁。

（4）电压互感器隔离开关与电压互感器接地开关之间的闭锁。

（5）电压互感器隔离开关与所属母线接地开关之间的闭锁。

（6）旁路旁母隔离开关与断路器旁母侧接地开关之间的闭锁。

（7）旁路旁母隔离开关与旁母接地开关之间的闭锁。

（8）母联隔离开关与母联断路器侧接地开关之间的闭锁。

（9）500kV线路并联电抗器隔离开关与电抗器接地开关之间的闭锁。

机械联锁指用电气设备本体的机械传动部分进行控制，硬闭锁。接触器间的机械联锁一般用于电动机正反转控制，不允许两个接触器同时吸合。而电气联锁适用于多个具有先后顺序起停的电动机，当前面电动机停车后，后面电动机也要停车，防止跑料。把手锁接触器间的机械联锁是通过接触其内部的构造机械机构使得用于联锁的2个接触器不能同时动作。

2. 电气闭锁

电气防误闭锁是将断路器、隔离开关、接地刀闸等设备的辅助接点接入电气操作电源回路构成的闭锁。当其他相关设备的位置信息不符合条件时，其辅助接点将断开操作回路，形成对设备的闭锁。电气闭锁二次回路示意见图1-120。

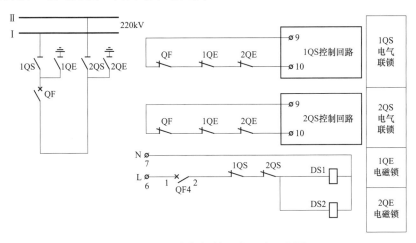

图1-120　电气闭锁二次回路示意图

3. 其他防误闭锁装置

（1）电磁防误闭锁。是将断路器、隔离开关、接地刀闸、隔离网门等设备的辅助接点接入电磁闭锁电源回路构成的闭锁，电磁锁是一种采用电磁控制原理对设备操动机构实行机械闭锁限位控制的锁具。

（2）微机防误装置（系统）。采用独立的计算机、测控及通信等技术，用于高压电气设备及其附属装置防止电气误操作的系统，主要由防误主机、模拟终端、电脑钥匙、通信装置、机械编码锁、电气编码锁、接地锁和遥控闭锁装置等部件组成，见图1-121。

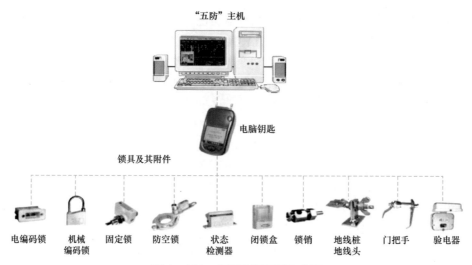

图 1-121　微机防误闭锁示意图

（3）计算机监控防误闭锁。利用测控装置及监控系统内置的防误逻辑规则，实时采集断路器、隔离开关、接地刀闸、接地线、网门、压板等一、二次设备状态信息，并结合电压、电流等模拟量进行判别的防误闭锁系统。监控系统应具有完善的全站性逻辑闭锁功能，除判别本间隔内的闭锁条件外，还必须对其他跨间隔的相关闭锁条件进行判别。变电站同一被遥控设备由低到高有三种控制级别，即"间隔层""站控层""远方控制中心"，三种控制级别间在同一时刻只允许一级对其进行控制。监控系统防误必须满足"远方""就地"操作均可实现防误闭锁，即远方控制中心、操作员工作站和 I/O 测控单元屏上、端子箱内及隔离开关操动机构箱内（电动和手动）的操作均具有防误闭锁功能。在监控系统具有完善的全站闭锁功能的前提下，电气闭锁回路的设计只考虑间隔内的防误闭锁，不设计跨间隔电气闭锁回路，间隔间的闭锁靠监控系统来实现。

（4）带电显示装置。提供高压电气设备安装处主回路电压状态的信息，用以显示设备上带有运行电压的装置。对使用常规闭锁技术无法满足防止电气误操作要求的设备（如联络线、封闭式电气设备等），应采取加装带电显示装置等技术措施达到防止电气误操作要求。

三、功能与技术要求

1. 总体要求

（1）防误目前常用实现方式主要有测控防误、电气防误、微机防误、机械防误、模拟图系统、后台防误等。

（2）五防逻辑主要采用设备状态实现，辅以带电显示器、无压、无流等判据实现；其中，带电显示器一般用于测控、电气、微机防误；无压、无流一般用于测控防误。

（3）所有防误装置应与主设备同期设计、同期施工、同期验收；相关逻辑及回路由设计出具，有资质的施工单位施工，并有运维人员按图纸要求验收，并提出合理的修改意见；相关装置未经验收不得投运。

（4）防误规则库应能直观显示，不宜采用逻辑图显示方式；该防误规则库应能调出打印，以直观的文本显示。

（5）在使用测控＋电气防误的变电站，由于设备接点等原因无法同时满足两种闭锁的，一般优先满足测控闭锁，以方便监视相关状态。

（6）测控防误逻辑闭锁与间隔内电气闭锁形成"串联"关系。

（7）变电站对同一设备的操作应具有唯一性，操作方式按下列次序依次优先：远端监控中心操作—变电站后台操作—I/O 测控屏操作—就地端子箱电动操作—就地机构箱电动操作—就地机构箱手动操作，闭锁方式应保证后一级操作方式闭锁前一级。

（8）测控防误逻辑闭锁回路及间隔内电气闭锁回路均应分别设置解闭锁（简称解锁）回路。其解锁回路的设置必须满足下列要求：

1）解除监控系统测控装置逻辑闭锁时，不得联解设备间隔内电气闭锁。

2）解除间隔内电气闭锁时，不得联解监控系统测控装置逻辑闭锁。

2. 按变电站分类的要求

（1）220kV 及以上敞开式变电站。

1）变电站新建或整站综自改造时应采用"测控防误逻辑闭锁＋设备间隔内电气闭锁"的方式来实现防误操作功能，不再设置独立的微机防误操作系统。

2）各电气设备间隔设置本间隔内的电气闭锁回路，不设置跨间隔之间的电气闭锁回路，跨间隔的防误闭锁功能由测控防误实现。

（2）110kV 和 35kV 敞开式变电站。变电站新建或整体改造时，由于 35kV 及 10（20）kV 电压等级的设备多采用开关柜设备，综合考虑设备情况和投资效益，高压部分及主变压器各侧采用"测控防误逻辑闭锁＋本设备间隔内电气闭锁"来实现防误功能，低压部分采用设备本身具备的电气、柜内机械闭锁来实现防误功能。

（3）采用 GIS、PASS 等组合电器的变电站。变电站新建采用此类组合设备时，采用"测控防误逻辑闭锁＋完善的电气闭锁"。回路设计原则及功能要求同 220kV 敞开式变电站。

3. 按设备类型的要求

（1）隔离开关及接地刀闸。

1）隔离开关的手动操作时应具有防误闭锁功能，其闭锁条件也应通过电气闭锁和测控防误逻辑闭锁来实现。

2）隔离开关操作回路典型闭锁原理图见图 1-122，图中 LD 为远近控切换开关，PC、PO 为近控操作按钮，L 为手摇操作电磁锁（隔离开关自带）。

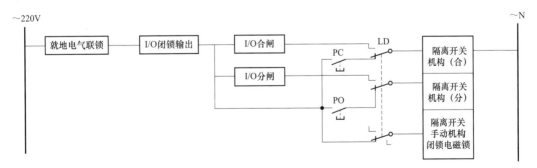

图 1-122 隔离开关操作回路典型闭锁原理图

3）隔离开关、接地刀闸控制回路（闭锁回路）电源应与电动机电源分开。

4）为实现完善的防误闭锁功能，提高设备操作效率，保障安全，变电站的隔离开关、接地刀闸应具备电动、遥控功能。

5）对不具备电动操作功能的接地刀闸，采用电磁锁对操动机构进行防误操作闭锁控制。

（2）专用接地装置。

1）专用接地装置的布点原则：①主变压器本体各侧分别设置一个接地装置（含带消弧线圈的中侧）。②消弧线圈进线闸刀与消弧线圈之间设置一个接地装置。③站用变压器的高、低压侧各设置一个接地装置。④室外电容器、电抗器进线电缆处设置一个接地装置。⑤35kV和10kV采用开关柜的情况下，在各段母线设置一个接置（桥架过桥处或电压互感器手车柜处）。⑥其他无接地刀闸配置但需满足检修工作的固定接地点。

2）专用接地装置二次回路接线要求：①装置的动合动作接点与对应接地刀闸动合辅助触点并联并接入测控装置。②装置的动断动作接点与对应接地刀闸动断辅助触点串联并接入测控装置。③装置无对应接地刀闸的，其位置信号应单独接入测控装置。④接地装置的电源与对应接地刀闸的电源回路并联。⑤接地装置的闭锁条件等同于对应接地刀闸的操作闭锁条件。

（3）高压带电显示装置要求。

1）通过省级及以上专业机构的检测或认定。

2）装置具有闭锁接点输出（至少提供2个动断辅助接点），实现与接地刀闸或网门的联锁。当装置故障或失电时应认为有电，实现可靠闭锁。

3）带电显示装置具有应自检功能，在一次设备带电或不带电的状态下均可自检装置的完好性。其自检方式必须在带电检测装置的输入端加入模拟电压量的方式来检验带电显示装置的完好性。

4）装置试验时，应能检验其输出接点动作正确。

5）装置输出的闭锁接点容量应满足要求。出线侧有CVT的线路或主变压器，出线接地刀闸操作应接入线路CVT次级无电闭锁，不需再装设带电显示器；出线侧无CVT时，应装设带电显示器。

6）对GIS、中置柜等难以验电的设备，在设备由运行转冷备用前检查带电显示器指示有电，设备转检修前检查带电显示器指示无电，即可不经验电直接操作地刀。

7）对35kV和10kV等中性点不接地系统的线路带电显示器，安装时要采取措施，防止系统单相接地时过电压造成损害。

4. 按实现方式的要求

（1）测控防误要求及标准。

1）测控防误应具有完善的全站性防误闭锁功能，除判别本间隔的闭锁条件外，还必须对其他跨间隔的相关闭锁条件进行判别。

2）所有通过I/O测控模块进行的操作均应经过防误闭锁逻辑判断，若操作错误，测控装置应闭锁该项操作并报警，输出提示条文。

3）I/O测控模块的防误逻辑判别，除了对相应设备状态进行判别外，还必须对采集的相关模拟量进行判别。如操作隔离开关应判别该回路TA无电流，合接地刀闸时应判断相应CVT或TV无电压等。

4）下列设备操作需加入模拟量的判据：①隔离开关的操作（热倒除外）应判断本间隔电流互感器二次无流；②出线接地刀闸的操作应判别本线路电压互感器二次无电。

5）测控防误逻辑闭锁应将模拟量判别纳入防误闭锁条件,无电流判据的定值按躲过测控装置零漂电流整定要求,无电压判据的定值设为 $0.7U_N$。

6）I/O 测控模块的防误逻辑判别中,对设备位置的判别须采用双位置判别方式,以保证对设备位置判别的准确性。

7）为方便核对,I/O 测控模块中的防误规则库应能直观显示,不宜采用逻辑图显示方式;该防误规则库应能调出打印,以直观的文本显示。

（2）后台防误要求及标准。

1）变电站后台也应具备完善的全站性防误闭锁逻辑判别功能,其防误规则库应与 I/O 测控模块中的完全一致。

2）为确保防误逻辑库的统一,同时减少输入的工作量,操作员工作站中防误逻辑库应能直接下载到 I/O 测控模块中,并与间隔层 I/O 测控模块的防误闭锁逻辑保持一致。

3）变电站后台中操作时应具备模拟预演功能,与正式操作界面应有明显的视觉区分,并具备防误校验功能;正式操作时应与预演进行比对,发现不一致应终止操作并告警。

（3）电气及机械防误要求及标准。

1）敞开式电气设备。①断路器与两侧隔离开关应具有电气联锁,保证断路器在分位时方可操作两侧隔离开关。②隔离开关与其附属的接地刀闸之间应具有可靠的机械联锁。③隔离开关与其附属的接地刀闸或相关的非附属接地刀闸都应设置电气闭锁。④电动操作隔离开关的手动操作也应具有防误闭锁措施,在手动操作摇把插孔处加防误挡板,满足操作条件时防误挡板方能移开。⑤为实现完善的防误闭锁功能,提高设备操作效率、保障安全,变电站的隔离开关、接地刀闸应配电动操动机构。⑥当电容器、站用变压器、消弧线圈等设备网门不能实现"测控防误逻辑闭锁+间隔内电气闭锁"时,可采用电气闭锁（电磁锁）方式实现网门与相关设备的防误闭锁功能。

2）组合电器设备。①GIS、HGIS、PASS、COMPSS、CAIS 和 SF_6 充气柜等组合电器设备应设置完善的电气闭锁实现本间隔和跨间隔防误操作功能。②除了完善电气闭锁外,组合电器设备的断路器与隔离开关、隔离开关与接地刀闸之间,根据构造特点设置相应的机械联锁。

3）开关柜。①开关柜上应分别设置控制开关与远近控切换开关,控制开关需带钥匙闭锁功能,一个控制开关对应一把钥匙,远近控切换开关不设置钥匙闭锁功能。②出线开关柜应装设具有自检功能的高压带电显示装置,并与线路侧接地刀闸实行联锁,当带电显示装置显示无电后方可操作线路侧接地刀闸。③柜体后门应在出线侧接地刀闸合上后才能打开或关闭,出线侧接地刀闸应在柜体后门关闭后方能操作。④主变压器低压侧开关柜的操作（摇出或推进）应实现与主变压器各侧接地刀闸（临时接地线）的联锁。

4）手车式开关柜还应具有以下闭锁功能:①断路器与其手车之间应具有机械联锁,断路器必须在分位方可将手车从"工作位置"拉出或推至"工作位置"。②断路器手车与线路接地刀闸之间必须具有机械联锁,手车在"试验位置"或"检修位置"方可合上线路接地刀闸。反之,线路接地刀闸在分位时方将断路器手车推至"工作位置"。③主变压器开关柜、电容器闸刀柜、站用变压器隔离开关柜、消弧线圈隔离开关柜应具有防止带接地刀闸（或接地线）推入手车的闭锁。

5）固定式开关柜还应具有以下闭锁功能:①断路器与其两侧隔离开关之间必须具有闭

锁功能，断路器必须在分位方可操作两侧闸刀。②出线侧隔离开关与本间隔线路接地刀闸间应具备闭锁，采用机械闭锁或"三工位"闸刀。

第八节 辅 助 设 施

一、消防系统

消防系统有以下运行规定：

（1）消防器材和设施应建立台账，并有管理制度。

（2）变电运维人员应熟知消防器具的使用方法，熟知火警电话及报警方法。

（3）有结合该站实际的消防预案，消防预案内应有该站变压器类设备灭火装置、烟感报警装置和消防器材的使用说明并定期开展演练。

（4）现场运行规程中应有变压器类设备灭火装置的操作规定。

（5）变电站应制定消防器材布置图，标明存放地点、数量和消防器材类型，消防器材按消防布置图布置；变电运维人员应会正确使用、维护和保管。

（6）消防器材配置应合理、充足，满足消防需要。

（7）消防砂池（箱）砂子应充足、干燥。

（8）消防用铲、桶、消防斧等应配备齐全，并涂红漆，以起警示提醒作用，并不得露天存放。

（9）变电站火灾应急照明应完好、疏散指示标志应明显；变电运维人员掌握自救逃生知识和技能。

（10）穿越电缆沟、墙壁、楼板进入控制室、电缆夹层、控制保护屏等处电缆沟、洞、竖井应采用耐火泥、防火隔墙等严密封堵。

（11）防火墙两侧、电缆夹层内、电缆沟通往室内的非阻燃电缆应包绕防火包带或涂防火涂料，涂刷至防火墙两端各 1m，新敷设电缆也应及时补做相应的防火措施。

（12）设备区、开关室、主控室、休息室严禁存放易燃易爆及有毒物品。

（13）失效或使用后的消防器材必须立即搬离存放地点并及时补充。

（14）因施工需要放在设备区的易燃、易爆物品，应加强管理，并按规定要求使用及存放，施工后立即运走。

（15）在变电站内进行动火作业，需要到主管部门办理动火（票）手续，并采取安全可靠的措施。

（16）在电气设备发生火灾时，禁止用水进行灭火。

（17）现场消防设施不得随意移动或挪作他用。

二、安防设施及视频监控系统

安防设施及视频监控系统有以下运行规定：

（1）应有安防系统的专用规程、视频监控布置图。

（2）安防系统设备标识、标签齐全、清晰。

（3）在大风、大雪、大雾等恶劣天气后，要对室外安防系统进行特巡，重点检查报警器等设备运行情况。

（4）遇有特殊重要的保供电和节假日应增加安防系统的巡视次数。

（5）巡视设备时应兼顾安全保卫设施的巡视检查。

（6）应了解、熟悉变电站的安防系统的正常使用方法。

（7）无人值守变电站防盗报警系统应设置成布防状态。

（8）无人值守变电站的大门正常应关闭、上锁。

（9）定期清理影响电子围栏正常工作的树障等异物。

三、防汛设施

防汛设施有以下运行规定：

（1）雨季来临前对可能积水的地下室、电缆沟、电缆隧道及场区的排水设施进行全面检查和疏通，做好防进水和排水措施。

（2）应每年组织修编变电站防汛应急预案和措施，定期组织防汛演练。

（3）防汛物资配置、数量、存放符合要求。

四、采暖、通风、制冷、除湿设施

采暖、通风、制冷、除湿设施有以下运行规定：

（1）采暖、通风、制冷、除湿设施参数设置应满足设备对运行环境的要求。

（2）根据季节天气的特点，调整采暖、通风、制冷、除湿设施运行方式。

（3）定期检查采暖、通风、制冷、除湿设施是否正常。

（4）进入 SF_6 设备室，入口处若无 SF_6 气体含量显示器，应手动开启风机，强制通风 15min。

（5）蓄电池室采用的采暖、通风、制冷、除湿设备的电源开关、插座应设在室外。

（6）室内设备着火，在未熄灭前严禁开启通风设施。

五、给排水系统

给排水系统有以下运行规定：

（1）冬季来临前应做好给排水系统室内、外设备防冻保温工作。

（2）变电站各类建筑物为平顶结构时，定期对排水口进行清淤，雨季、大风天气前后增加特巡，以防淤泥、杂物堵塞排水管道。

（3）定期对水池、水箱的进行维修养护，若遇特殊情况可增加清洗次数。

（4）定期对水泵进行切换试验，水泵工作应无异常声响或大的振动，轴承的润滑情况良好，电动机无异味。

（5）站内给水池、水塔、水箱等生活卫生储水设施容量充足，应定期检查水量并及时补充。

六、照明系统

照明系统有以下运行规定：

（1）变电站室内工作及室外相关场所、地下变电站均应设置正常照明；应该保证足够的亮度，照明灯具的悬挂高度应不低于 2.5m，低于 2.5m 时应设保护罩。

（2）室外灯具应防雨、防潮、安全可靠，设备间灯具应根据需要考虑防爆等特殊要求。

（3）在控制室、保护室、开关室、GIS 室、电容器室、电抗器室、消弧线圈室、电缆室应设置事故应急照明，事故照明的数量不低于正常照明的 15%。

（4）在电缆室、蓄电池室应使用防爆灯具，开关应设在门外。

（5）定期对带有漏电保护功能的空气开关测试。

第二章

工 作 流 程

第一节 交 接 班

"两票三制"是电力生产中保障安全的基本制度之一,也是身为变电站运维值班员需要首先学习的重要工作内容。"两票三制"中的"两票"指的是操作票和工作票,"三制"则指的是交接班制度,巡回检查制度和设备定期试验轮换制度。本节主要就其中的交接班制度介绍交接班的工作流程,为运维值班员的日常工作提供参考模式。

一、交接班方式

交接班的方式根据变电站值班员的值班模式分为以下两种:

(1)轮班制值班模式:交班负责人按交接班内容向接班人员交待情况,接班人员确认无误后,由交接班双方全体人员签名后,交接班工作方告结束。

(2)"2+N"值班模式:交接班由班长(副班长)组织,每日早上班时,夜间值班人员汇报夜间工作情况,班长(副班长)组织全班人员确认无误并签字后,交接班工作结束;每日晚下班时,班长(副班长)向夜间值班人员交代全天工作情况及夜间注意事项,夜间值班人员确认无误并签字后,交接班工作结束。节假日时可由班长指定负责人组织交接班工作。

二、交接班流程

● 过程一:交接班前

交接班时间一般在每天早上 8:00～8:30,具体可根据班组的实际情况调整。交班前,交班人员应提前做好准备工作:

(1)根据运行方式,填写运行日志及相关记录。

(2)对当班工作内容进行整理并形成书面交接班记录。

(3)对填写的记录、表单进行核对并打印。

(4)复查并整理遗留的操作票、工作票。

(5)检查整理相关工器具。

● 过程二:交接班时

交接班过程中,交班负责人应向接班人员交代清楚的工作内容主要包括以下几个方面:

（1）所辖变电站运行方式。

（2）缺陷、异常、故障处理情况：包括该班次内巡视发现的缺陷、以往缺陷的发展情况、监控告知后台发出的异常信号及现场检查处理情况、所辖变电站发生跳闸、接地等事故的时间及处理情况等。

（3）两票的执行情况：包括上个班次已执行的操作票及遗留的未执行操作票（区、配调编号、操作任务等），许可和已收到的工作票、停电、复电申请，工作票及工作班工作进展情况等。

（4）工作现场保留的安全措施及接地情况：包括接地刀闸及接地线使用的组数、编号及装设位置等。

（5）所辖变电站维护、切换试验、带电检测、检修工作开展情况。

（6）各种记录、资料、图纸的收存保管情况。

（7）现场安全用具、工器具、仪器仪表、钥匙、生产用车及备品备件使用情况。

（8）上一班交接班主要内容。

（9）上级交办的任务及其他事项。

交班负责人交代完上述工作内容后，应向接班人员询问有无疑问，待接班人员详细了解所述工作内容并无疑问后，双方负责人在交接班记录上签字确认，并在生产管理系统中进行交接手续办理。交接班需全过程录音并留存。

●●→ 过程三：交接班后

接班结束后，接班负责人应及时组织召开本班班前会，根据天气、运行方式、工作情况、设备情况等，布置安排本班工作，交待注意事项，做好事故预想。

三、交接班注意要点

（1）运维人员应按照规定进行交接班。未办完交接手续之前，不得擅离职守。

（2）交接班前、后 30min 内，一般不进行重大操作。工作交接时发生事故，应停止交接，由交班人员处理，接班人员在交班负责人指挥下协助工作。

（3）以下情况发生时不允许进行交接班：

1）事故处理和倒闸操作时。

2）检修、试验、校验等工作内容及工作票不清楚时。

3）发现异常现象，尚未查明原因时。

4）上级指示和运行方式不清时。

5）应进行的操作，如传动试验、检查、清扫、加水、加油等工作未做完时。

6）应交接的图纸，如资料、记录、工器具、钥匙、仪表等不全或损坏无说明时。

7）交接班人员未到齐时。

四、交接班实例

变电运维工作日志样式见表 2-1。

表 2-1   变电运维工作日志样式

运维班（站）：	日期： 年 月 日	星期×	天气：晴
当值接班终了时间： 月 日 时 分			
当值交班终了时间： 月 日 时 分			
交班人：			
接班人：			
运行方式			
运行记事			
序号	日期	内 容	
一	巡视工作		
1			
二	调控指令		
1			
三	设备缺陷情况		
1			
四	工作票执行情况		
1			
五	倒闸操作情况		
1			
六	保护方式调整情况		
1			
七	故障及异常情况		
1			
八	接地线（接地刀闸）使用情况		
1			
九	解锁钥匙使用情况		
1			
十	下发文件、通知、要求、规定		
1			
十一	设备维护情况		
1			
十二	其他		

第二节 设 备 巡 视

尽管现辖变电站均为自动化程度较高的无人值守变电站，后台实时监控系统能有效反映站内设备大多数的异常运行数据并发信，但所使用的电接点和传感器等仍无法涵盖站内所有运行工况，与现场实际也可能存在一定偏差。为了随时掌握设备运行状态，深入挖掘设备运行规律，充分了解设备异常变化情况，及时发现设备缺陷，并采取措施尽早消除事故隐患，达到设备正常运行供电安全可靠的目的，运维人员应认真对设备进行巡视检查，做到正常运行按时查，高峰高温按时查，天气突变及时查，重点设备重点查，薄弱设备仔细查。变电站的巡视检查制度是确保设备正常安全运行的有效制度，深入学习并熟练掌握变电站设备现场设备巡视工作内容及流程是每位运维人员上岗的首要任务之一。本节主要介绍设备巡视的工作流程，为运维值班员的日常工作提供参考模式。

一、巡视分类及周期

按照电压等级以及考虑在电网中的重要性，变电站可分为一、二、三、四类，实行不同的巡视周期。巡视分类及周期见表 2-2，其中 220kV 及以下变电站多分属三类和四类变电站，跨省联络 220kV 变电站属于二类。除专业巡视外，其余巡视均由运维人员执行。

表 2-2 巡 视 分 类 及 周 期 表

巡视分类	巡视周期（次）				巡视内容
	一类	二类	三类	四类	
例行巡视	每 2 天	每 3 天	每周	每 2 周	常规性巡查，主要包括： （1）站内设备及设施外观、异常声响、渗漏情况； （2）监控系统、二次装置及辅助设施异常告警； （3）消防安防系统完好性； （4）变电站运行环境； （5）缺陷和隐患跟踪检查。 注：对于机器人巡检系统可巡视的设备，机器人可代替人工例巡
全面巡视	每周	每 15 天	每月	每 2 月	在例行巡视基础上，增加详细巡查项目，包括： （1）站内设备开启箱门； （2）记录设备运行数据； （3）设备污秽情况； （4）防火、防小动物、防误锁闭等有无漏洞； （5）接地引下线是否完好； （6）变电站设备厂房检查。 可与例行巡视一并进行
熄灯巡视	每月				夜间熄灯开展的巡视，重点包括： （1）引线、接头放电、发红过热等； （2）设备闪络、电晕、放电痕迹； （3）设备异响
特殊巡视	大风后				（1）检查设备引线摆动幅度，有无断股、散股，接线部位接线是否牢固，均压环及绝缘子是否倾斜、断裂； （2）重点检查设备上有无异物，户外设备区域有无杂物、漂浮物等

续表

巡视分类	巡视周期（次）				巡视内容
	一类	二类	三类	四类	
特殊巡视	雷雨后				（1）检查绝缘子、套管有无闪络放电现象或放电痕迹； （2）重点检查避雷器外观是否完好，避雷器、避雷针等设备接地引下线有无烧伤、断裂，接地端子是否牢固； （3）记录避雷器放电次数及泄漏电流
	冰雪、冰雹后、雾霾过程中				（1）雨雪天气，检查引线积雪积冰厚度，及时处理过多的积雪和悬挂的冰柱；根据导电部位有无明显水蒸气上升、积雪融化速度等或使用红外测温仪判断设备是否过热；检查绝缘子、套管表面有无爬电或异常放电。 （2）冰雹后，检查引线有无断股、散股，绝缘子、套管表面有无放电痕迹及破损现象；覆冰时，注意观察覆冰厚度不超10mm，冰凌桥接长度不宜超过干弧距离的1/3，放电不超过第二伞裙，不出现中部伞裙放电。 （3）大雾、毛毛雨、雾霾天气，检查套管、绝缘子有无表面闪络、放电和异常声响，重点检查瓷质污秽部分，必要时夜间熄灯检查；各接头部位出现水蒸气上升现象时进行红外测温
	新设备投入运行后，或设备经过检修、改造或长期停运后重新投入系统运行后				安排一次巡视及测温，巡视项目按照全面巡视执行
	设备缺陷有发展时				加强跟踪监测，当发热、渗油、压力降低等会发展的设备缺陷进一步发展，缺陷等级升级时及时汇报，必要时停电处理
	设备发生过负载或负载剧增、超温、发热、系统冲击、跳闸等异常情况				（1）过负载或负载剧增时，定时检查并记录负载电流、油温、油位变化；检查变压器声音是否正常，接头是否发热，冷却装置投入数量是否足够，防爆膜、压力释放阀是否动作。 （2）高温天气，检查触头、引线、线夹有无过热现象，绝缘护套有无变形，充油设备油温、油位指示，SF_6气体压力是否正常，变压器（电抗器）温度及冷却器运行是否正常，散热风扇及辅助通风装置工作正常；检查设备室的温湿度是否正常，通风、降温、除湿设备是否正常工作，电容器壳体有无变色、膨胀变形，电抗器外表有无变色、变形、异味或冒烟，母线连接处伸缩节是否良好。 （3）跳闸后，检查信号、继电保护动作情况，重点检查事故范围内的设备情况，如导线有无烧伤、断股，设备的外壳、油位、油色、油压等是否正常，绝缘子有无污闪、破损，现场有无异物、异声、异味
	法定节假日、上级通知有重要保供电任务时				（1）有保电任务时，特巡按保电运维保障工作方案执行； （2）保电开展前对保电设备进行一次全面巡视和红外测温，排查变电站周边环境隐患，发现外破隐患及时汇报
	电网供电可靠性下降或存在发生较大电网事故（事件）风险时段				（1）四级及以上级别预警时，对涉保变电站的全站设备，建筑物、电缆沟、安防、消防等设施进行一次全面巡视； （2）对于220kV变电站，四级及以上级别预警每天巡视测温不少于2次，五级及以下每天不少于1次
专业巡视	每月	每季	每半年	每年	为深入掌握设备状态，由运维、检修、设备状态评价人员联合开展对设备的集中巡查和检测

二、巡视方法

随着巡视技术的发展，目前变电站巡视已从传统巡视手段拓展至与智能巡视相结合的综合巡视方法，而对运维值班员而言，在设备巡视过程中仍主要通过观察和测量等传统方法开展，巡视方法及示例见表2-3。

表 2-3 巡 视 方 法 及 示 例

		巡视方法		示 例
传统巡视	观察法	眼看	通过观察、比较和记录设备外观、位置、信号、指示（包括油温、油位、压力等数据）对设备有无异常发热、有否渗漏油、有无漏气等情况进行分析判断，掌握设备运行情况，发现缺陷或隐患	巡视发现变压器事故油池内鹅卵石上有明显油渍，根据观察油渍位置，确定上方变压器渗漏点和漏油速度
		耳听	通过对设备运行时发出的声音进行判断，区分正常运行和异常情况下的声音区别	正常运行的变压器会发出均匀的嗡嗡声，若伴有放电的"啪啪"声，可能为内部存在局部放电；若伴有放电的"吱吱"声，可能为器身或套管外表面存在局部放电或电晕；若伴有连续、有规律的撞击或摩擦声，则可能为冷却器、风扇等存在不平衡振动
		鼻嗅	通过现场气味有无焦煳味判断设备有无过热、局部放电等异常	开关柜传出异味可通过气味不同判断是内部部件有烧损或是有小动物踪迹，后仓传出异味可结合电缆头示温蜡片融化情况判断是否电缆头有异常发热、放电
		手触	通过现场气味有无焦煳味判断设备有无过热、局部放电等异常	触碰开关柜外壳、变压器外壳等，判断温度有无明显异常发烫
	实测法		采用仪器测量获得现场设备数据判断是否正常运行	利用红外测温仪测量设备接头处有无发热，利用万用表测量蓄电池电压等
智能巡视	智能巡检机器人		利用视频监控、图像识别、自动控制等技术，由巡视机器人结合智能分析软件进行的远方一次设备巡视、红外测温、设备状态核对等	

三、巡视作业流程

变电站巡视作业基本流程如图 2-1 所示，包括巡视计划、巡视准备、设备核对、设备检查、记录汇报。

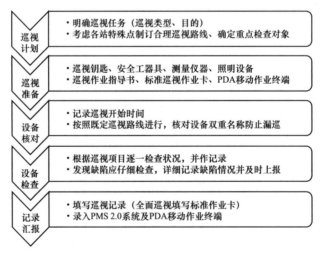

图 2-1 变电站巡视作业基本流程图

四、巡视注意要点

（1）设备巡视工作应结合每月停电检修计划、带电检测、设备消缺维护等工作统筹组织实施，提高运维质量和效率。

（2）巡视设备时运维人员应着工作服，正确佩戴安全帽。雷雨天气必须巡视时应穿绝缘靴、着雨衣，不得靠近避雷器和避雷针，不得触碰设备、架构。

（3）巡视人员应注意人身安全，针对运行异常且可能造成人身伤害的设备应开展远方巡视，应尽量缩短在瓷质、充油设备附近的滞留时间。

（4）为确保夜间巡视安全，变电站应具备完善的照明。

（5）现场巡视工器具应合格、齐备。

（6）对于不具备可靠的自动监视和告警系统的设备，应适当增加巡视次数。

（7）备用设备应按照运行设备的要求进行巡视。

（8）运维班班长、副班长和专业工程师应每月至少参加1次巡视，监督、考核巡视检查质量。

五、设备巡视实例

某110kV变电站实际巡视路线如图2-2所示。其两台主变压器、110kV设备区及10kV接地变压器、部分电容器等设备位于户外，10、35kV开关柜等设备以及主控室内二次屏柜等设备位于户内，室内设备分为两层布置。该巡视路线图以一楼主控室为起点，规划了一条从一层设备区到户外设备区再到二层设备区的合理路线，既保证了站内每个设备都在巡视路线上，确保不发生漏巡，又尽可能避免重复路线，提高了巡视效率。

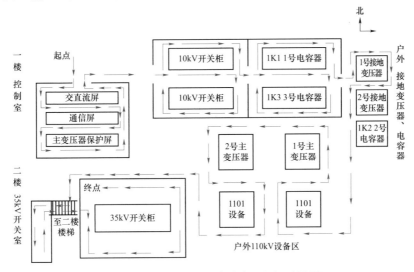

图2-2 某110kV变电站实际巡视路线图

变电站设备巡视记录可根据实际巡视情况填写，参考表2-4进行记录。

表2-4　　　　　　　　　　设备巡视记录

变电站		电压等级	
巡视日期		变电站类别	
巡视类型		天气	
气温（℃）		巡视班组	
巡视人		是否使用巡检仪巡视	
巡视开始时间		巡视结束时间	

续表

巡视内容
巡视结果
备注

第三节　缺　陷　管　理

变电站设备缺陷管理是变电站运维值班员日常运行维护的一项重要工作，良好的缺陷管控，及时的消缺处理能够有效降低设备事故的发生率，大大提高电网安全可靠运行的水平。

一、缺陷分类及定义

设备缺陷指的是运行中或备用的变电站设备发生异常或存在隐患，虽能继续运行，但已影响到设备及电网的安全可靠运行。缺陷分类及定义见表2-5。

表 2-5　　　　　　　　　　　缺 陷 分 类 及 定 义

缺陷分类	缺陷定义	处理时限		示　　　例
危急缺陷	设备或建筑物发生了直接威胁安全运行并需立即处理的缺陷，否则，随时可能造成设备损坏、人身伤亡、大面积停电、火灾等事故	不超过24h		运行中设备大量漏油，油位指示已降至最低油位以下
严重缺陷	对人身或设备有严重威胁，暂时尚能坚持运行但需尽快处理的缺陷	不超过1个月		运行中设备有渗漏油，但滴速不快于每滴/5s，且油位正常
一般缺陷	上述危急、严重缺陷以外的设备缺陷，指性质一般，情况较轻，对安全运行影响不大的缺陷	需停电 不超过1个检修周期	不停电 不超过3个月	开关柜带电显示装置损坏，无法指示（但不影响闭锁）

二、缺陷管理流程

缺陷管理流程是包括缺陷发现、建档、上报、跟踪、处理以及消缺验收六个环节在内的闭环全过程，见图2-3。

●→ 过程一：缺陷发现

缺陷发现主要源于运维值班员在变电站开展设备巡视、日常维护或进行倒闸操作等工作过程。运维人员应依据有关标准、规程等要求，及时发现设备缺陷并进行班组内初步判断。此外，检修、试验人员发现的设备缺陷应及时告知运维人员。

●→ 过程二：缺陷建档

发现缺陷后，运维人员应参照缺陷定性标准进行定性，及时启动缺陷管理流程。在PMS系统中登记设备缺陷时，应

图2-3 缺陷管理流程图

严格按照缺陷标准库和现场设备缺陷实际情况对缺陷主设备、设备部件、部件种类、缺陷部位、缺陷描述以及缺陷分类依据进行选择。对于缺陷标准库未包含的缺陷，应根据实际情况进行定性，并将缺陷内容记录清楚。每月月末，应结合巡视对变电站的设备缺陷进行核查，加强对未消除设备缺陷巡视与跟踪，确保缺陷记录的准确性。

●→ 过程三：缺陷上报

对不能定性的缺陷应由上级单位组织讨论确定，对可能在短期内发展成危急缺陷的严重缺陷应及时上报上级单位要求缩短处理周期，对可能会改变一、二次设备运行方式或影响集中监控的危急、严重缺陷情况应向相应调控人员汇报。

●→ 过程四：缺陷跟踪

对于运行中暂不能处理或短期内无需立即处理的设备缺陷，在缺陷未消除前，运维人员应加强设备巡视，做好设备缺陷跟踪工作，及时记录分析缺陷发展情况，并根据实际情况组织制订预控措施和应急预案。

●→ 过程五：缺陷处理

对于已发现的危急缺陷，运维人员应立即通知调控人员采取应急处理措施。对于影响遥控操作的缺陷，应尽快安排处理，处理前后均应及时告知调控中心，并做好记录，必要时配合调控中心进行遥控操作试验。其他短期内不会对设备正常运行造成影响的一般缺陷，应按照规定在缺陷填报系统中进行规范流转，联系检修人员进行消缺处理。

●→ 过程六：消缺验收

缺陷处理后，运维人员应进行现场验收，核对缺陷是否消除。缺陷消除后应向检修人员询问清楚缺陷原因与处理措施，并做好记录。验收合格后，待检修人员在"处理过程及工艺"栏对缺陷原因、处理方法等进行详细的说明并将处理情况录入PMS系统后，运维人员再将验收意见录入PMS系统，完成闭环管理。

三、缺陷填报实例

发现设备缺陷后可根据缺陷实际情况填报缺陷记录，参考表2-6，并在系统中流转，直至缺陷在规定期限内完成并验收合格后方能在系统中进行消缺流程闭环处理。

表 2-6   设 备 缺 陷 记 录

缺陷填报	
变电站：	缺陷设备：
电压等级：（设备电压等级）	设备双重名称：
缺陷性质：（危急、严重、一般）	发现方式：（巡视、倒闸操作、监控通知、带电检测等）
发现人：	发现时间：
填报人：	填报时间：
缺陷描述：	典型特征：（没有则空白）
汇报调度情况：（×时×分汇报值班调度员××，值班调度员命令××，无需汇报则空白）	汇报监控情况：（×时×分汇报当值监控员××，当值监控员命令××，无需汇报则空白）
缺陷审核	
审核意见：	缺陷性质：
审核时间：	审核人：
缺陷审定	
审定意见：	缺陷性质：
审定时间：	审定人：
缺陷安排	
安排意见：	安排人：
安排时间：	
消缺汇报	
缺陷部位（部件）：	处理方案：
缺陷原因：	处理结果：
责任原因：	技术原因：
工作负责人：	延期原因：
消缺人员：	消缺时间：
缺陷验收	
处理结果：	验收意见：
汇报调度情况：（×时×分汇报值班调度员××，无需汇报则空白）	汇报监控情况：（×时×分汇报当值监控员××，无需汇报则空白）
验收人：	验收时间：
备注：过热上传红外图谱、带电检测上传相关报告	

第四节　倒　闸　操　作

倒闸操作流程见图2-4。

图2-4　倒闸操作流程图

倒闸操作大致的流程项目各地基本一致，仅因采取的运维方式不同，步骤顺序存在细微差异，此处仅以无人值班、集中运维变电站为例，介绍一种典型的倒闸操作流程。

一、接受预令

预令应明确操作任务票的编号、所需操作的变电站、操作任务、预发时间、预发调度员和接收人。

运维人员接收调度预令，应与预发人互通单位、姓名，使用规范的调度术语和普通话，并进行全过程电话录音。采取监控转令方式发令的变电站，运维人员接收监控转发的预发操作票，并与监控核对。接令人必须对调度预发令内容进行复诵核对，预发人确认无误后即告结束。通过网络或传真下发的调度操作任务票也须进行复诵核对。

发令人对其发布的操作任务的安全性、正确性负责，接令人对操作任务的正确性负有审核把关责任，发现疑问应及时向发令人提出。对直接威胁设备或人身安全的调度指令，运维人员有权拒绝执行，并应把拒绝执行指令的理由向发令人指出，由其决定调度指令的执行或者撤消。必要时可向发令人上一级领导报告。

调度预发的任务票有误或取消操作时，应通知现场运维人员作废。调度作废票应在操作任务栏内右下角加盖"作废"章，并在首页的备注栏内注明调度作废时间、通知作废的调度员姓名和受令人姓名。

二、填写操作票

倒闸操作票由当班运维人员负责填写。

接令后，正、副值一起核对实际运行方式、一次系统结线图，明确操作目的和操作任务，核对操作任务的安全性、正确性，确认无误后即可开始填写操作票。

填票人应根据调度操作任务，对照一、二次设备运行方式填写操作票，填写完毕、审核无误后签名，不得他人代签。然后提交正值审核。

三、审核操作票

正值对当班填写的操作票应进行全面审核，首先必须明确各操作票的操作目的和操作任务内容，然后逐项检查操作步骤的正确性、合理性、完整性。

审核发现有误应由填票人重新填写，审核人确认正确无误后在操作票审核人栏签名，不得他人代签。

填票人、审核人不得为同一人。

本班未执行的操作票移交下一班时，应交代预操作时间及有关操作注意事项，接班负责人或正值须对移交的操作票重新审核、签名，对操作票的正确性负责。

复杂的倒闸操作应经班组专业工程师或班长审核。

四、操作准备

操作票审核完毕后，应提前做好操作预想。

操作前应做好必要的钥匙、工器具、安全用具等操作用具的准备工作。

对操作中需使用的安全用具进行正确性、完好性检查，检查准备的工器具电压等级是否合格、试验周期是否符合规定、外观是否完好、功能是否正常（如绝缘手套是否漏气、验电器试验声光是否正常、接地线是否满足现场要求等）。

五、接受正令

运维人员接受调度正令时，双方先互通单位、姓名，受令人分别将发令调度员及自己的姓名填写在操作票相应栏目内；双方应使用规范的调度术语和普通话，并全过程电话录音。

发令调度员将操作任务的编号、所需操作的变电站、操作任务、正令时间一并发给受令人，受令人填写正令时间，并向调度复诵，发现问题及时提出，经双方核对确认无误后即告发令结束。采取监控转令方式发令的变电站，变电站运维人员接受监控员转令后进行现场操作。

对于调度发布的口令操作任务，发、受令规范同操作正令操作。接令后运维人员在完成填票、审票、预想等步骤后即开始操作。

接受调度正令后，操作人、监护人在操作票中分别签名，监护人填写操作开始时间，准备模拟预演。

六、模拟预演

监护人手持操作票与操作人一起进行模拟预演，监护人按照操作步骤，在一次系统模拟接线图上对照具体设备进行模拟操作唱票，操作人则根据监护人唱票内容进行复诵。当监护人确认无误后即发出"对，执行"的指令，操作人即将一次系统模拟接线图上的相关设备进行变位操作。在监控后台机上进行模拟前，必须确认在模拟操作界面下进行。

模拟操作结束后，监护人、操作人应共同核对模拟操作后系统的运行方式是否符合调度操作目的。

除事故紧急情况外，正常操作严禁不经模拟预演即进行操作。模拟操作必须全过程录音。

二次设备操作可不进行模拟预演操作。

七、正式操作

变电运维人员在执行倒闸操作票前后，应检查监控后台告警信息的情况，确认无影响操作的异常信号后方可进行后续相关工作。

运维人员在操作开始前应先告知相应调控中心人员。

倒闸操作应严格执行监护复诵制，没有监护人的指令，操作人不得擅自操作。监护人应严格履行监护职责，不得自行操作设备。

操作过程中，操作人携带好必要的工器具、安全用具等用具，监护人携带好操作票、录音笔、钥匙等用具。

操作过程中的走位，操作人必须走在监护人前面，操作人到达具体设备操作地点后，监护人应根据操作项目核对操作人的站位是否正确，核对操作设备名称编号及设备实际状况是否与操作项目相符。

操作地点转移时，监护人应根据操作项目及时告知操作人下一步操作地点及设备名称。

核对无误后，监护人根据操作步骤，手指待操作设备名称、编号高声唱票，操作人听清监护人指令后，手指待操作设备名称、编号高声复诵，监护人再次核对正确无误后，即发出"对，执行"的命令，操作人方可操作。

每项操作结束后都应对设备的终了状态进行检查，如检查一次设备操作是否到位、三相位置是否一致、GIS 设备闸刀（接地刀闸）传动连杆机械位置是否到位、二次设备的投退方式与一次运方是否对应、二次压板（电流端子）的投退是否正确和拧紧、灯光及信号指示是否正常、电流电压指示是否正常、操作后是否存在缺陷等。

操作中需使用钥匙时，由监护人将钥匙交给操作人，操作人方可开锁将设备操作到位，然后重新将锁锁好后将钥匙交回监护人手中。

在操作过程中必须按操作顺序逐项操作，每项操作结束后监护人必须及时打勾，不得漏项、跳项。操作人应注意核对监护人的打勾完成情况。

操作全部结束后，应对所操作的设备进行一次全面检查，核对整个操作是否正确完整、设备状态是否正常、是否达到操作目的，一次系统接线图是否对应，监控后台有无异常信息。

监护人在操作票结束时间栏内填写操作结束时间。

八、操作汇报

对于列入监控中心监控的变电站，操作完毕汇报调度前变电站运维人员应及时与相应监控人员联系，告知操作完毕时间并核对设备状态及异常信息。

采取监控转令方式发令的变电站，现场完成操作后，变电站运维人员向监控员回令，监控员负责将操作结果汇报至调度员。

操作完毕，监护人应通过录音电话及时向调度（监控）汇报：×时×分已完成××变电站××操作任务，并核对操作后的运行方式，得到调度（监控）认可后即告本操作任务已全部执行结束，并在操作票上加盖"已执行"章。

运维人员及时在安全生产管理系统（PMS）中将已执行的操作票登记完毕，将已执行操作票及时归档。

复查评价，总结经验。操作全部结束后，监护人、操作人应对操作的全过程进行审核评价，总结操作中的经验和不足，不断提高操作水平。

第五节 工作票办理

工作票是"两票三制"中的重要内容，熟悉工作票的规范填写并熟练掌握工作票的办理流程是运维人员良好完成日常工作的必要条件。

一、变电设备检修作业管理流程

工作票的办理是变电设备检修作业过程中的关键环节，全面熟悉变电设备检修作业流程有助于提升运维人员对设备检修全过程的理解，加强对工作票办理流程的掌握。变电设备检修作业全过程管理，包括检修任务下达，开展现场勘查工作，完成检修方案、申请停电计划等工作，最后形成检修总结，其全流程图如图2-5所示（见文末插页），涉及调度、检修、运维等多个部室配合工作。

变电设备检修作业全流程图

二、工作票分类

运维人员在日常工作中所涉及的工作票主要包括：①变电站第一种工作票；②变电站第二种工作票；③变电站带电作业工作票；④事故紧急抢修单；⑤电力电缆第一种工作票；⑥电力电缆第二种工作票。

（1）需要填用第一种工作票的工作有：

1）高压设备上工作，需要全部停电或部分停电者。

2）二次系统和照明等回路上的工作，需要将高压设备停电者或做安全措施者。

3）高压电力电缆需停电的工作。

4）其他工作需要将高压设备停电或要做安全措施者。

（2）需要填用第二种工作票的工作有：

1）控制盘和低压配电盘、配电箱、电源干线上的工作。

2）二次系统和照明等回路上的工作，无需将高压设备停电者或做安全措施者。

3）非运维人员用绝缘棒、核相器和电压互感器定相或用钳型电流表测量高压回路的电流。

4）大于《国家电网公司电力安全工作规程（变电部分）》表1距离的相关场所和带电设备外壳上的工作以及无可能触及带电设备导电部分的工作。

5）高压电力电缆不需停电的工作。

（3）需要填用带电作业工作票的工作有：带电作业或与邻近带电设备距离符合《国家电网公司电力安全工作规程（变电部分）》规定的工作。

（4）需要填用事故紧急抢修单的工作有：

1）电气设备发生故障被迫紧急停止运行，需要短时间内恢复的抢修和排除故障的工作。

2）处理停、送电操作过程中的设备异常情况，可填用变电站事故紧急抢修单。

（5）填写电力电缆第一、第二种工作票的工作可参照变电站第一、二中工作票情况。

三、工作票办理流程

工作票办理流程图见图2-6。

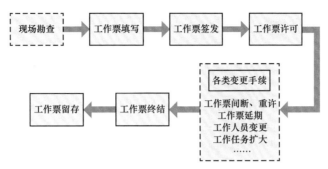

图 2-6　工作票办理流程图

●● 过程一：现场勘查

对变电站的施工和检修作业而言，需要进行现场勘查的工作主要有：①主设备大修、改造；②设备改进、革新、试验、科研项目的施工作业；③改变设备及系统接线方式和运行参数的工作项目；④变电站二次回路安装、改动、更新及设备不停电进行二次回路测试工作，更换或改动保护及自动装置工作；⑤工作票签发人或工作负责人认为有必要进行现场勘查的其他检修作业。

现场勘查由工作票签发人或工作负责人组织进行，设备运维人员需进行配合。勘查过程中主要查看现场施工检修作业需要停电的范围、保留的带电部位和作业现场的条件、环境及其他危险点等并初步确定作业方法。现场勘查结果记录在现场勘察记录中。现场勘查结束后应根据勘查结果对危险性、复杂性和困难程度较大的作业项目编制相应组织措施、技术措施和安全措施。

●● 过程二：工作票填写

工作票签发前，工作负责人应正确填写工作票内容，第一种工作票的填写包括单位、工作负责人及工作班成员、工作的变电站名称、工作任务、计划工作时间、安全措施、本次工作危险点分析及防范措施等。运维值班员作为工作许可人，在接收工作票时应对票面内容进行仔细的审核检查，具体检查要点详见第三章第四节。

●● 过程三：工作票签发

工作票签发人在审核本工作票所填项目无误后，应在签名栏内签名，并在时间栏内填入时间。工作票会签人审核工作票所填项目无误后，签名并填写会签日期。对于第一种工作票，工作票签发人应在票面上工作地点保留带电部分或注意事项栏填写需要提醒工作负责人注意的事项。对于一次设备，要填写清楚工作区域邻近（相邻的第一个）的带电运行设备情况，以及同一工作的间隔内保留带电的部分；对于二次设备，要填写清楚与检修的保护装置相邻的其他保护的运行情况。同时还应填写其他需要向检修人员交代的注意事项。

●● 过程四：工作票许可

运维人员收到工作票后，应对工作票工作内容和所列安全措施等填写内容进行审核无误后，填写收票时间并签名。工作票的编号，同一单位（部门）同一类型的工作票应统一编号，不得重号。第一种工作票与第二种工作票要分开编号。当工作票打印有续页时，在每张续页右上方填写工作票编号。若发现工作票填写不符合要求应予退票。

许可第一种票工作前，运维人员应完成工作票所要求的安全措施，若是装设接地线，填入相应接地线的编号，并经现场逐项核实与工作票所填安全措施相符后，在相应的已执行栏内手工打"√"（包括检修人员协助完成的安措）。工作许可人应根据现场的实际情况，对工作地点保留带电部分予以补充，注明所采取的安全措施或提醒检修人员必须注意的事项，若没有则填"无"，不得空白。双方共同至现场检查确认工作票所列安全措施正确完备、执行无误后，由工作许可人填写许可开始工作时间，工作许可人和工作负责人分别签字。

（1）工作许可人在许可第一种工作票过程中应注意：

1）一张工作票中，工作许可人与工作负责人不得兼任。在同一时间内，工作负责人、工作班成员不得重复出现在不同的执行中的工作票上。

2）变电站第一种工作票开工许可必须采用现场许可方式，工作许可人在完成现场安全措施后，应会同工作负责人到现场再次检查所做的安全措施，对具体的设备指明实际的隔离措施，证明检修设备确无电压。对工作负责人指明带电设备的位置和注意事项。工作许可人和工作负责人在工作票上分别确认、签名。间断后继续工作可电话告知工作许可人。

3）在变电站工作中涉及带电运行设备、需要运维人员指明或配合进行的工作以及有停电申请单工作的变电第二种工作票，必须在变电站现场办理工作许可。

4）工作许可人在布置安全措施前，应认真审查工作票中所停设备和措施是否正确完善，设备名称编号是否填写明确。安全措施布置完毕后，还应经检查所布置的安全措施是否符合现场实际情况。

5）在许可工作前，所有安全措施必须一次完成。对于变电站的多台开关需要同时检修，其安全措施不能一次完成时，应分别填用工作票。

6）许可开始工作时间一般情况不要提前于计划工作开始时间。

7）工作许可人如发现待办理的（待许可）工作票中所列安全措施不完善或有疑问，应向工作票签发人询问清楚。如工作票签发人不在现场或联系不到，工作许可人可根据工作任务与现场实际情况对工作票上的安全措施加以补充完善，并向工作负责人说明后执行。

（2）持线路、电缆和配电工作票进入变电站内工作许可：

1）线路、电缆和配电工作票上有关变电站内的安措由运维人员负责完成。对由于登高等原因，运维人员难以完成安全措施，可委托线路或变电检修人员执行，运维人员负责监护。

2）运维人员在将线路改为检修状态后，即可根据工作票要求布置安措，与线路、电缆和配电工作负责人办理工作许可手续。对于需要变电设备配合停电的工作，运维人员应执行完毕相关变电设备的停电申请单之后再办理工作许可手续。

3）变电站工作许可人在许可线路、电缆和配电工作票时，应会同线路、电缆和配电工作票负责人一起检查现场的安全措施是否正确完善。对具体的设备指明实际的隔离措施，证明线路所在间隔、配合停电的变电设备间隔确无电压；向线路、电缆和配电工作负责人指明相邻带电设备的位置和注意事项。

4）线路、电缆和配电工作负责人只有在分别得到线路工作许可人和变电站工作许可人的许可后才能开始工作。

●→ 过程五：工作票各类变更手续

工作票的各类变更手续主要包括工作票间断和重许、工作票延期、工作负责人及工作人员变动等多种情况，运维人员作为工作许可人需要熟悉并掌握变更流程及相关规定。

（1）工作票间断和重许手续。每日收工前，工作负责人应检查所有孔洞的临时封堵措施完好，严防小动物进入高压室、保护室内，随后向工作许可人即运维人员汇报当日工作结束，由工作负责人、运维人员在各自所持的工作票上填写收工时间并签名。工作间断手续可用电话方式办理。每日复工时需办理重新许可手续，工作负责人在对现场安全措施检查无误，并得到运维人员许可后，由工作负责人、许可人在各自所持的工作票上填写开工时间并签名。对于当天结束的工作票无需办理该手续，对于一天内临时间断、当天仍要复工的工作票由双方各自保管，无需办理该手续。当天收工时，工作负责人应将工作票存放在变电站，不得将工作票带回。

（2）工作票延期手续。在计划工作时间内无法完成工作任务的需提前办理工作票延期手续，应在工期尚未结束前（一般提前2h）由工作负责人向工作许可人即运维人员提出延期申请（属于调度管辖、许可的检修设备，在得到值班调度员的批准通知后），由工作许可人给予办理，许可人与工作负责人双方在各自所持的工作票上分别记录延期时间并签名。一张工作票只能延期一次。

（3）工作负责人及工作班成员变动手续。

1）工作负责人变动：由工作票签发人在工作票上填写离去和变更的工作负责人姓名及变动时间，同时通知工作许可人；如工作票签发人无法当面办理，应通过电话联系，工作许可人和原工作负责人在各自所持工作票上注明。

2）工作人员变动：工作负责人在工作票上写明变动人员姓名、变动日期及时间。新增加的工作人员在明确了工作内容、人员分工、带电部位、现场安全措施和工作的危险点及防范措施，在工作负责人所持工作票确认栏上签名。

●● 过程六：工作票终结

全部工作结束，工作负责人会同工作许可人进行验收，验收时任何一方不得变动安全措施，工作负责人向运行人员交待所修项目、发现的问题、试验结果和存在问题等，验收合格后做好有关记录和移交有关修试报告、资料、图纸并做好有关记录。当工作结束后，如地线未能拆除，允许运维人员和工作负责人先行办理工作终结手续，将其中一张工作票退给检修单位（不填接地线已拆除），作为该项工作终结，检修人员可以离开现场。

（1）工作票终结。

1）工作终结后，运行人员应拆除临时遮栏、标示牌，恢复常设遮栏，在拉开检修设备的接地刀闸或拆除接地线后，应在本变电站收持的工作票上填写"已拆除×#、×#接地线共×组"或"已拉开×#、×#接地刀闸共×副"，未拆除的接地线和未拉开的接地刀闸，汇报调度员后，方告工作票终结。

2）若在几张工作票间有重复安措的，则在拆除安措时，由监护人在先执行的安措票备注栏内盖"因工作票要求，项不执行"章，并在该安措票对应工作票备注栏内盖"工作票要求，接地线（接地刀闸）未拆（拉开）"章，并填写工作票号及未拆（未拉开）接地线（接地刀闸）的编号，即可对该工作票进行终结。

3）工作许可人签名并填写工作票终结时间。

4）工作票终结后，盖"已执行"专用章。

工作终结时间不得超过计划工作终结时间或同意延长的时间。在办理工作终结后，工作班所有人员均不得进入工作场所。

（2）备注。

1）指定专责监护人。①工作票签发人或工作负责人应根据现场的安全条件、施工范围、工作需要等具体情况，增设专责监护人和确定被监护的人员、具体工作内容、地点及范围。工作负责人现场的增设专责监护人名单只需填在工作负责人手持的工作票备注栏内。②根据

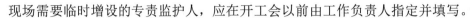

现场需要临时增设的专责监护人，应在开工会以前由工作负责人指定并填写。

2）其他事项。①注明接地线未拆除、接地刀闸未拉开的原因。对未拆除的接地线、未拉开的接地刀闸，在最终拆除后工作许可人还要在所持该工作票备注栏中补写最终拆除时间。②工作票填写后的未尽事宜及其他需要注明的有关事项。③工作负责人填写本次工作结论，结论应写明本次检修设备是否可以投运；工作过程中需要记录的有关事宜。④验收结论。

●●◆ **过程七：工作票留存**

对已终结的工作票检查中发现的问题，进行原因分析，制定相应的整改措施。各运维班组每周应对已终结的工作票进行综合评议。经评议票面正确，评议人在工作票"其他事项"栏横线右下方加盖"合格"评议章并签名；评议为错票，在工作票"其他事项"或"备注"栏横线右下方顶格加盖"不合格"评议章并签名。每月 5 日前部门安全员复审（抽查）上月已执行的工作票（工作票总数大于 100 张时，每月抽查不少于总票数的 1/3，每季度复审全部班组的工作票）。

四、工作票管理规定

（1）工作票由公司批准的工作票签发人签发。工作票签发人资格应经安全监察部门考试、审核，并书面公布。工作票会签人应具备工作票签发人资格。

（2）变电工作票签发人可以会签电缆工作票、配电工作票的相应部分，可以会签线路工作票在变电站进行零档线有关的工作部分。

（3）公司内部的工作许可人、工作票负责人由所在单位组织年度"安规"考试合格后书面公布，并上报安监部备案。

（4）承揽市区 10kV 及以上（市供电公司 35kV 及以上）变电工程的施工企业（含省公司招投标录用的施工企业）工作票签发人、工作负责人的资格由公司安全监察部审核确认，并书面公布。

（5）对于计划性施工、检修的工作，施工、检修单位（部门）使用的第一种工作票，应提前 24h 送达设备运行管理单位（部门）。

（6）变电工作票签发人的试卷中应含有相应动火工作的要求。动火工作票签发人名单与检修工作票签发人名单一并公布。

（7）各生产部门需建立工作票记录，将工作票按登记内容进行各项记录。

（8）工作票终结后，盖"已执行"章，工作被取消或填写错误的工作票盖"作废"章，不得销毁。应正确使用工作票各种印章，不得任意乱涂乱印，保持工作票整洁。

（9）对于外包（分包）单位工作负责人持有的工作票，在工作结束后，由发包单位负责收回，进行汇总评价、保存。

（10）承分包企业的工作负责人名单录入 PMS 系统权限仅限于公司安质部，各单位不得维护承分包企业的工作负责人名单。

第六节 标准化作业

一、标准化作业流程

变电站日常维护、带电检测、定期轮换及试验、消缺等工作均应按照标准化作业的要求进行，标准化作业流程主要包括编制标准作业卡和执行标准作业卡，见表 2-7。

表 2-7 标 准 化 作 业 流 程

标准作业卡的编制	（1）标准作业卡的编制原则为任务单一、步骤清晰、语句简练，可并行开展的任务或不是由同一小组人员完成的任务不宜编制为一张作业卡，避免标准作业卡繁杂冗长、不易执行。 （2）标准作业卡由工作负责人按模板编制，班长、副班长（专业工程师）或工作票签发人负责审核。 （3）标准作业卡正文分为基本作业信息、工序要求（含风险辨识与预控措施）两部分。 （4）编制标准作业卡前，应根据作业内容开展现场勘察，确认工作任务是否全面，并根据现场环境开展安全风险辨识、制定预控措施。 （5）当作业工序存在不可逆性时，应在工序序号上标注"*"，如"*2"。 （6）工艺标准及要求应具体、详细，有数据控制要求的应标明。 （7）标准作业卡编号应在本运维单位内具有唯一性。按照"变电站名称＋工作类别＋年月＋序号"规则进行编号，其中工作类别包括维护、检修、带电检测、停电试验。 （8）标准作业卡的编审工作应在开工前完成。 （9）对整站开展的照明系统、排水、通风系统等维护项目，可编制一张标准卡
标准作业卡的执行	（1）现场工作开工前，工作负责人应组织全体工作人员对标准作业卡进行学习，重点交代人员分工、关键工序、安全风险辨识和预控措施等。 （2）工作过程中，工作负责人应对安全风险、关键工艺要求及时进行提醒。 （3）工作负责人应及时在标准作业卡上对已完成的工序打勾，并记录有关数据。 （4）全部工作完毕后，全体工作人员应在标准作业卡中签名确认。工作负责人应对现场标准化作业情况进行评价，针对问题提出改进措施。 （5）已执行的标准作业卡至少应保留 1 年

维护工作标准化作业卡模板示例如下：

××××维护工作标准化作业卡模板

1. 作业信息

设备双重名称 （1号主变压器）	××变电站	工作时间	2019-5-16 8:00 至 2019-5-16 18:00	作业卡编号	××变电站维护 201905001

2. 工序要求

序号	关键工序	质量标准及要求	风险辨识与预控措施	执行情况
1	变压器硅胶更换的准备工作			
1.1	备件、工器具运至工作现场	检查备件一切正常和所需工器具合格备齐	对备件进行检查，保证完好	
1.2	工作人员就位		测试人员应分工明确，任务落实到人，安全措施明了	
1.3	检查安全措施	1.3.1 核实工作变压器瓦斯保护已由跳闸改投信号。 1.3.2 核对工作设备名称正确，检查现场符合工作条件	注意保持与带电设备的安全距离	
2	变压器硅胶更换工作			
2.1	吸湿器解体	2.1.1 关闭吸湿器阀门。 2.1.2 拆除油封罩。 2.1.3 拆除上下法兰座。	若发现吸湿器堵塞等呼吸不畅现象，运维人员应立即报检修人员处理	

序号	关键工序	质量标准及要求	风险辨识与预控措施	执行情况
2.1	吸湿器解体	2.1.4 无吸湿器阀门的变压器拆下吸湿器后，应用专用密封垫将呼吸口密封，或用塑料布等措施封堵，防止潮气进入。 2.1.5 ……	若发现吸湿器堵塞等呼吸不畅现象，运维人员应立即报检修人员处理	
……		……		

3. 签名确认

工作人员签名	

4. 执行评价

工作负责人签名：

二、日常维护

日常维护项目周期表见表 2-8。

表 2-8　　　　　　　　　　　日常维护项目周期表

日常维护项目	周　　期
避雷器动作次数、泄漏电流抄录	每月 1 次，雷雨后增加 1 次
高压带电显示装置检查维护	每月 1 次
单个蓄电池电压测量	每月 1 次
全站各装置、系统时钟核对	每月 1 次
防小动物设施维护	每月 1 次
安全工器具检查	每月 1 次
消防器材维护	每月 1 次
排水、通风系统维护	每月 1 次
漏电保安器试验	每季度 1 次
室内、外照明系统维护	每季度 1 次
机构箱、端子箱、汇控柜等的加热器及照明维护	每季度 1 次

日常维护项目	周　　期
安全防护设施维护	每季度 1 次
消防设施维护	每季度 1 次
在线监测装置维护	每季度 1 次
室内 SF$_6$ 氧量告警仪检查维护	每季度 1 次
微机防误装置及其附属设备（电脑钥匙、锁具、电源灯）维护、除尘、逻辑校验	每半年 1 次
接地螺栓及接地标志维护	每半年 1 次
二次设备清扫	每半年 1 次
配电箱、检修电源箱检查、维护	每半年 1 次
蓄电池内阻测试	每年至少 1 次
电缆沟清扫	每年 1 次
事故油池通畅检查	每 5 年 1 次
管束结构变压器冷却器冲洗	每年在大负荷来临前进行 1～2 次
防汛物资、设施全面检查、试验	每年汛前

三、带电检测

运维人员负责的带电检测项目周期表见表 2-9。

表 2-9　　　　　　　　　　带电检测项目周期表

带电检测项目		周　　期	备　　注
一、二次设备红外热成像检测	红外普测	特高压变电站红外测温每周不少于 1 次； 500kV（330kV）及以上变电站每 2 周 1 次； 220kV 变电站每月 1 次； 110kV（66kV）及以下变电站每季度 1 次	迎峰度夏（冬）、大负荷、新设备投运、检修结束送电期间要增加检测频次，配置机器人的变电站可由智能巡检机器人完成红外检测，普测应填写设备测温记录
	精确测温	1000kV：1 周，省评价中心 3 月； 330～750kV：1 月； 220kV：3 月； 110（66）kV：半年； 35kV 及以下：1 年。 新投运后 1 周内（但应超过 24h）	
开关柜局放带电检测		每年 1 次	
变压器铁芯与夹件接地电流测试		每年 1 次	
接地引下线导通检测		每年 1 次	
蓄电池内阻测试和蓄电池核对性充放电		每年 1 次	

1. 开关柜地电波检测

开关柜局部放电会产生电磁波，电磁波在金属壁形成趋肤效应，并沿着金属表面进行传播，同时在金属表面产生暂态地电压，暂态地电压信号的大小与局部放电的严重程度及放电点的位置相关。利用专用的传感器对暂态地电压信号进行检测，从而判断开关柜内部的局部放电故障，也可根据暂态地电压信号到达不同传感器的时间差或幅值对比进行局部放电源定位。目前最常用的开关柜局放带电检测方法有以下两种：

（1）暂态地电波检测法：开关柜局部放电发生时，放电电量先聚集在与放电点相邻的接地金属部分，形成电流脉冲并向各个方向传播，对于内部放电，放电电量聚集在接地屏蔽的内表面，然后经屏蔽层的破损处传输到设备外层，再经过金属箱体的接缝处或气体绝缘开关的衬垫传播出去，同时产生一个地电波，沿设备金属箱体外表面而传到地下去。通过电容耦合传感器能够检测到这种地电波信号，从而对开关柜局部放电状况进行检测。

（2）超声波检测法：开关柜局部发生放电时，在放电过程中产生声波。放电产生的声波的频谱很宽，可以从几十赫兹到几兆赫兹，其中频率低于 20Hz 的信号能被人耳听到，而高于这一频率的超声波信号必须使用超声波传感器才能接受到。根据放电释放的能量与声能之间的关系，用超声波信号声压的变化代表局部放电所释放能量的变化，通过测量超声波信号的声压，可以推测出开关柜局部放电的强弱。

2. 接地引下线导通检测

接地引下线是电力设备与地网的连接部分，在电力设备的长时间运行过程中，连接处有可能因受潮等因素影响，出现节点锈蚀、甚至断裂等现象，导致接地引下线与主接地网连接点电阻增大，从而不能满足电力规程的要求，使设备在运行中存在安全隐患，严重时会造成设备失地运行。所以电力设备的接地引下线与地网的可靠、有效连接是设备安全运行的根本保障。接地导通测试的目的是检查接地装置的电气完整性，即检查接地装置中应该接地的各种电气设备之间，接地装置的各部分及各设备之间的电气连接性，也称为电气导通性，一般用直流电阻值表示。保持接地装置的电气完整性可以防止设备失地运行，提供事故电流泄流通道，保证设备安全运行。

目前最常用的检测方法为伏安法，在被试电气设备的接地部分及参考点之间加恒定直流电流，再用高内阻电压表测试由该电流再参考点通过接地装置到被试设备的接地部分这段金属导体上产生的电压降，并换算到电阻值。高阻抗电压表和低阻抗电流表准确级不应低于 1.0级，电压表分辨率不低于 1mV，电流表量程根据电流大小选择，不小于 10A。根据 DL/T 475—2006《接地装置特性参数测量导则》规定，电气导通性应选用专门的仪器进行测量，仪器分辨率为 1mΩ，准确度不低于 1.0 级。

带电检测过程中，若检测人员发现数据异常，应立即上报本单位运检部。对于 220kV 及以上设备，应在 1 个工作日内将异常情况以报告的形式报省公司运检部和省设备状态评价中心。省设备状态评价中心根据上报的异常数据在 1 个工作日内进行分析和诊断，必要时安排复测，并将明确的结论和建议反馈省公司运检部及运维单位，安排跟踪检测或停电检修试验。

四、定期轮换及试验

设备定期轮换及试验是"两票三制"的重要内容。设备定期轮换主要通过将备用的装置与常用装置进行倒换操作，将长期备用设备投入运行，常用设备转为备用，从而减少设备损耗，发热等影响稳定运行的异常发生。变电站需要进行定期轮换的设备主要包括备用变压器、备用无功补偿装置、变压器备用冷却器、备用直流充电机等。设备定期试验主要是测试设备或某些部件的功能是否完好，检验设备是否正常运行，自动投切装置能否正确动作等。变电站需要进行定期试验的设备主要包括中央信号系统、高频保护通道、直流充电机及蓄电池、事故照明系统、变压器冷却装置、电气设备取暖防潮装置、防误装置等。定期轮换及试验应至少由两人持标准作业卡进行，运行人员应掌握的具体定期轮换及试验项目周期见表 2-10。

表 2-10　　　　　　　　　　　定期轮换及试验项目周期表

定期轮换及试验项目	周　　期
高频通道对试工作	在有专用收发讯设备运行的变电站，运维人员应按保护专业有关规定进行
变电站事故照明系统试验检查	每季度 1 次
主变压器冷却电源自投功能试验	每季度 1 次
直流系统中的备用充电机起动试验	每半年 1 次
变电站内的备用站用变压器（一次侧不带电）起动试验	每半年 1 次，每次带电运行不少于 24h
站用交流电源系统的备自投装置切换检查	每季度 1 次
UPS 系统试验	每半年 1 次
对强油（气）风冷、强油水冷的变压器冷却系统，各组冷却器的工作状态（即工作、辅助、备用状态）轮换运行	每季度 1 次
GIS 设备操动机构集中供气的工作和备用气泵轮换运行	每季度 1 次
通风系统的备用风机与工作风机轮换运行	每季度 1 次

第七节　生　产　准　备

生产准备任务主要包括：运维单位明确、人员配置、人员培训、规程编制、工器具及仪器仪表、办公与生活设施购置、工程前期参与、验收及设备台账信息录入等。

一类变电站由省公司设备部组织编制变电站生产准备工作方案报国网设备部审核批准，二类变电站由运维单位组织编制变电站生产准备工作方案，报省公司设备部审核批准。三、四类变电站由地市公司、省检修公司设备部组织编制变电站生产准备工作方案并实施。生产准备一般流程如图 2-7 所示。

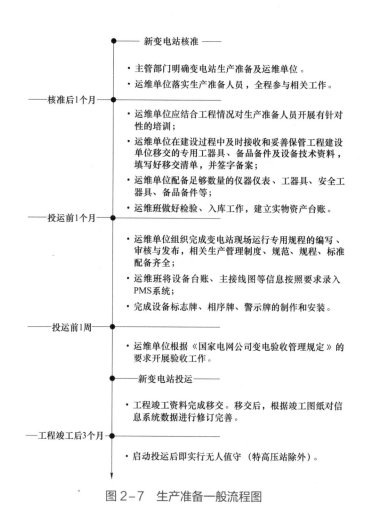

图 2-7　生产准备一般流程图

第八节　设　备　验　收

一、验收分类及方法

1. 验收分类

设备验收分类表见表 2-11。

表 2-11　　　　　　　　　　　　　　　设 备 验 收 分 类 表

验收类型		关键环节
检修后设备验收		
工程设备验收	变电站基建工程验收	可研初设审查、厂内验收、到货验收、隐蔽工程验收、中间验收、竣工（预）验收、启动验收等七个主要关键环节
	变电站技改工程验收	可研初设审查、厂内验收、到货验收、隐蔽工程验收、中间验收、竣工验收等六个主要关键环节

2. 职责分工

变电运检验收管理坚持"安全第一，分级负责，精益管理，标准作业，零缺投运"的原则。工程验收工作涉及多个部门，包括各级运维检修部、发展策划部、建设部、物资部、状态评价中心等部门，其中各级运维管理单位的验收职责分工表见表2-12。

表2-12　　　　　　　　　　各级运维管理单位的验收职责分工表

各级单位	职责内容
省公司设备部	（1）贯彻落实国家相关法律法规、行业标准及公司有关标准、规程、制度、规定； （2）指导、监督、检查、考核地市公司、省检修公司、省评价中心验收工作，协调解决相关问题； （3）参加500（330）kV及以上变电站以及集约管理的220kV变电站基建工程的可研初设评审、厂内验收、到货验收、隐蔽工程验收、中间验收、竣工（预）验收； （4）与省公司建设部共同组织500（330）kV及以上变电站以及集约管理的220kV变电站基建工程的启动验收； （5）组织相关技改工程的可研初设审查
省检修公司设备部	（1）贯彻落实国家相关法律法规、行业标准、公司及省公司有关标准、规程、制度、规定； （2）指导、监督、检查、考核变电检修中心、运维分部（变电运维中心）、特高压交直流运检中心的验收工作，协调解决相关问题； （3）参加500（330）kV及以上变电站以及集约管理的220kV变电站基建工程可研初设评审、厂内验收、到货验收、隐蔽工程验收、中间验收、竣工（预）验收、启动验收； （4）督促500（330）kV及以上变电站以及集约管理的220kV变电站基建工程投运后缺陷、资料档案、实物资产等问题整改； （5）组织开展相关技改工程的到货验收、隐蔽工程验收、中间验收和竣工验收
省检修公司运维分部（变电运维中心）	（1）参加厂内验收、到货验收、隐蔽工程验收、中间验收、竣工（预）验收、启动验收； （2）负责标志牌制作安装、备品备件和工器具验收工作； （3）负责设备台账信息建立； （4）负责督促工程投运后缺陷、资料档案、实物资产等问题整改
省检修公司变电运维班	（1）参加厂内验收、到货验收、隐蔽工程验收、中间验收、竣工（预）验收、启动验收； （2）做好标志牌制作安装、备品备件和工器具验收工作； （3）建立设备台账信息； （4）配合做好工程投运后缺陷、资料档案等问题整改
地市公司运检部	（1）贯彻落实国家相关法律法规、行业标准、公司及省公司有关标准、规程、制度、规定； （2）指导、监督、检查、考核变电运维室、变电检修室、县公司的验收工作，协调解决相关问题； （3）参加220kV、110（66）kV、市区所辖范围内35kV变电站基建工程的可研初设评审、厂内验收、到货验收、隐蔽工程验收、中间验收、竣工（预）验收； （4）与地市公司建设部共同组织220kV、110（66）kV、直接管理的35kV变电站基建工程的启动验收； （5）督促220kV、110（66）kV、直接管理的35kV变电站基建工程投运后缺陷、资料档案、实物资产等问题整改； （6）组织相关技改工程的可研初设审查、到货验收、隐蔽工程验收、中间验收、竣工验收
地市公司变电运维室	（1）参加可研初设评审、厂内验收、到货验收、隐蔽工程验收、中间验收、竣工（预）验收、启动验收； （2）负责标志牌制作安装、备品备件和工器具验收工作； （3）负责设备台账信息建立； （4）负责督促工程投运后缺陷、资料档案、实物资产等问题整改
地市公司变电运维班	（1）参加厂内验收、到货验收、隐蔽工程验收、中间验收、竣工（预）验收、启动验收； （2）做好标志牌制作安装、备品备件和工器具验收工作； （3）建立设备台账信息； （4）配合做好工程投运后缺陷、资料档案等问题整改

3. 验收方法

变电站设备验收方法包括资料检查、旁站见证、现场检查和现场抽查。资料检查指对所有资料进行检查，设备安装、试验数据应满足相关规程规范要求，安装调试前后数值应有比对，保持一致性，无明显变化。旁站见证包括关键工艺、关键工序、关键部位和重点试验的见证。现场检查包括现场设备外观和功能的检查。

现场抽查是指工程安装调试完毕后，抽取一定比例设备、试验项目进行检查，据以判断全部设备的安装调试项目是否按规范执行。现场抽检应明确抽查内容、抽检方法及抽检比例。抽查要求如下：

（1）工程安装调试完毕后，运检单位应对交接试验项目进行抽样检查。

（2）抽样检查应按照不同电压等级、不同设备类别分别进行，抽检项目应根据设备及试验项目的重要程度有所侧重。

（3）对于抽样检查不合格的项目，应责成施工单位对该类项目全部进行重新试验。

（4）对数据存在疑问、现场需要及反复出现问题的设备应进行复试。

二、标准化验收

（1）各验收单位、验收小组接到公司工程验收通知后，应严格按照国家江苏省电力公司《110千伏～500千伏输变电工程变电一次设备、生产准备验收规范表（修订）》（苏电生〔2009〕1124号）、《110千伏～500千伏输变电工程交直流系统、保护、通信、自动化、土建、档案验收规范表（修订）》（苏电生〔2009〕1367号）和《智能变电站验收规范（试行）》（苏电生〔2011〕1703号）要求，打印相应的验收卡。

（2）验收卡应细分到一个设备对应一份，如果是GIS组合电器或开关柜等，可以是一个间隔一份。验收卡的内容应根据现场设备实际情况细化到阀门、仪表等元器件的实际状态和读数。现场验收时，各验收人员应严格按照设备验收卡进行逐项核对，验收卡要求进行检测、操作、模拟操作的项目，都应严格执行，不得遗漏；验收卡涉及阀门、仪表等主要元器件的实际状态和读数，都应逐一注明验收情况（主变压器、电抗器等大型注油设备的阀门位置同时还应拍照留档）。验收人员按照"谁验收、谁负责"的原则，会同配合的厂家现场服务人员或者施工单位人员，分别在各自验收卡上签名并存档。

（3）各验收人员须对验收发现的问题拍照留档，并填写验收缺陷汇总表。各专业验收组组长负责汇总、审核本专业验收发现的问题，并于验收后的第一个工作日将验收问题表和相关照片一并报送运维检修部。

（4）复验收的验收卡以运维检修部下发的初验收问题汇总表为准，各专业自行打印，但验收内容不限于汇总表。复验收同样应履行打勾、签字确认等手续，并存档。

（5）所有初验收、复验收的验收卡（签字版）由各验收单位统一扫描后，将电子版报运维检修部，运维检修部按变电站归类统一保存，年度备份。验收卡（签字版）原件由各验收单位按变电站归类，由资料员统一保存。

三、检修后验收流程

检修后验收是指检修工作结束后运维人员对检修工作的质量进行检验，确认其是否满足投运要求，对检修工作的完成情况起到审核监督作用。

　　检修后验收方法包括资料检查、现场检查。资料检查是对设备检修更换后对相关的资料按照规程要求进行移交。现场检查包括现场设备外观和功能的检查，对设备进行操行试验，对设备的状态进行核对，对检修记录、检修中发现问题进行整理。

　　检修后验收内容包括：①了解检修情况，设备是否存在遗留缺陷、是否具备投运条件；②检修过程中设备是否更换，如设备发生更换需更新设备台账，并移交技术资料；③核对设备相关信号；④对设备进行操作和联动性试验，验证设备功能正常；⑤核对设备的一次、二次状态进行核对；⑥检查检修记录是否填写。

　　根据验收设备的类别不同，检修后设备验收主要包括一次设备检修后验收、二次设备检修后验收以及自动化系统检修后验收三大类。

　　（1）一次设备检修后验收项目表见表2-13。

表2-13　　　　　　　　　　　　　一次设备检修后验收项目表

一次设备类别	检修后验收项目
油浸式变压器	（1）检修和试验合格，有明确可以投运的结论。 （2）变压器无遗留物件、引线接头应紧固。 （3）有载调压开关应在投运前操作一个循环，检查动作正常。各相分接开关位置一致，符合调度要求，挡位显示与机械指示相符。 （4）冷却装置主备电源切换正确，试验冷却器运转良好、油流指示正确。 （5）中性点、外壳、铁芯等接地牢固可靠。 （6）变压器各部位阀门位置正确。 （7）变压器本体、有载、套管油位指示正常。 （8）户外布置的压力释放阀、气体继电器和油流速动继电器应加装防雨罩。 （9）气体继电器与储油柜间的阀门在打开位置，继电器内充满油，二次小线无腐蚀接地。 （10）呼吸器内的硅胶无受潮变色，油封杯内油量适当，油色正常。 （11）变压器就地及远方温度指示正确。 （12）各控制箱和端子箱封堵完好，无进水受潮，温控除湿装置自动投入。 （13）无异常告警信号。 （14）变压器新投运或经大修、滤油和换油后，投运前冷却器应全部运转一段时间，并提醒检修人员放气
高压电抗器	（1）高压电抗器本体、冷却装置及所有组部件均完整无缺，不渗油，油漆完整。 （2）高压电抗器油箱、铁芯和夹件已可靠接地。 （3）高压电抗器顶盖上无遗留杂物。 （4）储油柜、冷却装置等油系统上的阀门应正确"开、闭"。 （5）电容套管的末屏已可靠接地，套管密封良好，套管外部引线受力均匀，对地和相间距离符合要求，各接触面应涂有电力复合脂。引线松紧适当，无明显过紧过松现象。 （6）高压电抗器的储油柜、充油套管的油位正常，指示清晰。 （7）升高座已放气完全，充满油。 （8）气体继电器内应无残余气体，重瓦斯必须投跳闸位置，相关保护按规定整定投入运行。 （9）吸湿器内的吸附剂数量充足、无变色受潮现象，油封良好，呼吸畅通。 （10）温度计指示正确，整定值符合要求。 （11）所有电缆应标志清晰，接线整齐，接头应紧固、无松动。端子箱密封良好。 （12）配有在线监测装置的高压电抗器在线监测装置是否运行正常，各油路连接部位是否有渗漏油现象等
高压断路器	（1）检修试验项目齐全，试验数据符合要求。 （2）现场清洁，设备上无临时短接线及其他遗留物。 （3）绝缘子清洁、无破损裂纹，断路器及其操动机构、引线固定牢固，金属件无锈蚀或机械损伤，外壳接地引线焊接牢固。 （4）相色标志明显、正确。 （5）机构箱密封良好，二次接线排列整齐，接头应紧固、无松动，编号清楚。二次端子排及各辅助开关等元件绝缘良好清洁牢固，各辅助开关应在相应位置。 （6）SF_6断路器压力正常。 （7）断路器位置信号、异常报警信号应正确动作。

一次设备类别	检修后验收项目	
高压断路器	（8）防误操作装置齐全、良好。 （9）远方和就地的各种分、合闸操作应正确动作。 （10）检查熔断器及熔丝元件接触良好，熔丝元件容量符合规定。 （11）机构内三相不一致保护动作正确、时间整定符合要求。 （12）断路器的防跳回路需符合现场运行要求。防跳回路的验收方法：断路器在分闸位置，给一"合闸"命令并保持，稍后给一"分闸"命令，断路器应先合后分，并不再合闸；断路器在合闸位置，给一"合闸"命令并保持，1s后给一"分闸"命令，断路器应只分闸而不再合闸。一旦发生了跳跃，要及时断开合闸回路，防止开关故障	
不同操动机构断路器	弹簧机构断路器	（1）分合闸脱扣装置动作灵活，复位准确迅速，扣合可靠。 （2）弹簧机构储能接点按规定接通、断开。 （3）储能电动机储能正常，合闸后应能自动再次储能
	液压机构断路器	（1）液压回路正常油压时，无渗漏油。 （2）压力表、油位表的油压或气压符合厂方规定，表计指示在允许范围内。 （3）进行打压、泄压对液压系统各起动、返回值压力值与规定值相一致。 （4）油泵动作计数器可靠动作，计算正确
GIS 组合电器	（1）组合电器各元件完好，无锈蚀和损伤，安装牢固，表面清洁无污渍。 （2）漆面光滑完好平整、无气泡。相色漆标识正确。 （3）铭牌、名称标示牌齐全、完整、清晰、正确、牢固。 （4）固定、连接螺栓和开口销齐全、牢固无松动。 （5）管道绝缘法兰与绝缘支架良好。 （6）GIS（HGIS）气室分隔标识清晰，与图纸相符。 （7）各种充气、充油管路，阀门及各连接部件的密封良好；各阀门开闭位置正确、有明显标识。 （8）隔离开关、接地开关连杆的螺栓紧固，波纹管螺栓位置符合制造厂的技术要求。 （9）断路器、隔离开关及接地开关分、合闸指示器的指示正确。 （10）法兰连接跨接排连接可靠，导通良好。 （11）接地牢固，布置合理，接地无锈蚀损伤，接地导通良好，接地标识清楚，接地体截面积选择应满足热稳定要求。 （12）靠近地面裸露的 SF_6 气体管道应可靠固定，并有防碰撞措施。 （13）安装应固定牢靠，外表清洁完整，动作性能符合规定。 （14）SF_6 气体漏气率和含水量应符合规定。 （15）配备的密度继电器的报警、闭锁定值应符合规定，信号动作正确	
GIS 隔离断路器	（1）隔离断路器固定牢靠，外表清洁完整。 （2）检查断路器各电气连接应连接坚固、无松动现象，且接触良好，导线松紧程度和距离合格。 （3）检查 SF_6 气压应符合技术要求。 （4）隔离断路器整组试验跳合闭锁正确，信号正确。分、合闸指示正确，辅助切换开关动作正确可靠，触点接触良好。 （5）分、合闸操作应正常，检查各传动部件动作正常，应无卡涩现象。 （6）油漆完整，相色正确，接地良好，标识应清楚齐全。 （7）隔离断路器上应无遗物，现场清洁、无杂物。 （8）隔离断路器各相对地的绝缘电阻，符合规定值要求。 （9）瓷套应完整无损、表面清洁，配备的均压电容的绝缘特性应符合相关技术规定。 （10）防误装置闭锁应完好。隔离断路器与接地刀闸之间能可靠闭锁配合继电保护作整组试验，带有重合闸的线路隔离断路器必须投入重合闸试验，以检查机构动作的正确性。 （11）检查断路器各部分密封情况，应无渗漏现象。 （12）机构箱内清洁，箱门应严密，二次线接头紧固，接线正确，绝缘良好	
电压互感器	（1）检修试验项目齐全，试验数据符合要求。 （2）现场清洁，设备上无临时短路接线及其他遗留物。 （3）绝缘子清洁、无破损裂纹，引线固定牢固，金属件无锈蚀或机械损伤，外壳接地引线焊接牢固。 （4）相色标志明显、正确，接线端子标志清晰，运行编号完备。 （5）端子箱密封良好，二次接线排列整齐，接头应紧固、无松动，编号清楚。 （6）油浸式电压互感器的油位、油色正常，无渗漏，油位计的玻璃应完整清洁。 （7）电压互感器二次接地小刀闸位置正确。 （8）电压互感器需要接地的各部位应接地良好	

续表

一次设备类别		检修后验收项目
电流互感器	油浸式	（1）检修试验项目齐全，试验数据符合要求。 （2）现场清洁，设备上无临时短路接线及其他遗留物。 （3）绝缘子清洁、无破损裂纹，引线固定牢固，金属件无锈蚀或机械损伤，外壳接地引线焊接牢固。 （4）相色标志明显、正确，接线端子标志清晰，运行编号完备。 （5）端子箱密封良好，二次接线排列整齐，接头应紧固、无松动，编号清楚。 （6）油浸式电流互感器的油位、油色正常，无渗漏，油位计的玻璃应完整清洁。 （7）电流互感器需要接地各部位接地良好
	SF₆	（1）检修试验项目齐全，试验数据符合要求。 （2）现场清洁，设备上无临时短路接线及其他遗留物。 （3）引线固定牢固，金属件无锈蚀或机械损伤，外壳接地引线焊接牢固。 （4）相色标志明显、正确，接线端子标志清晰，运行编号完备。 （5）端子箱密封良好，二次接线排列整齐，接头应紧固、无松动，编号清楚。 （6）复合材料绝缘SF₆电流互感器的硅橡胶表面应呈灰色，无龟裂、无放电烧蚀。 （7）SF₆电流互感器无漏气，压力正常。 （8）电流互感器需要接地各部位接地良好
电子互感器		（1）各引线导线松紧程度适中，无松脱、断股或变形。 （2）现场清洁，设备上无临时短路接线及其他遗留物。 （3）绝缘子清洁、无破损裂纹，引线固定牢固，金属件无锈蚀或机械损伤，外壳接地引线焊接牢固。 （4）相色标志明显、正确，压力指示正常。 （5）端子箱密封良好，二次接线排列整齐，接头应紧固、无松动，编号清楚。 （6）试验项目齐全，试验结果符合标准。 （7）互感器采集模块外观正常，光纤应具有保护套管，固定、密封良好
隔离开关		（1）验收一般原则。 1）检修试验项目齐全，试验数据符合要求。 2）防误操作装置齐全、良好，手动操作应有完善的闭锁。 （2）外观验收。 1）现场清洁，设备上无临时短路接线及其他遗留物。 2）接线端子及载流部应清洁，接触良好，触头镀层无脱落。 3）隔离开关引线固定牢固，无松动、损伤断股现象。 4）隔离开关线夹无开裂损伤，桩头线夹应有排水孔。 5）绝缘子清洁、无破损裂纹，金属件无锈蚀或机械损伤。 6）均压环应安装牢固、平正。 7）隔离开关操动机构轴销齐全，连接牢靠，转动部分应涂以适合当地气候的润滑脂。 8）相色标志明显、正确。 9）机构箱、端子箱封堵良好，箱门密封圈完整良好。二次接线排列整齐，接头应紧固、无松动，编号清楚。 10）需要接地各部位接地部分良好。 （3）操作验收。 1）远控、就地电动、手动操作隔离开关试验良好。机构动作应灵活、平稳、无卡阻等异常情况。 2）隔离开关三相同期性能符合要求。 3）电动机的转向正确，辅助接点切换正确、可靠，机构指示及保护、监控后台的分合闸位置指示与实际一致。 4）具有灭弧触头的隔离开关，由分到合时，主动触头接触前灭弧触头应先接触，由合到分时，触头的断开顺序应相反。 5）合闸时动静触头间接触紧密良好，接触面应清洁、平整。 6）限位装置准确可靠到达规定开合极限位置时应可靠地切除电源。 7）隔离开关合闸后，触头间的相对位置，备用行程及分闸状态时触头间的净距或拉开角度应符合产品的技术规定。 8）单臂垂直伸缩式和垂直开启剪刀式隔离开关检查上、下拐臂是否均已经越过"死点"位置。 9）隔离开关的试操作一定要在不带电的情况下进行，应充分考虑到对运行设备二次回路是否带来影响（主变压器、电流互感器二次回路及失灵保护等）

一次设备类别	检修后验收项目
电抗器	（1）检修和试验合格，有明确可以投运的结论。 （2）无遗留物件、引线接头应紧固。 （3）各控制箱和端子箱封堵完好，无进水受潮，温控除湿装置自动投入。 （4）无异常告警信号。 　1）油浸式低压电抗器。①各部位阀门位置正确。②低压电抗器本体及套管油位指示正常。③气体继电器与储油柜间的阀门在打开位置，继电器内充满油，二次小线无腐蚀接地。④呼吸器内的硅胶无受潮变色，油封杯内油量适当，油色正常。⑤低压电抗器就地及远方温度指示正确。 　2）干式低压电抗器。①表面涂层无变色、龟裂、脱落或爬电痕迹。②支持绝缘子无破损裂纹、放电痕迹。③接头无松动发热。④无异常振动和声响。 　3）干式中性点电抗器。①检修和试验合格，有明确可以投运的结论。②应无遗留物件、引线接头应紧固。③端子箱封堵完好，无进水受潮，温控除湿装置自动投入。④无其他异常情况。 　4）油浸式中性点电抗器。①检修和试验合格，有明确可以投运的结论。②无遗留物件、引线接头应紧固。③各控制箱和端子箱封堵完好，无进水受潮，温控除湿装置自动投入。④无异常告警信号。⑤各部位阀门位置正确。⑥电抗器本体及套管油位指示正常。⑦呼吸器内的硅胶无受潮变色，油封杯内油量适当，油色正常。⑧电抗器就地及远方温度指示正确
电容器	（1）验收一般要求。 　1）检修试验项目齐全，试验数据符合要求。 　2）现场清洁，电容器及附属设备上无临时短路接线及其他遗留物。 　3）绝缘子清洁、无破损裂纹，电容器及附属设备、引线固定牢固，金属件无锈蚀或机械损伤，外壳接地引线焊接牢固。 　4）相色标志明显、正确。 　5）防误操作装置齐全、良好。 　6）端子箱、机构箱封堵良好，二次接线排列整齐，接头应紧固、无松动，编号清楚。 　7）电容器及其放电线圈无渗漏油现象。 　8）电容器熔丝完好，无锈蚀及损伤。 　9）三相电容量的差值宜调配到最小，电容器组容许的电容偏差应在规定范围内（电容器组容许的电容偏差为装置额定电容的 0～+5%；集合式电容器的电容器单元的电容偏差应不超过其额定值的−5%～+5%；自愈式电容器的电容偏差应不超过其额定值的0～+10%（电容器相关技术标准））。 　10）凡不与地绝缘的每个电容器的外壳及电容器的构架均应接地；凡与地绝缘的电容器的外壳均应接到固定的电位上。 　11）串联电抗器支柱应完整、无裂纹，线圈应无变形；线圈外部的绝缘漆应完好。 　12）电容器熔断器熔丝的额定电流不小于电容器额定电流的1.43倍选择。 （2）电容器（集合式）本体的验收。 　1）外观检查。 　a.电容器瓷套管无掉瓷、无裂纹； 　b.套管芯棒无弯曲、无滑扣； 　c.螺母、垫圈齐全； 　d.器身无变形、无锈蚀、无裂缝渗油； 　e.安装牢固，相色正确，防腐无剥落。 　2）连接引线。 　a.电容器套管与母线连接使用软导线； 　b.接线正确，连接牢固、可靠，松紧适当； 　c.母线及分支线相色清晰。 　3）储油柜。无变形、渗漏、锈蚀，油位正常。 　4）压力释放阀。压力释放阀取出保护片，无渗漏。 （3）电容器（集合式）辅助设备的验收。 　1）全密封放电线圈瓷套无损伤，相色正确，接线正确、牢固、无裂缝渗油； 　2）温度计安装、校验、整定正确，外观完好，无凝露； 　3）电容器接地牢靠，接地点符合设计要求，接地标识清晰。 （4）电容器（构架式）本体的验收。 　1）外观检查。 　a.电容器瓷套管无掉瓷、无裂纹； 　b.套管芯棒无弯曲、无滑扣； 　c.螺母、垫圈齐全； 　d.器身无变形、无锈蚀、无裂缝渗油； 　e.安装牢固，相色正确，防腐无剥落； 　f.电容器铭牌、编号在通道侧，顺序符合设计；

续表

一次设备类别	检修后验收项目
电容器	g. 相色完整，电容器外壳及构架接地可靠。 2）连接引线。 a. 电容器套管与母线连接使用软导线； b. 接线正确，连接牢固、可靠，松紧适当； c. 母线及分支线相色清晰。 （5）电容器（构架式）辅助设备的验收。 1）熔断器排列整齐，倾斜角度符合设计，指示器正确； 2）全密封放电线圈瓷套无损伤，相色正确，接线正确、牢固，无渗漏、脱漆锈蚀； 3）支柱绝缘子安装牢固，完整无裂纹； 4）各设备外壳、构架、金属遮栏接地可靠，导通良好，外部油漆完整
防雷接地	（1）检修试验项目齐全，试验数据符合要求。 （2）现场清洁，避雷器上无临时短路接线及其他遗留物。 （3）绝缘子清洁、无破损裂纹，引线固定牢固，金属件无锈蚀，外壳接地引线焊接牢固。 （4）相色标志明显、正确。 （5）避雷器绝缘底座瓷质部分无破损，应有导水孔（或缝）并保证排水畅通。 （6）均压环装设牢固，表面无锈蚀变形。 （7）避雷针垂直、牢固
耦合电容器	（1）检修试验项目齐全，试验数据符合要求。 （2）现场清洁，设备上无临时短路接线及其他遗留物。 （3）绝缘子清洁、无破损裂纹，引线固定牢固，金属件无锈蚀或机械损伤，外壳接地引线焊接牢固。 （4）相色标志明显、正确。 （5）端子箱密封良好，二次接线排列整齐，接头应紧固、无松动，编号清楚。 （6）油位、油色正常，无渗漏，油位计的玻璃应完整清洁。 （7）二次接地小刀闸位置正确
阻波器、结合滤波器	（1）检修试验项目齐全，试验数据符合要求。 （2）设备上无临时短路接线及其他遗留物。 （3）包封完好，无起皮、脱落。 （4）绝缘子完整无裂纹、无破损，表面清洁无积尘。 （5）引线、接头、接线端子等连接牢固完整。 （6）包封表面和绝缘子按照"逢停必扫"原则进行清扫
母线、构架、绝缘子	（1）检查引线无断股、散股、烧伤痕迹，无异物挂落。 （2）检查瓷质部分应清洁，无裂纹、放电痕迹。 （3）油漆应完好，相色正确，接地良好。 （4）检查所有试验项目应合格。 （5）检查支柱绝缘子无裂纹。 （6）支撑式管型母线每段只允许一个紧连接点，其余连接应该是松连接
高压电缆	（1）电缆验收内容包括电缆及附件的敷设安装、电缆路径、附属设施、附属设备和试验的验收。 （2）电缆绝缘瓷套应完好、清洁，支架牢固，无松动。 （3）应检查电缆夹层、隧道封堵完好

（2）二次设备检修后验收项目表见表2-14。

表2-14　　　　　　　二次设备检修后验收项目表

二次设备类别	检修后验收项目
常规保护装置	（1）检查屏柜及装置外观情况正常。 （2）检查保护及自动化装置各类空气开关、切换开关、电流切换端子、硬压板及相关二次安全措施情况满足验收要求。 （3）检查保护及自动化装置定值整定情况正确。 （4）检查保护及自动化装置动作及联动开关情况。 （5）检查保护及自动化装置动作信号显示及传输情况。

二次设备类别	检修后验收项目
常规保护装置	（6）验收时先听取工作负责人讲解工作情况。注意有无定值更改、接线更改，以及运维人员应注意的事项，必要时对照图纸检查核实，并根据工作的实际情况进行验收。 （7）验收时，应模拟故障，进行传动试验检查各装置信号、掉牌、断路器动作等情况是否正确，自动化信息是否正确，对存有疑问的应由工作人员作出合理解释。 （8）二次接线有变动或更改时，应要求工作人员修改图纸，在图纸上注明修改依据、修改人及修改日期，并会同工作人员现场核对接线的正确性；如果监控信号有变动，应确保当地后台和省监控信号也做相应修改。 （9）核对装置定值正确。 （10）验收结束后，应检查压板及切换小开关与许可时状态一致，检查保护屏内清洁无杂物，拆动的接线应恢复。 （11）工作人员应做好记录，记录内容应与实际工作内容一致。装置在运行中应注意的事项，也应在工作记录中详细说明。 （12）若装置存在遗留缺陷，应汇报分部（工区）相关专职并请示主管部门同意后方可运行。 验收结束后，复归保护及自动化装置掉牌、异常现象。检查各部件运行正常，无异声、异味
智能保护装置	除常规保护装置应检查项目外，还应检查以下内容： （1）检查保护及自动化装置的 GOOSE 链路及 SV 链路通信情况。 （2）保护装置与测控装置之间通信正常。 （3）检查保护、测控装置对时正常。 （4）检查保护装置"置检修"压板应取下。 （5）检查保护装置内软压板与后台软压板一致性。 （6）如更换保护装置后，还应核对后台软压板的正确性，并测试监控后台提取保护定值及故障报告功能是否正常
合并单元	（1）设备外观正常，无异响、异味，合并单元面板上各指示灯指示正常，无告警。 （2）备用芯和备用光口防尘帽无破裂、脱落，密封良好。 （3）设备投运前，确认合并单元检修压板在退出位置。 （4）合并单元同步对时无异常。 （5）双母线接线，双套配置的母线电压合并单元并列把手应保持一致，且电压并列把手位置应与监控系统显示一致。 （6）模拟量输入式合并单元输入侧的电流、电压二次回路断开的连片和短路线已恢复，与停电检修前一致。 （7）对应保护装置（主变压器、线路、断路器保护、母线保护等）、测控装置、网络报文分析仪、故障录波器采样正常，差动保护（母差保护、变压器保护、线路保护等）无差流
智能终端	（1）设备外观正常，无异响、异味，设备面板上各指示灯显示正常，无告警。 （2）设备投运前，应检查确认智能终端检修压板在退出位置，分合闸出口硬压板在投入位置。 （3）智能终端同步对时无异常。 （4）断路器分、合闸位置、隔离开关位置、接地刀闸位置及信号均指示准确。 （5）检修中涉及的二次线缆和光纤已恢复，与停电检修前一致。 （6）备用芯和备用光口防尘帽无破裂、脱落，密封良好
网络报文分析仪	（1）网络报文分析仪运行灯、对时灯、硬盘灯正常，存储空间充足，无告警。 （2）网络报文分析仪光口所接光纤的标签、标识是否完备。 （3）网络报文分析仪与设备的连接状态正常，无通信中断。 （4）网络报文分析仪存储报文功能正常，历史报文能正常调阅
网络交换机	（1）交换机运行灯、电源灯、端口连接灯指示正确。 （2）交换机光纤接口所接光纤（或网线）的标识应该正确且完备。 （3）与过程层交换机相连的所有保护、测控、电能表、合并单元、智能终端等装置光纤是否完好，SV 及 GOOSE 通信是否正常，监控系统无其他相关告警信息。 （4）与站控层交换机相连的所有装置网线完好，MMS 通信正常，监控系统无其他告警信息

（3）自动化系统检修后验收。测控装置检修工作，二次回路未发生变化时，验收时可仅仅检查保护装置及监控后台无异常信号、装置压板状态正确。监控系统维护工作后，应对主接线图、间隔图、光字牌图、软压板图、光口链路图、后台简报窗以及相关报表的名称、状

态、功能、遥测量进行验收。监控后台进行线路更名工作后，需对主接线图、间隔图、光字牌图、软压板图、光口链路图、操作校验码、后台简报窗以及相关报表的名称进行验收。如监控系统有新增间隔，需对新增间隔的所有相关遥信、遥控、遥测、遥调、联锁信号进行验收。

四、变电站基建工程验收流程

在变电站基建工程验收过程中，运维班人员参与负责的主要环节为竣工（预）验收和启动验收。

1. 竣工（预）验收

工程竣工（预）验收指工程项目竣工后各部门对该项目是否符合规划设计要求以及项目施工和设备安装质量进行全面检验，取得竣工合格资料、数据和凭证。工程竣工（预）验收是全面考核建设工作，检查是否符合设计要求和工程质量的重要环节，对促进建设项目（工程）及时投产，发挥投资效果，总结建设经验有重要作用，验收流程见图2-8。

图2-8 工程竣工（预）验收流程图

●●◆ 过程一：组织分工（见表2-15）

表2-15 组 织 分 工

工程竣工（预）验收电压等级	组织分工
500（330）kV及以上变电站	省公司运检部选派相关专业技术人员参加
220kV变电站	省公司或地市公司（省检修公司）运检部选派相关专业技术人员参加
110（66）kV及以下变电站	地市公司运检部选派相关专业技术人员参加

●●◆ 过程二：验收准备

现场验收前的准备工作主要包括确认现场设备具备验收条件，制订验收计划并确定验收组人员，明确现场验收内容等三个部分，验收准备工作见表2-16。

表2-16 验 收 准 备 工 作

项目	准备工作
验收条件	（1）施工单位完成三级自检并出具自检报告。 （2）监理单位出具监理报告，明确设备概况、设计变更和安装质量评价。 （3）现场设备生产准备完成。 （4）现场具备各类生产辅助设施（安全器具、专用器具、备品备件等）。 （5）施工图纸、交接试验报告、单体调试报告及安装记录等完整齐全，满足投运需要。 （6）设备的技术资料（设备订货相关文件、设计联络文件、监造报告、设计图纸资料、供货清单、使用说明书、备品备件资料、出厂试验报告等）齐全
验收计划	（1）建设管理单位（部门）提前一个月将验收计划提交运检部，运检部审核工程是否具备验收条件，并结合综合生产计划确定竣工（预）验收计划。 （2）设备部审查确认工程具备竣工（预）验收条件后，建设管理单位（部门）成立竣工（预）验收工作组，下发竣工（预）验收通知。

续表

项目	准备工作
验收计划	（3）竣工（预）验收组组长由各级建设管理单位（部门）担任，成员由各级运检部、建设部、调度、安监、信通、运检单位、设计、施工、调试、监理等单位（部门）人员组成。 （4）变电运检专业可分成土建检查组、电气一次检查组、电气二次检查组、站用电及直流系统检查组、资料检查组、生产准备组开展验收工作；其中电气一次检查组、生产准备组的组长由运检单位（部门）人员担任。 （5）运检专业人员根据各类设备验收要求编制相关竣工（预）验收标准卡
验收内容	（1）工程质量管理体系及实施。 （2）主设备的安装试验记录。 （3）工程技术资料，包括出厂合格证及试验资料、隐蔽工程检查验收记录等。 （4）抽查装置外观和仪器、仪表合格证。 （5）电气试验记录。 （6）现场试验检查。 （7）技术监督报告及反事故措施执行情况。 （8）工程生产准备情况

●●⟩ 过程三：现场初次验收

竣工（预）现场验收开始时间，由运检单位与建设管理单位根据实际情况沟通，并保证充足的验收时间。一般情况下，500（330）kV变电站基建工程提前计划投运时间20个工作日；220kV变电站基建工程提前计划投运时间15个工作日；110（66）kV及以下变电站基建工程提前计划投运时间10个工作日。

现场验收开始前，验收人员应熟悉竣工（预）验收方案，掌握竣工（预）验收标准卡内的验收标准、安装、调试、试验数据等内容。在现场验收过程中，验收人员应持卡标准化作业，逐项打勾，关键试验数据要记录具体测试值，异常数据需向各专业组长汇报，必要时可组织专家开会讨论，或者要求重新测试。建设管理单位（部门）应组织设计、施工、监理单位配合做好现场竣工（预）验收工作。验收完成后，各现场验收人员应当详细记录验收过程中发现的问题，形成记录存档，并在验收卡上签字。

●●⟩ 过程四：缺陷整改及复验

基建工程验收实行闭环管理。现场验收后，验收人员应针对工程（预）验收发现的缺陷和问题，并综合前期厂内验收、到货验收、隐蔽工程验收、中间验收等环节的遗留问题，统一编制竣工（预）验收及整改记录，交建设管理单位（部门）协调督促整改。建设管理单位（部门）对竣工（预）验收意见提出的缺陷组织整改，由工程设计、施工、监理单位具体落实。缺陷整改完成后，运检单位（部门）组织验收人员进行现场复验确认，未按要求完成的，由建设管理单位（部门）继续落实缺陷整改。竣工预验收完成所有的缺陷闭环整改后，应出具竣工预验收报告，向启委会申请启动验收。

在验收缺陷整改及复验过程中，运检部门根据需要，可采用重大问题反馈联系单方式协调解决。同时，相关验收及整改记录应保存留用。

●●⟩ 过程五：工程移交

在工程完成竣工复验收后，应进行工程各项实物的移交和工程移交生产的交接仪式，运维接收单位和项目管理单位、土建施工单位、电气施工单位和监理单位的项目负责人参与工程移交。

（1）土建施工单位与运维单位、项目管理单位共同移交房屋的门锁钥匙，各方签字确认。

（2）电气施工单位在所有电气设备消缺、验收完毕，与运维单位、检修单位、监理单位和项目管理单位共同移交设备类门锁、专用工器具、备品备件和设备资料等，各方签字确认。签字后，施工单位、厂方人员不得随意在移交过的设备上进行任何工作；特殊情况确需签字移交后还要在个别设备上开展消缺工作，应办理单项作业的施工作业票，写清工作内容、工作地点和工作人员，并征得运维人员许可。

（3）工程竣工验收结束，所有缺陷消缺后，项目管理单位组织运维接收单位、施工单位和监理单位等，办理工程移交生产的交接仪式，各方签字确认。如遗留缺陷没有消除，则由项目管理单位和运维检修部分别征得启委会同意后，方可举办交接签字仪式。工程移交后，施工单位、厂方人员原则上不得进入工程现场。移交后确需进行消缺工作，应办理工作票手续，明确工作地点、工作内容和工作内容，并征得运维单位许可；工作结束后，由运维等单位验收。

（4）所有移交单及施工工作票由运维单位作为工程资料按照变电站统一归档保存。

2. 启动验收

基建工程启动验收流程如图2-9所示。

启动准备　启动汇报　启动调试　设备试运行

图2-9　基建工程启动验收流程图

●● 过程一：启动准备

工程启动投运前，应按照项目管理关系组织成立启动验收委员会，并下设工程验收组，工程验收组组长由建设管理单位（部门）和运维检修单位（部门）共同担任。

启动会上，项目管理单位应明确启动调试单位，并督促调试人员或测试人员按照启动方案于启动前一天，开具启动调试工作票。运维单位提前接收并打印，按顺序存放。变电运维单位应组织变电运维人员提前开具启动操作票，审核、打印。启动操作票应核实是否与启动方案中的启动步骤一一对应，按顺序存放。

●● 过程二：启动汇报

启动开始前，变电运维单位应对高压设备区进行清场，应在启动设备与运行设备、待用间隔设备之间做好明显清晰地安全隔离措施，任何人不得在设备上进行工作或在现场逗留，施工人员、厂方服务人员不得随意进入控制室、一次设备室。未经运维人员许可，任何人员不得擅自进入启动设备区域。新设备启动前，变电运维人员应根据启动方案，对启动范围内所有设备状态进行逐台、逐项的进行核对检查，检查安全措施是否已经恢复，经仔细验收、核查无误并签字确认后，汇报调控中心相关启动条件。

●● 过程三：启动调试

启动过程中，除启动调试的工作负责人可以在主控室启动操作区等候外，其余人员不许在主控室长时间等待，避免影响启动操作安全。调试人员、测试人员和厂方服务人员尽可能在施工项目部等安全区域等待。新设备第一次充电时，工作人员应待冲击设备状态稳定，并得到操作人员许可后，方可靠近设备进行检查。新设备现场带负荷测试工作时，安装调试单位必须严格按照作业指导书标准执行，变电检修单位对投产试验结果进行分析，合格后，保护装置方能投运。变电检修单位负责带负荷测试报告的整理归档。设备启动投运期间，验收人员应按照启动试运行方案进行系统调试，对设备、分系统与电力系统及其自动化设备的配合协调性能进行的全面试验和调整，工程验收组进行确认。

启动过程中出现的缺陷，如在启动过程中需要消除的一般事宜可以不办理工作票，但应征得运维人员的许可；如启动过程中发生设备故障需要消缺的事宜，应办理事故抢修单，并履行相关手续。严禁施工单位、调试人员或厂方服务人员擅自消缺处理。如确需在启动送电后消缺的工作，应在启动结束当天由运维单位汇总，并书面报送运维检修部，运维检修部组织协调，并将协调结果交相关单位签字确认后，保存留档。运维检修部定期与项目管理单位进行对接，做好启动后问题整改的闭环管理。所有启动送电后再进入变电站进行的消缺工作，均应办理工作票手续。启动过程中，参与启动的运维、检修、调试人员对新设备运行状况、调试数据有疑问时，及时上报，由现场总指挥组织相关部门专家会诊，并汇报启委会，确定后续启动工作。

●●→ 过程四：设备试运行

变电新设备试运行期间（不少于24h），由运维单位、参建单位对设备进行巡视、检查、监测和记录，变电运维人员应进行一次红外测温和特巡，做好巡视记录，并和调控中心进行异常信号核对。试运行完成后，运维单位、参建单位对各类设备进行一次全面的检查，并对发现的缺陷和异常情况进行处理，由验收组再行验收。

启动验收完成后，由验收人员提出移交意见，启委会决定办理工程向生产运行单位移交。办理设备移交手续前，由建设管理单位（部门）和运维单位共同确认工程遗留问题，形成工程遗留问题记录，落实责任单位及整改计划，运维单位跟踪复验。建设管理单位（部门）组织项目施工单位编制基于固定资产目录的设备移交清册。在投运后3个月内移交工程资料清单（包括完整的竣工纸质图纸和电子版图纸）。新设备投运后1年内发生的因建设质量问题导致的设备故障或异常事件，由建设管理单位（部门）组织处理。

五、变电站技改工程验收流程

在变电站技改工程验收过程中，运维班人员参与负责的主要环节为竣工验收，流程如图2-10所示。

图2-10 变电站技改工程竣工验收流程图

●●→ 过程一：施工单位自验收及监理初验（见表2-17）

表2-17 施工单位自验收及监理初检

施工单位自验收	监理初验
（1）对于本单位实施项目，由实施班组自验收；对于非本单位实施项目，由施工单位自验收。 （2）项目设计单位编制设计总结报告，重点说明有关反事故措施的落实情况，设计变更情况及具体原因	项目监理单位编制监理验收及总结报告，说明工程监理中存在的问题及整改情况

自验收合格后，实施班组或施工单位向项目管理单位提出项目竣工验收申请。竣工验收申请时应具备设备技术资料、安装调试记录、交接试验报告。对于实行监理的项目，竣工验收申请及资料提交应经监理单位同意

⬤⬤→ 过程二：验收准备

项目管理单位接到项目竣工验收申请后，应向项目施工、监理、设计等相关单位发送验收通知，同时组织相关部门提前审查相关验收资料，做好验收准备。为确保验收质量，项目管理单位应按照各类设备验收要求组织编制相关验收标准卡。

⬤⬤→ 过程三：现场初次验收

现场验收过程中，验收人员应持验收标准卡进行验收，并详细记录验收中发现的问题。项目施工单位应派专人全程配合验收工作，为验收人员开展工作创造条件，及时解答验收人员提出的问题。同时，项目设计、监理单位也应派人全程参与，对验收中提出的相关问题给予解答。

⬤⬤→ 过程四：验收缺陷整改及复验

技改工程验收实行闭环管理。现场验收后，验收组针对所发现的缺陷和问题，并综合前期厂内验收、到货验收、隐蔽工程验收、中间验收等环节的遗留问题，统一编制竣工验收及整改记录，交项目管理单位督促整改，并报送本单位设备部。

项目管理单位对验收意见提出的缺陷组织整改，由工程设计、施工、监理单位具体落实。缺陷整改完成后，由项目管理单位提出复验申请，运检单位审查缺陷整改情况，组织现场复验，未按要求完成的，由项目管理单位继续落实缺陷整改。

所有的缺陷应闭环整改复验后，方可通过竣工验收，由项目管理单位出具项目竣工验收报告。在验收缺陷整改及复验过程中，运检部门根据需要，可采用重大问题反馈联系单方式协调解决。同时，相关验收及整改记录均应保存留用。

⬤⬤→ 过程五：竣工投运

项目通过整改复验收后，相关设备方可具备启动条件。项目管理单位应在投运前向运检单位移交专用工器具和备品备件。设备启动试运行期间，由运维单位和施工单位对设备进行巡视、检查、监测和记录。设备投运后由运维单位对设备全面检查，发现缺陷和异常情况由项目管理单位及时组织处理。

⬤⬤→ 过程六：设备移交

办理设备移交手续前，由项目管理单位和运维单位共同确认工程遗留问题，形成工程遗留问题记录，落实责任单位及整改计划，运维单位跟踪复验。项目管理单位组织项目施工单位编制基于固定资产目录的设备移交清册，在投运后 3 个月内移交工程资料清单（包括完整的竣工纸质图纸和电子版图纸）。

六、验收常见问题

验收常见问题及整改要求见表 2－18。

表 2－18 验收常见问题及整改要求

验收项目	验收常见问题	整改要求
解锁钥匙	解锁开关无钥匙；解锁钥匙在"闭锁""解锁"位置均可拔出；解锁钥匙拔出后仍可切换解锁开关	解锁开关需带有钥匙控制功能，在"闭锁"位置时钥匙才能拔出，钥匙拔出后能锁住解锁转换开关
	测控装置的解锁开关钥匙不统一	同类测控装置的解锁开关钥匙采用通用钥匙
	电气解锁开关钥匙不统一	全站同一类设备（敞开式、开关柜、GIS）所有间隔内电气解锁开关钥匙采用通用钥匙

验收项目	验收常见问题	整改要求
"远近控"钥匙	"远近控"切换开关无钥匙；同一间隔设备端子箱内，每个隔离开关设一个"远近控"切换开关	间隔式设备端子箱内本间隔所有隔离开关的"远近控"控制合用一个转换开关，此转换开关需带有钥匙闭锁控制功能，设置"远控""近控"两个状态位置，在"远控"位置时钥匙可拔出，钥匙拔出后能锁住切换开关的操作；开关柜开关远近控可不使用钥匙
	"远近控"钥匙不统一	全站同一类设备（敞开式、开关柜、GIS）所有间隔内"远近控"钥匙采用通用钥匙
	GIS汇控柜内"远近控"切换开关设置混乱	GIS汇控柜内应设两个远近控切换开关，一个为开关的远近控，一个为隔离开关和接地刀闸的"远近控"
操作钥匙	开关柜操作开关无钥匙	开关柜上的断路器操作控制开关（分、合）需带钥匙闭锁功能，每个间隔设一个操作控制开关，对应唯一一把钥匙，不得通用
	操作开关采用与远近控合一	"远近控"与操作开关应分开设置
	满足电动操作的开关柜，未设置手车及接地刀闸的"远近控"把手和操作按钮	设置手车及接地刀闸的远近控把手和操作按钮
压板	使用弹簧牵拉式压板，无法确定压板投入后接触是否良好，无法测量压板对地电压	改为常规带垫片的手动式压板
	压板固定于上端，退出后有掉下误碰下端的风险	压板固定于下端
	压板标签张贴位置随意	统一张贴在对应压板正下方
防误碰设施	部分按钮、控制开关裸露在装置面板上，一经触碰即可能改变设备状态	加装防误碰的罩子，能吸附于装置面板上
防误闭锁装置	后台机不具备模拟预演功能	站端操作员工作站中操作时应具备模拟预演功能，与正式操作界面应有明显的视觉区分，并具备防误校验功能；正式操作时应与预演进行比对，发现不一致应终止操作并告警
	I/O测控模块中的防误规则库不能直观显示	I/O测控模块中的防误规则库应能直观显示
	智能变电站智能汇控柜上"开关遥控压板"未单独分开	开关遥控压板单独分开，不得与保护跳闸压板共用一块压板
	使用压板方式实现防误装置解锁	任何装置不得使用压板方式实现防误解锁
带电显示装置	不带自检功能，不能够在一次设备无电状态下模拟有电状态	带电显示装置具有应自检功能，在一次设备带电或不带电的状态下均可自检装置的完好性
	不带闭锁功能，仅能指示有无电压，无闭锁输出接点	带电显示装置应能在检测到有电的情况下可靠闭锁相关隔离开关、接地刀闸的操作回路
	装置失电后开放闭锁	装置失电后强制闭锁
	带电显示装置仅有A、C两相	必须具备三相验电指示
接地电磁锁	主变压器高中压侧未单独设置接地电磁锁，低压侧未按照低压侧分支数量设置接地电磁锁	主变压器本体各侧分别设置一个接地装置；主变压器高中压侧单独设置接地锁，低压侧按照低压侧分支数量设置接地电磁锁
	GIS设备（架空出线）的出线侧未安装接地电磁锁	在架空出线的出线侧安装接地电磁锁
	接地变压器（兼站用变压器）的高低压侧接地电磁锁安装位置不对，实际无法安装接地线	按照现场实际布置要求，确定接地电磁锁安装位置。接地变压器（不兼站用变压器）的低压侧不安装接地电磁锁

续表

验收项目	验收常见问题	整改要求
接地电磁锁	电容器、电抗器组接地电磁锁设置位置无法安装接地线	按照现场实际布置要求，确定接地电磁锁安装位置
	接地电磁锁型号不统一，地桩插头不通用	同一变电站使用同一型号接地电磁锁，地桩插头应通用
接地桩（户内）	接地桩固定于接地箱内，安装位置不合理，难以装设地线	按照现场实际布置要求确定安装方式
五防逻辑	对于带电显示器、电压互感器二次无电如何纳入"五防"不统一	对于既有带电显示器又有线路电压互感器的情况，应分别接入电气、测控防误
	隔离开关手动操作不经闭锁	手动操作条件同电动操作，要求完善五防条件，可通过挡板闭锁手动操作孔（满足"五防"条件时才能开启）等方式实现（备注：GIS 隔离开关不允许手动操作）
	主变压器低压侧间隔逻辑混乱	主变压器低压侧隔离开关、接地刀闸（地桩）、手车采用测控＋电气闭锁实现；串联电抗器网门、开关柜后门不参与测控闭锁，用电气闭锁实现
	可以电动操作的开关柜闭锁缺乏统一标准	统一采用电气闭锁实现，手车、接地刀闸要求同时闭锁手动和电动回路
	智能变电站低压侧开关柜上有"逻辑解锁开关"	取消低压侧开关柜上"逻辑解锁开关"（主变压器开关柜除外）
	电压互感器柜后门闭锁条件不完善，部分只是带电显示器无电就可开后门	电压互感器柜，后门内有设备的情况要求：电压互感器手车试验位置，才可以开后门；后门不关上，电压互感器手车推不进去
	低压分段开关柜逻辑不统一	要求：分段开关分开，分段手车、隔离手车可以操作；分段手车、隔离手车均在试验位置，分段开关后门、隔离手车后门才可以开；分段开关后门、隔离手车后门都关上，分段手车、隔离手车才能够操作
	接地变压器开关柜与成套接地变压器柜逻辑不统一	要求：开关柜上接地刀闸合上，才能够开接地变压器网门、合接地变压器高低压侧接地线；接地变压器高低压侧接地线拆除，接地变压器网门才能够关闭；接地变压器网门关闭，开关柜手车才能够操作
顺控	无法遥控断开母联控制回路，热倒无法执行	在母联控制电源空气开关下桩头增加可以遥控的接点，满足热倒顺控操作的需要
	顺控操作票执行过程中，有异常中断，排除异常后无法继续执行	要求顺控操作应有暂停操作、继续操作、终止操作等功能
交流系统	站用变压器次级总开关设有失压延时跳闸功能，但无延时或动作延时太短	站用变压器次级总开关应具备缺相及失压延时跳闸功能，延时时间应在 0～10s 可调，一般设置为 4s
	后台机、管理机、打印机等未接入不间断电源	后台机、管理机、打印机等接入不间断电源
直流系统	直流系统绝缘监测装置，无交流窜直流故障的测记和报警功能	直流系统绝缘监测装置，应具备交流窜直流故障的测记和报警功能
	直流馈线使用刀熔开关、甚至交流空气开关	应使用直流空气开关，且与上一级直流空气开关至少有 2 级级差
交直流接线图	屏柜前未用专用标识画出主接线示意图	示意图应联络屏上开关、隔离开关和整流模块等设备
	屏柜后无熔丝配置表	屏柜后门板内侧张贴屏内所有熔丝的编号、名称和容量配置表
	无直流接地选线支路表	直流屏上应张贴接地选线支路表

验收项目	验收常见问题	整改要求
开关柜	开关柜面板上的接线图与内部接线不一致	开关柜面板接线图必须与其内部接线一致
	柜内静触头绝缘挡板上未标识"止步,高压危险"等标识	开关柜可触及隔室、不可触及隔室、活门和机构等关键部位在出厂时应设置明显的安全警告、警示标识
后台机画面	分画面内容较多,无法满屏显示,需采取拖动形式	图形画面按照 1920×1080 的显示分辨率为基准进行绘制,关联紧密的图形对象宜布置在同一幅画面内,画面打开时默认显示比例为 100%
	分画面绘制不全	分画面应包括:①主接线图;②各主变压器分图;③220kV 母线设备分图;④110kV 母线设备分图;⑤10kV(35kV)母线设备分图;⑥站用变压器设备分图;⑦光字牌索引图;⑧站用直流电源图;⑨站用交流电源图;⑩二次设备状态监视图;⑪ 在线监测装置图;⑫ 智能装置温湿度图;二次设备状态监视图包括:"变电站二次设备结构总图"和"各小室二次设备状态监视图""交换机端口状态监视图""GOOSE 链路状态图""SV 链路状态图""间隔五防GOOSE 网络链路图"及"二次设备对时状态监视图"等二次设备状态监视分图
	事故、异常、告警信号无明显标示	需要按间隔提供明显标示
后台机操作	软压板遥控要求不统一	操作时需要输入:间隔编号+压板编号,才能开放遥控操作
	总、分画面上多处开放操作权限	只允许在间隔分图上进行控制操作
视频	视频设备离带电设备距离近,不利于日后维护	与带电设备保持足够的安全距离
	因现场网络问题,不能及时上传系统平台(经常要到投运前一两天网络才通)	通信设备应尽早到位,以利于视频、门禁获取 IP 地址后,及时上传相关平台
	现场显示器只能接与一台硬盘录像机,需要手动拔插视频线	增加视频矩阵,实现硬盘机切换功能
门禁	门禁设备与某网络门禁平台不匹配	采用某网络公司提供的门禁设备,并及时接入门禁统一平台
	主控室未安装电动大门控制按钮	主控室安装电动大门控制按钮
电子围栏	大门处经常会存在"死区"	大门处增加一对红外对射,以弥补"死区"
	风机开关装设在设备室内	移至室外入口处
SF$_6$检漏报警装置	人体感应红外探头探测覆盖范围过小或未调整到位	调整红外探头探测范围,必须覆盖人员进出大门区域
防汛设施	户外集水井盖板无水位观察孔	户外集水井盖板需开水位观察孔
	地下/半地下电缆层电缆管口未做防水封堵	地下/半地下电缆层电缆管口必须做防水封堵,电缆层与电缆沟间需有挡水墙或防水坡,电缆不得水平进电缆层
	电缆层集水井电源控制箱未采用两路电源,控制箱安装位置过低,易被水淹	水泵电源应合理分配在站用电的两段母线,或采用电源自动切换;将控制箱安于距地面 1.5m 以上
防火、防爆设施	电缆沟防火墙位置无明显标识	盖板上应有防火墙标识
	专用蓄电池室未装防爆灯、未装窗帘、未装空调	按要求装防爆灯、防爆空调、阻燃窗帘
防小动物设施	鸟类较多地区户外设备区未装设驱鸟装置	投运前加装驱鸟装置
	小动物挡板高低参差不齐	统一高度为 40cm
	风机、通风口无防护网罩	加装有自动关闭功能百叶网罩

验收项目	验收常见问题	整改要求
照明动力	设备区（含电缆层）缺插座（驱鼠器无电源），安装高度不合理	设备区需增加 5 孔插座，安装高度标准设计（电缆层插座安装高度不得低于 60cm）
	照明相线低于 $4m^2$，零线未独立	照明相线不得低于 $4m^2$，零线相对独立，避免波及其他回路
	灯具安装高度过高，不便于维护，灯具光源照明强度不够	灯具安装高度应合适，便于维护，灯具光源采取LED，满足电缆层照明强度需求
	电动门电源不可靠，随意接电	电动门电源必须可靠，应接入不间断电源
	照明开关装设不合理	在设备区出入口安装双控开关
空调	安装位置正对开关柜，直吹易造成凝露	安装位置注意，避免直吹开关柜
通风装置	室内主变压器散热片与本体一体的，主变压器室未采用强循环通风系统	主变压器室采用强循环通风系统
	主变压器室顶风机无防护罩	主变压器室顶风机应有防护罩
	智能变电站户外智能汇控柜无降温装置	智能变电站户外智能汇控柜需安装符合要求的降温装置（如背包式空调、强排风设备）
土建	变电站外墙面开裂（龟裂）严重，墙面渗水	按照建筑工艺和工期施工
	墙体散水坡沉降严重	按照建筑工艺和工期施工
	室外镀锌栏杆锈蚀严重	室外栏杆使用不锈钢
	地下电缆层比较潮湿，环氧地坪容易起皮	电缆层不做环氧地坪，保持水泥地面平整即可
	地下电缆层未设计排水沟	地下室要设计排水明沟，满足电缆通道进水的要求，包括电缆层楼梯口
	室内电缆沟盖板（水泥盖板）太重、查看电缆沟积水不方便	应在电缆沟两头使用可视电缆沟盖板或预留观察孔
	通风百叶窗不可调	应用可调活动百叶窗
	主控继保室无窗帘	应安装避免太阳直晒的阻燃窗帘
	外墙装饰预埋件是铁质材料，容易生锈，锈水污染墙面	外墙面装饰使用不锈材质或不用装饰
	屋顶渗漏严重	宜改成坡屋面
	房屋外墙未安装爬梯	安装护笼爬梯
	未设置巡视小道或巡视小道设置不到位	户外设备应将巡视小道设置到设备机构箱
	电缆层电缆散乱布置，未考虑设备巡视通道，人员巡视困难	电缆层内电缆沿支架敷设，宜设置人员巡视通道
	机构箱、汇控柜过高，不便巡视、操作	设置巡视、操作平台，户外宜砌专用平台，户内可定做移动式平台

第九节　事故及异常处理

一、事故及异常处理的一般原则

变电站异常及故障处理，应遵守《国家电网公司电力安全工作规程（变电部分)》、各级《电网调度管理规程》《变电站现场运行通用规程》《变电站现场运行专用规程》及安全工作规定，在值班调控人员统一指挥下处理。故障处理过程中，运维人员应主动将故障处理情况及时汇报。故障处理完毕后，运维人员应将现场故障处理结果详细汇报当值调控人员。

1. 事故及异常处理的主要任务

（1）尽快限制事故的发展，消除事故的根源，解除对人身和设备的威胁。

（2）在处理事故时，应首先恢复站用电，尽量保证站用电的安全运行和正常供电。

（3）尽可能保持正常设备继续运行，保证对用户的供电。

（4）尽快对已停电的用户恢复供电，优先恢复重要用户的供电。

（5）调整系统的运行方式，使其恢复正常运行。

2. 事故及异常处理的要求和有关规定

（1）变电站事故及异常的处理，必须严格遵守《电业安全工作规程》和《电力安全工作规程》、调度规程、现场运行规程、现场异常运行及事故处理规程，以及各级技术管理部门有关规章制度、安全和防反事故措施的规定。

（2）事故及异常处理过程中，运行人员应沉着果断，认真监视表计、信号指示并做好记录，对设备的检查要认真、仔细，正确判断故障的范围及性质，汇报术语准确简明。

（3）为了防止事故扩大，在紧急情况下可不需等待调度指令而自行处理的项目有：

1）将直接威胁人身或设备安全的设备停电。

2）将已损坏的设备隔离。

3）当站用电停电时恢复其电源。

4）电压互感器空气断路器跳闸或熔断器熔断时，可将有关保护或自动装置停用，以便更换熔断器或试送空气断路器恢复交流电压。

5）断路器由于误碰跳闸（系统联络线断路器除外），可将断路器立即合上，然后向调度汇报。

6）当确认电网频率、电压等参数达到自动装置整定动作值而断路器未动作时，应立即手动断开应跳的断路器。

7）当母线失压时，将连接该母线上的断路器断开。

3. 事故及异常处理的一般流程

（1）运维人员应及时到达现场根据表计指示和信号指示及继电保护和自动装置动作情况初步判断事故的性质及可能的范围，将天气情况、监控信息及保护动作简要情况向调控人员做汇报。

（2）仔细检查一次、二次设备异常及动作情况，进一步分析、准确判断异常及事故的性质和影响的范围，并立即采取必要的应急措施，如复归跳闸断路器控制把手，投入备用电源或设备，对允许强送电的设备进行强送电，停用可能误动的保护、自动装置等，将异常及事故的情况迅速汇报给调度。

（3）异常及事故对人身和设备有严重威胁时，应立即切除，必要时停止设备的运行。

（4）迅速隔离故障，对保护和自动装置未动作的设备，应手动执行。对未直接受到影响的系统及设备，应尽量保持设备的继续运行。

（5）迅速检查设备，判明故障的性质、故障点及故障程度，如果运行人员不能检查出异常和事故的设备、原因，应连同异常及事故的主要情况汇报给调度、检修或有关技术部门。

（6）将故障设备停电，在通知检修人员到达之前，运维人员应做好工作现场的安全措施。

（7）除必要的应急处理外，异常及事故处理的全过程应在调度的统一指挥下进行，现场规程上有特殊规定的应按规程要求执行。

（8）异常及事故发生时的各信号、表计指示、保护及自动装置动作情况、运行人员检查及处理过程均应详细记录，并按规定登记。

4. 变电运维人员分层分级汇报要求

（1）变电运维人员接到监控中心电话通知后，应立即派出人员赶赴（设备）现场检查，同时将信息汇报本单位的相关专职人或相关领导。

（2）变电运维班立即安排人员检查调度自动化系统发布平台（变电站当地后台）上的开关跳闸及保护动作信息以及视频监控系统所观察到的情况，并将检查的信息随时通报给赶赴（设备）现场检查人员，以提供现场检查的信息支持。

（3）到达（设备）现场详细检查后，及时将开关的跳闸情况和相关设备各保护动作信息的详细情况向管辖调控人员汇报，并将相关设备状况及各保护动作信息的详细情况向班组长或本单位相关专职人汇报。

（4）现场事故处理工作结束后，根据调度指令进行恢复运行的操作结束后应将恢复运行的状况汇报相关的监控中心及班组长或本单位的相关专职人。

5. 事故及异常处理的一般规定

在处理系统事故时，各级运行值班人员应服从值班调度员的统一指挥，迅速正确地执行值班调度员的调度指令。凡涉及对系统运行有重大影响的操作，均应得到值班调度员的指令或许可。事故处理时，应首先保证站用交、直流系统的正常运行，应严格执行发令、复诵、记录、录音和汇报制度，必须使用统一的调度术语和操作术语，汇报内容应简明扼要。现场值班人员详细汇报内容应包括事故发生的时间、跳闸断路器、继电保护及自动装置动作情况（特别是保护动作元件）、故障相别、测距及频率、电压、潮流的变化、天气情况、现场有无工作等。

220kV 及以下设备符合下列情况的操作，可以自行处理，并作简要报告，事后再作详细汇报：

（1）将直接对人员生命有威胁的设备停电。

（2）确知无来电的可能性，将已损坏的设备隔离。

（3）发电厂厂用电部分或全部失去时恢复其厂用电源。

（4）其他在调度规程及现场规程中规定可以自行处理者。

6. 事故及异常发生的主要表现

（1）光字牌及异常音响信号出现，继电保护、自动装置动作，表计指示异常。

（2）断路器自动跳闸。

（3）电气设备出现异常运行声音或出现放电、爆炸声。

（4）电气设备出现形变、裂碎、变色、烧坏、烟火、喷油等异常现象。

（5）常见信号多次出现也是故障的反映，如断路器长时间打压或频繁打压；收发讯机反复起动、不能复归；保护异常信号、振荡闭锁信号、振动闭锁信号不能复归等。

二、事故及异常处理的注意事项

1. 事故时保证站用电

站用电是变电站操作、监控、通信的保证，特别是对于没有蓄电池或蓄电池不能正常运行的变电站，站用电的地位更显重要。失去站用电，可能导致失去操作电源、失去通信调度电源、失去变压器的冷却系统电源，将使得事故处理更困难，若在规定时间内站用电不能恢复，会使事故范围扩大，甚至损坏设备。事故处理时，应设法保证站用电不失压，事故时尽快恢复站用电。

2. 准确判断事故性质和影响范围

（1）运行人员在处理故障时，应沉着、冷静、果断、有序地将故障现象、断路器动作、表计指示、信号报警、保护及自动装置动作情况、处理过程做好记录，并及时与调度联系、向调度汇报。

（2）充分利用保护和自动装置动作提供的信息对事故进行初判断。各站安装的继电保护装置已经充分考虑到变电站各位置发生故障时，保护均能正确切除故障；同时，主保护与后备保护协调配合，防止保护或断路器拒动导致故障不能正确切除。因此，从保护的动作行为和保护本身的工作原理和保护范围，运行人员可以迅速判断事故的可能范围和性质。

（3）为全面了解保护和自动装置的动作情况，运行人员在记录保护信号掉牌时，应依此检查，直到"掉牌未复归"信号消失。"掉牌未复归"信号的作用就是提醒运行人员全面地检查保护及自动装置动作情况，全站只要有任一保护或自动装置信号掉牌未复归，该信号就不熄灭。

（4）发生故障时，如果自动装置应该动作而没有正确动作，运行人员可以手动执行，如果手动一次不成功，则不可再次强行动作。例如，当系统发生故障，变压器故障导致跳闸时，所用电备用段断路器应动作合上，若备用电源自动投入装置没有动作，则可手动投入备用断路器一次；系统故障率降低，低频减载装置应动作而未正确动作，判断清楚后可手动操作，将未跳断路器断开，降低负荷，使频率恢复。

（5）为准确分析故障原因，在不影响事故处理且不影响停送电的情况下，应尽可能保留事故现场和故障设备的原状，以便于故障的查找。同时应了解全站保护的相互配合和保护范围，便于故障的准确分析和判断。

3. 限制事故的发展和扩大

（1）故障初步判断后，运行人员应到相应的设备处进行仔细地查找和检查，找出故障点和导致故障发生的直接原因。若出现冒、着火、持续异味、火灾及危及设备、人身安全的情况，应迅速进行处理，防止事故的进一步扩大。

（2）事故紧急处理中的操作，应注意防止系统解列或非同期并列。对于联络线应经过并列装置合闸，确认线路无电时，方可将同期解除后合闸。

（3）用控制开关操作合闸，若合闸不成功，不能简单地判断为合闸失灵，注意在合闸过程中监视表计，防止多次合闸引起故障反复接入系统，导致事故的扩大。

（4）确认故障点后，运行人员要对故障进行有效地隔离。然后在调度的指令下进行恢复送电操作。

（5）注意故障后电源、变压器的负荷能力，防止因故障致使负荷转移使其他设备负荷增大而使保护误动。加强监视，及时联系调度消除过负荷。

4. 恢复送电防止误操作

（1）恢复送电应在调度的安排下进行，本站运行人员要根据调度的要求，考虑方式变化时本站保护、自动装置的投退，适应新方式的要求（如母线保护、失灵保护、双回线横差保护、变压器后备保护的联跳回路等）。

（2）恢复送电和调整运行方式时，要考虑不同电源系统的操作程序。

（3）运行人员在恢复送电时要分清故障设备的影响范围，对于经判断无故障的设备有条不紊地恢复送电；对故障点范围内的设备，先隔离故障，然后恢复送电，防止故障处理过程中的误操作导致故障的扩大。

三、事故分类及处理流程

1. 线路故障跳闸

（1）线路故障原因。输电线路有架空线路和电缆线路两大类。由于架设条件、结构、材质不同，发生短路故障的原因也各不相同。架空线路由于架设于户外，受气候、环境影响很大，外力影响占短路事故的比率很高。由于相间距离较大，发生相间短路故障的几率相对较小，而单相接地短路故障较多，可占到架空输电线路故障的70%～80%。电缆线路一般安装于隧道、电缆沟内，或直埋于地下。电缆由于有绝缘保护层，因而发生故障一般就是永久性故障。而三相电缆由于相间距离很小，发生相间短路故障的几率就很大。

（2）线路故障分类。输电线路的故障有短路故障和断线故障，以及由于保护误动或断路器误跳引起的停电等。短路故障又可按短路性质和故障存续时间进行分类。线路故障分类见表2-19。

表2-19　　　　　　　　　　　线路故障分类表

分类方式	故障
按短路性质分类	单相接地短路故障
	两相相间短路故障
	两相接地短路故障
	三相短路故障
按短路故障存续时间分类	瞬时性短路故障：当故障线路断开电源电压后，故障点的绝缘强度能够自行恢复，因而如果重新将线路合闸，线路将能恢复正常运行
	永久性短路故障：当断开电源电压后，故障仍然存在，在故障未排除之前，是不可能恢复正常运行的

（3）220kV线路故障处理一般原则。

1）一般情况下，非充电线路故障跳闸后，值班调度员应待变电运维人员完成现场检查，确认站内设备无异常、具备送电条件后，对故障线路强送一次。充电线路故障跳闸后，值班调度员宜待设备运检单位完成巡线检查并确认不影响运行后试送一次。

2）重要联络线故障跳闸且变电运维人员短时内无法赶到现场检查时，若出现以下情况之一，为加速事故处理，在确认具备远方试（强）送条件后，值班调度员可不经变电站现场检查即进行远方强送：

a. 线路跳闸后造成变电站全停。

b. 线路跳闸后造成部分厂站通过单线与主网连接，或系统间单线连接。

c. 线路跳闸后电网其他重要元件或断面超稳定限额，且无法在短时间内通过调整发电厂出力、倒负荷等手段进行有效控制。

3）当遇到下列情况时，未经变电站、线路现场检查确认，不允许对故障跳闸线路进行试（强）送：

a. 全部或部分是电缆的线路。

b. 判断故障可能发生在站内。

c. 线路有带电作业，且明确故障后不得试（强）送。

d. 存在已知的线路不能送电的情况。包括严重自然灾害、外力破坏导致线路倒塔或导线严重损坏、人员攀爬等。

4）对故障跳闸线路试（强）送时优先采用远方操作方式。监控远方操作前，必须确认满足以下条件：

a. 调度自动化系统没有影响远方操作的缺陷或异常信号。

b. 待操作开关间隔一、二次设备没有影响正常运行的异常告警信息。

c. 故障跳闸线路站内有关设备完好。（变电运维人员在现场时，由其检查确认；变电运维人员未在现场时由值班监控员通过站内工业视频确认不存在影响设备正常运行的明显缺陷。）

d. 对故障跳闸线路送电不会对站内人员造成安全威胁。（变电运维人员在现场时，由其核实确认；变电运维人员未在现场时由值班监控员联系变电运检单位核实确认）

5）全部是电缆的线路故障跳闸后，经过检查确认无异常可正常送电后，对线路试送一次。电缆与架空线混合的线路，全线经过检查确认无异常可正常送电后，对线路试送一次；经过检查发现架空线路有明显故障点且不影响运行时，也可对线路试送一次。

6）强送端的选择，除考虑线路正常送电注意事项外，还应考虑：

a. 一般宜从距离故障点远的一端强送。

b. 避免在振荡中心和附近进行强送。

c. 避免在单机容量为 30 万 kW 及以上大型机组所在母线进行强送。

d. 220kV 馈供线路宜从送端强送。

7）线路强送不成，应将线路改为检修。若电网运行急需，可以采用零起升压方式以判明线路是否有故障；无条件零起升压时，经请示省调领导同意后再强送一次。

8）带电作业的线路故障跳闸后，值班调度员应立即与申请带电作业的单位联系，值班调度员在得到申请单位同意后方可进行强送电。

（4）线路故障检查处理步骤。

1）记录跳闸时间、跳闸断路器，检查并记录相关设备潮流指示、告警信息、继电保护及自动装置动作情况，并根据故障信息进行初步分析判断。并汇报调度，初次汇报内容包括：时间、跳闸开关、潮流变化、保护动作情况，详细情况待现场值班员检查后再汇报。

注：目前该步骤由监控中心值班员检查汇报调度并通知变电站值班员。

2）现场有工作时应通知现场人员停止工作、保护现场，了解现场工作与故障是否关联。

3）变电运维班人员迅速赶赴现场详细检查继电保护、安全自动装置动作信号、故障相别、故障测距等故障信息，复归信号，综合判断故障性质、地点和停电范围。然后检查保护范围内的设备情况，检查跳闸线路断路器位置及线路保护范围内的所有一次设备外观、油位、导线、绝缘子、SF_6气体压力、液压等是否完好。将检查结果汇报调控人员和上级主管部门。

4）检查发现故障设备后，应按照调控人员指令将故障点隔离，若检查发现其余设备存在异常影响送电也应将异常设备隔离，将无故障设备恢复送电。

2. 变压器（电抗器）故障跳闸事故

（1）变压器故障跳闸主要原因。

1）变压器内部故障，包括变压器绕组匝间短路、接地短路、铁芯烧损以及内部放电等。

2）变压器外部故障，包括变压器套管至变压器各侧电流互感器间发生相间短路或接地短路等。

3）变电站线路故障、断路器拒分或保护拒动以及母线故障引起的主变压器跳闸。

4）由于变电站保护整定失误、定值漂移、保护装置误动，或人员误触造成主变压器误跳闸。

（2）电抗器故障跳闸主要原因。

1）电抗器内部故障，包括主电抗器和小电抗器绕组层间短路、匝间短路、接地短路、铁芯烧损以及内部放电等。

2）电抗器外部故障，包括电抗器套管引出线至隔离开关间及主电抗器与小电抗器间导线发生相间短路或接地短路等。

3）线路故障跳闸。

4）由于电抗器保护整定失误、定值漂移、保护装置误动，或人员误碰造成电抗器误跳闸。

（3）220kV及以下变压器（电抗器）故障处理一般原则。变压器开关跳闸时，值班调度员应根据变压器保护动作情况进行处理。

1）重瓦斯和差动保护同时动作跳闸，未查明原因和消除故障之前不得强送。

2）重瓦斯或差动保护之一动作跳闸，在检查外部无明显故障，经过瓦斯气体检查（必要时还要测量直流电阻和色谱分析）证明变压器内部无明显故障后，经设备运检单位分管领导同意，可以试送一次。有条件者，应进行零起升压。

3）变压器后备保护动作跳闸，进行外部检查无异常并经设备运行维护单位同意，可以试送一次。

4）变压器过负荷及其他异常情况，按现场运行规程及有关规定进行处理。

5）如果变压器内部故障，应立即停止故障变压器潜油泵的运行，以免扩散故障产生的金属微粒和碳粒。

6）瓦斯保护或压力释放动作跳闸应检查变压器油位、油色、油温是否正常，压力释放阀、呼吸器有无喷油，气体继电器内有无气体，外壳有无鼓起变形，各法兰连接处和导油管有无冒油，气体继电器接线盒内有无进水受潮和短路。若气体继电器内有气体，则应取气，根据气样的颜色、气味和可燃性初步判断故障性质，将此气样和气体继电器内的油样送试验所作色谱分析。若是差动保护动作跳闸，则还应检查差动保护区内所有设备引线有无断线、短路，套管、瓷套有无闪络、破裂，设备有无接地短路现象，有无异物落在设备上等。

（4）变压器故障检查处理步骤。

1）记录跳闸时间、跳闸断路器，检查并记录相关设备潮流指示（应注意其余并列运行变压器是否过负荷）、告警信息、继电保护及自动装置动作情况、站用变及直流系统运行情况，并根据故障信息进行初步分析判断。并汇报调度，初次汇报内容包括时间、跳闸开关、潮流变化、保护动作情况，详细情况待现场值班员检查后再汇报。

注：目前该步骤由监控中心值班员检查汇报调度并通知变电站值班员。

2）现场有工作时应通知现场人员停止工作、保护现场，了解现场工作与故障是否关联。

3）变电运维班人员迅速赶赴现场详细检查继电保护、安全自动装置动作信号、故障相别等故障信息，复归信号，综合判断故障性质、地点和停电范围。然后检查保护范围内的设备情况，检查跳闸断路器位置及变压器保护范围内的所有一次设备外观、油位、温度、导线、绝缘子、SF_6气体压力等是否完好。将检查结果汇报调控人员和上级主管部门。在处理过程中应注意：

a. 若变电站站用电失去，应优先手动恢复站用电，并检查直流系统运行正常。

b. 若系变压器内部故障跳闸，应尽快切除全部冷却器，避免故障中产生的游离碳、金属微粒进入非故障部分。

c. 有无功自投切装置的还应先停用无功自投切装置，并将所带低压电抗器、电容器等改为冷备用状态。

4）检查发现故障设备后，应按照调控人员指令将故障点隔离，若检查发现其余设备存在异常影响送电也应将异常设备隔离，将无故障设备恢复送电。

（5）电抗器故障检查处理步骤。

1）记录跳闸时间、跳闸断路器，检查并记录相关设备潮流指示、告警信息、继电保护及自动装置动作情况，并根据故障信息进行初步分析判断。并汇报调度，初次汇报内容包括时间、跳闸开关、潮流变化、保护动作情况，详细情况待现场值班员检查后再汇报。

注：目前该步骤由监控中心值班员检查汇报调度并通知变电站值班员。

2）现场有工作时应通知现场人员停止工作、保护现场，了解现场工作与故障是否关联。

3）变电运维班人员迅速赶赴现场详细检查继电保护、安全自动装置动作信号、故障相别等故障信息，复归信号，综合判断故障性质、地点和停电范围。然后检查保护范围内的设备情况，检查跳闸断路器位置及电抗器保护范围内的所有一次设备外观、油位、温度、导线、绝缘子、SF_6气体压力等是否完好。将检查结果汇报调控人员和上级主管部门。

4）检查发现故障设备后，应按照调控人员指令将故障点隔离，若检查发现其余设备存在异常影响送电也应将异常设备隔离，将无故障设备恢复送电（线路需符合无高压电抗器运行规定）。

3. 母线故障跳闸事故

（1）母线故障主要原因。

1）母线设备发生短路故障。由于继电保护的电流回路取自电流互感器，因而从保护角度所界定的母线范围即是母线各侧电流互感器以内的所有一次设备，包括所有母线设备和连接在母线上的各断路器、母线侧隔离开关、引线等元件设备。在此范围内的短路故障均为母线短路故障。

2）主变压器馈电线路短路故障，由于本线断路器拒分或保护拒动，越级至变压器断路器跳闸，而引起母线停电。

3）保护及二次回路误接线、误整定、误触所引起的母差保护误动或变压器、母联（分段）断路器跳闸。

（2）母线短路故障的保护分类。对于母线短路故障的保护一般分为两种类型：

1）重要母线必须设母线差动保护（简称母差保护），作为母线故障的主保护，其电源变压器和电源线路对侧断路器的后备保护（变压器的过电流保护和零序过电流保护、电源线路的零序二段和距离二段）作为其后备保护。

2）变电站低压母线一般不设母差保护，由变压器的后备保护（过电流保护）作为其主保护。

（3）220kV及以下母线故障处理一般原则。

1）母线故障的迹象是母线保护动作（如母差等）、开关跳闸及有故障引起的声、光、信号等。当母线故障停电后，运行值班人员应立即汇报省调值班调度员，并通知相关人员对现场停电的母线进行外部检查，尽快把检查的详细结果报告值班调度员，值班调度员按下述原则处理：

a. 不允许对故障母线不经检查即行强送电，以防事故扩大。

b. 找到故障点并能迅速隔离的，在隔离故障点后应迅速对停电母线恢复送电，有条件时应考虑用外来电源对停电母线送电，联络线要防止非同期合闸。

c. 找到故障点但不能迅速隔离的，若系双母线中的一组母线故障时，应迅速对故障母线上的各元件检查，确认无故障后，冷倒至运行母线并恢复送电。联络线要防止非同期合闸。

d. 经过检查找不到故障点时，应用外来电源对故障母线进行试送电，禁止将故障母线的设备冷倒至运行母线恢复送电。发电厂母线故障如条件允许，可对母线进行零起升压。

e. 双母线中的一组母线故障，用发电机对故障母线进行零起升压时，或用外来电源对故障母线试送电时，或用外来电源对已隔离故障点的母线先受电时，均需注意母差保护的运行方式，必要时应停用母差保护。

f. 3/2接线的母线发生故障，经检查找不到故障点或找到故障点并已隔离的，可以用本站电源试送电，但试送母线的母差保护不得停用。

g. 当GIS设备发生故障时，必须查明故障原因，同时将故障点进行隔离或修复后对GIS设备恢复送电。

2）变电站母线失电是指母线本身无故障而失去电源，判别母线失电的依据是同时出现下列现象：

a. 该母线的电压表指示消失。

b. 该母线的各出线及变压器负荷消失（电流表、功率表指示为零）。

c. 该母线所供站用电失去。

（4）母线故障检查处理步骤。

1）记录跳闸时间、跳闸断路器，检查并记录相关设备潮流指示、告警信息、继电保护及自动装置动作情况，并根据故障信息进行初步分析判断。并汇报调度，初次汇报内容包括时间、跳闸开关、潮流变化、保护动作情况，详细情况待现场值班员检查后再汇报。

注：目前该步骤由监控中心值班员检查汇报调度并通知变电站值班员。

2）现场有工作时应通知现场人员停止工作保护现场，了解现场工作与故障是否关联。

3）变电运维班人员迅速赶赴现场详细检查继电保护、安全自动装置动作信号、故障相别等故障信息，复归信号，综合判断故障性质、地点和停电范围。然后检查保护范围内的设备情况，检查跳闸断路器位置及母线保护范围内的所有一次设备外观、油位、温度、导线、绝缘子、SF$_6$气体压力等是否完好。将检查结果汇报调控人员和上级主管部门。

4）检查发现故障设备后，应按照调控人员指令将故障点隔离，若检查发现其余设备存在异常影响送电也应将异常设备隔离，将无故障设备恢复送电。

5）若未找到故障点，按照调令及母线故障一般原则处理。

4. 低压电容器故障跳闸事故

（1）电容器故障跳闸主要原因。

1）母线电压过高或过低，引起电容器保护动作跳闸。

2）电容器内部因过热而鼓肚，导致喷油着火而引起相间短路；电容器运行电压过高或绝缘下降引起绝缘击穿，导致相间短路。

3）电容器母线相间短路。

4）电容器与断路器连接电缆绝缘击穿导致相间短路。

5）电容器保护误动作。

（2）低压电容器故障处理一般原则。

1）并联电容器断路器跳闸后，没有查明原因并消除故障前不得送电，以免带故障点送电引起设备的更大损坏和影响系统稳定。

2）并联电容器电流速断、过电流保护或零序电流保护动作跳闸，同时伴有声光现象时，或者密集型并联电容器压力释放阀动作，则说明电容器发生短路故障，应重点检查电容器，并进行相应的试验。如果整组检查查不出故障原因，就需要拆开电容器组，逐台进行试验。若电容器检查未发现异常，应拆开电容器连接电缆头，用 2500V 绝缘电阻表遥测电缆绝缘（遥测前后电缆都应放电）。若绝缘击穿，应更换电缆。

3）并联电容器不平衡保护动作跳闸应检查有无熔断器熔断。对于熔断器熔断的电容器应进行外观检查。外观无异常的应对其放电后拆头，进行极间绝缘摇测及极间对外壳绝缘摇测，20℃时绝缘电阻应不低于 2000MΩ。若绝缘测量正常，对电容器进行人工放电后更换同规格的熔断器。若绝缘电阻低于规定或外观检查有鼓肚、渗漏油等异常，应将其退出运行。同时要将星形接线的其他两相各拆除一只电容器的熔断器，以保持电容器组的运行平衡。

4）工作前，在确认并联电容器断路器断开后，应拉开相应隔离开关，然后验电、装设接地线，让电容器充分放电。由于故障电容器可能发生引线接触不良、内部断线或熔断器熔断，装设接地线后有一部分电荷可能未放出来，所以在接触故障电容器前应戴绝缘手套，用短路线将故障电容器的两极短接，方可接触电容器。对双星形接线电容器的中性线及多个电容器的串接线，还应单独放电。

5）若发现电容器爆炸起火，在确认并联电容器断路器断开并拉开相应隔离开关后，进行灭火。灭火前要对电容器放电（装设接地线），没有放电前人与电容器要保持一定距离，防止人身触电（因电容器停电后仍储存有电量）。若使用水或泡沫灭火器灭火，应设法先将电容器放电，要防止水或灭火液喷向其他带电设备。

6）并联电容器过电压或低电压保护动作跳闸，一般是由于母线电压过高或系统故障引起母线电压大幅度降低引起的，应对电容器进行一次检查。待系统稳定以后，根据无功负荷和母线电压再投入电容器运行。电容器跳闸后至少要经过 5min 方可再送电。

7）接有并联电容器的母线失压时，应先拉开该母线上的电容器断路器，待母线送电后根据无功负荷和母线电压再投入电容器运行。拉开电容器断路器是为了防止母线送电时造成母线电压过高、损坏电容器。因为母线送电、空母线运行时，母线电压较高，如果带着电容器送电，电容器在较高的电压下突然充电，有可能造成电容器喷油或鼓肚。同时，因为母线没有负荷，电容器充电后大量无功向系统倒送，致使母线电压升高，超过了电容器允许连续运行的电压值（电容器的长期运行电压不应超过额定电压的 1.05 倍）。另外，变压器空载投入时产生大量的 3 次谐波电流，此时，如果电容器电路和电源的阻抗接近于谐振条件，其电流可达电容器额定电流的 2～5 倍，持续时间 1～30s，可能引起过电流保护动作。

8）并联电容器过电流保护、零序保护或不平衡保护动作跳闸后，经检查试验未发现故障，应检查保护有无误动可能。

（3）低压电容器故障检查处理步骤。

1）记录跳闸时间、跳闸断路器，检查并记录相关设备电压指示、告警信息、继电保护及自动装置动作情况，并根据故障信息进行初步分析判断。并汇报调度，初次汇报内容包括：时间、跳闸开关、电压变化、保护动作情况，详细情况待现场值班员详细检查后再汇报。

注：目前该步骤由监控中心值班员检查汇报调度并通知变电站值班员。

2）现场有工作时应通知现场人员停止工作保护现场，了解现场工作与故障是否关联。

3）变电运维班人员迅速赶赴现场详细检查继电保护、安全自动装置动作信号、故障相别等故障信息，复归信号，综合判断故障性质、地点和停电范围。然后检查保护范围内的设备情况，检查跳闸断路器位置及变压器保护范围内的所有一次设备外观、导线、绝缘子、SF_6 气体压力等是否完好。检查电容器组、电抗器、电流互感器、电力电缆有无爆炸、鼓肚、喷油，接头是否过热或融化，套管有无放电痕迹，电容器的熔断器有无熔断。如果发现设备着火，应确认电容器断路器断开后，拉开隔离开关，电容器装设地线（或合接地隔离刀闸）后灭火。将检查结果汇报调控人员和上级主管部门。有无功自投切装置的还要将对应故障设备自投切停用。

a. 如果是过电压或低电压保护动作跳闸，且检查设备没有异常，待系统稳定并经过 5min 放电后，电容器方可投入运行。

b. 如果电容器速断保护、过电流保护、零序保护或不平衡保护动作跳闸，或者密集型并联电容器压力释放阀动作，或者电容器组、电流互感器、电力电缆有爆炸、鼓肚、喷油，接头过热或融化，套管有放电痕迹，电容器的熔断器有熔断现象时，应将电容器停用。

c. 不平衡保护动作跳闸，运维人员应检查电容器的熔断器有无熔断。如有熔断，汇报调度进行停电，接地并充分放电后由检修人员处理。

d. 故障电容器经检修、试验正常后方可投入系统运行。如果故障点不在电容器内部，可不对电容器进行试验。排除故障后可恢复电容器送电。

4）检查发现故障设备后，应按照调控人员指令将故障点隔离，若检查发现其余设备存在异常影响送电也应将异常设备隔离。

5. 低压电抗器故障跳闸事故

（1）低压电抗器故障跳闸主要原因。

1）电抗器外部引线等设备发生短路引起断路器跳闸。

2）电抗器绕组相间短路、层间短路、匝间短路、接地短路、铁芯烧损以及内部放电等引起断路器跳闸。

3）电抗器保护误动。

（2）低压电抗器故障处理一般原则。

1）油浸式高、低压电抗器异常的处置与变压器异常的处置原则相同。

2）干式低压电抗器的异常处置以各厂站现场规程的规定为准。各站在发生干式低压电抗器异常时应立即汇报调度员，调度员设法将电抗器隔离并做好记录。

3）电抗器保护动作跳闸，一般不得试送，经现场检查并处理后，确定具备送电条件方可送电。

4）并联电抗器断路器跳闸，应对电抗器进行检查试验。若发现电抗器爆炸起火，应向消防部门报警，并拉开电抗器隔离开关进行灭火。使用水或泡沫灭火器灭火，要防止水或灭火液喷向其他带电设备。若带电灭火，应使用气体或干粉灭火器灭火，不得使用水或泡沫灭火器灭火。

5）为防止系统电压过高，主变压器可带并联电抗器停送电。并联电抗器断路器跳闸后如引起系统电压升高超过允许运行的电压，应立即汇报调度，由调度决定应对措施。

6）并联电抗器断路器跳闸后，经检查试验未发现任何故障，应检查保护有无误动可能。

（3）低压电抗器故障检查处理步骤。

1）记录跳闸时间、跳闸断路器，检查并记录相关设备电压指示、告警信息、继电保护及自动装置动作情况，并根据故障信息进行初步分析判断。并汇报调度，初次汇报内容包括：时间、跳闸开关、电压变化、保护动作情况，详细情况待现场值班员详细检查后再汇报。

注：目前该步骤由监控中心值班员检查汇报调度并通知变电站值班员。

2）现场有工作时应通知现场人员停止工作保护现场，了解现场工作与故障是否关联。

3）变电运维班人员迅速赶赴现场详细检查继电保护、安全自动装置动作信号、故障相别等故障信息，复归信号，综合判断故障性质、地点和停电范围。然后检查保护范围内的设备情况，检查跳闸断路器位置及变压器保护范围内的所有一次设备外观、导线、绝缘子、SF_6 气体压力等是否完好。检查电抗器、电流互感器、电力电缆有无爆炸，接头是否过热或融化，套管有无放电痕迹。如果发现设备着火，应确认电抗器断路器断开后，拉开隔离开关。将检查结果汇报调控人员和上级主管部门。有无功自投切装置的还要将对应故障设备自投切停用。

4）检查发现故障设备后，应按照调控人员指令将故障点隔离，若检查发现其余设备存在异常影响送电也应将异常设备隔离。

6. 断路器拒动事故

（1）断路器拒动主要原因。

1）电气方面的原因：①分闸电源消失，如控制开关跳闸等；②就地控制箱内分闸电源小开关跳开；③断路器分闸闭锁动作，信号未复归；④断路器操作控制箱内"远方/就地"选择开关在就地位置；⑤控制回路断线；⑥分闸线圈及分闸回路继电器烧坏；⑦操作继电器故障；⑧控制手柄失灵；⑨控制开关触点接触不良；⑩断路器辅助触点接触不良；⑪直流电压过低；⑫ SF_6气体压力，密度继电器闭锁操作回路。

2）机械方面的原因：①跳闸铁芯动作冲击力不足；②分闸弹簧失灵；③液压、气动机构压力低于分闸闭锁压力；④分闸阀卡死。

（2）线路故障断路器拒动故障检查处理步骤。

1）记录跳闸时间、跳闸断路器，检查并记录相关线路、母线或变压器的电压及潮流变化情况，检查运行设备的情况、告警信息、继电保护及自动装置动作情况，并根据故障信息进行初步分析判断。并汇报调度，初次汇报内容包括：时间、跳闸开关、潮流变化、保护动作情况，详细情况待现场值班员检查后再汇报。

注：目前该步骤由监控中心值班员检查汇报调度并通知变电站值班员。

a. 检查监控系统的保护动作信息和时间顺序记录，检查保护装置动作情况。目的是查明保护动作顺序，查明有无明显的保护故障信号和开关故障信号。

b. 查明已经跳闸的开关和未跳闸但没有负荷的开关、失压的线路，判明事故时受影响的一次设备范围，判断是否需要立即采取措施保证运行设备的安全运行。

c. 通过分析保护的动作情况和开关的位置，判明有无拒动保护或开关，找出最先动作的保护，从其保护范围去估计故障点的大致位置范围。

2）现场有工作时应通知现场人员停止工作、保护现场，了解现场工作与故障是否关联。

3）变电运维班人员迅速赶赴现场详细检查继电保护、安全自动装置动作信号、故障相别等故障信息，复归信号，综合判断故障性质、地点和停电范围。然后检查保护范围内的设备情况，检查跳闸断路器位置、保护范围内的所有一次设备外观、油位、温度、导线、绝缘子、SF_6气体压力等是否完好。将检查结果汇报调控人员和上级主管部门。

4）检查发现故障设备后，应按照调控人员指令将故障点隔离（包括拒动断路器），若检查发现其余设备存在异常影响送电也应将异常设备隔离，将无故障设备恢复送电。

（3）母线故障断路器拒动故障检查处理步骤。

1）记录跳闸时间、跳闸断路器，检查并记录相关线路、母线或变压器的电压及潮流变化情况，检查运行设备的情况（是否失去中性点、主变压器是否过负荷、母线电压是否异常）、告警信息、继电保护及自动装置动作情况、站用变及直流系统运行情况，并根据故障信息进行初步分析判断。并汇报调度，初次汇报内容包括时间、跳闸开关、潮流变化、保护动作情况，详细情况待现场值班员检查后再汇报。

注：目前该步骤由监控中心值班员检查汇报调度并通知变电站值班员。

a. 检查监控系统的保护动作信息和时间顺序记录，检查保护装置动作情况。目的是查明保护动作顺序，查明有无明显的保护故障信号和开关故障信号，查明站用电及直流系统是否受影响。

b. 查明已经跳闸的开关和未跳闸但没有负荷的开关、失压的母线，判明事故时受影响的一次设备范围，判断是否需要立即采取措施保证运行设备的安全运行。

c. 通过分析保护的动作情况和开关的位置，判明有无拒动保护或开关，找出最先动作的保护，从其保护范围去估计故障点的大致位置范围。

2）现场有工作时应通知现场人员停止工作、保护现场，了解现场工作与故障是否关联。

3）变电运维班人员迅速赶赴现场详细检查继电保护、安全自动装置动作信号、故障相别等故障信息，复归信号，综合判断故障性质、地点和停电范围。然后检查保护范围内的设备情况，检查跳闸断路器位置及母线保护范围内的所有一次设备外观、油位、温度、导线、绝缘子、SF_6气体压力等是否完好。将检查结果汇报调控人员和上级主管部门。

4）检查发现故障设备后，应按照调控人员指令将故障点隔离（包括拒动断路器），若检查发现其余设备存在异常影响送电也应将异常设备隔离，将无故障设备恢复送电。

（4）主变压器故障断路器拒动故障检查处理步骤。

1）记录跳闸时间、跳闸断路器，检查并记录变压器的电压及潮流变化情况，检查运行设备的情况（是否失去中性点、主变压器是否过负荷）、告警信息、继电保护及自动装置动作情况、站用变压器及直流系统运行情况，并根据故障信息进行初步分析判断。并汇报调度，初次汇报内容包括时间、跳闸开关、潮流变化、保护动作情况，详细情况待现场值班员检查后再汇报。

注：目前该步骤由监控中心值班员检查汇报调度并通知变电站值班员。

a. 检查监控系统的保护动作信息和时间顺序记录，检查保护装置动作情况。目的是查明保护动作顺序，查明有无明显的保护故障信号和开关故障信号，查明站用电及直流系统是否受影响。

b. 查明已经跳闸的开关和未跳闸但没有负荷的开关、失压的母线，判明事故时受影响的一次设备范围，判断是否需要立即采取措施保证运行设备的安全运行。

c. 通过分析保护的动作情况和开关的位置，判明有无拒动保护或开关，找出最先动作的保护，从其保护范围去估计故障点的大致位置范围。

2）现场有工作时应通知现场人员停止工作、保护现场，了解现场工作与故障是否关联。

3）变电运维班人员迅速赶赴现场详细检查继电保护、故障相别等故障信息，复归信号，综合判断故障性质、地点和停电范围。然后检查保护范围内的设备情况，检查跳闸断路器位置及变压器保护范围内的所有一次设备外观、油位、温度、导线、绝缘子、SF_6压力等是否完好。将检查结果汇报调控人员和上级主管部门。

4）检查发现故障设备后，应按照调控人员指令将故障点隔离（包括拒动断路器），若检查发现其余设备存在异常影响送电也应将异常设备隔离，将无故障设备恢复送电。

7. 死区事故

（1）保护死区的概念。大多数保护装置都是通过对接入的电压、电流量进行分析，判断设备是否正常运行，而电流量取自各间隔的电流互感器二次，所以保护范围的划分，通常是以电流互感器为分界点的，而保护动作之后是通过跳开断路器切除故障，这样判断故障和切除故障的设备不同，在这两种设备之间就存在一个特殊的位置，也就是通常所说的死区。

比如对于一个双母线接线的线路间隔来说，电流互感器通常装在断路器和线路隔离开关之间，间隔以它为分界，母线侧是母差保护范围，线路侧是线路保护范围，线路死区图如图 2-11 所示。当死区范围内发生短路故障时，属于母差保护范围，母差保护动作，跳开母线上所有断路器，本间隔断路器跳开后，从图中可以看出，如果线路对侧有电源，那么故障点依然有短路电流，而线路对侧的快速保护范围是两侧电流互感器之间的部分，如果没有采取适当的措施，对侧快速保护则不能动作，只能等待后备保护动作。

对于双母线接线，母联断路器和电流互感器之间存在一个母联死区；对于 3/2 接线，母线侧断路器和对应的电流互感器之间存在一个死区，中间断路器和配置的单侧电流互感器之间存在一个死区；同样，主变压器某一侧的断路器和电流互感器之间也有死区。

（2）死区故障的切除。死区的存在对系统的安全稳定运行有很大的威胁，因为死区大都位于母线的出口附近，一旦死区范围内发生故障，不能快速切除，对设备和电网的影响非常大，所以要采取措施尽快切除死区故障。

1）在断路器两侧分别安装电流互感器，如图 2-12 所示，在断路器两侧各装设一组电流互感器，两组电流互感器之间保护范围交叉，一旦该范围内发生故障，两种保护同时动作，快速切除故障。

2）设置专门的母联死区保护。在微机型母线保护中，针对单母线分段和双母线接线方式，专门设置了母联死区保护。当母联断路器与电流互感器之间发生故障时，母差保护小差选择元件会判断为断路器侧母线故障，将其切除之后，另一条母线仍然向故障点提供短路电流，此时大差起动元件和断路器侧小差选择元件均不返回，经过整定的较短延时跳开另一条母线，从而快速切除故障。

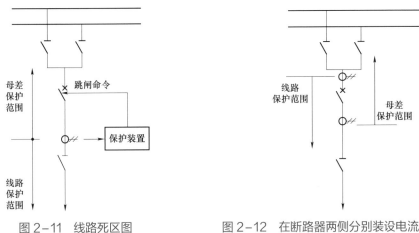

图 2-11　线路死区图　　　　图 2-12　在断路器两侧分别装设电流互感器

3）使用母差停信或母差远跳功能。当线路死区范围内发生故障，母差保护动作，如果线路对侧有电源，可采用母差停信（或位置停信）或远跳的方式使对侧快速保护动作切除故障。对于配置高频闭锁式保护的线路，当母差保护动作之后，将故障母线上连接的线路保护发信机停信，停止向线路对侧发送闭锁信号，而线路对侧高频保护判断为正方向故障，又收不到闭锁信号，所以保护动作出口跳闸。对于配置光纤电流差动保护的线路，母差保护动作后，向线路对侧发出远跳信号，使对侧断路器跳开。

4）利用后备保护切除死区故障。主变压器 220kV 和 110kV 电流互感器通常装在断路器的靠近主变压器侧，当断路器和电流互感器之间发生故障，属于母差保护范围。220kV 母差保护动作后有些变电站设置跳主变压器三侧断路器，故障即能切除；有些变电站设置只跳开本侧断路器，其他两侧会继续向故障点提供短路电流，此时要依靠失灵保护或主变压器后备保护切除故障。主变压器 110kV 侧死区故障，同样是母差保护动作后，再依靠主变压器后备保护动作切除故障。

对于 3/2 接线，母线侧电流互感器通常装设在断路器和母线之间，如图 2-13 所示，当死区范围发生故障时，线路保护动作断路器跳闸，但母线仍向故障点提供短路电流，此时依靠母线侧断路器失灵保护动作（该断路器虽然跳开，但仍有电流），切除对应母线上的所有开关。

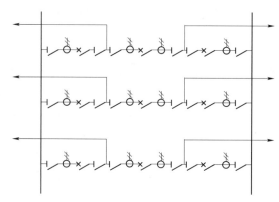

图 2-13　3/2 接线方式

（3）母联死区故障和母联拒动的区别。若正常方式时母联断路器在合位，则母联死区故障和母联拒动的结果都是两条母线的进出线开关全部跳闸，母线电压为零，但是母联死区故障时母联断路器在分位，由母联死区保护动作切除故障，母联拒动时母联断路器在合位，由母联失灵保护动作切除故障。

（4）死区故障检查处理步骤。

1）分清是哪一种死区。

2）分清死区与断路器拒动的区别。

3）死区故障与对应开关拒动时的现象类似，但死区故障没有开关拒动情况，需要值班员根据事故现象综合分析，做出正确判断，若能及时发现死区故障，可大大提高事故处理速度，尽快恢复无故障设备送电。

4）其余同一般事故处理原则。

8. 继电保护拒动事故

（1）继电保护拒动主要原因。

1）保护误接线。由于保护装置接线错误，设备故障时保护无法起动或起动后无法接通跳闸出口。

2）保护误整定。由于保护装置整定错误，定值过大或定值配合不当，区内故障时保护不能及时动作而使上级保护起动跳闸。

3）保护定值自动漂移。由于温度的影响、电源的影响，以及元器件老化或损坏，使定值产生重大漂移，而造成保护拒动。

4）保护装置元器件损坏。微机保护元器件损坏会使 CPU 自动关机，迫使保护退出，而造成保护拒动。

5）误停保护装置。继电或运行人员误停保护装置，致使其不能起动出口跳闸。

6）保护回路绝缘击穿或两点接地。保护回路绝缘击穿或两点接地，使起动元件、判别元件或出口元件被绝缘短路点或接地回路短接而无法接通跳闸出口。

（2）继电保护拒动事故的处理步骤。

1）线路（电容器、电抗器）保护拒动事故的处理步骤。

a. 查看告警信息、断路器跳闸情况、潮流情况。

b. 检查保护动作情况，记录并复归动作信号，调取故障录波报告，复归跳闸断路器控制开关位置（后台机主接线图清闪），拉开失电母线上的所有断路器。作出事故的初步判断，将事故现象和初步判断结论报告调度。

c. 如果连接于跳闸母线上的某线路保护有明显故障信息，则应该拉开其断路器，申请调度命令，送出母线和其他线路（变压器），然后再隔离故障线路。

d. 如果连接于跳闸母线上的所有线路保护都没有明显故障信息，则无法确定哪条线路保护拒动，此时应按以下程序处理：①立即检查跳闸母线及其馈电设备，重点检查母线及各线路（主变压器）有无故障现象。根据站内检查没有事故现象的情况作出线路故障、保护拒动的定性判断，并将检查结果及判断结论汇报调度，并请求试送母线和线路。②根据调度命令送出跳闸母线，再逐一试送其他线路。若送至某一线路时又出现越级跳闸，则说明此断路器保护拒动。应拉开该断路器后再重送母线和其他线路，然后拉开保护拒动断路器的两侧隔离开关。③电力电缆试送电前应摇测电缆绝缘。0.6/1kV 电缆用 1000V 绝缘电阻表摇测，0.6/1kV 以上电缆用 2500V 绝缘电阻表摇测（6kV 及以上电缆也可用 5000V 绝缘电阻表摇测）。

e. 必要时保护拒动越级跳闸线路可用旁路试送电一次。

2）主变压器保护拒动事故的处理步骤。

a. 查看告警信息、断路器跳闸情况、潮流情况。

b. 检查保护动作情况，记录并复归动作信号，调取故障录波报告，复归跳闸断路器控制开关位置（后台机主接线图清闪），拉开失电母线上的所有断路器。作出事故的初步判断，将事故现象和初步判断结论报告调度。

c. 若有其他设备保护动作或故障主变压器有明显的保护拒动信息，可判断是哪台主变压器越级跳闸，并据此检查跳闸主变压器相应保护区内设备；若全站停电，没有保护动作、没有保护拒动的明显信息，则应检查全站所有一次设备，重点检查母线和主变压器；若听到短路时的故障声响，可直接检查发出声响区域的设备。将连接于故障设备的各侧隔离开关拉开，并立即将情况汇报调度。

d. 隔离故障设备后，根据调度命令送出无故障母线、主变压器和线路，并将故障主变压器所带的线路转移至另一条正常母线送电。

e. 如果一次设备检查未发现明显的故障点，应使用 2500V 或 5000V 绝缘电阻表摇测各主变压器和母线的绝缘，然后根据调度命令逐级送电。

f. 在事故调查、检修人员到现场前做好设备的安全措施。

3）母线保护拒动事故的处理步骤。

a. 查看告警信息、断路器跳闸情况、潮流情况。

b. 检查保护动作情况，记录并复归动作信号，调取故障录波报告，复归跳闸断路器控制开关位置（后台机主接线图清闪），拉开失电母线上的所有断路器。作出事故的初步判断，将事故现象和初步判断结论报告调度。

c. 若有其他设备保护动作或故障母线有明显的保护拒动信息，可判断是哪条母线越级跳闸，并据此检查跳闸母线母差保护区内设备；若全站停电，没有保护动作、没有保护拒动的明显信息，则应检查全站所有一次设备，重点检查母线和主变压器；若听到短路时的故障声响，可直接检查发出声响区域的设备。将连接于故障设备的各侧隔离开关拉开，并立即将情况汇报调度。

d. 隔离故障设备后，根据调度命令送出无故障母线、主变压器和线路，并将故障母线所带的线路转移至另一条正常母线送电。

e. 如果一次设备检查未发现明显的故障点，应使用 2500V 或 5000V 绝缘电阻表摇测各主变压器和母线的绝缘，然后根据调度命令逐级送电。

f. 在事故调查、检修人员到现场前做好设备的安全措施。

9. 变电站全停事故

（1）变电站全停主要现象。

变电站全停电时，警铃响，监控系统发出各保护"交流电压回路断线"等告警信息，各母线电压、各回路电流、功率等均指示为零，电能计量数值不再变化，运行中的主变压器无励磁声，本站供电的站用交流消失。

由变电站故障引起的全站停电，可有事故警报和断路器跳闸，但纯粹由所有电源线路对侧断路器跳闸引起全站停电时，则无事故警报和断路器跳闸。站内设备发生短路故障，常可听到发出的异常声响，能见到设备冒烟、起火等。

（2）变电站全停故障一般处理原则。

变电站全停电时，应首先考虑恢复站用电供电。检查本站母线和主变压器有无短路故障、保护有无动作。如有保护动作而断路器没有跳闸，则是站内故障，断路器拒分引起越级跳闸；如本站母线和主变压器有明显的短路故障，而保护没有动作，则是保护拒动越级跳闸。

若站内设备故障，应报告调度，申请拉开故障设备各侧的隔离开关，拉开拒分或保护拒动断路器两侧的隔离开关，将其隔离，再将其他设备送电。

检查站内设备没有发生短路故障，则是电源线路停电引起全站停电。按调度指令做好倒闸操作准备恢复送电。

对于多电源供电的因电源线路失电而造成全站停电的，为防止各电源突然来电造成非同期合闸，运行人员应按调度指令依照以下步骤处理：

1）若是双母线或双母线分段接线方式，应首先拉开母联或分段断路器，再拉开出线断路器，在每组母线上保留一台主电源断路器在合位；若是 3/2 断路器接线应拉开各串的中间断路器，在每组母线上只保留一台主电源断路器在合位，拉开其他所有断路器。这样既可防止多电源突然来电造成非同期并列，又便于及早判明是否来电和送出负荷。

2）负荷送出后再按调度命令进行并列或合环操作。

（3）变电站高压侧或中压侧全停电。

1）高压侧或中压侧为双母线接线情况。高压侧或中压侧为双母线接线时，造成该侧全停电的原因有：一组母线短路故障，母联（分段）断路器拒跳，越级至另一组母线跳闸；一组母线短路故障，该母线上的母线保护全部拒动，越级至双母线上的所有电源跳闸和因母线保护误动而使所有母线跳闸；母联断路器与电流互感器之间死区故障，造成两组母线全停。

a. 高压侧或中压侧全停电时的现象。

a）一组母线短路故障，母联（分段）断路器拒跳，越级至另一组母线跳闸时的现象：警铃、事故警报鸣响，监控系统发出母差保护动作、两组母线上的所有线路和主变压器断路器跳闸、多套故障录波器动作等告警信息；后台机主接线图两条母线上的所有线路和主变压器断路器跳闸，母线电压和各元件的电流、功率为零；母差保护和多套故障录波器显示动作信号。

b）一组母线短路故障，该母线上的母线保护全部拒动，越级至双母线上的所有电源跳闸时的现象：警铃、事故警报鸣响，监控系统发出一台或两台主变压器后备保护动作、一台或两台主变压器本侧或三侧断路器跳闸、两母线电源线路对侧断路器跳闸、多套故障录波器动作等告警信息；后台机主接线图一台或两台主变压器本侧或三侧断路器跳闸，两条母线电压和两母线上的各元件的电流、功率为零；多套故障录波器显示动作信号。

c）因母线保护误动而使所有母线上的断路器跳闸时的现象：警铃、事故警报鸣响，监控系统发出母差保护动作、两条母线上的所有线路、主变压器本侧和母联（分段）断路器跳闸等告警信息；后台机主接线图两条母线上的所有线路、主变压器本侧和母联（分段）断路器跳闸，母线电压和各元件的电流、功率为零；母差保护显示动作信号，母线有故障时多套故障录波器动作，母线无故障时故障录波器一般不动作。

b. 高压侧或中压侧全停电时的处理原则。

a）根据现象区分是什么原因造成全停电。

b）一组母线短路故障，母联（分段）断路器拒跳，越级至另一组母线跳闸时，应汇报调度申请隔离故障母线和母联（分段）断路器，将正常母线送电，将故障母线上的无故障元件倒至正常母线送电。

c）一组母线短路故障，该母线上的母线保护全部拒动，越级至双母线上的所有电源跳闸时，应汇报调度申请隔离故障母线，将正常母线送电，将故障母线上的无故障元件倒至正常母线送电。

d）因母线保护误动而使所有母线跳闸时，停用误动的母差保护，汇报调度申请将正常母线送电，将故障母线上的无故障元件倒至正常母线送电。如果是母线无故障、母差保护无选择性误动跳闸，应停用误动保护，报告调度恢复双母线送电。

2）高压侧或中压侧为 3/2 断路器接线情况。

a. 高压侧或中压侧全停电时的现象。当一组母线故障，该母线上的母差保护全部拒动时，才会越级至所有电源线路和主变压器跳闸，造成该侧全停电。此时的现象为：警铃、事故警报鸣响，监控系统发出两主变压器后备保护动作、两台主变压器本侧或三侧断路器跳闸、本组母线电源线路对侧断路器跳闸、多套故障录波器动作等告警信息；后台机主接线图两台主变压器本侧或三侧断路器跳闸，本组母线电压和本组母线上的各元件的电流、功率为零；多套故障录波器显示动作信号。

b. 高压侧或中压侧全停电时的处理原则。高压侧或中压侧全停电时应汇报调度申请隔离故障母线，将正常母线送电，将跳闸的无故障元件投入于正常母线送电。

四、异常分类及处理流程

1. 变压器典型异常

各类变压器异常及处理流程见表 2—20。

表 2-20　　　　　　　　　　各类变压器异常及处理流程

异常类型	现场现象	运维处理流程
变压器轻瓦斯动作	(1) 监控系统发出变压器轻瓦斯保护告警信息。(2) 保护装置发出变压器轻瓦斯保护告警信息。(3) 变压器气体继电器内部有气体积聚	(1) 轻瓦斯动作发信时，应立即对变压器进行检查，查明动作原因，是否因聚集空气、油位降低、二次回路故障或是变压器内部故障造成。如气体继电器内有气体，则联系检修人员进行处理。(2) 新投运变压器运行一段时间后缓慢产生的气体，如产生的气体不是特别多，一般可将气体放空即可，有条件时可做一次气体分析。(3) 若检修部门检测气体继电器内的气体为无色、无臭且不可燃，色谱分析判断为空气，则变压器可继续运行，并及时消除进气缺陷。(4) 若检修部门检测气体是可燃的或油中溶解气体分析结果异常，应综合判断确定变压器内部故障，应申请将变压器停运。(5) 轻瓦斯动作发信后，如一时不能对气体继电器内的气体进行色谱分析，则可按下面方法鉴别：1) 无色、不可燃的是空气。2) 黄色、可燃的是木质故障产生的气体。3) 淡灰色、可燃并有臭味的是纸质故障产生的气体。4) 灰黑色、易燃的是铁质故障使绝缘油分解产生的气体。(6) 变压器发生轻瓦斯频繁动作发信时，应注意检查冷却装置油管路渗漏。(7) 如果轻瓦斯动作发信后经分析已判为变压器内部存在故障，且发信间隔时间逐次缩短，则说明故障正在发展，这时应向值班调控人员申请停运处理
变压器声响异常	变压器声音与正常运行时对比有明显增大且伴有各种噪声	(1) 伴有电火花、爆裂声时，立即向值班调控人员申请停运处理。(2) 伴有放电的"啪啪"声时，把耳朵贴近变压器油箱，检查变压器内部是否存在局部放电，汇报值班调控人员并联系检修人员进一步检查。(3) 声响比平常增大而均匀时，检查是否为过电压、过负荷、铁磁共振、谐波或直流偏磁作用引起，汇报值班调控人员并联系检修人员进一步检查。(4) 伴有放电的"吱吱"声时，检查油箱或套管外表面是否有局部放电或电晕，可用紫外成像仪协助判断，必要时联系检修人员处理。(5) 伴有水的沸腾声时，检查轻瓦斯保护是否报警、充氮灭火装置是否漏气，必要时联系检修人员处理。(6) 伴有连续的、有规律的撞击或摩擦声时，检查冷却器、冷却器等附件是否存在不平衡引起的振动，必要时联系检修人员处理
强油风冷变压器冷却器全停	(1) 监控系统发出冷却器全停告警信息。(2) 保护装置发出冷却器全停告警信息。(3) 强油循环风冷变压器冷却系统全停	(1) 检查风冷系统及两组冷却电源工作情况。(2) 密切监视变压器绕组和上层油温温度情况。(3) 如一组电源消失或故障，另一组备用电源自投不成功，则应检查备用电源是否正常，如正常，应立即手动将备用电源开关合上。(4) 若两组电源均消失或故障，则应立即设法恢复电源供电。(5) 现场检查变压器冷却控制箱各负载开关、接触器、熔断器和热继电器等工作状态是否正常。(6) 如果发现冷却控制箱内电源存在问题，则立即检查站用电低压配电屏负载开关、接触器、熔断器和站用变压器高压侧熔断器。(7) 故障排除后，将各冷却器选择开关置于"停止"位置，再强送动力电源。若成功，再逐路恢复冷却器运行。(8) 若冷却器全停故障短时间内无法排除，应立即汇报值班调控人员，申请转移负荷或将变压器停运。(9) 变压器冷却器全停的运行时间不应超过规定
油温异常升高	(1) 监控系统发出变压器油温高告警信息。(2) 保护装置发出变压器油温高告警信息。(3) 变压器油温与正常运行时对比有明显升高	(1) 检查温度计指示，判明温度是否确实升高。(2) 检查冷却器、变压器室通风装置是否正常。(3) 检查变压器的负荷情况和环境温度，并与以往相同情况做比较。(4) 温度计或测温回路故障、散热阀门没有打开，应联系检修人员处理。(5) 若温度升高是由于冷却器工作不正常造成，应立即排除故障。(6) 检查是否由于过负荷引起，按变压器过负荷规定处理
油位异常	(1) 监控系统发变压器油位异常告警信息。(2) 保护装置发出变压器油位异常告警信息。(3) 变压器油位与油温不对应、有明显升高或降低	(1) 检查变压器是否存在严重渗漏缺陷。(2) 利用红外测温装置检测储油柜油位。(3) 检查吸湿器呼吸是否畅通，注意做好防止重瓦斯保护误动措施。(4) 若变压器渗漏油造成油位下降，应立即采取措施制止漏油。若不能制止漏油，且油位指示低于下限时，应立即向值班调控人员申请停运处理。(5) 若变压器无渗漏油现象，油温和油位偏差超过标准曲线，或油位超过极限位置上下限，联系检修人员处理。(6) 若假油位导致油位异常，应联系检修人员处理

异常类型	现场现象	运维处理流程
套管渗漏、油位异常和末屏放电	（1）套管表面渗漏有油渍。 （2）套管油位异常下降或者升高。 （3）末屏接地处有放电声音、电火花	（1）套管严重渗漏或者瓷套破裂，需要更换时，向值班调控人员申请停运处理。 （2）套管油位异常时，应利用红外测温装置检测油位，确认套管发生内漏需要吊套管处理时，向值班调控人员申请停运处理。 （3）套管末屏有放电声，需要对该套管做试验或者检查处理时，立即向值班调控人员申请停运处理。 （4）现场无法判断时，联系检修人员处理
油色谱在线监测装置告警	变压器本体油色谱在线监测装置发出告警信号	（1）检查监控系统或输变电在线监测系统数据是否正常，是否有告警信息。 （2）对装置电源、气压、加热、驱潮、排风等装置进行检查，如确定为在线监测装置故障，应将在线监测装置退出运行，联系检修人员处理。 （3）在确认在线监测装置运行正常时，将油色谱在线监测周期改为最短（2h及以下），继续监视。 （4）如特征气体增长速率较快，应立即联系检修人员取油样进行离线油色谱分析。 （5）如特征气体增长速率较慢或趋于稳定，应继续监视运行，并汇报上级管理部门，进行综合分析。 （6）根据综合分析结果进行缺陷定性及处理

运行中发现变压器有下列情况之一，应立即汇报调控人员申请将变压器停运：

（1）变压器声响明显增大，内部有爆裂声。

（2）严重漏油或者喷油，使油面下降到低于油位计的指示限度。

（3）套管有严重的破损和放电现象。

（4）变压器冒烟着火。

（5）变压器正常负载和冷却条件下，油温指示表计无异常时，若变压器顶层油温异常并不断上升，必要时应申请将变压器停运。

（6）变压器轻瓦斯保护动作，信号频繁发出且间隔时间缩短，需要停运检测试验。

（7）变压器附近设备着火、爆炸或发生其他情况，对变压器构成严重威胁时。

（8）强油循环风冷变压器的冷却系统因故障全停，超过允许温度和时间。

2. 开关典型异常

各类开关异常及处理流程见表 2-21。

表 2-21　　　　　　　　　　各类开关异常及处理流程

异常类型	现场现象	运维处理流程
开关拒分、拒合	（1）分闸操作时发生拒分，开关无变位，电流、功率指示无变化。 （2）合闸操作时发生拒合，开关无变位，电流、功率显示为零	（1）核对操作设备是否与操作票相符，开关状态是否正确，五防闭锁是否正常。 （2）遥控操作时远方/就地把手位置是否正确，遥控压板是否投入。 （3）有无控制回路断线信息，控制电源是否正常、接线有无松动、各电气元件有无接触不良，分、合闸线圈是否有烧损痕迹。 （4）储能操动机构压力是否正常、SF$_6$气体压力是否在合格范围内。 （5）对于电磁操动机构，应检查直流母线电压是否达到规定值。 （6）无法及时处理时，汇报值班调控人员，终止操作。 （7）联系检修人员处理，必要时按照值班调控人员指令隔离该开关
控制回路断线	（1）监控系统及保护装置发出控制回路断线告警信号。 （2）监视开关控制回路完整性的信号灯熄灭	（1）应先检查以下内容： 1）上一级直流电源是否消失； 2）开关控制电源空气开关有无跳闸； 3）机构箱或汇控柜"远方/就地"位置是否正确； 4）弹簧储能机构储能是否正常；

异常类型	现场现象	运维处理流程
控制回路断线	（1）监控系统及保护装置发出控制回路断线告警信号。 （2）监视开关控制回路完整性的信号灯熄灭	5）液压、气动操动机构是否压力降低至闭锁值； 6）SF_6 气体压力是否降低至闭锁值； 7）分、合闸线圈是否断线、烧损； 8）控制回路是否存在接线松动或接触不良。 （2）若控制电源空气开关跳闸或上一级直流电源跳闸，检查无明显异常，可试送一次。无法合上或再次跳开，未查明原因前不得再次送电。 （3）若机构箱、汇控柜远方/就地把手在"就地"位置，应切至"远方"位置，检查告警信号是否复归。 （4）若开关 SF_6 气体压力或储能操动机构压力降低至闭锁值、弹簧机构未储能、控制回路接线松动、断线或分合闸线圈烧损，无法及时处理时，汇报值班调控人员，按照值班调控人员指令隔离该开关。 （5）若开关为两套控制回路时，其中一套控制回路断线时，在不影响保护可靠跳闸的情况下，该开关可以继续运行
SF_6 气体压力降低	（1）监控系统或保护装置发出 SF_6 气体压力低告警、压力低闭锁信号，压力低闭锁时同时伴随控制回路断线信号。 （2）现场检查发现 SF_6 压力表（密度计）指示异常	（1）检查 SF_6 压力表（密度继电器）指示是否正常，气体管路阀门是否正确开启。 （2）严寒地区检查开关本体保温措施是否完好。 （3）若 SF_6 气体压力降至告警值，但未降至压力闭锁值，联系检修人员，在保证安全的前提下进行补气，必要时对开关本体及管路进行检漏。 （4）若运行中 SF_6 气体压力降至闭锁值以下，立即汇报值班调控人员，断开开关操作电源，按照值班调控人员指令隔离该开关。 （5）检查人员应按规定使用防护用品；若需进入室内，应开启所有排风机进行强制排风，并用检漏仪测量 SF_6 气体合格，用仪器检测含氧量合格；室外应从上风侧接近开关进行检查
操动机构压力低闭锁分合闸	（1）监控系统或保护装置发出操动机构油（气）压力低告警、闭锁重合闸、闭锁合闸、闭锁分闸、控制回路断线等告警信息，并可能伴随油泵运转超时等告警信息。 （2）现场检查发现油（气）压力表指示异常	（1）现场检查设备压力表指示是否正常。 （2）检查开关储能操动机构电源是否正常、机构箱内二次元件有无过热烧损现象、油泵（空压机）运转是否正常。 （3）检查储能操动机构手动释压阀是否关闭到位，液压操动机构油位是否正常，有无严重漏油，气动操动机构有无漏气现象、排水阀、汽水分离装置电磁排污阀是否关闭严密。 （4）运行中储能操动机构压力值降至闭锁值以下时，应立即断开储能操动电动机电源，汇报值班调控人员，断开开关操作电源，按照值班调控人员指令隔离该开关
操动机构频繁打压	（1）监控系统频繁发出油泵（空压机）运转动作、复归告警信息。 （2）现场检查油泵（空压机）运转频次超出厂家规定值	（1）现场检查油泵（空压机）运转情况。 （2）检查液压操动机构油位是否正常，有无渗漏油，手动释放阀是否关闭到位；气动操动机构有无漏气现象、排水阀、汽水分离装置电磁排污阀是否关闭严密。 （3）现场检查油泵（空压机）启、停值设定是否符合厂家规定。 （4）低温季节时检查加热器是否正常工作。 （5）必要时联系检修人员处理
液压机构油泵打压超时	监控系统发出液压机构油泵打压超时告警信息	（1）检查压力是否正常，检查油位是否正常，有无渗漏油现象，手动释压阀是否关闭到位。 （2）检查油泵电源是否正常，如空气开关跳闸可试送一次，再次跳闸应查明原因。 （3）如热继电器动作，可手动复归，并检查打压回路是否存在接触不良、元器件损坏及过热现象等。 （4）检查延时继电器整定值是否正常。 （5）解除油泵打压超时自保持后，若电动机运转正常，压力表指示无明显上升，应立即断开电动机电源，联系检修人员处理。 （6）若无法及时处理时，汇报值班调控人员，停电处理

高压开关出现下列情况，应立即汇报调控人员申请设备停运。

（1）套管有严重破损和放电现象。

（2）导电回路部件有严重过热或打火现象。

（3）SF_6开关严重漏气，发出操作闭锁信号。

（4）少油开关灭弧室冒烟或内部有异常声响。

（5）少油开关严重漏油，油位不可见。

（6）多油开关内部有爆裂声。

（7）真空开关的灭弧室有裂纹或放电声等异常现象。

（8）落地罐式开关防爆膜变形或损坏。

（9）液压、气动操动机构失压，储能机构储能弹簧损坏。

3. 隔离开关典型异常

各类隔离开关异常及处理流程见表2-22。

表2-22　　　　　　　　　　　各类隔离开关异常及处理流程

异常类型	现场现象	运维处理流程
绝缘子断裂	（1）绝缘子断裂引起保护动作跳闸时：保护动作，相应开关在分位。 （2）绝缘子断裂引起小电流接地系统单相接地时：接地故障相母线电压降低，其他两相母线电压升高。 （3）现场检查发现绝缘子断裂	（1）检查监控系统开关跳闸情况及光字、告警等信息； （2）结合保护装置动作情况，核对跳闸开关的实际位置，确定故障区域，查找故障点； （3）绝缘子断裂引起小电流接地系统单相接地； （4）依据监控系统母线电压显示和试拉结果，确定接地故障相别及故障范围； （5）对故障范围内设备进行详细检查，查找故障点。查找时室内不准接近故障点4m以内，室外不准接近故障点8m以内，进入上述范围人员应穿绝缘靴，接触设备的外壳和构架时，应戴绝缘手套。 （6）找出故障点后，对故障间及关联设备进行全面检查，重点检查故障绝缘子相邻设备有无受损，引线有无受力拉伤、损坏的现象。 （7）汇报值班调控人员一、二次设备检查结果。 （8）若相邻设备受损，无法继续安全运行时，应立即向值班调控人员申请停运。对故障点进行隔离，按照值班调控人员指令将无故障设备恢复运行
隔离开关拒分、拒合	远方或就地操作隔离开关时，隔离开关不动作	（1）隔离开关拒分或拒合时不得强行操作，应核对操作设备、操作顺序是否正确，与之相关回路的开关、隔离开关及接地开关的实际位置是否符合操作程序。 （2）应从以下两方面进行检查。 1）电气方面。 a. 隔离开关遥控压板是否投入，测控装置有无异常、遥控命令是否发出，远方/就地切换把手位置是否正确； b. 检查接触器是否励磁； c. 若接触器励磁，应立即断开控制电源和电动机电源，检查电动机回路电源是否正常，接触器接点是否损坏或接触不良； d. 若接触器未励磁，应检查控制回路是否完好； e. 若接触器短时励磁无法自保持，应检查控制回路的自保持部分； f. 若空气开关跳闸或热继电器动作，应检查控制回路或电动机回路有无短路接地，电气元件是否烧损，热继电器性能是否正常。 2）机械方面。 a. 检查操动机构位置指示是否与隔离开关实际位置一致； b. 检查绝缘子、机械联锁、传动连杆、导电杆是否存在断裂、脱落、松动、变形等异常问题； c. 操动机构蜗轮、蜗杆是否断裂、卡滞。 （3）若电气回路有问题，无法及时处理，断开控制电源和电动机电源，手动进行操作。 （4）手动操作时，若卡滞、无法操作到位或观察到绝缘子晃动等异常现象时，应停止操作，汇报值班调控人员并联系检修人员处理

异常类型	现场现象	运维处理流程
合闸不到位	隔离开关合闸操作后，现场检查发现隔离开关合闸不到位	（1）应从以下两方面进行初步检查。 1）电气方面。 a. 检查接触器是否励磁、限位开关是否提前切换，机构是否动作到位； b. 若接触器励磁，应立即断开控制电源和电动机电源，检查电动机回路电源是否正常，接触器接点是否损坏或接触不良； c. 若接触器未励磁，应检查控制回路是否完好； 若空气开关跳闸或热继电器动作，应检查控制回路或电动机回路有无短路接地，电气元件是否烧损，热继电器性能是否正常。 2）机械方面。 a. 检查驱动拐臂、机械联锁装置是否已达到限位位置； b. 检查触头部位是否有异物（覆冰）、绝缘子、机械联锁、传动连杆、导电杆是否存在断裂、脱落、松动、变形等异常问题。 （2）若电气回路有问题，无法及时处理，应断开控制电源和电动机电源，手动进行操作。 （3）手动操作时，若卡滞、无法操作到位或观察到绝缘子晃动等异常现象时，应停止操作，汇报值班调控人员并联系检修人员处理
导电回路异常发热	（1）红外测温时发现隔离开关导电回路异常发热。 （2）冰雪天气时，隔离开关导电回路有冰雪立即熔化现象	（1）导电回路温差达到一般缺陷时，应对发热部位增加测温次数，进行缺陷跟踪。 （2）发热部最高温度或相对温差达到严重缺陷时应增加测温次数并加强监视，向值班调控人员申请倒换运行方式或转移负荷。 （3）发热部分最高温度或相对温差达到危急缺陷且无法倒换运行方式或转移负荷时，应立即向值班调控人员申请停运
绝缘子有破损或裂纹	隔离开关绝缘子有破损或裂纹	（1）若绝缘子有破损，应联系检修人员到现场进行分析，加强监视，并增加红外测温次数。 （2）若绝缘子严重破损且伴有放电声或严重电晕，立即向值班调控人员申请停运。 （3）若绝缘子有裂纹，该隔离开关禁止操作，立即向值班调控人员申请停运
隔离开关位置信号不正确	（1）监控系统、保护装置显示的隔离开关位置和隔离开关实际位置不一致。 （2）保护装置发出相关告警信号	（1）现场确认隔离开关实际位置。 （2）检查隔离开关辅助开关切换是否到位、辅助接点是否接触良好。如现场无法处理，应立即汇报值班调控人员并联系检修人员处理。 （3）对于双母线接线方式，应将母差保护相应隔离开关位置强制对位至正确位置。 （4）若隔离开关的位置影响到短引线保护的正确投入，应强制投入短引线保护

发现隔离开关出现下列情况，应立即向值班调控人员申请停运处理：

（1）线夹有裂纹、接头处导线断股、散股严重。

（2）导电回路严重发热达到危急缺陷，且无法倒换运行方式或转移负荷。

（3）绝缘子严重破损且伴有放电声或严重电晕。

（4）绝缘子发生严重放电、闪络现象。

（5）绝缘子有裂纹。

4. 电流互感器典型异常

各类电流互感器异常及处理流程见表2-23。

表 2-23　　　　　　　　　　　各类电流互感器异常及处理流程

异常类型	现场现象	运维处理流程
本体渗漏油	（1）本体外部有油污痕迹或油珠滴落现象。 （2）器身下部地面有油渍。 （3）油位下降	（1）检查本体外绝缘、油嘴阀门、法兰、金属膨胀器、引线接头等处有无渗漏油现象，确定渗漏油部位。 （2）根据渗漏油及油位情况，判断缺陷的严重程度。 （3）渗油及漏油速度每滴不快于 5s，且油位正常的，应加强监视，按缺陷处理流程上报。 （4）漏油速度虽每滴不快于 5s，但油位低于下限的，应立即汇报值班调控人员申请停运处理。 （5）漏油速度每滴快于 5s，应立即汇报值班调控人员申请停运处理。 （6）倒立式互感器出现渗漏油时，应立即汇报值班调控人员申请停运处理
SF$_6$ 气体压力降低报警	（1）监控系统发出 SF$_6$ 气体压力低的告警信息。 （2）密度继电器气体压力指示低于报警值	（1）检查表计外观是否完好，指针是否正常，记录气体压力值。 （2）检查表计压力是否降低至报警值，若为误报警，应查找原因，必要时联系检修人员处理。 （3）若确系气体压力异常，应检查各密封部件有无明显漏气现象并联系检修人员处理。 （4）气体压力恢复前应加强监视，因漏气较严重一时无法进行补气或 SF$_6$ 气体压力为零时，应立即汇报值班调控人员申请停运处理
本体及引线接头发热	（1）引线接头处有变色发热迹象。 （2）红外检测本体及引线接头温度和温升超出规定值	（1）发现本体或引线接头有过热迹象时，应使用红外热像仪进行检测，确认发热部位和程度。 （2）对电流互感器进行全面检查，检查有无其他异常情况，查看负荷情况，判断发热原因。 （3）本体热点温度超过 55℃，引线接头温度超过 90℃，应加强监视，按缺陷处理流程上报。 （4）本体热点温度超过 80℃，引线接头温度超过 130℃，应立即汇报值班调控人员申请停运处理。 （5）油浸式电流互感器瓷套等整体温升增大、且上部温度偏高，温差大于 2K 时，可判断为内部绝缘降低，应立即汇报值班调控人员申请停运处理
异常声响	电流互感器声响与正常运行时对比有明显增大且伴有各种噪声	（1）内部伴有"嗡嗡"较大噪声时，检查二次回路有无开路现象。若因二次回路开路造成，可按照第七条处理。 （2）声响比平常增大而均匀时，检查是否为过电压、过负荷、铁磁共振、谐波作用引起，汇报值班调控人员并联系检修人员进一步检查。 （3）内部伴有"噼啪"放电声响时，可判断为本体内部故障，应立即汇报值班调控人员申请停运处理。 （4）外部伴有"噼啪"放电声响时，应检查外绝缘表面是否有局部放电或电晕，若因外绝缘损坏造成放电，应立即汇报值班调控人员申请停运处理。 （5）若异常声响较轻，不需立即停电检修的，应加强监视，按缺陷处理流程上报
末屏接地不良	（1）末屏接地处有放电声响及发热迹象。 （2）夜间熄灯可见放电火花、电晕	（1）检查电流互感器有无其他异常现象，红外检测有无发热情况。 （2）立即汇报值班调控人员申请停运处理
外绝缘放电	（1）外部有放电声响。 （2）夜间熄灯可见放电火花、电晕	（1）发现外绝缘放电时，应检查外绝缘表面，有无破损、裂纹、严重污秽情况。 （2）外绝缘表面损坏的，应立即汇报值班调控人员申请停运处理。 （3）外绝缘未见明显损坏，放电未超过第二伞裙的，应加强监视，按缺陷处理流程上报；超过第二伞裙的，应立即汇报值班调控人员申请停运处理

续表

异常类型	现场现象	运维处理流程
二次回路开路	（1）监控系统发出告警信息，相关电流、功率指示降低或为零。 （2）相关继电保护装置发出"TA断线"告警信息。 （3）本体发出较大噪声，开路处有放电现象。 （4）相关电流表、功率表指示为零或偏低，电能表不转或转速缓慢	（1）检查当地监控系统告警信息，相关电流、功率指示。 （2）检查相关电流表、功率表、电能表指示有无异常。 （3）检查本体有无异常声响、有无异常振动。 （4）检查二次回路有无放电打火、开路现象，查找开路点。 （5）检查相关继电保护及自动装置有无异常，必要时申请停用有关电流保护及自动装置。 （6）如不能消除，应立即汇报值班调控人员申请停运处理
冒烟着火	（1）监控系统相关继电保护动作信号发出，开关跳闸信号发出，相关电流、电压、功率无指示。 （2）变电站现场相关继电保护装置动作，相关开关跳闸。 （3）设备本体冒烟着火	（1）检查当地监控系统告警及动作信息，相关电流、电压数据。 （2）检查记录继电保护及自动装置动作信息，核对设备动作情况，查找故障点。 （3）发现电流互感器冒烟着火，应立即确认各来电侧开关是否断开，未断开的立即断开。 （4）在确认各侧电源已断开且保证人身安全的前提下，用灭火器材灭火。 （5）应立即向上级主管部门汇报，及时报警。 （6）应及时将现场检查情况汇报值班调控人员及有关部门。 （7）根据值班调控人员指令进行故障设备的隔离操作和负荷的转移操作

发现电流互感器出现下列情况时，应立即汇报值班调控人员申请将电流互感器停运：

（1）外绝缘严重裂纹、破损，严重放电。

（2）严重异音、异味、冒烟或着火。

（3）严重漏油、看不到油位。

（4）严重漏气、气体压力表指示为零。

（5）本体或引线接头严重过热。

（6）金属膨胀器异常伸长顶起上盖。

（7）压力释放装置（防爆片）已冲破。

（8）末屏开路。

（9）二次回路开路不能立即恢复时。

（10）设备的油化试验或SF_6气体试验时主要指标超过规定不能继续运行。

5. 电压互感器典型异常

各类电压互感器异常及处理流程见表2-24。

表2-24　　　　　　　各类电压互感器异常及处理流程

异常类型	现场现象	运维处理流程
本体渗漏油	（1）本体外部有油污痕迹或油珠滴落现象。 （2）器身下部地面有油渍。 （3）油位下降	（1）检查本体套管、油嘴阀门、法兰、金属膨胀器、引线接头等部位，确定渗漏油部位。 （2）根据渗漏油速度结合油位情况，判断缺陷的严重程度。 （3）油浸式电压互感器电磁单元油位不可见，且无明显渗漏点，应加强监视，按缺陷流程上报。 （4）油浸式电压互感器电磁单元漏油速度每滴时间不快于5s，且油位正常，应加强监视，按缺陷处理流程上报。 （5）油浸式电压互感器电磁单元漏油速度虽每滴时间不快于5s，但油位低于下限的，立即汇报值班调控人员申请停运处理。 （6）油浸式电压互感器电磁单元漏油速度每滴时间快于5s，立即汇报值班调控人员申请停运处理。 （7）电容式电压互感器电容单元渗漏油，应立即汇报值班调控人员申请停运处理

续表

异常类型	现场现象	运维处理流程
SF₆气体压力降低报警	（1）监控系统发出 SF₆气体压力低的告警信息。 （2）密度继电器气体压力指示低于报警值	（1）检查表计外观是否完好，指针是否正常，记录气体压力值。 （2）检查表计压力是否降低至报警值，若为误报警，应查找原因，必要时联系检修人员处理。 （3）若确系 SF₆压力异常，应检查各密封部件有无明显漏气现象并联系检修人员处理。 （4）气体压力恢复前应加强监视，因漏气较严重时无法进行补气或 SF₆气体压力为零时，应立即汇报值班调控人员申请停运处理
本体发热	红外检测：整体温升偏高，油浸式电压互感器中上部温度高	（1）对电压互感器进行全面检查，检查有无其他异常情况，查看二次电压是否正常。 （2）油浸式电压互感器整体温升高，且中上部温度高，温差超过 2K，可判断为内部绝缘降低，应立即汇报值班调控人员申请停运处理
异常声响	电压互感器声响与正常运行时对比有明显增大且伴有各种噪声	（1）内部伴有较大"嗡嗡"噪声时，检查二次电压是否正常。 （2）声响比平常增大而均匀时，检查是否为过电压、铁磁共振、谐波作用引起，汇报值班调控人员并联系检修人员进一步检查。 （3）内部伴有"噼啪"放电声响时，可判断为本体内部故障，应立即汇报值班调控人员申请停运处理。 （4）外部伴有"噼啪"放电声响时，应检查外绝缘表面是否有局部放电或电晕，若因外绝缘损坏造成放电，应立即汇报值班调控人员申请停运处理。 （5）若异常声响较轻，不需立即停电检修的，应加强监视，按缺陷处理流程上报
外绝缘放电	（1）外部有放电声响。 （2）夜间熄灯可见放电火花、电晕	（1）发现外绝缘放电时，应检查外绝缘表面，有无破损、裂纹、严重污秽情况。 （2）外绝缘表面损坏的，应立即汇报值班调控人员申请停运处理。 （3）外绝缘未见明显损坏，放电未超过第二裙的，应加强监视，按缺陷处理流程上报。超过第二伞裙的，应立即汇报调控人员申请停电处理
二次电压异常	（1）监控系统发出电压异常越限告警信息，相关电压指示降低、波动或升高。 （2）变电站现场相关电压表指示降低、波动或升高。相关继电保护及自动装置发 TV 断线告警信息	（1）测量二次空气开关（熔断器）进线侧电压，如电压正常，检查二次空气开关及二次回路；如电压异常，检查设备本体及高压熔断器。 （2）处理过程中应注意二次电压异常对继电保护、自动装置的影响，采取相应的措施，防止误动、拒动。 （3）中性点非有效接地系统，应检查现场有无接地现象、互感器有无异常声响，并汇报值班调控人员，采取措施将其消除或隔离故障点。 （4）二次熔断器熔断或二次开关跳开，应试送二次开关（更换二次熔断器），试送不成汇报值班调控人员申请停运处理。 （5）二次电压波动、二次电压低，应检查二次回路有无松动及设备本体有无异常，电压无法恢复时，联系检修人员处理。 （6）二次电压高、开口三角电压高，应检查设备本体有无异常，联系检修人员处理

发现电压互感器有下列情况之一，应立即汇报值班调控人员申请将电压互感器停运：

（1）高压熔断器连续熔断 2 次。

（2）外绝缘严重裂纹、破损，电压互感器有严重放电，已威胁安全运行时。

（3）内部有严重异音、异味、冒烟或着火。

（4）油浸式电压互感器严重漏油，看不到油位。

（5）SF₆电压互感器严重漏气或气体压力低于厂家规定的最小运行压力值。

（6）电容式电压互感器电容分压器出现漏油。

（7）电压互感器本体或引线端子有严重过热。

（8）膨胀器永久性变形或漏油。

（9）压力释放装置（防爆片）已冲破。

（10）电压互感器接地端子 N（X）开路、二次短路，不能消除。

（11）设备的油化试验或 SF_6 气体试验时主要指标超过规定不能继续运行。

6. 组合电器典型异常

各类组合电器异常及处理流程见表 2-25。

表 2-25　　　　　　　　　各类组合电器异常及处理流程

异常类型	现场现象	运维处理流程
内部绝缘故障、击穿	组合电器内部绝缘故障、击穿将造成保护动作跳闸，在不同接线方式下，将造成出线保护、母线保护或主变压器后备保护等动作	（1）检查现场故障情况（保护动作情况、现场运行方式、故障设备外观等），汇报值班调控人员。 （2）根据值班调控人员指令隔离故障组合电器，将其他非故障设备恢复运行，联系检修人员处理
SF_6 气体压力异常	监控系统发出 SF_6 气体压力告警、闭锁信号或 SF_6 压力表压力指示降低	（1）现场检查 SF_6 压力表外观是否完好，所接气体管道阀门是否处于打开位置。 （2）监控系统发出气体压力低告警或闭锁信号，但现场检查 SF_6 压力表指示正常，判断为误发信号，联系检修人员处理。 （3）若 SF_6 气压已降低至告警值，但未降至闭锁值，联系检修人员处理。 （4）补气后，检查 SF_6 各管道阀门的开闭位置是否正确，并跟踪监视 SF_6 气压变化情况。 （5）若 SF_6 气压确已降到闭锁操作压力值或直接降至零值，应立即断开操作电源，锁定操动机构，并立即汇报值班调控人员申请将故障组合电器隔离
声响异常	与正常运行时对比有明显增大且伴有各种杂音	（1）伴有电火花、爆裂声时，立即申请停电处理。 （2）伴有振动声时，检查组合电器外壳及接地紧固螺栓有无松动，必要时联系检修人员处理。 （3）伴有放电的"吱吱"等声响时，检查本体或套管外表面是否有局部放电或电晕，联系检修人员处理
局部过热	红外测温中罐体、引线接头等部位温度异常偏高	（1）红外测温发现组合电器罐体温度异常升高时，应考虑是否为内部发热导致。并联系检修人员进行精确测温判断。 （2）红外测温发现组合电器引线接头温度异常升高时。 （3）发热部分和正常相温差不超过 15K，应对该部位增加测温次数，进行缺陷跟踪。 （4）发热部分最高温度≥90℃或相对温差≥80%，应加强检测，必要时上报调控中心，申请转移负荷或倒换运行方式。 （5）发热部分最高温度≥130℃或相对温差≥95%，应立即上报调控中心，申请转移负荷或倒换运行方式，必要时停运该组合电器
分、合闸异常	分、合闸指示器指示不正确；操作过程中有非正常金属撞击声	（1）检查分合闸指示器标识是否存在脱落变形。 （2）结合运行方式和操作命令，检查监控系统变位、保护装置、遥测、遥信等信息确认设备实际位置，必要时联系检修人员处理
组合电器发生故障后气体泄漏	现场可听到"嘶嘶"声，SF_6 气体及氧气含量检测装置报警	（1）室内组合电器发生故障有气体外逸时，全体人员迅速撤离现场，并立即投入全部通风设备。只有在组合电器室彻底通风或检测室内氧气含量正常，SF_6 气体分解物完全排除后，才能进入室内，必要时戴防毒面具，穿护服。 （2）在事故发生后 15min 之内，只准抢救人员进入室内。事故发生后 4h 内，任何人员进入室内必须穿防护服，戴手套，以及戴备有氧气呼吸器的防毒面具。 （3）若有人被外逸气体侵袭，应立即送医院诊治

发现组合电器出现下列情况之一，应立即汇报调控人员申请将组合电器停运：

（1）设备外壳破裂或严重变形、过热、冒烟。

（2）声响明显增大，内部有强烈的爆裂声。

（3）套管有严重破损和放电现象。

（4）SF$_6$气体压力低至闭锁值。

（5）组合电器压力释放装置（防爆膜）动作。

（6）组合电器中开关发生拒动时。

7. 高压开关柜典型异常

各类高压开关柜异常及处理流程见表2-26。

表2-26　　　　　　　　　　各类高压开关柜异常及处理流程

异常类型	现场现象	运维处理流程
开关柜声响异常	（1）放电产生的"噼啪"声、"吱吱"声。 （2）产生的"嗡嗡"声或异常敲击声。 （3）其他与正常运行声音不同的噪声	（1）在保证安全的情况下，检查确认异常声响设备及部位，判断声音性质。 （2）对于放电造成的异常声响，应汇报值班调控人员，申请退出运行，联系检修人员处理。 （3）对于机械振动造成的异常声响，应汇报值班调控人员，并联系检修人员处理。 （4）无法直接查明异常声响的部位、原因时，可结合开关柜运行负荷、温度及附近有无异常声源进行分析判断，并可采用红外测温、地电压检测等带电检测技术进行辅助判断。 （5）无法判断异常声响部位、设备及原因时，应联系检修人员处理
开关柜过热	（1）红外测温发现开关柜柜体表面温度与环境温度温差大于20K；或与其他柜体相比较温度有明显差别，结合运行环境、运行时间、柜内加热器运行情况等综合判断为开关柜内部有过热时。 （2）试温蜡片变色或融化。 （3）观察窗发现内部设备有过热变色、绝缘护套过热变形等异常现象	（1）检查过热开关柜是否过负荷运行。 （2）红外测温发现开关柜过热时，应进一步通过观察窗检查柜内设备有无过热变色、试温蜡片变色或绝缘护套过热变形等异常现象。 （3）对于因负荷过大引起的过热，应汇报值班调控人员，申请降低或转移负荷，并加强巡视检查。 （4）对于触头或接头接触不良引起的过热，应汇报值班调控人员，申请降低负荷或将设备停运，并联系检修人员处理。 （5）开关柜有通风装置时，应检查通风装置是否开启，如未开启，应手动起动
手车式开关柜位置指示异常	手车位置指示灯不亮或与实际不符	（1）检查手车操作是否到位。 （2）检查二次插头是否插好、有无接触不良。 （3）检查相关指示灯的工作电源是否正常，如电源开关跳闸，试合电源开关。 （4）检查指示灯是否损坏，如损坏进行更换。 （5）无法自行处理或查明原因时，应联系检修人员处理
开关柜线路侧接地刀闸无法分、合闸	线路侧接地刀闸操作卡涩或闸刀操作挡板无法打开	（1）检查手车开关位置是否处于"试验"或"检修"位置。 （2）检查闸刀机械闭锁装置是否解除。 （3）检查开关柜运行方式把手是否处于"操作"位置。 （4）检查电缆室门是否关闭良好。 （5）检查带电显示装置有无异常。 （6）检查电气闭锁装置是否正常。 （7）无法自行处理或查明原因时，应联系检修人员处理
开关柜电缆仓门不能打开	电缆仓门在解除五防闭锁和固定螺栓后，无法打开	（1）检查接地刀闸是否处于分闸位置，如在分闸位置应检查操作步骤无误后，合上接地刀闸。 （2）检查带电显示装置有无异常。 （3）检查电气或机械闭锁装置是否正常。 （4）无法自行处理或查明原因时，应联系检修人员处理
开关柜手车推入或拉出操作卡涩	操作中手车不能推入或拉出	（1）检查操作步骤是否正确。 （2）检查手车是否歪斜。 （3）检查操作轨道有无变形、异物。 （4）检查电气闭锁或机械闭锁有无异常。 （5）无法自行处理或查明原因时，应联系检修人员处理

续表

异常类型	现场现象	运维处理流程
开关柜手车开关不能分、合闸	手车开关处于"试验"或"工作"位置时，不能进行正常分、合闸操作	(1) 检查手车开关分、合闸指示灯是否正常。 (2) 检查手车开关储能是否正常。 (3) 检查手车开关控制方式把手位置是否正确。 (4) 检查手车操作是否到位。 (5) 检查手车二次插头是否插好、有无接触不良。 (6) 检查操作步骤是否正确，电气闭锁是否正常。 (7) 无法自行处理或查明原因时，应联系检修人员处理
充气式开关柜气压异常	充气式开关柜发出低气压报警或气压表显示气压低于正常压力	(1) 发现充气式开关柜发生 SF_6 气体大量泄漏等紧急情况时，人员应迅速撤离现场，开启所有排风机进行排风。未佩戴防毒面具或正压式空气呼吸器人员禁止入内。 (2) 进入充气式开关柜配电室前，应检查 SF_6 气体含量显示器指示 SF_6 气体含量合格，入口处若无 SF_6 气体含量显示器，先通风 15min，并用检漏仪测量 SF_6 气体含量合格。 (3) 检查充气式开关柜压力表指示，确认是否误发信号。 (4) 充气式开关柜严重漏气引起气压过低时，应立即汇报值班调控人员，申请将故障间隔停运处理。 (5) 充气式开关柜确因气压降低发出报警时，禁止进行操作。 (6) 充气式开关柜压力降低或者压力表误发信号，应汇报值班调控人员，并联系检修人员处理

发现有下列情况之一，应立即汇报值班调控人员申请将高压开关柜停运：

(1) 开关柜内有明显的放电声并伴有放电火花，烧焦气味等。

(2) 柜内元件表面严重积污、凝露或进水受潮，可能引起接地或短路时。

(3) 柜内元件外绝缘严重裂纹，外壳严重破损、本体断裂或严重漏油已看不到油位。

(4) 接头严重过热或有打火现象。

(5) SF_6 开关严重漏气，达到"压力闭锁"状态；真空开关灭弧室故障。

(6) 手车无法操作或保持在要求位置。

(7) 充气式开关柜严重漏气，达到"压力报警"状态。

8. 母线典型异常

各类母线异常及处理流程见表 2−27。

表 2−27　　　　　　　　　　各类母线异常及处理流程

异常类型	现场现象	运维处理流程
支柱绝缘子断裂	支柱绝缘子断裂	(1) 对于硬母线，应全面检查硬母线有无变形或其他异常现象。 (2) 布置现场安全措施，将断裂绝缘子进行隔离，汇报值班调控人员申请停电处理
母线接头（线夹）过热	(1) 母线接头（线夹）温度与正常运行时对比有明显增高。 (2) 母线接头（线夹）颜色与正常运行时对比有明显变化	(1) 用红外热成像仪检测确定发热部位及温度。 (2) 核对负荷情况和环境温度，并与历史数据比较后做出综合判断。 (3) 汇报值班调控人员，结合现场情况申请转移负荷或停电处理
小电流接地系统母线单相接地	监控后台显示母线电压异常，报接地故障	(1) 检查母线及相连设备，确定接地点，时间不得超过 2h。 (2) 汇报值班调控人员后，按值班调控人员指令隔离接地点，进行处理。 (3) 如若没有发现接地点，汇报值班调控人员申请停电进行详细检查、处理

发现母线有下列情况之一，应立即汇报值班调控人员申请停运：

(1) 母线支柱绝缘子倾斜、断裂、放电或覆冰严重时。

（2）悬挂型母线滑移。

（3）单片悬式瓷绝缘子严重发热。

（4）硬母线伸缩节变形。

（5）软母线或引流线有断股，截面损失达 25%以上或不满足母线短路通流要求时。

（6）母线严重发热，热点温度≥130℃或 δ≥95%时。

（7）母线异常音响或放电声音较大时。

（8）户外母线搭挂异物，危及安全运行，无法带电处理时；其他引线脱落，可能造成母线故障时。

9. 电容器典型异常

各类电容器异常及处理流程见表 2-28。

表 2-28　　　　　　　　　各类电容器异常及处理流程

异常类型	现场现象	运维处理流程
电容器组不平衡保护告警	电容器组不平衡保护告警，但未发生跳闸	（1）检查保护装置情况，是否存在误告警现象。 （2）检查电容器有否喷油、变形、放电、损坏等故障现象。 （3）检查中性点回路内设备及电容器间引线是否有损坏。 （4）现场无法判断时，联系检修人员检查处理
电容器壳体破裂、漏油、鼓肚	（1）片架式电容器壳体破裂、漏油、鼓肚。 （2）集合式电容器壳体严重漏油	（1）发现片架式电容器壳体有破裂、漏油、鼓肚现象后，记录该电容器所在位置编号，并查看电容器不平衡保护读数（不平衡电压或电流）是否有异常。情况严重时应立即汇报调度部门，做紧急停运处理。 （2）发现集合式电容器壳体有漏油时，应根据相关规程判断其严重程度，并按照缺陷处理流程进行登记和消缺。 （3）发现集合式电容器压力释放阀动作时应立即汇报调度部门，做紧急停运处理。 （4）现场无法判断时，联系检修人员检查处理
电容器声音异常	（1）电容器伴有异常振动声、漏气声、放电声。 （2）异常声响与正常运行时对比有明显增大	（1）有异常振动声时应检查金属构架是否有螺栓松动脱落等现象。 （2）有异常漏气声时应检查电容器有否渗漏、喷油等现象。 （3）有异常放电声时应检查电容器套管有否爬电现象，接地是否良好。 （4）现场无法判断时，联系检修人员检查处理
瓷套异常	（1）瓷套外表面严重污秽，伴有一定程度电晕或放电。 （2）瓷套有开裂、破损现象	（1）瓷套表面污秽较严重并伴有一定程度电晕，有条件的可先采用带电清扫。 （2）瓷套表面有明显放电或较严重电晕现象的，应立即汇报调度部门，做紧急停运处理。 （3）电容器瓷套有开裂、破损现象的，应立即汇报调度部门，做紧急停运处理。 （4）现场无法判断时，联系检修人员检查处理
温度异常	（1）电容器壳体温度异常。 （2）电容器金属连接部分温度异常。 （3）集合式电容器油温高报警	（1）红外测温发现电容器壳体热点温度>50℃或相对温差 δ≥80%的，可先采取轴流冷却器等降温措施。如超过 55℃且降温措施无效的，应立即汇报调度部门，做紧急停运处理。 （2）红外测温发现电容器金属连接部分热点温度>80℃或相对温差 δ≥80%的，应检查相应的接头、引线、螺栓有无松动，引线端子板有无变形、开裂，并联系检修人员检查处理。 （3）集合式电容器油温高报警后，先检查温度计指示是否正确，电容器室通风装置是否正常。如确实温度较平时升高明显，应联系检修人员处理

运行中的电力电容器有下列情况时，应立即申请停运：

（1）电容器发生爆炸、喷油或起火。

（2）接头严重发热。

（3）电容器套管发生破裂或有闪络放电。

（4）电容器、放电线圈严重渗漏油时。

（5）电容器壳体明显膨胀，电容器、放电线圈或电抗器内部有异常声响。

（6）集合式并联电容器压力释放阀动作时。

（7）当电容器 2 根及以上外熔断器熔断时。

（8）电容器的配套设备有明显损坏，危及安全运行时。

10. 电抗器典型异常

各类电抗器异常及处理流程见表 2-29。

表 2-29 各类电抗器异常及处理流程

异常类型	现场现象	运维处理流程
外包封冒烟、起火	运行中外包封冒烟、起火	（1）现场检查保护范围内的一、二次设备的动作情况，开关是否跳开 （2）如保护未动作跳开关，应立即自行将干式电抗器停运。 （3）汇报调度人员和上级主管部门，及时报警。 （4）联系检修人员组织抢修
内部有鸟窝或异物	空心电抗器内部有鸟窝或异物	（1）如有异物位置较方便，可采用不停电方法用绝缘棒将异物挑离。 （2）不宜进行带电处理的应填报缺陷，安排计划停运处理。 （3）如同时伴有内部放电声，应立即汇报调度人员，及时停运处理
声音异常	声音与正常运行时对比有明显增大且伴有各种噪声	（1）正常运行时，响声均匀，但比平时增大，结合电压表计的指示检查是否电网电压较高，发生单相过电压或产生谐振过电压等，汇报调度并联系检修人员进一步检查。 （2）对于干式空心电抗器，在运行中或拉开后经常会听到"咔咔"声，这是电抗器由于热胀冷缩而发出的声音，可利用红外检测是否有发热，利用紫外成像仪检测是否有放电，必要时联系检修人员处理。 （3）有杂音，检查是否为零部件松动或内部有异物，汇报调度并联系检修人员进一步检查。 （4）外表有放电声，检查是否为污秽严重或接头接触不良，可用紫外成像仪协助判断，必要时联系检修人员处理。 （5）内部有放电声，检查是否为不接地部件静电放电、线圈匝间放电，影响设备正常运行的，应汇报调度人员，及时停运，联系检修人员处理
外绝缘破损、外包封开裂	通过望远镜或现场观察到电抗器外绝缘表层破损、外包封存在开裂	（1）检查外绝缘表面缺陷情况，如破损、杂质、凸起等。 （2）判断外绝缘表面缺陷的面积和深度。 （3）查看外绝缘的放电情况，有无火花、放电痕迹。 （4）巡视时应注意与设备保持足够的安全距离，应远离进行观察。 （5）发现外绝缘破损、外套开裂，需要更换外绝缘时，应立即按照规定提请停运，做好安全措施。 （6）待设备缺陷消除并试验合格后，方可重新投运电抗器

运行中干式电抗器发生下列情况时，应立即申请停用：

（1）接头及包封表面异常过热、冒烟。

（2）包封表面有严重开裂，出现沿面放电。

（3）支持绝缘子有破损裂纹、放电。

（4）出现突发性声音异常或振动。

（5）倾斜严重，线圈膨胀变形。

运行中油浸电抗器发生下列情况时，应立即申请停用：

（1）严重漏油，储油柜无油面指示。

（2）压力释放装置动作喷油或冒烟。

（3）套管有严重的破损漏油和放电现象。

（4）在正常电压条件下，油温、线温超过限值且继续上升。

（5）过电压运行时间超过规定。

11. 其他高压一次设备典型异常

其他一次设备异常及处理流程见表2-30。

表2-30 其他一次设备异常及处理流程

异常类型	现场现象	运维处理流程
穿墙套管渗漏油或过热	（1）穿墙套管表面有油渍。 （2）穿墙套管油位异常下降。 （3）套管局部过热	（1）套管严重渗漏或者瓷套破裂，需要更换时，向值班调控人员申请停运处理。 （2）套管油位异常时，应利用红外测温装置检测油位，向值班调控人员申请停运处理。 （3）套管接点过热时，应利用红外测温进行检测，严重时向值班调控人员申请停运处理。 （4）停电处理前，应加强监视
穿墙套管末屏放电	末屏接地处有放电声音、电火花	（1）套管末屏有放电声，立即向值班调控人员申请停运处理。 （2）停电处理前，应加强监视
电缆终端起火、爆炸	（1）电缆终端起火、冒烟。 （2）电缆终端绝缘击穿，套管爆炸。 （3）相关继电保护装置、故障录波器动作，发出告警信息。 （4）故障电缆终端所在间隔开关跳闸。 （5）故障电缆终端所在线路电压、负荷电流为零	（1）电缆终端起火初期，首先应检查电缆终端所在间隔开关是否已跳闸，否则应立即拉开所在间隔开关，汇报调控，做好安全措施，迅速灭火，防止火势继续蔓延。 （2）确认现场故障情况，将故障点与其他带电设备隔离。 （3）联系检修人员处理
电缆终端过热	（1）三相终端金属连接部位、绝缘套管过热。 （2）充油电缆终端套管温度分布不均，存在分层现象	（1）检查发热终端线路的负荷情况，必要时联系调控转移负荷。 （2）检查充油电缆终端是否存在漏油现象。 （3）若需停电处理，应汇报调控中心，并联系检修人员处理
电缆终端存在异响	（1）电缆终端发出异常声响。 （2）电缆终端表面存在放电痕迹	（1）检查终端外绝缘是否存在破损、污秽，是否有放电痕迹。 （2）检查终端上是否悬挂异物。 （3）若需停电处理，应汇报调控中心，并联系检修人员处理
电缆终端渗、漏油	（1）电缆终端存在漏油痕迹。 （2）红外检测呈现终端内部绝缘油液面降低	（1）检查终端油位及渗漏情况。 （2）检查终端套管有无异常，是否存在破损、开裂。 （3）检查终端底座有无异常，封铅及密封带是否破损、开裂。 （4）检查紧固螺栓是否松动、缺失。 （5）若需停电处理，应汇报调控中心，并联系检修人员处理
消弧线圈保护动作	（1）事故音响起动。 （2）监控系统发出消弧线圈速断保护动作、过电流保护动作、零序过电流保护动作、零序过电压保护动作信息，主画面显示消弧线圈开关跳闸。 （3）保护装置发出消弧线圈速断保护动作、过电流保护动作、零序过电流保护动作、零序过电压保护动作信息	（1）现场检查保护范围内一次设备，有无明显短路、爆炸痕迹，油浸式接地变压器或消弧线圈有无喷油，检查气体继电器内部有无气体积聚。 （2）认真检查核对消弧线圈保护动作信息，一、二次回路情况。 （3）故障发生时现场是否存在检修作业，是否存在引起保护动作的可能因素。 （4）综合消弧线圈各部位检查结果和继电保护装置动作信息，分析确认故障设备，快速隔离故障设备。 （5）记录保护动作时间及一、二次设备检查结果并汇报。 （6）确认故障设备后，应提前布置检修试验工作的安全措施。 （7）确认保护范围内无故障后，应查明保护是否误动及误动原因

续表

异常类型	现场现象	运维处理流程
消弧线圈接地告警	(1) 消弧线圈发出接地告警信号。 (2) 监控系统发出母线接地告警信号，接消弧线圈的母线电压：一相对地电压降低、其他两相对地电压升高	(1) 依据控制器选线装置提供选线结果和试拉结果，确定接地故障线路和故障相别。 (2) 检查情况汇报调控中心。 (3) 发生单相接地时限一般不超过 2h，接地故障应及时排除。 (4) 发生单相接地时，禁止操作或手动调节该段母线上的消弧线圈。 (5) 在单相接地故障期间应记录以下数据： 1) 接地变压器和消弧线圈运行情况。 2) 阻尼电阻箱运行情况。 3) 控制器显示参数为电容电流、残流、脱谐度、中性点电压和电流、有载开关挡位和有载开关动作次数等。 4) 单相接地开始、结束时间、单相接地线路。 5) 天气状况
消弧线圈有载拒动告警	消弧线圈发出有载拒动告警信号	(1) 检查装置，如存在死机情况应重启。 (2) 观察现场有载分接开关，是否有蜂鸣器报警、相序保护动作等信号，是否处于最高档且处于欠补偿状态。 (3) 重合上一级交流电源空气开关，切换消弧线圈至手动调挡状态，尝试升、降挡，观察挡位是否发生变化。 (4) 应汇报调控中心，联系检修人员进行检查处理
消弧线圈位移过限告警	消弧线圈发出位移过限告警信号	(1) 记录中性点位移电压和母线三相电压。 (2) 中性点位移电压在相电压额定值的15%～30%，消弧装置允许运行时间不超过1h。 (3) 中性点位移电压在相电压额定值的30%～100%，消弧装置允许在事故时限内运行。 (4) 通知调控中心，并联系检修人员进行检查处理
消弧线圈并联电阻异常	消弧线圈发出并联电阻投入超时告警信号	(1) 检查并联电阻交流空气开关是否跳开，试合空气开关。 (2) 检查现场并联电阻有无冒烟、异响或异味。 (3) 通知调控中心，并联系检修试验人员进行检查处理
消弧线圈有载开关频繁调挡	消弧线圈的有载开关挡位频繁动作	(1) 检查母线运行在分列还是并列状态，控制装置是否正确识别相应状态。 (2) 若母线处于分列运行状态，应将频繁调挡的消弧线圈申请停运。 (3) 若母线处于并列运行状态，应检查控制器是否正确识别并列运行方式，处于"主从"模式。一段时间后现象仍未消除，将频繁调挡的消弧线圈申请停运。 (4) 应通知调控中心，联系检修人员进行检查处理
阻波器内部元件故障	(1) 监控系统发出高频装置故障、通道故障或收信异常。 (2) 现场保护装置发出发现高频装置故障、通道故障，经高频通道测试收信异常。 (3) 阻波器内部调谐元件故障	现场检查阻波器内部调谐元件故障，汇报调度人员，停运线路，联系检修人员处理
阻波器接头过热	测温发现阻波器接头过热	(1) 检查是否为线路潮流过大引起，联系调度，申请线路减载。 (2) 发现热点温度未达到严重缺陷，增加红外检测频次，监视热点，填报缺陷，联系检修人员查明原因。 (3) 阻波器引线接头热点温度大于110℃，相对温差 δ 大于95%，为危急缺陷，应汇报调度人员，及时停运线路，联系检修人员处理
阻波器内有异物	发现运行中阻波器内有鸟窝或异物	(1) 发现运行中阻波器内部有鸟窝或异物，填报缺陷，联系检修人员查明原因。 (2) 经检修人员分析，影响安全运行，应汇报调度人员，及时停运线路，联系检修人员处理
阻波器有异常声响	巡视中发现运行阻波器内有异常声响	(1) 应判定是否由于线路潮流大而引起的，若线路潮流过大应加强监视，否则应马上汇报调控人员，将阻波器退出运行，联系检修人员处理。 (2) 停电检修后与运行人员现场查明阻波器异响原因及情况，作出判断、处理

续表

异常类型	现场现象	运维处理流程
耦合电容器渗漏油	发现运行中耦合电容器渗漏油	(1) 确认油迹的确来自耦合电容器。 (2) 进行高频通道测试是否正常。 (3) 立即汇报调度人员，停运线路，联系检修人员处理
耦合电容器瓷套异常	(1) 瓷套外表面严重污秽，伴有一定程度电晕或放电。 (2) 瓷套有开裂、破损现象	(1) 瓷套表面污秽较严重并伴有明显放电或较严重电晕现象的，应立即汇报调度部门，做紧急停运处理。 (2) 电容器瓷套有开裂、破损现象的，应立即汇报调度部门，做紧急停运处理。 (3) 现场无法判断时，联系检修人员检查处理
耦合电容器声音异常	(1) 伴有异常振动声、放电声。 (2) 异常声响与正常运行时对比有明显增大	(1) 测试高频通道是否正常。 (2) 检查电容器有否渗漏。 (3) 检查电容器高压瓷套表面是否爬电，瓷套是否破裂。 (4) 现场无法判断时，联系检修人员检查处理
耦合电容器发热异常	发现运行中耦合电容器存在严重发热	(1) 加强监视，若耦合电容器本体或引线桩头发红发热或伴有声音异常、油位异常时，则应汇报调控人员立即停电处理。 (2) 现场确认发热原因，作出分析、判断和处理，必要时联系检修人员
熔断器熔体熔断	(1) 熔断器熔体熔断、喷逐或跌落； (2) 出现 TV 断线、电容器不平衡电压（电流）保护动作、变压器低压侧缺相等异常情况	(1) TV、站用变压器封闭式高压熔断器熔断（TV 断线时）。 1) 应退出可能误动的保护。 2) 检查确定熔断相别。 3) 根据调度命令停电并做好措施。 4) 更换新熔体时，应检查额定值与被保护设备相匹配。 5) 更换前后使用万用表测量熔断器阻值合格。 6) 送电后测量 TV 二次电压正常，投入相应的保护。 7) 更换后再次熔断不得试送，联系检修人员处理。 (2) 电容器喷逐式高压熔断器熔断（不平衡保护动作）。 1) 根据调度命令停电并做好措施，注意逐台放电。 2) 通知专业班组检查设备并处理问题。 3) 验收合格后方可投入运行。 (3) 变压器跌落式熔断器熔断（低压侧缺相）。 1) 应退出可能误动的保护。 2) 检查确定熔断相别。 3) 根据调度命令停电并做好措施。 4) 更换新熔体时，应检查额定值与被保护设备相匹配。 5) 更换前后使用万用表测量熔断器阻值合格。 6) 更换新熔体时，要检查熔断管内部烧伤情况，如有严重烧伤，应同时更换熔管。 7) 熔管内必须使用标准熔体，禁止用铜丝铝丝代替熔体。 8) 送电后投入相应的保护。 9) 更换后再次熔断不得试送，联系检修人员处理
熔断器过热	熔断器变色、温升异常	(1) 不同相别温差过大，更换过热相的高压熔断器。 (2) 电容器喷逐式熔断器温度超过 55℃需更换。 (3) 额定温升超过说明书规定值时需更换。 (4) 若更换后过热想象未消除，检查连接处是否接触不良，通知专业班组检查被保护设备
熔断器本体故障	高压熔断器的外观出现裂纹、碎裂、断股等明显异常	(1) 封闭式熔断器瓷熔管损坏时，无论填充料是否泄漏，都必须更换熔断器。 (2) 喷逐式熔断器拉线断股时，可以只更换熔丝
熔断器原件接触不良	被保护设备电压、电流等参数间断性异常，但未出现断线、缺相情况	更换异常相别的高压熔断器
避雷器本体发热	本体整体或局部发热，相间温差超过 1K	(1) 确认本体发热后，可判断为内部故障。 (2) 立即汇报值班调控人员申请停运处理。 (3) 接近避雷器时，注意与避雷器设备保持足够的安全距离，应远离避雷器进行观察

异常类型	现场现象	运维处理流程
避雷器泄漏电流指示值异常增大	（1）在线监测系统发出数据超标告警信号。 （2）泄漏电流表指示值异常增大	（1）发现泄漏电流表计指示异常增大时，应检查本体外绝缘积污程度，是否有破损、裂纹，内部有无异常声响，并进行红外检测，根据检查及检测结果，综合分析异常原因。 （2）避雷器放电计数器动作情况。 （3）正常天气情况下，泄漏电流表读数超过初始值1.2倍，为严重缺陷，应登记缺陷并按缺陷流程处理。 （4）正常天气情况下，泄漏电流表读数超过初始值1.4倍，为危急缺陷，应汇报值班调控人员申请停运处理
避雷器外绝缘破损	外绝缘表面有破损、开裂、缺胶、杂质、凸起等	（1）判断外绝缘表面缺陷的面积和深度。 （2）查看避雷器外绝缘的放电情况，有无火花、放电痕迹。 （3）巡视时应注意与避雷器设备保持足够的安全距离，应远离避雷器进行观察。 （4）发现避雷器外绝缘破损、开裂等，需要更换外绝缘时，应汇报值班调控人员申请停运处理
避雷针本体倾斜	避雷针本体有倾斜	（1）避雷针本体有倾斜时，联系专业人员进行评估处理。 （2）避雷针倾斜未处理前，需制定防倒塌措施，并加强设备巡视
接地引下线接地不良	（1）接地引下线连接螺栓、焊接部位松动，或存在烧伤、断裂、严重腐蚀。 （2）接地导通测试值超标	（1）检查接地引下线有无松动、腐蚀、烧伤。 （2）若接地连接螺栓松动，应紧固或更换连接螺栓、压接件，加防松垫片。 （3）若接地引下线烧伤、断裂、严重腐蚀，应联系检修人员处理。 （4）若接地导通测试数据严重超标，且接地引下线连接部位无异常，应对接地网开挖检查。 （5）检修处理完毕后，应进行接地导通测试

12. 站用交、直流系统典型异常

站用交、直流系统异常及处理流程见表2-31。

表 2-31　　　　　　　　站用交、直流系统异常及处理流程

异常类型	现场现象	运维处理流程
站用交流母线全部失压	（1）监控系统发出保护动作告警信息，全部站用交流母线电源进线开关跳闸，低压侧电流、功率显示为零。 （2）交流配电屏电压、电流仪表指示为零，低压开关失压脱扣动作，馈线支路电流为零	（1）检查系统失电引起站用电消失，拉开站用变低压侧开关。 （2）若有外接电源的备用站用变压器，投入备用站用变压器，恢复站用电系统。 （3）汇报上级管理部门，申请使用发电车恢复站用电系统
站用交流一段母线失压	（1）监控系统发出站用变压器交流一段母线失压信息，该段母线电源进线开关跳闸，低压侧电流、功率显示为零。 （2）一段交流配电屏电压、电流仪表指示为零，低压开关故障跳闸指示器动作，馈线支路电流为零	（1）检查站用变压器高压侧开关无动作，高压熔丝无熔断。 （2）检查站用变压器低压侧开关确已断开，拉开故障段母线所有馈线支路空气开关，查明故障点并将其隔离。 （3）合上失压母线上无故障馈线支路的备用电源开关（或并列开关），恢复失压母线上各馈线支路供电。 （4）无法处理故障时，联系检修人员处理。 （5）若站用变压器保护动作，按站用变压器故障处理
空气开关跳闸、熔丝熔断	馈线支路空气开关跳闸、熔丝熔断	（1）检查故障馈线回路，未发现明显故障点时，可合上空气开关或更换熔丝，试送一次。 （2）试送不成功且隔离故障馈线后，或查明故障点但无法处理，联系检修人员处理

异常类型	现场现象	运维处理流程
UPS 系统交流输入故障	（1）监控系统发出UPS装置市电交流失电告警。 （2）UPS装置蜂鸣器告警，市电指示灯灭，装置面板显示切换至直流逆变输出	（1）检查主机已自动转为直流逆变输出，主、从机输入、输出电压及电流指示是否正常。 （2）检查UPS装置是否过载，各负荷回路对地绝缘是否良好。 （3）联系检修人员处理
备自投装置异常告警	备自投装置发出闭锁、失电告警等信息	（1）检查备自投装置的交流采样和交流输入情况。 （2）检查备自投装置告警是否可以复归，必要时将备自投装置退出运行，联系检修人员处理。 （3）外部交流输入回路异常或断线告警时，如检查发现备自投装置运行灯熄灭，应将备自投装置退出运行。 （4）备自投装置电源消失或直流电源接地后，应及时检查，停止现场与电源回路有关的工作，尽快恢复备自投装置的运行。 （5）备自投装置动作且备用电源开关未合上时，应在检查工作电源开关已断开，站用交流电源系统无故障后，手动投入备用电源开关
自动转换开关自动投切失败	自动转换开关面板显示失电、闭锁等信息	（1）检查监控系统告警信息，检查自动转换开关所接两路电源电压是否超出控制器正常工作电压范围。 （2）若自动转换开关电源灯闪烁，检查进线电源有无断相、虚接现象。 （3）检查自动转换开关安装是否牢固，是否选至自动位置。 （4）若自动转换无法修复，应采用手动切换。 （5）若手动仍无法正常切换电源，应转移负荷，联系检修人员处理
站用变压器过电流保护动作	（1）监控系统发出过电流保护动作信息，站用变高压侧开关跳闸，各侧电流、功率显示为零。 （2）保护装置发出站用变压器过电流保护动作信息	（1）现场检查站用变本体有无异状，重点检查站用变压器有无喷油、漏油等，检查站用变本体油温、油位变化情况。 （2）检查站用变套管、引线及接头有无闪络放电、断线、短路，有无小动物爬入引起短路故障等情况。 （3）核对站用变保护动作信息，检查低压母线侧备自投装置动作情况、运行站用变压器及其馈线负载情况。 （4）检查故障发生时现场是否存在检修作业，是否存在引起保护动作的可能因素。 （5）记录保护动作时间及一、二次设备检查结果。 （6）确认故障设备后，应提前布置检修试验工作的安全措施，联系检修人员处理
站用变压器着火	站用变压器本体冒烟着火，可能存在喷油、漏油等现象	（1）检查站用变压器各侧开关是否断开，保护是否正确动作。 （2）站用变压器保护未动作或者开关未断开时，应立即断开站用变各侧电源及故障站用变回路直流电源，迅速采取灭火措施，防止火灾蔓延。 （3）灭火后检查直流电源系统和站用电系统运行情况，及时恢复失电低压母线及其负载供电。 （4）检查故障发生时现场是否存在引起站用变压器着火的检修作业。 （5）记录保护动作时间及一、二次设备检查结果。 （6）汇报上级管理部门，提前布置检修试验工作的安全措施，联系检修人员处理
干式站用变压器超温告警	（1）监控系统发出干式站用变压器超温告警信息。 （2）干式站用变压器温度控制器温度指示超过告警值	（1）开启室内通风装置，检查站用变压器温度及冷却风机运行情况。 （2）检查站用变压器负载情况，若站用变压器过负荷运行，应转移、降低站用变压器负载。 （3）检查温度控制器指示温度与红外测温数值是否相符。如果判明本体温度升高，应停用站用变压器，联系检修人员处理
直流全停	（1）监控系统发出直流电源消失告警信息。 （2）直流负载部分或全部失电，保护装置或测控装置部分或全部出现异常并失去功能	（1）直流部分消失，应检查直流消失设备的空气开关是否跳闸，接触是否良好。跳闸开关试送。 （2）直流屏空气开关跳闸，应对该回路进行检查，在未发现明显故障现象或故障点的情况下，允许合开关送一次，试送不成功则不得再强送。 （3）直流母线失压时，首先检查该母线上蓄电池总熔断器是否熔断，充电机空气开关是否跳闸，再重点检查直流母线上设备，找出故障点，并设法消除。更换熔丝，如再次熔断，应联系检修人员来处理。

异常类型	现场现象	运维处理流程
直流全停	（1）监控系统发出直流电源消失告警信息。直流负载部分或全部失电，保护装置或测控装置部分或全部出现异常并失去功能	（4）如果全站直流消失，应首先检查直流母线有无短路、直流馈电支路有无越级跳闸。如果母线未发现故障，应检查各馈电直流是否有空气开关拒跳或熔断器熔丝过大的情况。 （5）如因各馈线支路空气开关拒动越级跳闸，造成直流母线失压，应拉开该支路空气开关，恢复直流母线和其他直流支路的供电，然后再查找、处理故障支路故障点。 （6）如因充电机或蓄电池本身故障造成直流一段母线失压，应将故障的充电机或蓄电池退出，并确认失压直流母线无故障后，用无故障的充电机或蓄电池试送，正常后对无蓄电池运行的直流母线，合上直流母联断路器，由另一段母线供电。 （7）如果直流母线绝缘检测良好，直流馈电支路没有越级跳闸的情况，蓄电池空气开关没有跳闸（熔丝熔断）而充电装置跳闸或失电，应检查蓄电池接线有无短路，测量蓄电池无电压输出，断开蓄电池开关。合上直流母联断路器，由另一段母线供电
直流系统接地	（1）监控系统发出直流接地告警信号。 （2）绝缘监察装置发出直流接地告警信号并显示接地支路。 （3）绝缘监察装置显示接地极对地电压下降、另一级对地电压上升	（1）对于220V直流系统两极对地电压绝对值差超过40V或绝缘降低到25kΩ以下，应视为直流系统接地。 （2）直流系统接地后，运维人员应记录时间、接地极、绝缘监测装置提示的支路号和绝缘电阻等信息。用万用表测量直流母线正对地、负对地电压，与绝缘监测装置核对后，汇报调控人员。 （3）出现直流系统接地故障时应及时消除，同一直流母线段，当出现两点接地时，应立即采取措施消除，避免造成继电保护或开关误动故障。直流接地查找方法及步骤如下： 1）发生直流接地后，应分析是否天气原因或二次回路上有工作，如二次回路上有工作或有检修试验工作时，应立即拉开直流试验电源看是否为检修工作所引起。 2）比较潮湿的天气，应首先重点对端子箱和机构箱直流端子排排一次检查，对凝露的端子排用干抹布擦干或用电吹风烘干，并将驱潮加热器投入。 3）对于非控制及保护回路可使用拉路法进行直流接地查找。按事故照明、防误闭锁装置回路、户外合闸（储能）回路、户内合闸（储能）回路的顺序进行。其他回路的查找，应在检修人员到现场后，配合进行查找并处理。 4）保护及控制回路宜采用便携式仪器带电查找的方式进行，如需采用拉路的方法，应汇报调控人员，申请退出可能误动的保护。 5）用拉路法检查未找出直流接地回路，应联系检修人员处理。当发生交流窜入问题时，参照交流窜入直流处理
充电装置交流电源故障	（1）监控系统发出交流电源故障等告警信号。 （2）充电装置直流输出电流为零。 （3）蓄电池带直流负荷	（1）一路交流开关跳闸，检查备自投装置及另一路交流电源是否正常。 （2）充电装置报交流故障，应检查充电装置交流电源开关是否正常合闸，进出两侧电压是否正常，不正常时应向电源侧逐级检查并处理，当交流电源开关进出两侧电压正常，交流接触器可靠动作、触点接触良好，而装置仍报交流故障，则通知检修人员检查处理。 （3）交流电源故障较长时间不能恢复时，应尽可能减少直流负载输出（如事故照明、UPS、在线监测装置等非一次系统保护电源）并尽可能采取措施恢复交流电源及充电装置的正常运行，联系检修人员尽快处理。 （4）当交流电源故障较长时间不能恢复，应调整直流系统运行方式，用另一台充电装置带直流负荷。 （5）当交流电源故障长时间不能恢复，使蓄电池组放出容量超过其额定容量的20%及以上时，在恢复交流电源供电后，应立即手动或自动起动充电装置，按照制造厂或按恒流限压充电—恒压充电—浮充电方式对蓄电池组进行补充充电
充电模块故障	（1）充电装置充电模块故障信息告警。 （2）故障充电模块输出异常	（1）检查各充电模块运行状况。 （2）故障充电模块交流空气开关跳闸，无其他异常可试送，试送不成功应联系检修人员处理。 （3）故障充电模块运行指示灯不亮、液晶显示屏黑屏、模块冷却器故障等，应联系检修人员处理

续表

异常类型	现场现象	运维处理流程
直流母线电压异常	（1）监控系统发出直流母线电压异常等告警信号。 （2）直流母线电压过高或者过低	（1）测量直流系统各极对地电压，检查直流负荷情况。 （2）检查电压继电器动作情况。 （3）检查充电装置输出电压和蓄电池充电方式，综合判断直流母线电压是否异常。 （4）因蓄电池未自动切换至浮充电运行方式导致直流母线电压异常，应手动调整到浮充电运行方式。 （5）因充电装置故障导致直流母线电压异常，应停用该充电装置，投入备用充电装置。 （6）检查直流母线电压正常后，联系检修人员处理
蓄电池容量不合格	（1）蓄电池组容量低于额定容量的80%。 （2）蓄电池内阻异常或者电池电压异常	（1）发现蓄电池内阻异常或者电池电压异常，应开展核对性充放电。 （2）用反复充放电方法恢复容量。 （3）若连续三次充放电循环后，仍达不到额定容量的100%，应加强监视，缩短单个电池电压普测周期。 （4）若连续三次充放电循环后，仍达不到额定容量的80%，应联系检修人员处理
交流窜入直流	（1）监控系统发出直流系统接地、交流窜入直流告警信息。 （2）绝缘监察装置发出直流系统接地、交流窜入直流告警信息。 （3）不具备交流窜入直流监控功能的变电站发出直流系统接地告警信息	（1）应立即检查交流窜入直流时间、支路、各母线对地电压和绝缘电阻等信息。 （2）发生交流窜入直流时，若正在进行倒闸操作或检修工作，则应暂停操作或工作，并汇报调度人员。 （3）根据选线装置指示或当日工作情况、天气和直流系统绝缘状况，找出窜入支路。 （4）确认具体的支路后，停用窜入支路的交流电源，联系检修人员处理

站用变压器有下列情况之一者，应立即汇报调度和分部，将其停用。

（1）站用变压器内部响声很大，很不均匀，有爆裂声；

（2）站用变压器喷油或冒烟；

（3）在正常负荷和冷却条件下，站用变温度不正常并不断上升；

（4）站用变压器严重漏油使油面下降，低于油位计的指示限度；

（5）站用变压器套管有严重的破损和放电现象；

（6）站用变压器着火；

（7）站用电母线发热冒烟；

（8）站用电进线总开关严重发热。

13. 继电保护、自动装置及综合自动化典型异常

各类继保等二次设备异常及处理流程见表2-32。

表2-32　　　　　　　各类继保等二次设备异常及处理流程

异常类型	现场现象	运维处理流程
装置告警	二次设备发"装置告警"信号	（1）检查"运行"灯是否熄灭。 （2）检查保护装置直流电源空气开关是否跳闸。 （3）检查保护装置面板信息。 （4）若无法处理，则汇报调度及领导
装置异常	二次设备发"装置异常"信号	（1）检查"运行"灯是否熄灭。 （2）检查保护装置直流电源空气开关是否跳闸。 （3）若无法处理，则汇报调度及领导

续表

异常类型	现场现象	运维处理流程
控制回路断线	开关操作箱发"控制回路断线"信号	（1）检查控制电源开关是否跳闸。 （2）检查开关跳、合位指示是否正确。 （3）检查操动机构是否有闭锁信号。 （4）检查"远方/就地"切换开关位置是否正确。 （5）若无法处理，则汇报调度及领导
TV断线	二次设备发"TV断线"信号	（1）检查保护装置采样值是否正确。 （2）检查保护装置Ⅰ母、Ⅱ母指示（双母线接线）是否正确。 （3）检查交流电压开关是否跳闸。 （4）根据保护装置面板信息检查电流回路。 （5）若无法处理，则汇报调度及领导
TA断线	二次设备发"TA断线"信号	（1）检查保护装置采样值是否正确。 （2）检查电流二次回路是否有接线松脱等。 （3）若无法处理，则汇报调度及本单位领导。 （4）母差保护差动不平衡电流越限时，运维人员应加强监视，汇报调度及领导
装置直流电源故障、消失	二次设备发"装置直流电源故障/消失"信号	（1）检查屏后直流电源空气开关是否跳开。 （2）如空气开关跳开，则汇报调度申请停用该保护、并通知分部联系处理。 （3）经检查无明显故障点的情况下，汇报调度申请停用该保护后可试送空气开关一次。 （4）试送不成，汇报调度及领导

如发现下列情况时应立即向有关调度汇报，必要时可申请将有关保护及自动装置停运，并及时通知有关检修部门处理。

（1）装置出现异常发热、冒烟着火。

（2）装置内部出现放电或异常声。

（3）装置出现严重故障信号且不能复归。

（4）其他能引起有明显误动或拒动危险的情况。

14. 智能设备典型异常

各类智能设备异常及处理流程见表2-33。

表2-33 各类智能设备异常及处理流程

异常类型	现场现象	运维处理流程
合并单元异常	合并单元发"装置故障"信号	（1）合并单元硬件缺陷，光口损坏，通知检修人员处理。 （2）合并单元装置电源空气开关跳闸时，经调度同意，应退出对应保护装置的出口软压板后，将装置改停用状态后重启装置一次，如异常消失，将装置恢复运行状态；如异常未消失，汇报调度，通知检修人员处理。 （3）合并单元异常或故障时，应执行好临时安全措施，同时向有关调度汇报，并通知检修人员处理。 （4）当后台发"SV总告警"，应检查相关保护装置采样，汇报调度，申请退出相关保护装置，通知检修人员处理。 （5）当后台发"GOOSE总报警"时，检查合并单元闸刀位置指示是否正确，汇报调度，通知检修人员处理。 （6）当装置接收的IEC 60044-8采样值光强低于设定值时，则"光纤光强异常"指示灯点亮，检查装置接收母线电压的光纤是否损坏及松动，检查保护装置电压是否正常后，汇报调度，通知检修人员处理。

续表

异常类型	现场现象	运维处理流程
合并单元异常	合并单元发"装置故障"信号	（7）对于继电保护采用"直采"方式的合并单元失步，不会影响保护功能，但是需要通知检修人员处理。对于继电保护采用"网采"方式的合并单元失步，相关保护装置将闭锁，停用相关保护装置。 （8）当合并单元失步时，装置告警，应检查相关的交换机、时钟同步装置是否正常，如同步时钟装置失电，可以试送装置电源。如无法恢复，则汇报调度和通知相关部门进行处理
智能终端异常	智能终端发"装置故障"信号	（1）硬件缺陷，光口损坏，装置电源损坏等，通知检修人员联系厂家处理。 （2）智能终端异常或故障时，应执行临时安全措施，同时向有关调度汇报，并通知检修人员处理。 （3）智能终端开关、闸刀位置指示灯异常时，汇报调度，必要时申请退出该智能终端及相关保护装置，并通知检修人员处理。 （4）智能终端内部操作回路损坏，表现为继电器拒动、抖动、遥信丢失等。首先检查开入开出量是否正确，检查装置接受发送的 GOOSE 报文是否正确，装置 CPU 运行是否正常。排除以上情况，确定为内部元件损坏，通知检修人员处理联系厂家处理
合并单元智能终端集成装置异常	合并单元智能终端集成装置发"装置故障"信号	合并单元智能终端一体装置故障时，视作该间隔合并单元、智能终端功能同时故障情况进行处理
网终交换机异常	网络交换机发"装置故障"信号	（1）站控层交换机失电告警，与本站控层交换机连接的站控层功能丢失，通知检修人员处理。 （2）过程层交换机失电告警，与本过程层交换机相连的所有保护、测控、电能表、合并单元、智能终端等装置通信中断，应根据交换机所处网络位置以及网络结构确定其影响范围，可能影响母线保护、变压器保护、过负荷联切等公用设备，必要时应汇报调度申请停用相应设备，及时调整保护装置状态并通知检修人员处理。 （3）过程层 SV 交换机失电告警，与其相关的电能表、故障录波、网络分析仪、PMU 等装置的部分功能失去，通知检修人员处理。 （4）双母线接线方式，过程层 GOOSE 间隔交换机失电告警，对应间隔单套保护装置失灵、远跳功能失去，汇报调度并通知检修人员处理。 （5）双母线接线方式，过程层 GOOSE 中心交换机失电告警，对应单套母差保护装置失灵、远跳功能失去，汇报调度并通知检修人员处理。 （6）3/2 接线方式，过程层 GOOSE 间隔交换机失电告警，对应串内单套开关保护装置失灵、远跳、闭重功能失去，汇报调度并通知检修人员处理。 （7）3/2 接线方式，过程层 GOOSE 中心交换机失电告警，对应单套母差保护装置失灵、远跳功能失去，汇报调度并通知检修人员处理。 （8）交换机端口通信中断，根据该端口传输的数字量信号停启用受影响的保护，并通知检修人员处理
GOOSE 链路中断	装置面板链路异常灯或告警灯点亮，装置液晶面板显示××GOOSE 链路中断，后台监控显示××GOOSE 链路中断	（1）GOOSE 发送方故障导致数据无法发送或发送错误数据，如发送方装置通信板卡断电或故障等。 （2）GOOSE 传输的物理链路发生中断，如光纤端口受损、受污、收发接反、光纤受损、损耗等原因导致的光路不通或光功率下降至接收灵敏度以下，交换机断电或光模块故障等。 （3）GOOSE 接收方故障导致数据无法接收或接收错误数据，如接收方装置通信板卡断电或故障等。 通知现场检查确认具体中断的 GOOSE 链路，判断影响范围，对影响主保护运行的，停用保护；对可能导致间隔开关拒动的，拉停开关；根据检修人员排查故障申请，停用相关保护
保护采样异常	保护装置报"采样数据断链""采样数据无效""采样品质异常"等信号，装置告警灯亮	（1）合并单元发送的数据本身存在问题，例如等间隔性差、数据品质异常、丢帧、错序、数据无效、数据中断、检修不一致等。 （2）采样值传输的物理链路发生中断，如光纤端口受损、受污、收发接反、光纤受损、损耗等原因导致的光路不通或光功率下降至接收灵敏度以下，交换机断电或光模块故障等。 通知运维人员，现场检查保护装置的告警情况、合并单元的运行状态，以及链路状态。及时根据现场申请，停用相关保护进行处理
合并单元/智能单元对时异常或采样失步	装置前面板"对时异常"或"同步异常"灯点亮	时钟装置发送的对时信号异常或外部时间信号丢失、对时光纤连接异常、装置对时插件故障等。 及时通知现场运维人员进行检查，并处理

第三章

业 务 技 能

第一节 基 础 安 全 技 能

在变电运维日常工作中，为保证人身安全，防止人员发生触电、灼伤、高处摔跌、气体中毒等事故，必须正确使用各类电气安全用具和消防设施。电气安全用具分为一般防护安全工器具（个人防护装备）、绝缘安全工器具（安全工器具）、登高安全工器具和安全围栏（网）和标示牌四类。变电站内消防设施包括火灾报警控制器、变压器固定自动灭火系统、消火栓、灭火器等。

一般防护安全工器具（个人防护装备）没有绝缘性能，如安全帽、安全带、梯子、护目眼镜和防毒面具等。

绝缘安全工器具（安全工器具）又可分为基本绝缘安全工器具和辅助绝缘安全工器具。

基本绝缘安全工器具是指绝缘强度大，能长时间承受电气设备的工作电压，能直接操作带电设备、接触或可能接触带电体的工器具。如验电器、绝缘杆、接地线和绝缘夹钳等。

辅助绝缘安全工器具的绝缘强度不能承受设备工作电压，只起保安作用，用以防止接触电压、跨步电压、泄漏电流及电弧对操作人员的伤害。如绝缘手套、绝缘靴、绝缘胶垫和绝缘隔板等。

登高安全工器具是用于登高作业、临时性高处作业的工具，包括脚扣、升降板（登高板）、梯子等。变电运维专业主要使用的登高安全工器具是梯子。

安全围栏（网）和标示牌是为限制人员工作范围以保证安全距离的各种安全警告牌、设备标示牌、遮拦（围栏）、围网等。

下面着重介绍在变电运维工作中，常用的防护安全工器具、绝缘安全工器具、登高安全工器具、安全围栏（网）和标示牌以及变电站内常见消防设施的使用。

一、防护安全工器具的使用

1. 安全帽

安全帽是用来保护使用者头部或减缓外来物体冲击伤害的个人防护用品，其原理是使冲击力传递分布在头盖骨的整个面积上，避免打击一点，头与帽顶的空间位置构成一个能量吸收系统，可起到缓冲作用，因此可减轻或避免伤害。安全帽必须是经国家指定的监督检验部门鉴定合格并取得生产许可证的生产厂家的产品。

（1）结构（见图3-1）。进入作业现场应正确佩戴安全帽。变电运维专业使用的安全帽由帽壳、内衬、下颌带、通气孔后箍、防电弧面罩（变电运维专业专有）等组成。

安全帽的使用

图 3-1 安全帽

（2）使用。

1）试：试戴安全帽，感觉安全帽内衬圆周大小是否合适。

2）调：调节内衬圆周大小，对头部稍有约束感，但不难受的程度，以不系下颌带，低头时安全帽不会脱落为宜。

3）系：安全帽戴好后，须系好下颌带，下颌带应紧贴下颌，松紧以下颌有约束感，防止工作中前倾后仰或其他原因造成滑落。

此外，在倒闸操作过程中，拉/合隔离刀闸、摇进/摇出手车柜时应放下安全帽的防护面罩。

（3）使用注意事项。安全帽在使用前应进行全面检查。

1）外观检查：帽壳无裂纹或损伤，无明显变形。

2）商标、许可证检查：应有清晰的制造厂家、商标、型号、生产日期、许可证，且未超出有效预防性试验周期。

3）内部检查：帽衬、下颌带、后箍应齐全、完好、牢固，帽衬顶端与内顶内面的垂直距离应当为 25～50mm。

4）安全帽的正常使用期：从产品制造完成之日计算，塑料安全帽正常有效使用寿命为30 个月。对到期的安全帽，要进行抽查测试，合格后方可继续使用，以后每年抽验一次，抽验不合格则该批安全帽即报废。

2. 防毒面具

在变电运维工作中，电气设备故障（如电缆着火、开关柜故障、GIS 设备故障 SF_6 气体泄漏等）会产生有害气体，防毒面具和正压式呼吸器是保障运维人员人身安全的个人防护呼吸保护装置。

（1）结构。防毒面具是利用滤毒罐内的药剂、滤烟元件，将空气中的有毒成分过滤吸收，使之成为较清洁的空气，供事故抢修人员呼吸用。主要由气瓶、减压器、中压软导管、背架、压力显示装置、供气阀、全面罩等构成，其实物图见图 3-2。

（2）使用方法（见图 3-3）。①打开盒盖，取出真空包装袋；②撕开真空包装袋，拔掉前后两个罐塞；③将呼吸器戴于头上；④从侧面拉紧头带。

（3）防毒面具的使用注意事项。

1）使用防毒面具时，空气中氧气浓度不得低于 18%，温度为 -30～45℃，不能用于槽、罐等密闭容器环境。

2）使用者应根据其面型尺寸选配适宜的面罩号码。

图 3-2 防毒面具实物图

防毒面具的使用

开盒取出呼吸器　　　　拔掉前后两个塞子　　　　将呼吸器戴于头上　　　　从侧面拉紧系带

图 3-3 防毒面具的使用方法

3）使用前应检查面具的完整性和气密性，面罩密合框应与佩戴者颜面密合，无明显压痛感。

4）使用中应注意有无泄漏和滤毒罐失效。

5）防毒面具的过滤剂有一定的使用时间，一般为 30～100min。过滤剂失去过滤作用（面具内有特殊气味）时，应及时更换。

3. 正压式呼吸器

（1）结构。正压式呼吸器是保障运维人员人身安全的个人防护呼吸保护装置。适用于有毒气体、粉尘、烟雾和缺氧环境中，保证人员安全进行抢修和灭火工作的呼吸类防护用具。主要由气瓶、减压器、中压软导管、背架、压力显示装置、供气阀、全面罩等构成，其实物图见图 3-4。

图 3-4　正压式呼吸器实物图

（2）使用方法。从包装箱中取出呼吸器，将面罩放好，接好中压软管。将气瓶底朝向自己，双手握住两侧把手，将呼吸器举过头顶，使肩带落在肩上。

拉紧肩带，插好腰带，调整松紧至合适。

打开气瓶阀，观察呼吸器压力表的计数；关闭供气阀，打开瓶阀半圈，待压力表稳定后关闭。检查报警压力，轻压供气阀红色按钮慢慢排气；观察压力表，指针在红色扇形区域报警哨响，再次打开瓶阀半圈。

将颈带挂在脖子上，套上面罩，使下颌放入面罩的下颌承口中；分别拉紧面罩带至合适松紧（注意：拉紧方向向后）；拉上头带，使头带中心处于头顶中心位置。

深吸一口气，将供气阀打开。将供气阀的出气口对面罩进气口插入，听到轻轻一声咔响表示已经连接好；呼吸几次，无感觉不适，就可以进入生产场所。

离开生产场所（必须要确认回到安全区域）脱开供气阀，吸口气屏住呼吸，关闭供气阀，一手握住阀体，另一手握住气瓶阀旋转至关闭。

拉动供气阀使中压软管脱离面罩；拨动头带上的带扣使头带松开，抓住进气口脱开面罩；脱开腰带扣、脱开肩带，卸下呼吸器。

按下中压软管上的供气阀"ON"，将余气排尽（气压表读数为零）；将气瓶、面罩、中压管放回箱中。

（3）正压式呼吸器的使用注意事项。

1）使用者应根据其面型尺寸选配适宜的面罩号码。

2）使用前应检查面具的完整性和气密性，面罩密合框应与人体面部密合良好，无明显压痛感。

3）使用中应注意有无泄漏。

二、绝缘安全工器具的使用

1. 绝缘杆

绝缘杆又称绝缘棒、操作杆，是用于短时间对带电体设备进行操作的绝缘工具，如接通/

正压式呼吸器
使用视频（一）

正压式呼吸器
使用视频（二）

断开高压隔离开关、跌落式熔断器等，装/拆绝缘挡板，装/拆接地线等工作。

（1）结构。绝缘杆由工作部分、绝缘部分和握手部分组成。工作部分一般由金属或具有较大机械强度的绝缘材料制成，一般不宜过长，在满足工作需要的情况下，长度不宜超过5～8mm，以免过长时操作发生相间或接地短路。绝缘部分和握手部分一般是由环氧树脂管制成，绝缘杆的杆身要求光洁、无裂纹或损伤，其长度根据工作需要、电压等级和使用场所而定。实物图见图3-5。

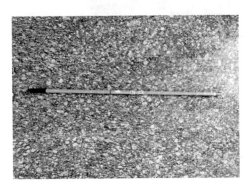

图3-5　绝缘杆实物图

（2）使用及注意事项。

1）绝缘杆在使用前，应检是否在有效预防性试验周期内（1年），外观完好，各部分的连接可靠，如发现破损，应禁止使用。

2）操作时应选用相应电压等级的绝缘杆，切不可任意取用。

3）操作前，应确保绝缘杆表面干燥、清洁，否则应用清洁的干布擦拭干净。

4）使用时人体应与带电设备保持足够的安全距离，手握部位不得越过护环部分，以保持有效的绝缘长度，并注意防止绝缘杆被人体或设备短接。

5）为防止因受潮而产生较大的泄漏电流，危及操作人员的安全，在使用绝缘杆拉/合隔离开关或经传动机构拉合隔离开关和断路器时，均应戴绝缘手套。

6）雨天在户外操作电气设备时，绝缘杆的绝缘部分应有防雨罩，罩的上口应与绝缘部分紧密结合，无渗漏现象，以便阻断流下的雨水，使其不致形成连续的水流柱而大大降低湿闪电压。另外，雨天使用绝缘杆操作室外高压设备时，还应穿绝缘靴。

（3）存放和维护要求。

1）绝缘杆应存放在温度为-15～35℃，相对湿度为5%～65%的干燥通风的工具室（柜）内。

2）绝缘杆应分类统一编号，定置存放。

3）绝缘杆应存放在专用的绝缘工器具柜内，且不得贴墙放置。

4）绝缘杆应每月进行一次日常检查，做好检查和使用记录。绝缘杆的每年必须试验一次。

2．验电器

验电器是检验电气设备、电器、导线上是否有电的一种专用安全器具。

（1）结构。声光式验电器由验电接触头、测试电路、电源、报警信号、试验开关等部分组成。实物图见图3-6。

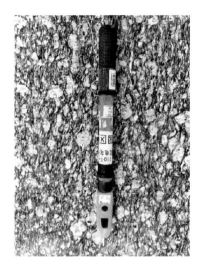

图 3-6　验电器实物图

（2）使用及注意事项。

1）验电应选用相应电压等级且合格的验电器。使用前应检查外观金属触头无锈，杆体无裂纹破损，杆体连接部分紧固；试验标签是否完好，验电器是否超过有效试验期（1 年）。

2）验电采用"三步走"，即验电前先进行验电器自检，按下试验按钮检查验电器的声光系统是否正常，然后在有电的设备上验电，检查验电器接触头是否良好，最后在装设接地线或合接地刀闸处各相分别验电。

3）使用抽拉式验电器时，绝缘杆应完全拉开。验电时必须戴绝缘手套，并且必须握在绝缘棒护环以下的握手部分，不得超过护环，人体应与带电设备保持足够的安全距离，以保持有效的绝缘长度。

4）当靠近被测设备，一旦验电器开始正常回转，且发出声、光信号，即说明该设备有电，应立即将金属接触电极离开被测设备，以保证验电器的使用寿命。

（3）存放和维护要求。验电器的存放和维护要求同绝缘杆相同，其试验周期也是每年一次。

3. 接地线

接地线是用于防止设备、线路突然来电，消除感应电压，将已经停电的设备临时短路接地用的一种安全用具。当对高压设备进行停电检修或有其他工作时，为了防止检修设备突然来电或邻近带电高压设备产生的感应电压对工作人员造成伤害，需要装设接地线。

（1）结构。接地线主要由线夹、多股软铜线和接地端组成。线夹起到接地线与设备的可靠连接作用。多股软铜线应承受工作地点通过的最大短路电流，同时应有一定的机械强度，截面不得小于 $25mm^2$，多股软铜线套的透明塑料外套起保护作用。接地端起接地线与接地网的连接作用，一般是用螺栓紧固或接地棒。实物图见图 3-7。

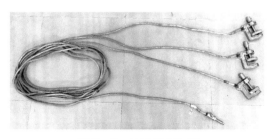

图 3-7　接地线实物图

（2）使用及注意事项。

1）使用前应检查外观无明显缺陷（透明护套无破损，其铜线包括连接处应无断股、散股）。

2）所使用的接地线必须与使用地点的电压等级相符。

3）装/拆接地线应使用绝缘杆，并戴绝缘手套，且手握部分不能超过护环，严禁用抛挂的方式装设接地线。

4）装设时先接接地端，后接导体端，且必须接触良好，拆除时顺序与此相反。

5）装设接地线夹头必须夹紧，接触良好，严禁用缠绕的办法短路或接地。

6）装设接地线必须由两人进行，不得失去监护，当验明检修设备确无电压后，应立即将检修设备三相短路接地。人体不得碰触接地线。

7）设备检修时模拟图上所挂地线的数量、位置和地线编号，应与工作票和操作票所列内容一致，与现场所装设的接地线一致。工作班工作中临时拆除接地线必须征得运维人员许可，工作完毕后恢复原状。

8）装/拆接地线应对接地位置及接地线编号做好相关记录，交接班时应交待清楚。

9）每组接地线应统一编号，存放在固定地点，存放位置也应编号，接地线编号与存放位置号码必须一致。防止因漏拆接地线而发生误操作事故。

（3）存放和维护要求。接地线的存放要求同绝缘杆相同，需要注意的是接地线的试验周期是 5 年。

图 3-8 绝缘隔（挡）板实物图

4. 绝缘隔（挡）板

绝缘隔（挡）板只允许在 35kV 及以下电压的电气设备上使用，并应有足够的绝缘和机械强度，用于隔离开关与带电体的隔离。用于 10kV 电压等级时，绝缘隔板的厚度不应小于 3mm，用于 35kV 电压等级时不应小于 4mm。实物图见图 3-8。

（1）使用及注意事项。

1）使用前应检查试验标签是否完好，是否超过有效试验期（1 年）。

2）使用前检查绝缘隔（挡）板表面应洁净、端面不得有分层或开裂。

3）现场带电装设绝缘隔（挡）板时，应使用相应电压等级的绝缘杆，并戴绝缘手套，穿绝缘鞋。

4）在放置和使用绝缘隔（挡）板过程中要防止脱落，必要时可用绝缘绳索将其固定。

（2）存放和维护要求。绝缘隔（挡）板应存放在室内干燥、离地面 200mm 以上的架上或专用的柜内，使用前应擦净灰尘。如果表面有轻度擦伤，应涂绝缘漆处理。

5. 绝缘手套

绝缘手套是采用特种橡胶制成的。绝缘手套可使人的两手与带电物绝缘，是防止工作人员同时触及不同极性带电体而导致触电的辅助安全用具。实物图见图 3-9。

图 3-9 绝缘手套实物图

（1）使用及注意事项。

1）使用前应检查试验标签是否完好，是否超过有效试验期（半年）。

2）使用前进行外观检查，查看橡胶是否完好，查看表面有无损伤、磨损或破漏、划痕等（检查时采用充气试验的方法：将手套筒吹气压紧筒边朝手指方向卷曲，稍用力将空气压至手掌及指头部分检查，若手指鼓起，证明无沙眼漏气）。如有黏胶破损或漏气现象，应禁止使用。绝缘手套充气试验示意见图 3-10。

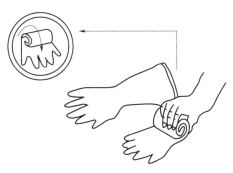

图 3-10 绝缘手套充气试验示意图

3）使用绝缘手套时，操作人应将外衣袖口放入手套的伸长部分里，同时注意防止尖锐物体刺破手套。

4）严禁只单手戴绝缘手套，严禁将绝缘手套缠绕在隔离开关操作把手或绝缘杆上，严禁手抓绝缘手套操作。

5）绝缘手套使用后应进行清洁、擦净、晾干、并应检查外表良好。手套被弄脏时应用肥皂和水清洗，彻底干燥后涂上滑石粉，避免粘连。

（2）存放和维护要求。

1）绝缘手套应存放在干燥、阴凉的专用柜子或支架上，与其他工具分开放置，其上下不得堆压任何物件。

2）绝缘手套应分类统一编号，定置存放。

3）绝缘手套应架在支架上或悬挂起来，且不得贴墙放置。

4）绝缘手套应每月进行一次外观检查，做好检查和使用记录。

5）绝缘手套试验周期为半年。

6. 绝缘靴

绝缘靴是采用特种橡胶制成的。绝缘靴是可使人体与地面绝缘，是防止跨步电压的辅助安全用具。实物图见图 3-11。

图 3-11 绝缘靴实物图

（1）使用及注意事项。

1）使用前应检查试验标签是否完好，是否超过有效试验期（半年）。

2）使用前应进行外观检查，查看橡胶是否完好，不得有外伤，无裂纹、无漏洞、无气泡、无毛刺、无划痕等缺陷。如发现有以上缺陷，应立即停止使用并及时更换。

3）穿绝缘靴时，应将裤腿套入靴筒里，并要避免接触尖锐的物体，避免接触高温或腐蚀性物质，防止受到损伤。严禁将绝缘靴挪作他用。

4）绝缘鞋不得当作雨鞋或作其他用，其他非绝缘鞋也不能代替绝缘鞋使用。

5）雷雨天气或一次系统有接地时，巡视变电站室外高压设备应穿绝缘靴。

（2）存放和维护要求。绝缘靴的存放和维护要求同绝缘手套相同，其试验周期也是半年。

三、登高安全工器具（梯子）的使用

登高安全工器具（梯子）是变电运维现场工作（如装/拆接地线、主变压器瓦斯放气）常用的登高工具。

（1）结构。分为一字梯和人字梯两种，一字梯和人字梯又分为可伸缩型和固定长度型，一般用环氧树脂等高强绝缘材料制成。梯子的上、下端两脚有胶皮套等防滑、耐用材料，人字梯在中间绑扎两道防止自动滑开的防滑拉绳。实物图见图 3-12。

图 3-12 梯子实物图

（2）使用方法。

1）梯子使用前，应先进行试登，确认可靠后方可使用。有人员在梯子上工作时，梯子应有人扶持和监护。

2）梯子与地面的夹角应为 65° 左右，工作人员必须在距梯顶不少于 2 档的梯蹬上工作。

3）作业人员在梯子上正确的站立姿势是：一只脚踏在踏板上，另一条腿跨入踏板上部第三格的空挡中，脚钩着下一格踏板。

（3）使用注意事项。

1）梯子应能承受工作人员携带工具攀登时的总重量。

2）梯子不得接长或垫高使用。如需接长时，应用铁卡子或绳索切实卡住或绑牢并加设支撑。

3）梯子应放置稳固，梯脚要有防滑装置。

4）靠在管子上、导线上使用梯子时，其上端需用挂钩挂住或用绳索绑牢。

5）在通道上使用梯子时，应设监护人或设置临时围栏。梯子不准放在门前使用，必要时应采取防止门突然开启的措施。

6）严禁人在梯子上时移动梯子，严禁上下抛递工具、材料。

7）在变电站高压设备区或高压室内应使用绝缘材料的梯子，禁止使用金属梯子。搬动梯子时，应放倒，两人搬运，并与带电部分保持安全距离。

四、安全围栏（网）和标示牌的使用

1. 安全围栏（网）

安全围栏（网）是用于限制工作人员作业中的活动范围以保证安全距离，防止工作人员误入带电间隔、误登带电设备发生触电伤害事故，防止非检修人员进入检修区受到伤害的一种辅助安全设施。

（1）分类。安全围栏（见图 3-13），包括临时围栏和临时围网两种。安全围栏可分为固定式和非固定式临时围栏。非固定式临时围栏可分为可伸缩型和非伸缩型。

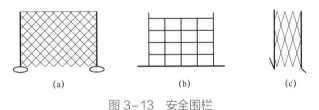

图 3-13 安全围栏

（a）围网；（b）非伸缩型临时围栏；（c）伸缩型临时围栏

1）非固定式临时围栏：用于检修设备的作业现场，将工作区（检修设备）与非工作区（非检修设备）进行隔离，明确工作地点，防止误入带电间隔和误碰带电设备。

2）固定式临时围栏：用于改、扩建等施工，将作业地点与运行设备进行有效隔开。

安全围栏的规格见表 3-1。

表 3—1   安 全 围 栏 的 规 格

围栏种类	规格（cm）	围栏种类	规格（cm）
固定式临时围栏	高 170	非固定式临时围网	高 120
非固定式临时围栏	高 120		

（2）使用及注意事项。

1）使用前应检查临时围栏的设置必须完整、牢固、可靠，围网、绳是否完好，不得用其他绳索代替。安全警示带应完好，警示带没有开裂现象。

2）安全围网的装设高度以顶部距离地面 1.2m 为宜，安装方式可采用临时底座、固定地桩、插钎等。一张安全围网不够大时可以拼接，但应正确安装使用。

3）在室外部分停电的高压设备上工作，应在工作地点四周装设临时围栏，其出入口要围至临近道路旁边。在室内部分停电的高压设备上工作，应在工作地点两旁和禁止通行的过道装设临时围栏。

4）临时围栏与带电部分的距离，不得小于表 3—2 的规定数值，并尽可能地远离带电部分。临时围栏范围的大小可根据现场实际情况设定。

表 3—2   临时围栏与带电部分的最小安全距离

电压等级（kV）	安全距离（m）	电压等级（kV）	安全距离（m）
10 及以下	0.7	220	3.00
20、35	1.00	500	5.00
110	1.50		

5）若室外配电装置的大部分设备停电，只有个别地点保留有带电设备而其他设备无触及带电导体的可能时，可以在带电设备四周装设全封闭临时围栏，其他停电设备不必再设临时围栏。

6）在半高层平台上工作，工作区域一侧与邻近带电设备通道设封闭临时围栏，禁止检修人员通行，另一侧设半封闭临时围栏。

7）临时围栏只能预留一个出入口，设在临近道路旁边或方便进出的地方，出入口方向应尽量背向或远离带电设备，其大小可根据工作现场的具体情况而定，一般以 1.5m 为宜。

8）工作负责人、工作许可人任何一方不得擅自移动或拆除已设置好的临时围栏。如有特殊情况需要变更临时围栏，应征得对方的同意。

2. 安全标示牌

安全标示牌用来提醒人员注意或按标示上注明的要求去执行，是保障人身和设施安全的重要措施。

（1）分类。安全标示牌根据用途可分为警告类、允许类、提示类和禁止类。安全标示牌样式见表 3—3。

表 3-3　　　　　　　　　　　安 全 标 示 牌 样 式

样式	悬挂处	式样		
		尺寸（mm×mm）	颜色	字样
禁止合闸 有人工作	一经合闸即可送电到施工设备的断路器（开关）和隔离开关（刀闸）操作把手上	200×160 和 80×65	白底，红色圆形斜杠，黑色禁止标志符号	红底黑体黑字
禁止合闸 线路有人工作	线路断路器（开关）和隔离开关（刀闸）把手上	200×160 和 80×65	白底，红色圆形斜杠，黑色禁止标志符号	红底黑体黑字
禁止分闸	接地开关与检修设备之间的断路器（开关）操作把手上	200×160 和 80×65	白底，红色圆形斜杠，黑色禁止标志符号	红底黑体黑字
禁止攀登 高压危险	高压配电装置构架的爬梯上，变压器、电抗器等设备的爬梯上	500×400 和 200×160	白底，红色圆形斜杠，黑色禁止标志符号	红底白字
止步 高压危险	施工地点临近带点设备的遮拦上；室外工作地点的围栏上；禁止通行的过道上；高压试验地点；室外构架上；工作地点邻近带电设备的横梁上	300×240 和 200×160	白底，黑色正三角形及标志符号，衬底为黄色	黑体黑字

样式	悬挂处	式样		
		尺寸（mm×mm）	颜色	字样
在此工作	工作地点或检修设备上	250×250 和 80×80	衬底为绿色，中有直径 200mm 和 65mm 的圆圈	黑体黑字，写于白圆圈中
从此上下	作业人员可以上下的铁架、爬梯上	250×250	衬底为绿色，中有直径 200mm 的白圆圈	黑体黑字，写于白色圆圈中
从此进出	室外工作地点围栏的出入口处	250×250	衬底为绿色，中有直径 200mm 的白圆圈	黑体黑字，写于白色圆圈中

注　在计算机显示屏上一经合闸即可送电到工作地点的断路器（开关）和隔离开关（刀闸）的操作把手处所设置的"禁止合闸，有人工作！""禁止合闸，线路有人工作！"和"禁止分闸！"的标记可参照表中有关标示牌的式样。

（2）使用及注意事项。

1）携带式的标示牌应采用非金属材质，非携带式的标示牌可采用铝合金、不锈钢、搪瓷等材质。

2）标示牌外形应完整，表面清洁，图案、字体清晰。

3）标示牌悬挂应牢固、可靠，悬挂地点见表3-3。

五、变电站内消防设施的使用

1. 火灾报警控制器

火灾报警控制器（见图3-14）是火灾自动报警系统的心脏，用以接收、显示和传递火灾报警信号，并能发出控制信号和具有其他辅助功能的控制指示设备。

（1）日常维护要求。

1）火灾报警控制器自检、故障、报警、消音、复位、火灾记忆、火警优先、二次报警等功能正常，火灾显示盘和显示器的显示正常。

2）设置主电源和备用电源，并可自动切换。

3）火灾探测器报警功能正常，编码正确。

4）手动报警按钮外观良好，功能正常。

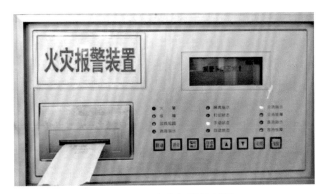

图 3-14　火灾报警控制器

5）声光报警装置功能正常。

6）消防联动控制器功能正常。

7）火灾报警信号上传调控中心。

（2）操作。

1）运维班当班人员在接到调控中心火情通知后，应优先通过变电站视频监控系统等手段进行远方确认后立即拨打 119 火灾报警电话。运维人员确认着火设备后汇报调控中心，由调控人员遥控断开着火设备电源，并向有关领导进行火情信息初汇报。若无法远方确认，需迅速赶至现场查看消控室内消防报警控制器。按下【键盘】按键，输入登录密码之后按下【确认】按键；查找报警号码，针对报警号码对照图版确认报警分区，并至现场确认火情。

2）发现现场无火情，探测器属于误报后，返回消控室。若按下【复位】按键，误报消除，系统恢复正常；若按下【复位】按键，消防报警控制器（主机）依旧继续报警，再次按【消音】按键，通知消防技术服务机构进行消防设备维修。

2. 变压器固定自动灭火系统

变压器内部一旦发生严重过载、短路，可燃的绝缘材料和绝缘油就会受高温或电弧作用分解、膨胀以致气化，使变压器内部的压力急剧增加，造成外壳爆炸，套管破裂，大量的油外泄，使火势蔓延扩大，同时主变压器绝缘材料起火后会产生有毒物质。因此变压器是变电站内的重点防火部位，220kV 及以上电压等级的变压器要求配置一套固定自动灭火装置。

（1）分类。常见的有排油充氮灭火系统、气压式合成型泡沫喷雾灭火系统（简称合成型泡沫喷雾灭火系统）、带有比例混合器的泵组式泡沫喷雾灭火系统（简称泵组式泡沫喷雾灭火系统）、水喷雾灭火系统和细水雾灭火系统。

1）排油充氮灭火系统是指具有自动探测变压器火灾，可自动（或手动）起动，控制排油阀开启排油泄压，同时断流阀能有效阻止储油柜至油箱的油路，并控制氮气释放阀开启向变压器内注入氮气的灭火系统。装置通常由消防控制柜、消防柜、断流阀、火灾探测器和排油注氮管路等组成。

2）合成型泡沫喷雾灭火系统是由储液罐、合成泡沫灭火剂、起动源、氮气动力源、控制阀、水雾喷头、管网等组成的灭火系统，适用于扑灭变压器火灾。

3）泵组式泡沫喷雾灭火系统是由泵组、泡沫比例混合器、常压泡沫罐、泡沫灭火剂、消防水源、喷头、水箱、管网、控制柜等组成的灭火系统。

4）水喷雾灭火系统是采用消防水通过水泵加压，水雾喷头在一定水压下将水流分解成细小水雾对变压器进行喷射灭火、冷却的固定灭火系统。

5）细水雾灭火系统是指水在最小设计工作压力下，水雾滴直径 Dv0.50 小于 200μm、DV0.99 小于 400μm 的水喷雾灭火系统，用于保护室内油浸式变压器、电缆夹层、电容器室等部位，采用局部应用的开式系统。

（2）选型。合成型泡沫喷雾和水喷雾灭火装置系统结构复杂、占地面积大、造价较高且日常维护管理比较麻烦，对环境要求价高，不适宜用在寒冷地区。排油充氮灭火装置造价低，占地小，维护管理方便，但只能扑救初起火灾，且无法试喷，误报后影响主变压器正常运行，且存在氮气泄漏的问题。变压器固定自动灭火系统的选用，应保证变压器安全可靠运行且符合现行消防技术标准，不宜选用与变压器本体直接管路连通的灭火系统。设备选型建议如下：

1）户外变压器固定自动灭火系统优先选用水喷雾灭火系统或泵组式泡沫喷雾灭火系统。

2）户内变压器固定自动灭火系统优先选用水喷雾、细水雾或泵组式泡沫喷雾灭火系统。

3）水资源不充足的情况下宜选用合成型泡沫喷雾灭火系统。

4）全户内 220kV 变电站，地下变电站、建造在建筑物内部的变电站，主变压器室与居住、办公或商场等民用建筑的安全距离低于 20m 的 35～110kV 全户内变电站，可结合电容器、电缆层等重要部位的保护，优先选用细水雾灭火系统。

（3）操作方式。应满足"先断电、后灭火"的要求。灭火系统应同时具备自动、手动、远方应急起动和机械应急起动方式。

1）自动控制方式，指灭火装置的火灾探测报警部分与灭火执行部件自动联锁操作的控制方式。其步骤如下：①将控制面板上的转换开关打到"自动"位置；②分别投入"电源正极""电源负极"压板，水喷雾、泡沫喷雾、细水雾灭火系统自动起动逻辑判据为"两路火灾探测器报警（一只火灾探测器报警与一只手动火灾报警按钮信号）且主变压器各侧（或进电侧）断路器跳闸"。

排油注氮灭火系统具有灭火自动起动方式和防爆自动起动方式。灭火自动起动逻辑判据为"至少一路火灾探测器报警且主变压器重瓦斯保护动作且主变压器各侧（或进电侧）断路器跳闸"。防爆自动起动逻辑判据为"压力释放阀动作且重瓦斯保护动作且主变压器各侧（或进电侧）断路器跳闸"。

2）远程控制（遥控）方式（简称遥控起动方式），当远程视频发现火灾，在人工远程确认主变压器断电后，经授权人员操作监控后台中的"起动按钮"，远方直接起动灭火系统。

在控制屏上增加"遥控起动方式选择"压板。在压板投入后，无论自动/手动选择开关在自动还是手动位置，远程遥控起动方式均起作用。遥控操作步骤如下：①将控制面板上的转换开关打到"遥控"位置；②分别投入"电源正极""电源负极"和"遥控压板"。当变压器发生火灾时，装置同时接收到火灾探测器、重瓦斯和三侧开关跳闸信号后，将向监控中心发出"装置火灾报警"信号。此时监控中心值班人员根据现场高清探头所观察的现象，遥控起动装置，执行灭火动作。

注：遥控起动只能在后台或监控中心执行。

3）手动控制方式，是指在火灾报警控制屏上进行手动起动，远距离操纵灭火系统动作的控制方式，即本地手动控制方式。起动逻辑为"人工确认火灾且主变压器各侧（或进电侧）断路器跳闸"。

在控制屏上应增加"主变压器各侧（或进电侧）断路器跳闸闭锁解除"压板。当发生火灾但主变压器断路器拒跳时，投入该压板，解除断电判据，按下手动起动按钮，起动灭火系统。

　　本地手动控制起动按钮应布置合理、标识清晰，并在控制屏上写明操作步骤。当主变压器发生火灾时，若灭火装置未自动起动，运维人员则需要到现场手动操作，其步骤如下：①将控制面板上的转换开关打到"手动"位置（见图3-15）；②分别投入"电源正极""电源负极"和"手起压板"三块压板；③打开防护罩按下"手动起动"按钮，本装置将立即执行灭火动作。

图3-15　排油充氮灭火装置手动控制方式

　　4）现场机械紧急操作，是指人为在灭火系统专用设备间内进行现场手动应急操作的方式。当自动、手动、遥控起动方式失效时，运维人员到达现场，在灭火系统专用设备间内进行手动机械操作，起动灭火系统。

　　为了预防误操作，如现场应急开关是电动回路，则按钮应增加防护罩并加锁（封印）；如是机械应急起动，则需要至少操作两个步骤方可出口动作。

　　灭火系统操作现场应有符合实际的紧急操作步骤，各操作把手、阀件标识清晰、明显。例如，排油充氮灭火装置的现场机械紧急操作步骤如下：①左手托起排油重锤，右手将排油重锤支承块向上顶起，直至排油重锤可顺利落下，打开消防柜内的排油蝶阀（见图3-16）；②左手托起注氮重锤，右手将注氮重锤支撑销拔出，直至注氮重锤可顺利落下，打通注氮机械回路（见图3-17）。

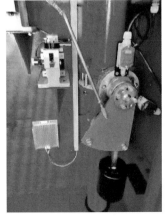

图3-16　打开消防柜内的排油蝶阀

图 3-17 打通注氮机械回路

（4）日常维护和注意事项。

1）排油注氮灭火系统。

a. 排油注氮灭火系统日常巡查主要内容包括但不限于：

a）控制屏上位置灯显示、操作把手、压板等位置符合运行要求。

b）消防柜装置外观检查无锈蚀、破损。

c）氮气瓶出口压力表平均压力值不低于 8MPa。

d）排油蝶阀、充气蝶阀及其管路有无泄漏。

e）运行方式所对应的控制开关、压板状态是否正确。

f）有无装置故障报警信号。

g）现场应急处置流程是否明晰，控制屏、现场消防柜操作按钮、把手标识是否清晰、准确。

b. 排油注氮灭火系统维护保养主要内容应包括：

a）对消防柜中所有零部件进行外观检查，表面应无锈蚀，无机械性损伤。

b）检查氮气瓶压力是否正常，装置外观是否整洁。

c）检查控制柜电源、信号灯和蜂鸣器应正常工作。

d）检查排油管、注氮管、法兰和排气旋塞应无渗漏现象，密封件老化、损坏时应予以更换。

e）检查管道、支架和紧固件，必要时重新涂刷油漆。

f）检查消防柜中应有现场应急操作图示或步骤说明，各元器件标识准确，现场有应急操作扳手。

g）每年（或配合变压器修试时）应对排油注氮装置进行 1 次模拟试验（排油和注氮功能），火灾探测器完好，装置应正常工作。

h）氮气瓶采用钢质无缝气瓶，每 5 年年检 1 次。

c. 排油注氮灭火系统维护保养等工作安全注意事项：

a）维护保养工作按规定办理工作票。

b）日常进行试灯、报警检查前，必须将控制方式选择开关置于"断开"档，确认变压器投退压板处于"退出"位置。严禁触动"按压起动"按钮。检查后，将控制方式选择开关、压板恢复到原位置。

　　c）灭火前，变压器旁如有值班、检修等工作人员，应迅速撤离现场，防止发生人员伤亡。

　　d）灭火后，专业管理人员或值班人员应到现场察看变压器外表、地面余火是否熄灭，若未熄灭可使用推车式灭火器、黄沙进行灭火。

　　e）非值班工作人员或非专业管理人员禁止触动灭火系统。

　　2）合成型泡沫喷雾灭火系统。

　　a. 合成型泡沫喷雾灭火系统日常巡查内容如下：

　　a）储液罐：目测巡检完好状况；

　　b）起动源：目测巡检完好状况，检查铅封完好状况；

　　c）氮气动力源：目测巡检完好状况，检查铅封完好状况；

　　d）控制阀：目测巡检完好状况和开闭状态，表盘为"SHUT"状态；

　　e）水雾喷头：目测巡检完好状况，检查有无异物堵塞喷头；

　　f）排放阀：目测巡检完好状况和开闭状态；

　　g）压力表：目测巡检完好状况，压力值为"0"；

　　h）减压阀：目测巡检完好状况；

　　i）装置专用房：检查室温不得低于 0℃（寒冷季节每天检查），不高于 50℃；

　　j）现场应急操作说明和组件标识是否清晰。

　　b. 合成型泡沫喷雾灭火系统维护保养主要内容包括但不限于：

　　a）储液罐：巡检完好状况，无碰撞变形及其他机械性损伤。

　　b）氮气起动源：检测压力值不应小于 5.6～6.0MPa。

　　c）氮气动力源：检测压力值不应小于 11.7～13.3MPa。

　　d）氮气瓶采用钢质无缝气瓶，每 5 年年检 1 次。

　　e）电磁阀：每年检测 1 次，随氮气瓶一并更换。

　　f）电磁控制阀：每年检测 1 次。

　　g）压力表、减压阀、报警控制模块：每 5 年更换 1 次。

　　h）试验性操作正常：自动、手动、远程遥控和机械式应急起动功能正常，模拟实验。

　　i）每年除储罐上泡沫混合液立管和液下喷射防火堤内泡沫管道及高倍数泡沫产生器进口端控制阀后的管道外，其余管道应根据实际情况进行冲洗、清除锈渣。

　　3）泵组式泡沫喷雾灭火系统。

　　a. 泵组式泡沫喷雾灭火系统日常巡查主要内容：

　　a）专用设备间内泵组及控制柜工作状态、集装箱内工作环境、消防水箱及水位、补水设施和消防水箱防冻设施。

　　b）泡沫喷雾喷头外观、泡沫储罐外观、环泵比例混合器外观、泵组工作状态。

　　c）控制柜指示灯、控制柜按钮和标识，模拟主泵故障，查看自动切换起动备用泵情况，同时指示灯显示。

　　d）查看相关阀门启闭性能，压力表状态。

　　e）查看设备运行方式是否处于自动。

　　b. 泵组式泡沫喷雾灭火系统维护内容包括但不限于：

a）检查水源及水位指示装置是否正常。

b）检查动力源和电气设备工作状况正常。

c）手动起动水泵运转一次，并检查供电电源情况。

d）模拟自动条件起动水泵运转一次，检查电动阀供电和起闭性能进行检测。

e）每半年进行1次放水试验，检查系统起动、报警功能以及出水情况是否正常。

f）每年检查1次消防储水设备，修补缺损和重新油漆。

g）结合主变压器检修或消缺时进对泡沫喷雾系统进行喷泡沫试验，并对系统所有组件、设施、管道管件进行全面检查。

4）变压器水喷雾灭火系统。

a. 变压器水喷雾灭火系统日常巡查主要内容包括但不限于：

a）对水源控制阀、雨淋报警阀进行外观检查，阀门外观应完好，启闭状态应符合设计要求。

b）寒冷季节，检查消防储水设施是否有结冰现象，储水设施的任何部位不得结冰。

b. 变压器水喷雾灭火系统维护保养主要内容包括但不限于：

a）消防水泵和备用动力起动模拟试验。当消防水泵为自动控制起动方式时，应模拟自动控制的条件起动运转1次。

b）检查手动控制阀门的铅封、锁链，当有破坏或损坏时应及时修理更换。系统上所有手动控制阀门均应采用铅封或锁链固定在开起或规定的状态。

c）检查消防水池（罐）、消防水箱及消防气压给水设备，应确保消防储备水位及消防气压给水设备的气体压力符合设计要求。

d）检查保证消防用水不作他用的技术措施，发现故障应及时进行处理。

e）检查消防水泵接合器的接口及附件，应保证接口完好、无渗漏、闷盖齐全。

f）检查喷头，当喷头上有异物时应及时清除。

g）检查室外阀门井中进水管上的控制阀门，核实其处于全开启状态。

h）每季度进行1次放水试验，检查系统起动、报警功能以及出水情况是否正常。

i）每年检查1次消防储水设备，修补缺损和重新油漆。

j）每年测定1次水源供水能力。

5）变压器细水雾灭火系统。

a. 细水雾灭火系统日常巡查主要内容包括但不限于：

a）检查控制阀等各种阀门的外观和启闭状态是否符合设计要求。

b）检查系统的主备电源接通情况。

c）寒冷季节，检查储水设施的房间温度，房间温度应不低于5℃。

d）检查报警控制器、水泵控制柜的控制面板及显示信号状态。

e）检查系统的标志和使用说明等标识是否正确、清晰、完整，并应处于正确位置。

b. 细水雾灭火系统维护保养主要内容包括但不限于：

a）检查系统组件的外观应无碰撞变形及其他机械损伤。

b）检查分区控制阀动作是否正常。

c）检查阀门上的铅封或锁链是否完好，阀门是否处于正确位置。

d）检查储水箱和储水容器的水位、储气容器内的其他压力（若有）是否符合设计要求。

e）检查喷头，当喷头上有异物时应及时清除。

f）检查手动操作装置的保护罩、铅封等是否完整无损。

g）通过泄放试验阀对泵组系统进行 1 次放水试验，并检查泵组起动、主备泵切换及报警联动功能是否正常。

h）检查管道、支架是否松动，检查管道连接件是否变形、老化或有裂纹等现象。

i）储水箱每半年换水 1 次，储水容器内的水应按产品制造商的要求定期更换。

j）每年对系统组件、管道及管件进行 1 次全面检查，清洗储水箱、过滤器，同时应对控制阀后的管路进行吹扫。

k）每年测试 1 次系统水源的供水能力。

l）每年进行 1 次模拟联动功能试验。

3. 消火栓

对于变电站内不会因为水引起触电事故或不会因为水扩大火灾范围的区域，均采用水消防，变电站内设置消防水管道和消火栓。实物图见图 3-18。

图 3-18　消火栓实物图

（1）使用方法。

1）当发生火灾时，运维人员到达现场后，确认消防报警主机、消防泵控制柜处于自动状态时，则按压相应区域的消火栓按钮，自动开启消防泵，展开消防水带，将水带一端与室内、外消火栓连接，连接时将连接扣准确插入滑槽，按顺时针方向拧紧。

2）一人将水带另一端与消防水枪连接，连接时将连接扣准确插入滑槽，按顺时针方向拧紧。

3）另一人缓慢打开消火栓上的水阀开关至最大。

4）双手紧握消防水枪，对准火源根部，进行灭火。两人配合操作，喷水时前后站位，后者为前者提供支撑。

5）若消防报警主机、消防泵控制柜自动工况失效，则一人进入消防泵房，按下消防泵控制柜启泵按钮或打开控制柜应急操作装置，开启消防泵。

（2）日常维护要求。出水正常，消火栓静压正常。

4. 灭火器

变电站常见灭火器有手提式干粉灭火器和推车式干粉灭火器。实物图见图 3-19。

(a)   (b)

图3-19 灭火器实物图

（a）手提式灭火器；（b）推车式灭火器

（1）手提式干粉灭火器的使用方法。

1）提取灭火器上下颠倒两次到灭火现场。

2）拔掉保险栓，一手握住喷嘴对准火焰根部，另一手按下压把。

3）室外使用时应站在火源的上风口，由近及远，左右横扫，向前推进。

（2）推车式干粉灭火器的使用方法。

1）推动灭火器到合适位置：推车式灭火器一般由两人操作，使用时两人一起将灭火器推或拉到燃烧处，在离燃烧物10m左右停下。

2）快速取下软管并展开，一人紧握喷枪，扣动扳机，对准火焰根部。

3）另一人拔掉保险销，提起阀门拉杆。

4）对准火焰扫射。

（3）灭火器的日常维护要求。

1）灭火器生产日期、试验日期、压力合格，定期检查，在有效使用日期内。

2）灭火器外观整洁、无破损。

3）灭火器箱安装牢固，无变形、锈蚀现象。

第二节 文 明 生 产

变电站文明生产涵盖站内设备、设施、人员、综合管理等各个方面。通过对站内物品定置管理和变电站一、二次设备名称及标牌标识标准化，提升变电站现场管理水平，强化变电站现场标准化、精益化管理，确保电网安全稳定运行。本节主要介绍变电站物品定置管理和一、二次设备名称及标识的标准化的相关要求及示例。

一、定置管理

变电站定制管理的总体要求是：

（1）按设备区、非设备区的划分对变电站进行定置，确定本区域各种设备、工器具的位置和存放区。

（2）对运行区域的开关室、控制室、电容器室、接地变室等室内设备及安全工器具、防小动物设施、消防设施、空调、开关柜手推车、临时围栏等进行合理规划定置，定置后不得随意变动。

（3）对非运行区域的设施、备品、废弃物、绿化区等确定定置区域，定置后不得随意变动。

（4）各区域应绘制定置管理图，要求美观大方，显目清晰，与现场平面及设备比例正确，对应一致。

（5）定置管理图需张贴在醒目位置（如各房间常出入门旁墙上）。

1. 资料柜的定置管理

变电站按需要配备足够数量的资料柜。一般情况下配置一面，如有两面及以上资料柜的，外观需一致。

资料柜原则上应定置于控制室，不满足条件的可定置于安全工器具室等合适位置。

资料柜上需张贴配置表，标明资料柜物品及数量，并统一格式。

资料柜内应放置运行规程（含通用、现场两本）、应急预案、典型操作票、定值单、消防布置图、钥匙借用记录、解锁钥匙、到岗到位记录、熔丝配置表九类外观一致的文件夹。主要设备说明书、主要设备图纸、熔丝备品、熔丝拔、足够数量的空白两票，并合理定置。定制管理示例见图 3−20。

图 3−20　资料柜定制管理示例

2. 安全工具器柜的定置管理

变电站按照安全工器具的数量配备足够数量的安全工器具柜。

安全工具柜统一定置于安全工器具室内，不满足条件的可定置于开头室等合适位置。

安全工器具柜内按照国家电网公司无人值班变电站安全工器具配置标准配备足够数量的接地线、绝缘杆、验电笔、绝缘手套、绝缘靴、红布幔、安全围网、标识牌等。

安全工器具柜内工器具应张贴唯一标识，并摆放整齐。

安全工器具柜上应张贴与柜内物品相符的定置表。定制管理示例见图 3−21。

3. 钥匙箱的定置管理

变电站应配备常用钥匙箱、备用钥匙箱、解锁钥匙箱。仅此三类，每类钥匙箱如为二只及以上，则可以在钥匙箱名称下标注"一、二、……"。

钥匙箱统一定置于变电站控制室内墙壁上，要求标签明确，间距一致，排列整齐。

钥匙箱内钥匙齐全，排放整齐、有序、名称清晰，钥匙箱挂钩与钥匙上名称一一对应。

常用钥匙箱、备用钥匙箱、解锁钥匙箱应上锁。

解锁钥匙箱内应存放纸质"解锁钥匙使用记录"，解锁钥匙应封存管理。

定制管理示例见图 3−22。

图 3-21　安全工器具柜定制管理示例

图 3-22　钥匙箱定制管理示例

4. 变电站主控台的定置管理

变电站主控台面应保持清洁，无杂物。

变电站主控台上电脑显示器、电话、鼠标、键盘等应摆放整齐。

变电站主控台内电脑主机、网线、电源线等应布置整齐。定制管理示例见图 3-23。

图 3-23　变电站主控台定制管理示例

5. 消防工器具的定置管理

变电站应根据消防要求配备足够数量的消防工器具。

变电站消防工器具应根据消防要求规范布置，摆放整齐，并保持与消防布置图一致。定制管理示例见图 3-24。

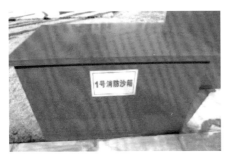

图 3-24　消防工器具定制管理示例

6. 变电站硬质围栏的定置管理

变电站应根据国家电网公司无人值班变电站安全工器具配置标准配备足够数量的硬质围栏。

硬质围栏应根据需要定置于合适地点，应划定区域，摆放整齐。定制管理示例见图 3-25。

7. 备品备件室的定置管理

备品备件室内应保持环境整洁。

备品备件室内应有足够数量的货架，划定区域，分类放置各类备品。

各类备品备件应张贴标签，注明名称、数量。

备品备件应建卡建账，保持账、卡、物一致。

备品备件室内应有出、入库记录，并及时登记。定制管理示例见图 3-26。

图 3-25　变电站硬质围栏定制管理示例

图 3-26　备品备件定制管理示例

二、标准化

标准化是为了规范变电站运维管理，提升变电站现场管理水平，强化变电站现场标准化、精益化管理。标准化主要包括一次设备名称及标识标准化、二次设备名称及标识标准化以及公共设备及安全标识的标准化三个方面。关于标识牌和标识的总体要求如下：

变电站一、二次设备名称标识牌的制作和安装应按"国标"要求制作，设备名称严格按照调度命名通知和相关命名规定执行。设备标识牌应使用设备双重名称，变压器（含站用变压器、接地变压器）、电容器、并联电抗器应标明设备额定容量。

一次设备标牌采用不锈钢牌制作，要求至少在室外保持两年以上不掉色、不变形。不锈钢牌粘贴在设备外壳或用抱箍固定于设备支架上。平面粘贴时采用双面胶或者玻璃胶固定，禁止采用带腐蚀性的玻璃胶，应采用中性玻璃胶固定。户外主变压器、母线应采用立牌形式，户内主变压器安装于变压器室大门上。若因标识牌的安装而影响工作人员正常工作，可不采用不锈钢标识牌。

安装时，应注意统一、美观、牢固，安装位置应满足带电距离，便于维护、更换。

若因设备原因，无法按"国标"尺寸制作、安装，应按"国标"尺寸采用等比例缩小的非标尺寸。

1. 一次设备名称及标识

设备标识牌基本形式为矩形，材质为铝合金或工业贴纸，衬底色为白色，边框、编号文字为红色（接地设备标识牌的边框、文字为黑色）。采用反光黑体字，字号根据标识牌尺寸、字数适当调整，配置规范见表3-4。

表3-4　　　　　　　　　　　　一次设备标识牌配置规范

一次设备	配置规范	示　例
变压器	（1）标明设备名称、编号； （2）标识牌应面向操作人员； （3）安装位置：安装于主变压器本体箱体上横向正中位置，方向为面向主通道	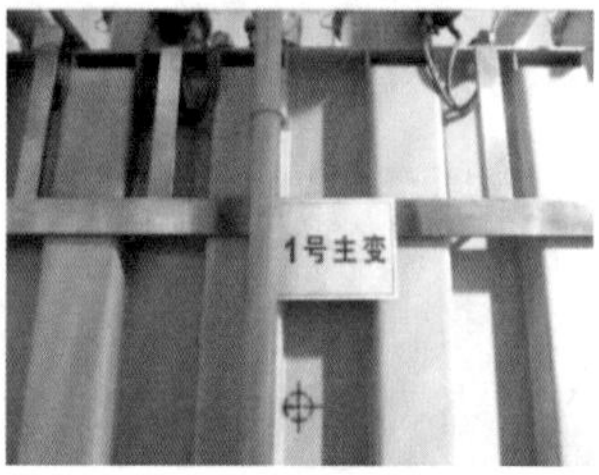
变油阀	（1）标明设备名称、编号； （2）安装位置：油阀上部油管上，字体面向通道，箭头朝向油流方向	
主变压器事故放油阀	（1）标明设备名称、编号； （2）安装位置：事故放油阀下部，阀门把手使用红色油漆满涂；事故放油管口至阀门之间； （3）使用黑色油漆满涂	
主变压器储油柜进出油管	（1）标明设备名称、编号； （2）安装位置：主变压器储油柜进出油管上	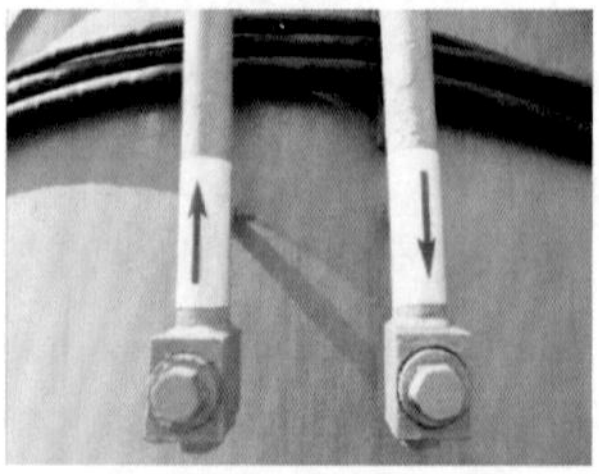

续表

一次设备	配置规范	示　例
主变压器温度表	（1）标明设备名称、编号； （2）安装位置：主变压器温度表中间轴下部	
断路器	（1）标明设备名称、编号； （2）标识牌应面向操作人员； （3）安装位置：分相式开关安装于开关每相机构箱正中位置，方向为面向主通道；一体式开关安装于开关机构箱正中位置，方向为面向主通道	
隔离开关	（1）标明设备名称、编号； （2）标识牌应面向操作人员； （3）安装位置：电动操作的闸刀安装于闸刀机构箱门正中位置；手动操作的闸刀安装于闸刀操动机构正上方100mm处；GIS设备安装于闸刀机械指示窗附近，方向面对操作人员	
接地刀闸	（1）标明设备名称、编号； （2）标识牌应面向操作人员； （3）安装位置：电动操作的闸刀安装于闸刀机构箱门正中位置；手动操作的闸刀安装于闸刀操动机构正上方100mm处，方向面对操作人员；GIS设备安装于闸刀机械指示窗附近，方向面对操作人员；开关柜安装于接地闸刀操作孔边上，如小车柜门与下柜门之间距离小，则可安装在下柜门上，位置为下柜门靠接地闸刀操作孔角部	

一次设备	配置规范	示 例
电流互感器	（1）标明设备名称、编号； （2）安装位置：每相单支架的电流互感器使用抱箍安装于电流互感器支柱上，高度为铭牌下沿距地面1500mm，方向为面向主通道；三相共支架的电流互感器安装于支柱横梁正中位置，GIS设备不安装，方向为面向主通道	
电压互感器	（1）标明设备名称、编号； （2）安装位置：每相单支架的电压互感器使用抱箍安装于电压互感器支柱上，高度为铭牌下沿距地面1500mm，方向为面向主通道；三相共支架的电压互感器安装于支柱横梁正中位置；GIS设备安装筒体表面，方向为面向主通道	
避雷器	（1）标明设备名称、编号； （2）安装位置：避雷器使用抱箍安装于避雷器支柱上，高度为铭牌下沿距地面1500mm，方向为面向主通道；GIS设备安装筒体表面，方向为面向主通道	
开关柜主设备	（1）标明设备名称、编号； （2）标识牌应面向操作人员； （3）开关柜前门：安装在小车室门正中位置（设备铭牌与观察窗中间），保持同一朝向面，保持在一条直线上； （4）手车：安装于手车本体正中位置，保持同一朝向面，保持在一条直线上；	

一次设备	配置规范	示　例
开关柜主设备	（5）开关柜后门：安装在后门正中位置，下沿距离地面 1m（如有观察窗的，可安装在观察窗上面，名称牌下沿与观察窗上沿相平）	
转接手车	（1）标准名称参考：电压等级＋×段＋线路（电压互感器）＋转接手车（接地验电车），若各段母线手车相同，×段可以省略； （2）颜色：转接手车铭牌为白底红框红字；验电手车铭牌为白底黑框黑字； （3）安装位置：安装位置为转接手车上以及定置位置墙上	
手车操作方向	安装位置：手车操作处，粘贴在手车操作孔边中间	
端子箱、机构箱、继保电源箱、动力箱、控制箱、操作电源箱等各种箱体	（1）标明设备名称、编号； （2）标识牌应面向操作人员； （3）安装于开关端子箱操作箱门正中位置，按照箱门开启面情况设置具体数量；	

一次设备	配置规范	示例
端子箱、机构箱、继保电源箱、动力箱、控制箱、操作电源箱等各种箱体	（4）端子箱各侧门应按功能分别安装隔离开关操作箱、操作电源箱、端子箱标识牌	
母线	（1）母线两端构架或墙面； （2）母线相位标识牌装设在母联分段两端，中间有龙门架或特殊走向的应当适当增加	
避雷针	（1）标注设备名称、编号； （2）安装于避雷针 1.5m 位置高度，面向主通道	
高压室架空出线、主变压器各侧套管	（1）标明设备名称、编号； （2）安装于高压室外侧架空出线处正下方墙体上，高度为铭牌下沿距地面 1500mm	
接地桩	（1）标注设备名称、编号； （2）安装于接地点附件，固定于构架上或接地电磁锁上，方向面对操作人员	

续表

一次设备	配置规范	示　例
相位标识	相色工艺： （1）主变压器：相色标识贴在主变压器高中压侧升高座面对主通道正中位置，主变压器中性点套管末端法兰及引下扁钢上刷蓝色油漆； （2）线路、主变压器、分段及旁路间隔：相位标识贴在间隔电流互感器底座面对巡视通道方向正中位置； （3）母线电压互感器间隔：相位标识贴在母线电压互感器底座面对巡视通道方向正中位置； （4）接地刀闸：接地刀闸垂直连杆从底部起向上涂黑0.6m； （5）接地引下体：使用黄绿漆标注，变电站内接地引下体涂刷黄绿漆，接地引下体高度超过 1200mm 者，黄绿漆涂刷至距地面 1200mm 位置，黄绿相间涂刷，每节长度为 150mm，自上而下第一节为黄色；接地引下体高度超过 300mm 不足 1200mm 者，黄绿漆自上而下满涂接地引下体，每节长度为 150mm；接地引下体高度不足 300mm 者黄绿漆自上而下满涂接地引下体，每节长度为50mm	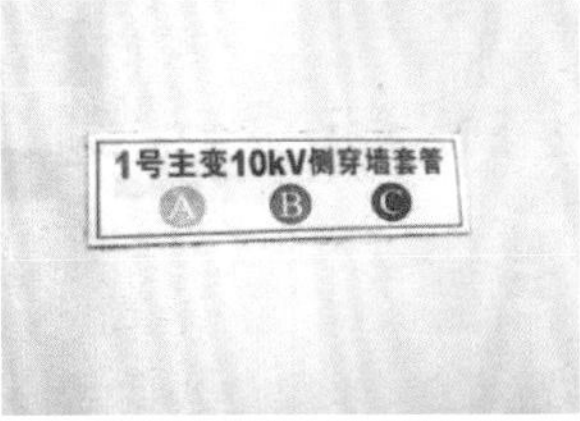  

2. 二次设备名称及标识

二次设备名称及标识的标准化标识包括屏柜标识、装置标识、压板标识、空气开关及切换开关标识、同屏不同间隔保护压板区域划分标识、分隔线、运行（退运）设备标识、表计和指示灯标识，配置规范见表3-5。

表 3-5　　　　　　　　　　　　二次设备标识配置规范

二次设备	配置要求	示　例
屏柜	（1）内容：按照二次设备命名规范执行，屏柜名称应能体现出屏柜内装置类型及功能； （2）尺寸：长度与门楣宽度相同，宽度为 60mm； （3）颜色：白底红框红字，字体：黑体； （4）材质：不干胶工业贴纸； （5）安装：屏柜前后顶部门楣处标明设备名称、编号	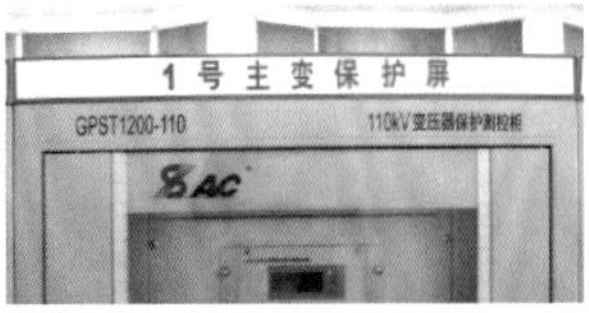  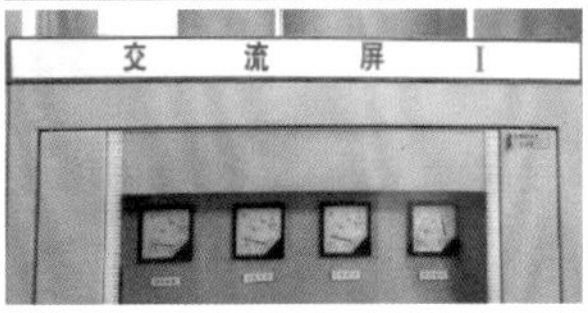

续表

二次设备	配置要求	示　例
二次压板	（1）内容：按照二次设备命名规范执行，压板名称牌标识应能明确反映出该压板的功能； （2）尺寸：建议 31 mm×10mm，可根据安装处实际尺寸确定； （3）色号：出口压板为红底白字，功能压板为黄底黑字，遥控压板为蓝底白字。备用白底黑字。字体：黑体； （4）材质：标签机打印、有机塑料板或工业贴纸； （5）安装：压板连片正下方 5mm 处	
二次空气开关	（1）内容：按照二次设备命名规范执行，空气开关名称牌标识应能明确反映出该空气开关的功能； （2）尺寸：可根据安装处实际尺寸确定； （3）色号：交流空气开关及切换开关为白底黑字，直流空气开关为黄底黑字，字体：黑体； （4）材质：标签机打印、有机塑料板或工业贴纸； （5）安装：空气开关名称指示牌安装于空气开关正下方 5mm 处或空气开关上（可视现场具体情况而定）	
切换开关、操作把手	（1）内容：按照二次设备命名规范执行； （2）尺寸：可根据安装处实际尺寸确定； （3）色号：白底黑字，字体：黑体； （4）材质：标签机打印、有机塑料板或工业贴纸； （5）切换开关位置指示安装于切换手柄正方向引线 5mm 处，切换开关名称指示牌安装于切换开关正下方 5mm 处	

二次设备	配置要求	示 例
分隔线	(1) 内容：通过分隔线来区分同屏不同装置的压板或用颜色不能明确区分的压板； (2) 尺寸：长度与所需分隔部分宽度相同，宽度为 5mm； (3) 色号：红色； (4) 材质：不干胶，工业贴纸； (5) 安装：同屏不同装置的压板之间或上下排压板颜色完全相同的压板之间	
运行、退运设备标识	(1) 内容：运行、退运设备标识具备提示他人该设备为运行还是退运设备的功能； (2) 尺寸：建议 330mm×120mm； (3) 色号：红色，字体：黑体； (4) 材质：不干胶，工业贴纸； (5) 安装位置：安装于二次屏柜背面，标识下沿距地面 1500mm，横向位置为屏门正中位置	
装置	(1) 内容：通过保护装置前后名称来区分同屏不同装置位置的功能； (2) 尺寸：30mm×100mm； (3) 色号：黄底黑字，字体：黑体； (4) 材质：不干胶工业贴纸或标签纸； (5) 安装：保护装置下塑料盖板中间	

3. 公共设备及安全标识

（1）变电站公共标识，配置规范见表3-6。

表3-6　　　　　　　　　　变电站公共标识配置规范

公共设备	配置要求	示　例
变电站铭牌	（1）变电站应设置铭牌标识：具有国家电网标志、电压等级及变电站名称，采用标识与中英文简称组合（横式）； （2）尺寸：建议 600×400×20，可根据实际情况按照比例放大至 900×600×20，单位：mm； （3）安装位置：悬挂于变电站主建筑大门外墙面左侧（面向主建筑），下沿距地面 1800mm	 
进站须知	（1）变电站应设置进站须知牌：户外变电站须知牌应具有"进站须知"和安全标志，安全标志从左向右依次为"当心触电""严禁烟火""未经许可，不得入内""限速 5 公里""必须戴安全帽"，安全标志下方标注各电压等级最小安全距离。户内变电站取消限速标志； （2）尺寸：户外建议 1300×800 或 2000×1000，户内建议 1000×700，可根据实际情况选用，单位：mm； （3）安装位置：户外变电站面向大门安装与变电站进门主通道一侧显眼处，户内变电站主控楼进门显眼处，建议下沿距地面 1200mm，设置高度可视具体情况确定	 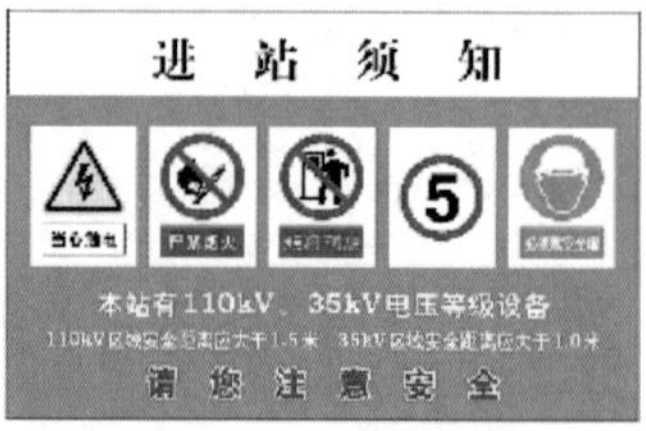  

公共设备	配置要求	示　　例
变电站简介	（1）变电站应设置简介牌：应具有国家电网标志，变电站名称及电压等级。简介内容应包括变电站地址、投运日期、运维班组及变电站主要一次设备类型、数量及接线方式； （2）尺寸：建议 1800×900 或 1200×600，可根据实际情况选用，单位：mm； （3）安装位置：变电站主控楼进门显眼处，建议下沿距地面 1200mm，设置高度可视具体情况确定	
变电站巡视路线图	（1）变电站应设置巡视路线图：巡视路线图应根据变电站分平面绘制，巡视路线应包括全部站内设备，路线合理、清晰； （2）尺寸：根据实际情况制作； （3）安装位置：变电站主控室进门显眼处，建议下沿距地面 1200mm，设置高度可视具体情况确定	
变电站楼层指示牌	（1）变电站应设置楼层指示牌； （2）尺寸：可根据实际情况制作； （3）安装位置：变电站主控楼楼道显眼处，建议下沿距地面 1500mm，设置高度可视具体情况确定	

（2）安全标志。

1）变电站设置的安全标志包括禁止标志、警告标志、指令标志、提示标志四种基本类型。

2）多个标志在一起设置时，应按照警告、禁止、指令、提示类型的顺序，先左后右、先上后下地排列，且应避免出现相互矛盾、重复的现象。也可以根据实际，使用多重标志。

3）各设备间入口、门上，应根据内部设备、电压等级等具体情况，在醒目位置按配置规范设置相应的安全标志牌。

安全标志配置规范见表 3-7。

表 3-7　　　　　　　　　　　安全标志配置规范

安全标志	配 置 要 求	示　　例
禁止标志	（1）内容：基本型式是一长方形衬底牌，上方是禁止标志（带斜杠的圆边框），下方是文字辅助标志（矩形边框）。图形上、中、下间隙，左、右间隙相等。 （2）颜色：衬底为白色，带斜杠的圆边框为红色（M100、Y100），标志符号为黑色（K100），辅助标志为红底白字。 （3）字体：黑体，字号根据标志牌尺寸、字数调整	
警告标志	（1）内容：基本型式是一长方形衬底牌，上方是警告标志（正三角形边框），下方是文字辅助标志（矩形边框）。图形上、中、下间隙，左、右间隙相等； （2）颜色：衬底色为白色，正三角形边框底色为黄色（Y100），边框及标志符号为黑色（K100），辅助标志为白底黑字； （3）字体：黑体，字号根据标志牌尺寸、字数调整	

续表

安全标志	配置要求	示　例
指令标志	（1）内容：基本型式是一长方形衬底牌，上方是指令标志（圆形边框），下方是文字辅助标志（矩形边框）。图形上、中、下间隙，左、右间隙相等； （2）颜色：衬底色为白色，圆形边框底色为蓝色（C100），标志符号为白色，辅助标志为蓝底白字； （3）字体：黑体，字号根据标志牌尺寸、字数调整	  必须戴安全帽　随手关门
提示标志	（1）内容：基本型式是一正方形衬底牌和相应文字，四周间隙相等。 （2）颜色：提示标志牌正方形衬底色为绿色，正方形边框底色为绿色，标志符号为白色，文字为黑色（白色）。 （3）字体：黑体，字号根据标志牌尺寸、字数调整	   在此工作　从此进出　从此上下

（3）安全警示线。安全警示线用于界定和分割危险区域，向人们传递某种注意。安全警示线包括禁止阻塞线、减速提示线、安全警戒线、防止踏空线通道边缘警戒线等。安全警示线一般采用黄色或与对比色（黑色）同时使用。安全标志配置规范见表3-8。

表3-8　　　　　安全标志配置规范

安全标志	配置要求	示　例
防止踏空线	（1）作用：提醒工作人员注意通道上的高度落差，避免发生意外； （2）颜色及尺寸：黄色线，长度与台阶宽度一致，宽度宜为100～150mm； （3）安装位置：安装于上下楼梯第一级台阶、最后一级台阶上	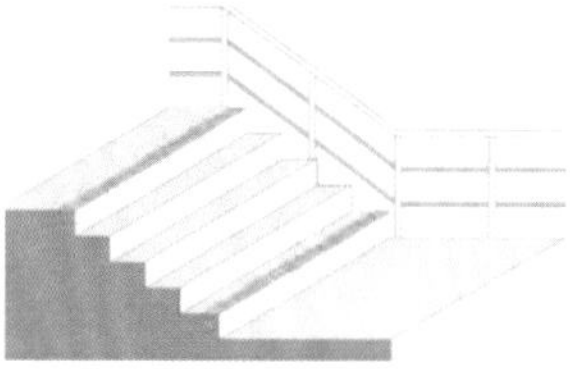 
防止绊脚线	（1）作用：提醒工作人员注意地面上的障碍物，防止意外发生； （2）颜色：采用45°黄色与黑色相间的等宽条纹，宽度宜为50～150mm；	

安全标志	配置要求	示 例
防止绊脚线	（3）安装位置：标注在人行横道地面上高差300mm以上的管线或其他障碍物上、防鼠挡板正反两面上沿位置	
防止碰头线	（1）作用：提醒人们注意在人行通道上方的障碍物，防止意外发生； （2）颜色及尺寸：采用45°黄色与黑色相间的等宽条纹，宽度宜为50～150mm； （3）安装位置：标注在人行通道高度小于1.8m的障碍物上	
减速提示线	（1）作用：提醒在变电站内的驾驶人员减速行驶，以保证变电站设备和人员的安全； （2）颜色及尺寸：一般采用45°黄色与黑色相间的等宽条纹。长度与路面宽度一致，宽度宜为100～200mm； （3）安装位置：安装于在变电站站内道路的弯道、交叉路口和变电站进站入口等限速区域的入口处	
禁止阻塞线	（1）作用：禁止在相应的设备前（上）停放物体，以免意外发生； （2）颜色及尺寸：采用45°黄色与黑色相间的等宽条纹，宽度宜为50～150mm，长度不小于禁止阻塞物1.1倍，宽度不小于禁止阻塞物1.5倍； （3）安装位置：禁止在相应的设备前（上）停放物体，以免意外发生，安装于标注在地下设施入口盖板上、消防器材存放处、防火重点部位进出通道处	

（4）消防安全标识。在变电站的主控制室、继电器室、通信室、自动装置室、变压器室、配电装置室、电缆隧道等重点防火部位入口处以及储存易燃易爆物品仓库门口处应合理配置灭火器等消防器材，在火灾易发生部位设置火灾探测和自动报警装置。消防安全标识配置规范见表3-9。

表 3-9　　　　　　　　　　　　消防安全标识配置规范

消防标识	设置范围和地点	示　例
消防手动起动器	依据现场环境，设置在适宜、醒目的位置	
火警电话	依据现场环境，设置在适宜、醒目的位置	
消火栓箱	生产场所构筑物内的消火栓处	
地上消火栓	固定在距离消火栓 1m 的范围内，不得影响消火栓的使用	
灭火器	悬挂在灭火器、灭火器箱的上方或存放灭火器、灭火器箱的通道上。泡沫灭火器身上应标注"不适用于电火"字样	

续表

消防标识	设置范围和地点	示 例
消防水带	指示消防水带、软管卷盘或消防栓箱的位置	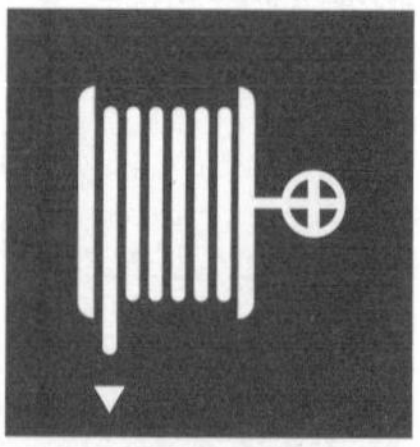
灭火设备或报警装置的方向	指示灭火设备或报警装置的方向	
消防沙池（箱）	装设在消防沙池（箱）附近醒目位置，并应编号	 1号消防沙池
防火墙	在变电站的电缆沟（槽）进入主控制室、继电器室处和分接处、电缆沟每间隔约 60m 处应设防火墙，将盖板涂成红色，标明"防火墙"字样，并应编号	 1号防火墙
消防重地未经许可不得入内	消防室、雨淋阀室、泵房室等处	 消防重地未经许可不得入内

（5）道路交通安全标识。变电站设置限制高度、速度等禁令标志，基本型式一般为圆形，白底，红圈，黑图案，配置规范见表 3–10。

表 3–10　　　　　　　　　　道路交通安全标识的配置规范

道路交通标识	配置要求	示 例
限高标识	（1）限制高度标志表示禁止装载高度超过标志所示数值的车辆通行； （2）变电站入口处、不同电压等级设备区入口处等最大容许高度受限制的地方应设置限制高度标志牌（装置）； （3）限制高度标志牌的基本形状为圆形，白底，红圈，黑图案	 3.5m

续表

道路交通标识	配置要求	示　例
限速标识	（1）限制速度标志表示该标志至前方解除限制速度标志的路段内，机动车行驶速度（单位为 km/h）不准超过标志所示数值； （2）放在进站须知标示标志牌上； （3）限制速度标志牌的基本形状为圆形，白底，红圈，黑图案	

（6）安全防护设施标识。安全防护设施用于防止外因引发的人身伤害，包括固定防护遮栏、区域隔离遮栏、孔洞盖板、爬梯遮栏门等设施和用具，配置规范见表3-11。

表3-11　　　　　　　　　　　　安全防护设施标识配置规范

安全防护设施	配置要求	示　例
固定防护遮拦	（1）固定防护遮栏适用于落地安装的高压设备周围及生产现场平台、人行通道、升降口、大小坑洞、楼梯等有坠落危险的场所； （2）用于设备周围的遮栏高度不低于 1700mm，设置供工作人员出入的门并上锁；防坠落遮栏高度不低于 1050mm，并装设不低于 100mm 高的护板； （3）固定遮栏上应悬挂安全标志，位置根据实际情况而定； （4）检修期间需将栏杆拆除时，应装设临时遮栏，并在检修工作结束后将栏杆立即恢复	 
孔洞盖板	（1）适用于生产现场需打开的孔洞； （2）孔洞盖板均应为防滑板，且应覆以与地面齐平的坚固的有限位的盖板。盖板边缘应大于孔洞边缘 100mm，限位块与孔洞边缘距离不得大于 25～30mm，网络板孔眼不应大于 50mm×50mm； （3）在检修工作中如需将盖板取下，应临时围栏。临时打开的孔洞，施工结束后应立即恢复原状；夜间不能恢复的，应加装警示红灯； （4）孔洞盖板可制成与现场孔洞互相配合的矩形、正方形、圆形等形状，选用镶嵌式、覆盖式，并在其表面涂刷 45°黄黑相间的等宽条纹，宽度宜为 50～100mm。盖板拉手可做成活动式，便于钩起	 覆盖式  镶嵌式

安全防护设施	配置要求	示　例
区域隔离遮拦	（1）区域隔离遮拦适用于设备区与生活区的隔离、设备区间的隔离、改（扩）建施工现场与运行区域的隔离，也可装设在人员活动密集场所周围； （2）区域隔离遮拦应采用不锈钢或塑钢等材料制作，高度不低于1050mm，其强度和间隙满足防护要求	
爬梯遮拦门	（1）应在禁止攀登的设备、构架爬梯上安装爬梯遮拦门，并予编号； （2）爬梯遮拦门为整体不锈钢或铝合金板门。其高度应大于工作人员的跨步长度，宜设置为800mm左右，宽度应与爬梯保持一致； （3）在爬梯遮拦门正门应装设"禁止攀登高压危险"的标志牌	

第三节　倒闸操作要点

一、相关要求

1. 操作的基本要求

运维人员在变电站现场所执行的操作称为现场操作。

现场操作分为监控后台操作、测控屏操作、就地操作（端子箱、汇控箱、机构箱、开关柜上的操作）三种方式。现场操作方式按下列次序依次优先：监控后台操作—测控屏操作—就地操作。对于电动闸刀（包括接地闸刀）就地操作时按照下列次序优先：端子箱（汇控箱）电动操作—就地机构箱电动操作—就地机构箱手动操作。

在变电站现场监控后台执行操作，必须分别输入操作人、监护人密码，执行操作时应该进入设备间隔分画面进行。

（1）倒闸操作过程中要严防发生下列误操作：

1）误分、误合开关。

2）带负荷拉、合隔离开关或手车触头。

3）带电装设（合）接地线（接地刀闸）。

4）带接地线（接地刀闸）合开关（隔离开关）。

5）误入带电间隔。

6）非同期并列。

7）误投退（插拔）压板（插把）、连接片、短路片，误切错定值区，误投退自动装置，误分合二次电源开关。

（2）倒闸操作应尽量避免在下列条件下进行：

1）交接班时。

2）系统发生事故或异常时。

3）雷电时（注：事故处理确有必要时，可以对开关进行远控操作）。

4）恶劣气候时。

从模拟预演开始至操作结束全过程应进行录音，操作结束后应将录音编号保存，保存期限3个月。

2．操作的基本条件

受令人、操作人员（包括监护人）应具备相应资质，操作人员应考试合格且名单经运维管理单位或调度控制中心批准公布。

现场设备具备明显标志，包括设备命名、编号、分合指示、转动方向、切换位置的指示和区别电气相别的色标。

具备与现场设备和运行方式符合的一次系统模拟图或电子接线图。

具备变电站现场运行专用规程、典型操作票、保护定值单和统一确切的调度操作术语。

应有合格的操作工具、安全用具和设施（包括对号放置接地线的专用装置），着装符合现场作业有关规定。

各个操作层（包括调度自动化系统远方操作、变电站监控后台操作、变电站测控屏操作、变电站就地操作）应根据所操作的不同设备，具备相应的"五防"功能。

3．操作的基本步骤

操作人员按调度或监控预先下达的操作任务填写操作票并审核正确。

操作前明确操作目的，做好危险点和预控分析并准备好必要的操作用具。

调度或监控正式发布操作指令。

操作人员模拟预演正确。

操作人员检查核对设备命名、编号和状态。

按操作票逐项唱票、复诵、监护、操作，确认设备状态与操作票内容相符并打勾。

向调度汇报操作结束时间。

做好记录，检查系统模拟图与设备状态一致，签销操作票。

4. 安全措施操作要求

电气设备检修，在得到调度工作许可令后现场运维人员方可进行布置安全措施的操作。检修工作结束，现场运维人员自行拆除安全措施（但不得拆除调度发令装设的线路接地线或接地刀闸），向调度汇报竣工。

安措票内容包括装拆接地线或拉合接地刀闸，分、合开关的控制及储能电源、分合待检修设备可能来电侧的隔离开关电动机电源及操作电源、投退相关二次压板和切换二次电流、电压回路等。

设备停电检修，需退出检修设备保护联跳和开出至其他单元回路的压板，涉及需接拆二次回路接线的由检修人员执行。

对采用 3/2 及内桥接线的变电站，如仅主变压器本体改检修而主变压器保护无工作，当 3/2 接线的边开关及中间开关或内桥接线的本侧进线开关及桥开关仍在运行时，必须退出该主变压器本体和有载调压开关瓦斯保护的出口跳闸压板。

对于二次设备的工作，应在工作票终结前检查相关保护压板、电流端子、切换开关、定值区号、定值等状态是否恢复至许可前的投退状态。

5. 验电接地操作

设备改检修，在合上接地刀闸或装设接地线前，应分别验明接地处三相确无电压。对于 GIS、开关柜等出线改检修时，在线路带电时应检查带电显示装置的显示正常，线路改检修前检查带电显示装置显示无电后方能操作出线接地刀闸或装设接地线。检查带电显示装置显示正常及检查带电显示装置显示无电应分别作为两个操作步骤填入操作票。

对无法进行直接验电的设备可以进行间接验电，即通过设备的机械指示位置、电气指示、带电显示装置、仪表及各种遥测、遥信等信号的变化来判断。判断时，至少应有两个非同样原理或非同源的指示发生对应变化，且所有这些确定的指示均已同时发生对应变化，才能确认该设备已无电。检查中若发现任何异常信号均应停止操作，查明原因。对带电显示装置自身工作状态是否正常的检查及检查确认设备是否带电应分别填写检查项目。

雨雪天气时不得进行室外直接验电操作。

检修结束后恢复送电前，必须全面检查送电范围内确无遗留接地线或未拉开接地刀闸。

6. 遥控操作要求

正常运行时，当开关在运行或热备用状态时，其"远方/就地"方式开关（遥控压板）必须置于"远方"（投入）位置。

开关遥控方式选择开关的切换操作只能操作测控屏上的"远方/就地"转换开关，不得操作开关机构箱内的"远方/就地"转换开关。

改扩建工程验收时，在进行遥控操作验证前，应将扩建间隔的遥控方式开关（遥控压板）切至"远方"（投入）位置，其他所有间隔的遥控方式开关（遥控压板）切至"就地"（退出）位置，试验完毕后将其恢复原位。

7. 软压板操作要求

35kV 及以下电压等级的保护、重合闸、备自投具备软压板遥控投退功能的，硬压板正常均投入。涉及监控远方操作的二次设备由运维人员现场进行操作时，原则上应在变电站监控后台上遥控软压板，确保与调控中心一致。

操作软压板时，在倒闸操作票中应写明"投入（退出）×××保护（重合闸）软压板"，未特别注明软压板时，表示操作的压板是硬压板。

涉及监控远方操作的二次软压板，停启用应遵循"谁停谁送"的原则。

因遥控无法执行、装置异常处理、运行规程规定、定值单要求等特殊情况必须通过硬压板进行操作的，运维人员在操作后应告知值班监控员（调控员），对长期退出的硬压板宜同时在压板操作画面上做好备注。

对于智能变电站，软压板投退操作应在监控后台上进行，装置上进行核对软压板操作后的状态。

8. 顺控操作要求

实现顺控操作的系统应具有操作票强制模拟预演功能，预演不通过不得执行该操作票。模拟预演应不影响设备运行。顺控操作时，应填写倒闸操作票，步骤填写要求如下：

（1）起始状态核对。

（2）进入设备顺控（程序）操作界面。

（3）目标状态选定。

（4）顺控操作执行。

（5）操作结果现场核对。

操作过程中应注意观察当地监控后台机上程序化操作的执行进程以及各项告警信息，发现异常情况时可按急停按钮。

顺控操作结束后，应对所操作的设备进行一次全面检查，以确认操作正确完整，设备状态正常。

顺控操作中发生中断时，应按以下要求进行处理：①若设备状态未发生改变，须在排除停止顺控操作的原因后方可继续进行顺控操作，若停止顺控操作的原因无法在短时间内排除，应改为常规操作；②若设备状态已发生改变，根据正在执行的调度命令按常规操作要求重新填写操作票进行常规操作，对程序化已执行步骤需核对现场设备状态并打√。顺控票与常规操作票备注栏进行说明。

9. 传动验收操作要求

传动验收操作应由变电运维人员进行，其操作必须严格执行倒闸操作有关规定，宜采用验收传动操作卡的方式进行逐项操作确认。操作卡可不填写检查项目，但应写明操作设备及注明操作的地点或位置。

隔离开关（接地刀闸）验收时应分别进行手动操作、电动操作和后台遥控操作的传动试验。在监控后台上进行分合闸传动操作前应检查相应开关、隔离开关的位置是否满足传动操作条件。

设备验收操作时如需解锁操作的应严格履行解锁许可的相关规定。

10. 操作的异常处理

在倒闸操作过程中发生事故情况时应暂停操作，汇报调度，按调度要求进行后续操作。采取监控转令方式发令的变电站，当异常及故障处理涉及被操作设备时，现场在汇报调度员后，应及时告知监控。

倒闸操作过程若因故中断，在恢复操作时运维人员应重新进行核对（核对设备名称、编号、实际位置）工作，确认操作设备、操作步骤正确无误。在备注栏内注明中断及恢复操作时间、中断原因、汇报调度员姓名。

端子箱内进行隔离开关操作失灵时应停止操作，查明原因，不得随意改用就地机构箱内的电动或手动操作，严禁采用手按操动机构接触器的方法进行操作。

如中断操作后终止操作，应在操作票备注栏内注明中断时间、中断原因、汇报调度员姓名。

如调度取消部分操作任务，应在取消的任务项和操作步骤上用删除线划去，并在备注栏中注明取消时间、取消的操作任务、取消原因及汇报调度员姓名。

事故处理时可不填写操作票，应做好全程录音。

分相操作的开关发生非全相合闸时，应立即拉开开关，查明原因。分相操作的开关发生非全相分闸时，立即汇报值班调控人员，断开开关操作电源，按照值班调控人员指令隔离该开关。

发生误拉开关后应立即汇报相应调度，按调度指令进行后续处理操作。

误合上隔离开关后禁止再行拉开，合闸操作时即使发生电弧，也禁止将隔离开关再次拉开。误拉隔离开关时，当主触头刚刚离开即发现电弧产生时应立即合回，查明原因。如隔离开关已经拉开，禁止再合上。

二、倒闸操作技术及技能

1. 一般要求

停电拉闸操作应按照开关—负荷侧（非母线侧）隔离开关—电源侧（母线侧）隔离开关的顺序依次进行，送电合闸操作应按与上述相反的顺序进行。

3/2 接线方式的线路或主变压器停电拉闸操作，应按照中间开关—边开关的顺序进行，送电合闸操作顺序应与上述相反。

在一个操作任务中，如同时停用几个间隔时，允许在先行拉开几个开关后再分别拉开隔离开关，但拉开隔离开关前必须在每检查一个开关的相应位置后随即分别拉开对应的两侧隔离开关。

电气设备操作后的位置检查应以设备实际位置指示状态为准，无法看到实际位置指示状态时，可通过设备机械位置指示、电气指示、带电显示装置、仪表及各种遥测、遥信等信号的变化来判断。判断时，至少应有两个非同样原理或非同源的指示发生对应变化，且所有这些确定的指示均已同时发生对应变化，才能确认该设备已操作到位。检查中若发现任何异常信号或信号指示不对应均应停止操作，查明原因。若进行遥控操作，可采用上述的间接方法或其他可靠的方法判断设备位置。

2. 开关操作

开关的操作应在监控后台进行，一般不得在测控屏进行（测控屏和汇控柜中开关控制把手上的钥匙正常应取下并统一管理），严禁就地操作。

解环操作前、合环操作后（包括旁代、旁代恢复、双线解合环、母联分段解合环）应抄录相关开关的三相电流分配情况。

充电操作后应抄录充电设备（包括线路、母线等）的电压情况。

高压负荷开关的操作规定：

（1）高压负荷开关只能用于拉合经设计允许的设备空载电流，严禁带故障电流拉合负荷开关。

（2）用作投切消弧线圈的负荷开关，在系统发生接地故障时严禁拉合负荷开关。

（3）进行更换负荷开关熔丝的操作时，必须将负荷开关拉开后，并与带电部分保持足够的安全距离或采取安全隔离措施后方可进行。

3. 隔离开关操作

允许单独用隔离开关进行的操作：

（1）在无接地告警指示时，拉开或合上电压互感器。

（2）在无雷击时，拉开或合上避雷器。

（3）在没有接地故障时，拉开或合上变压器中性点接地刀闸或消弧线圈隔离开关。

（4）拉开或合上220kV及以下母线的充电电流。

（5）拉开或合上无开关站用变压器的空载电流。

（6）拉开或合上低压电抗器的充电电流。

（7）拉开或合上与运行开关并联的旁路电流。

（8）拉开或合上3/2开关接线3串及以上运行方式的母线环流（经过投切试验）。

（9）拉开或合上非 3/2 开关接线的环路，但此时应确认环路中所有开关三相完全接通、非自动状态。

（10）拉开或合上110kV及以下且电流不超过2A的空载变压器和充电电流不超过5A的空载线路，但当电压在20kV以上时，应使用户外垂直分合式三联隔离开关。

（11）拉开或合上电压在10kV及以下时，电流小于70A的环路均衡电流。

注：1. 上述设备如长期停用时，在未经充电检验前不得用隔离开关进行充电；

2. 上述设备如发生异常运行时，除特殊规定可以远控操作的，其他不得用隔离开关进行隔离操作。

隔离开关在操作过程中如有卡滞、动触头不能插入静触头、触头合闸不到位、机构连杆未过死点等现象时应停止操作，待缺陷消除后再继续进行。

隔离开关就地操作时，应做好支柱绝缘子断裂的风险分析与预控，操作人员应正确站位，避免站在隔离开关及引线正下方，操作中应严格监视隔离开关动作情况，并视情况做好及时撤离的准备。

对于插入式触头的隔离开关，冬季进行倒闸操作前，应检查触头内无冰冻或积雪后才能进行合闸操作，防止由于冰冻致使触头不能插入而造成隔离开关支持绝缘子断裂。

隔离开关操作失灵时严禁擅自解锁操作，必须查明原因、确认操作正确，并履行解锁许可手续后方可进行解锁操作。

4. 主变压器操作

主变压器停电操作，应先停负荷侧后停电源侧。送电顺序与此相反。

500kV 主变压器停电前，应将主变压器对应的无功自动投切装置退出；主变压器送电后，再将无功自动投切装置投入。

主变压器调压分接开关为分相操动机构的，送电前应检查三相档位一致。

主变压器并列操作前必须检查分接头电压符合并列要求，并列运行的主变压器停用其中一台时，操作前应检查负荷分配情况，防止主变压器过载。

主变压器中性点运行要求：

（1）大电流接地系统的主变压器进行停、送电前，应先将各侧中性点接地刀闸合上。主变压器停、送电时，如仅为防止操作过电压，主变压器中性点接地刀闸操作由现场值班人员自行考虑；如因运行方式变化要求，主变压器 110kV 及以上中性点接地刀闸操作，由值班调度员发令操作。现场运维人员应根据主变压器中性点接地刀闸状态自行调整相关中性点保护。

（2）并列运行中的主变压器中性点接地刀闸如需倒换，应先合上另 1 台主变压器的中性点接地刀闸，再拉开原来 1 台主变压器的中性点接地刀闸，并相应调整主变压器中性点间隙保护。

（3）110kV 及以上的主变压器处于热备用状态时，其中性点接地刀闸应合上。

（4）中性点接有消弧线圈的主变压器在停电时，应先拉开消弧线圈的隔离开关，再停主变压器，送电时相反。

（5）消弧线圈装置运行中从 1 台变压器的中性点切换到另一台时，必须先将消弧线圈断开后再切换。不得将 2 台变压器的中性点同时接到 1 台消弧线圈上。

5. 线路操作

线路改冷备用，接在线路上的电压互感器高压侧隔离开关不拉开，电压互感器高低压熔丝（空气开关）不取下（不拉开）。

线路改检修，应在合上线路接地刀闸后再拉开线路电压互感器高压侧隔离开关和二次侧空气开关（或熔丝）。

6. 电抗器、电容器操作

线路并联高压电抗器隔离开关在线路改检修后方可进行操作。若线路只改至冷备用状态，必须确认线路无电压，且须在线路改冷备用 15min 后方可拉开高压电抗器隔离开关。

线路串联高压电抗器隔离开关应在线路改为热备用后方可进行操作。

500kV 无功自动投切装置正常投自动方式，调度有特殊要求的按调度命令执行。

必须用开关进行低压电抗器的投切操作。开关后置方式的低压电抗器，在无故障的情况下，允许用低压电抗器隔离开关拉合充电的低压电抗器。

电容器从运行状态拉闸后，应经过充分放电（不少于 5min）才能进行合闸运行。

母线停电时应先停电容器，后停线路；送电时先送线路，然后根据电压或无功情况投入电容器。

7. 母线操作

母线停电前，有站用变压器接于停电母线上的，应先做好站用电的调整操作。

双母线接线停用一组母线时，在倒母线操作结束后，应先拉开空出母线上电压互感器次级开关后再拉开母联断路器，最后拉开空出母线上的电压互感器隔离开关。

双母双分段、双母单分段接线方式，停母线操作应先断开该母线分段断路器。

母线检修结束恢复送电时，必须对母线进行检验性充电。用母联断路器对母线充电时必须启用母差充电保护或母联断路器电流保护，用旁路开关对旁路母线充电时必须启用旁路开关线路保护并停用重合闸。

8. 倒排操作

倒排操作时不得停用母差保护。

双母线并列运行时进行热倒操作，必须检查母联断路器及两侧隔离开关在合位，将母差保护改为（或检查）互联方式、母联断路器改为非自动、母线电压互感器二次并列。热倒操作结束后，必须将倒排母线的电压互感器二次并列开关打至分列位置、母联断路器改为自动、母差保护根据母线运行方式调整互联压板投退方式。热倒操作必须先合后拉。运行开关采用热倒，因备自投动作可能改运行的热备用开关采用热倒方式。

倒排间隔的开关在分位的状态下所进行的倒排操作（简称冷倒），必须检查倒排间隔的开关在分位，冷倒操作必须先拉后合。

倒排操作结束后应检查所有倒排间隔无"切换继电器同时动作"信号发信，倒排操作后"切换继电器同时动作"信号发信不能复归时不得拉开母联断路器，严防电压互感器二次回路倒充电。

某段母线停电，在倒排操作结束后拉开母联断路器前应检查母联断路器三相电流指示为零，防止漏倒。

对于 GIS 等设备热倒操作，由于不能直接观察到隔离开关触头的分合状况，为防止隔离开关触头发生非全相状况或隔离开关接触不良，造成带负荷拉合隔离开关，在合上母联断路器后，应检查母联断路器三相电流不平衡情况，每一个隔离开关操作后均应检查母联断路器三相电流不平衡情况以及母差保护差流告警情况，并分相比对操作前后母联断路器三相电流变化情况，在热倒操作完成后应先检查母联断路器三相电流不平衡情况（分相记录电流值）以及母差保护无差流告警后，方可拉开母联断路器，以上检查项目作为单独步骤填入操作票。

9. 旁代操作

旁代操作前，如旁路母线长期停用，应先用旁路开关对旁路母线进行一次检验性充电。旁路开关与被代开关接排方式应对应，接排方式不对应时应将旁路开关冷倒。拉、合被代开关的旁路隔离开关前，应检查旁路开关确已拉开。

（1）旁路开关代线路开关操作要求：

1）220kV 旁路开关在代线路开关前，应将被代线路另一套不能切换的高频保护、纵联保护改为信号。

2）旁路保护屏上主变压器差动保护电流切换端子应在退出短接位置。

3）旁路开关与被代线路开关并列之前，应将旁路保护二次方式调整为被代线路方式，其中包括保护定值、保护投入方式以及重合闸方式等。

4）旁路开关与被代线路开关并列时，应检查负荷分配正常，被代线路高频保护改接信号，将高频通道切至旁路保护并检查通道正常后，再将旁路开关高频保护改接跳闸。

（2）旁路开关替代主变压器开关操作要求：

1）停用旁路开关本身线路保护及重合闸。

2）旁路开关的电流、电压回路应切至相应主变压器保护，主变压器差动回路电流端子的切换操作过程中应将主变压器差动保护停用。切换操作过程保护的临时退出不必向调度汇报，保护退出的时间应尽可能短，操作步骤要求应在变电站现场运行规程明确。

3）主变压器差动回路电流端子的切换操作应在开关热备用状态下进行，即旁路开关并列前，投入旁路开关至被代主变压器差动回路电流端子；被代主变压器开关拉开后，退出并短接被代主变压器开关差动回路电流端子，严防电流互感器二次回路开路。

4）旁路开关替代主变压器开关，三相不一致保护根据现场规程进行切换。

5）旁代 500kV 主变压器的 220kV 侧开关时，应启用旁路开关本身的失灵保护；如使用主变压器保护的 220kV 开关失灵保护，应将旁路开关电流切至被代主变压器开关的失灵保护装置。主变压器中压侧电压回路切换操作前，需退出中压侧距离保护。

6）旁路开关替代 220kV 主变压器高压侧开关，高压侧开关的失灵和三相不一致保护应停用，旁路开关的非全相保护如有替代定值的应启用。

7）在旁路开关与被代主变压器开关并列前应投入被代主变压器保护跳旁路开关出口压板，在主变压器开关拉开后退出被代主变压器保护跳主变压器开关出口压板。主变压器保护出口回路采用"本侧—旁路"切换连接片的，在替代与恢复操作解列后切换。

10. 保护装置操作

（1）微机保护投退操作。

1）停用整套保护时，只须退出保护的出口压板、失灵保护起动压板和联跳（或起动）其他装置的压板。

2）停用整套保护中的某段（或其中某套）保护时，对有单独跳闸出口压板的保护，只须退出该保护的出口压板；对无单独跳闸出口压板的保护，应退出该保护的功能压板，保护的总出口压板不得退出。

3）500kV 保护的整套保护停用，应断开其在控制回路中的出口跳闸压板（插孔）；若保护部分功能退出，则退出该部分功能的投入压板或方式开关，不得停用装置的总出口。

开关运行状态时，保护修改定值必须在保护出口退出的情况下进行。220kV 及以下微机保护切换定值区的操作不必停用保护；500kV 线路微机保护（分相电流差动、高频距离、方向高频等）切换定值区，应按照华东调度要求切换前将相应保护改信号状态方可进行。

微机保护出口或开入量压板在投入前可不测量压板两端电压，但投入前应检查保护装置无动作或告警信号。500kV 双位置继电器出口的保护（如失灵、母差、主变压器、远跳、高压电抗器保护等）投跳前，不论装置有无动作信号，必须按出口复归按钮，防止出口自保持造成运行设备跳闸。

500kV 和 220kV 开关改非自动，不得停用其保护直流电源，防止失灵保护拒动。

在电流端子切换操作过程中应先将相应差动保护停用，为防止电流回路开路，差动电流端子切换操作的顺序原则如下：

1）被操作回路开关在运行状态时：①投入操作，应先投入运行连接片，后退出原短接连接片；②退出操作，应先投入短接连接片，后退出原运行连接片；③切换操作，应先投入欲切运行连接片，后退出原运行连接片。

2）被操作回路开关在非运行状态时：①投入操作，应先退出短接连接片，后投入运行连接片；②退出操作，应先退出运行连接片，后投入短接连接片；③切换操作，应先退出原运行连接片，后投入欲切运行连接片。

新设备投运前根据调度起动方案及调度继保定值整定单核对起动前保护定值及保护投退方式，起动前保护状态的核对不需填写操作票。

（2）母差保护操作。

1）母线保护配有两套母差保护的，当调度发令投退母差保护未具体注明哪一套，则两套母差保护应同时操作。

2）母差保护改为信号应退出母差保护各跳闸出口压板、母差保护至其他保护或装置的起动压板（如母差动作起动主变压器开关失灵、起动分段断路器失灵、闭锁重合闸、闭锁备自投等压板），母差保护的功能压板不必退出。

3）母联或分段断路器拉开后应投入相应母差保护的"母联断路器分列压板"或"分段断

路器分列压板",母联或分段断路器合上前应退出。该项操作,非"六统一"保护可列入安措票中,"六统一"保护应列入操作票中。

4)发现母差保护隔离开关位置指示不对应时应查明原因,如确为隔离开关辅助开关不对应,应将母差保护相应间隔的隔离开关位置小开关强制打至对应位置。

（3）充电及过电流保护操作。

1)母线检验性充电,充电保护的启停用由现场运维人员自行掌握,充电结束后将保护退出。

2)用母联断路器对母线充电,母差保护运行时应优先使用母差保护的短充电保护;母差保护停用时应启用母联断路器电流保护。"六统一"配置的母差保护应启用母联断路器电流保护。

3)用母联断路器实现串供方式对新投运的线路、主变压器充电时应启用母联断路器电流保护,母差保护投信号。

4)用旁路断路器对旁路母线充电,应启用旁路断路器的线路保护及停用重合闸。

5)用分段断路器对母线充电,不论母差保护是否运行,均应启用分段断路器的电流保护对空母线充电。

（4）线路保护操作。

1)整套线路保护停用,应断开所有出口跳闸压板和失灵起动压板。如只停用线路保护中的某一套保护,则只需退出某套保护的功能压板,不得退出保护装置的出口跳闸压板和失灵起动压板。

2)线路闭锁式高频保护启用前须测试通道正常。

3)3/2接线方式的线路停役开关仍需合环运行时,应在开关合环前投入短引线保护。线路恢复运行在线路隔离开关合上前,将其停用。

4)500kV线路(3/2接线方式)重合闸停用时,应将线路保护跳闸方式置三跳位置,停用相关开关重合闸(线变串或不完整串线路对应的两开关重合闸置停用状态;线线串本线对应的靠近母线侧开关重合闸置停用状态);对于没有装设线路保护跳闸方式开关的,直接将本线对应的两开关重合闸改停用状态。

5)对于线变串接线方式,线路边开关单独停用后,应投入中开关重合闸,边开关恢复运行前,应停用中开关重合闸。

6)非"六统一"配置的线路重合闸停用,应退出本套线路保护重合闸出口压板,投入另一套线路保护"沟通三跳"压板,两套重合闸方式开关均置停用位置。

7)"六统一"配置的线路重合闸停用时应分别退出两套保护的重合闸出口压板,投入"停用重合闸"压板。当停用某一套重合闸时应退出本保护的重合闸出口压板,但不得投入"停用重合闸"压板,确保另一套保护重合闸可以正常动作。

8)停用110kV及以下线路重合闸应退出合闸出口压板(或软压板)。

9)220kV线路配有双套保护且合用一套操作箱的,当单套保护停用时,不得断开操作箱电源空气开关。

（5）主变压器保护操作。

1)主变压器非电量保护的投退应根据公司的非电量整定单执行。

2)主变压器中性点接地刀闸合上前,应停用主变压器间隙保护;主变压器中性点接地刀闸拉开后,投入主变压器间隙保护。主变压器停送电操作不必考虑间隙保护的调整。主变压器无间隙保护出口压板的不必考虑操作。

（6）备自投装置操作。备自投装置投入后，应检查充电灯亮，检查方式指示正确。

11. 站用电交流系统操作

站用变压器的停电操作应先次级后初级，送电操作相反。站用变压器送电前应确认次级开关确在分闸位置。

站用变压器正常分列运行，合站用电母线分段断路器前应先拉开（或检查）受电母线站用电的低压侧开关（在分开位置）。

站用电配电的交流环路电源不得环供运行，正常运行需断开交流配电屏某一环路配电空气开关。

站用电切换操作后应注意检查主变压器冷却装置、直流充电机、UPS 不间断电源、通信电源、消防等装置的工作电源是否正常。

12. 直流系统操作

直流母线在正常运行和改变运行方式的操作中，严禁发生直流母线无蓄电池组的运行方式。

正常运行方式下不允许两段直流母线并列运行，特殊情况下需进行直流电源切换操作的允许短时间并列，但并列前需检查直流系统无接地等异常情况，否则不得并列。

充电装置停用时应先停直流输出开关，再停用交流输入开关；恢复运行时，应先合交流输入开关，再合上直流输出开关。

备用充电机切换操作，原则上在备用充电机启用至浮充状态后，先将备用充电机切至待停用充电机工作母线侧，再将待停用充电机切出工作直流母线。

13. 设备操作后的检查方法

（1）开关合闸操作注意事项。

1）检查送电范围内确无遗留接地线。

2）检查开关本体及操动机构无异常，控制、保护、机构的操作电源均已投入，反映设备状态的各信号灯指示正常，监控后台无异常信息。

3）检查（或操作）相应继电保护及自动装置是否已按运行要求投退。

4）开关合闸后的检查：

5）检查指示开关合闸位置的指示灯应亮，指示开关分闸位置的指示灯应熄灭，监控系统中开关状态的变位正确。

6）检查该开关的电流、功率指示是否正常，监控系统中的遥测数据指示是否正常，监控后台无异常信息。

7）检查开关操动机构的机械位置指示器指示状态是否正确，分相操动机构需检查三相。

8）检查开关储能机构储能情况是否正常，电磁操动机构应检查合闸回路电流表是否回零。①如线路开关重合闸投入，15s 后检查保护装置上重合闸允许（重合闸充电灯）灯应亮，有状态指示的操作箱上运行指示灯应亮。②如开关与备自投有关，检查备自投装置充电灯应亮或方式指示灯改变。

（2）开关分闸操作注意事项。根据现场运行规程要求调整相应保护及自动装置的运行方式。开关分闸操作后的检查：

1）检查指示开关分闸位置的指示灯应亮，指示开关合闸位置的指示灯应熄灭，监控系统中开关状态的变位正确。

2）检查该开关的电流、功率指示应回零。

3）检查开关操动机构无异常，检查开关操动机构的机械位置指示器指示状态是否正确，分相操动机构需检查三相。

4）线路开关保护装置上重合闸"充电"灯（或充电状态指示）应熄灭（在放电状态）。操作箱上运行指示灯应灭。如开关与备自投有关，检查备自投装置"充电"灯（或充电状态指示）应熄灭（在放电状态电）。

（3）隔离开关合闸操作后的检查。

1）检查隔离开关三相确在合闸位置，触头接触良好，垂直隔离开关拐臂应过死点。

2）检查隔离开关操动机构位置指示确在合位。

3）检查隔离开关机械闭锁机构到位。

测控及保护屏有关检查：

1）检查测控、保护装置上隔离开关位置指示正确。

2）母线隔离开关操作，应注意检查操作箱上、保护装置上电压切换指示灯指示正常，检查母差保护的母线接排方式指示正常，差流正常。

3）母线电压互感器隔离开关操作后应检查 TV 并列屏上隔离开关位置指示灯指示是否正确。

监控后台有关检查：

1）检查监控后台机上隔离开关确在合闸位置。

2）检查监控后台有关信号，如保护电压消失、就地操作等。

（4）隔离开关分闸操作后的检查。

1）检查隔离开关三相确在分闸位置，触头分开到位。

2）检查隔离开关操动机构位置指示确在分位。

3）检查隔离开关机械闭锁机构到位。

测控及保护屏有关检查：

1）检查测控、保护装置上隔离开关位置指示正确。

2）母线隔离开关操作，应注意检查操作箱上、保护装置上电压切换指示灯指示正常。检查母差保护的母线接排方式指示正常，差流正常。

3）母线电压互感器隔离开关操作后应检查 TV 并列屏上隔离开关位置指示灯指示是否正确。

监控后台有关检查：

1）检查监控后台机上隔离开关确在分闸位置。

2）检查监控后台有关信号，如保护电压消失、就地操作等。

三、智能站的操作特殊注意事项

智能变电站倒闸操作宜采用顺控操作方式。

1. 压板操作要求

正常运行，保护装置的"允许远方修改定值"软压板应在退出状态，"允许远方切换定值区"软压板应在投入状态，"允许远方控制"软压板应在投入状态，运维人员不得改变上述软压板的投退状态。

保护功能软压板的投退操作应在监控后台进行，操作前应在监控后台上核对软压板实际状态，操作后在监控后台及保护装置上核对软压板状态。

开关检修时，应退出检修间隔保护失灵起动压板和母差保护装置至该检修间隔投入压板。

配置双套合并单元的间隔，如停用其中一套合并单元时，应将对应的线路（主变压器）保护、母线保护装置停用。

2. 定值操作要求

定值区切换操作应由运维人员在监控后台进行，操作前应在监控画面上核对定值区号，操作后应在监控画面及保护装置上核对定值区号，修改正确后，应在监控后台上读取当前整定定值，核对正确后打印保存。

更改智能单元、保护装置参数、定值由检修人员在相应装置上进行，禁止在监控后台更改。

3. 安全措施操作要求

一次设备安全措施设置要求与常规变电站相同。

二次设备安全措施由运维人员在监控后台通过投退相应检修设备的软压板实现。

保护装置检修结束后，运维人员在设备启用前应检查"置检修"硬压板已退出。

二次设备安全措施如需插拔光纤接口、网络通道接口等通信接口，由检修人员负责。

四、操作票填写

操作（安措）票（简称操作票）是执行倒闸操作任务的重要依据和技术手段，票面的完整性、正确性和合理性直接关系着调度指令执行及安措布置的最终结果。因此，掌握操作票的编制、审核技能，是各能级运维人员必备的条件之一。

调度指令、许可操作应填用操作票。

一张操作票只能填写一个操作任务。一个操作任务是指根据同一个调度指令所进行的一次不间断操作。

变电站倒闸操作票使用前应统一编号，每个变电站在一个年度内不得使用重复号，倒闸操作票须连号使用。

1. 准备工作

（1）设备名称填写规范。操作项目中的一二次设备应采用双重名称。设备名称、编号以调度下达的名称、编号为依据。设备的双重名称应规范，保证各设备称号的准确性和唯一性。

1）一次设备双重名称：设备名称（线路名称）+间隔编号。

2）二次设备双重名称：保护屏柜名称（保护装置名称）+压板名称+压板编号。

母线、母联、分段、旁路开关等设备应标注电压等级。

（2）字符填写规范。操作票中阿拉伯数字、英文字母、符号采用半角字符，标点符号采用半角中文字符。

1）设备号：统一使用中文"号"。

2）电压单位：V、kV。

3）电流单位：A、kA、mA。

4）时间单位：h、min、s；操作时间 24 时应写为第二天 00 时。

5）电阻单位：Ω。

（3）操作术语。

1）掌握操作指令术语。

2）掌握操作许可术语。

3）掌握设备倒闸操作术语。

常用设备名称包括主变压器、站用变压器、开关、隔离开关、手车、接地刀闸、母线、线路、电压互感器、电流互感器、电缆、避雷器、电容器、电抗器、消弧线圈、令克（跌落熔断器）、空气开关、熔丝、保护。

常用操作动词术语见表3-12。

表 3-12　　　　　　　　　　　常 用 操 作 动 词 术 语

操作设备	操作动词
开关、隔离开关、接地刀闸、令克	合上、拉开
接地线	装设、拆除
手车	拉至、推至、摇至
各种熔丝	放上、取下
继电保护及自动装置	启用、停用
二次压板	放上、取下、投入、退出、切至
交直流回路各种转换开关	切至
保护二次回路插把	插入、拔出
二次空气开关	合上、分开（拉开）
二次回路小隔离开关	合上、拉开

（4）状态定义。

1）掌握一次方式接线图。

2）掌握一次设备（含附属设备）状态。

3）掌握二次设备状态、回路及原理。

4）设备状态定义与调度术语以管辖调度的定义为准，各种类型的操作应符合调度操作管理规定的要求。

（5）典型任务。

1）掌握常见接线设备正常运方（旁路、母联、3台主变压器各侧、单双号线路等）。

2）掌握常规任务的发令原则。

2. 总体要求

（1）票面完整。

1）明确操作对象及范围，不涉及的不操作。

2）掌握操作票的格式要求。

（2）顺序正确。

1）掌握一次设备防误操作顺序，按相邻状态依次操作。

2）掌握一次设备一般操作顺序原则。

3）掌握二次设备防误操作顺序。

（3）自行同步。

1）掌握操作中必须具备的检查项。

2）掌握一次设备自行掌握内容。

3）掌握二次设备自行掌握内容。

4）掌握其他一次方式改变二次同步调整的内容。

（4）优化提升。

1）根据操作对象，规划最优执行路径。

2）根据操作风险及可能后果，选择最优操作顺序。

3）根据现场情况，选择合适的操作方式。

3．票面要求

操作票的执行是以倒闸操作为最终载体，一方面票面的内容仅包含了重要步骤，并未包括部分操作技能的项目，就像手机导航内容是不会涉及驾驶技能一样；另一方面票面的内容，不能孤立的看待其正确与否，而应与当时的运方、设备的状态、操作的次序等综合判断，才能得出最终正确的结论。

由于目前仅要求一次操作步骤预演，因此，除纯二次操作外，操作票第一项均为"预演模拟图"；

操作步骤一般为动宾结构，动词均采用标准化用语；宾语多为实际设备，应采用双重命名（名称及编号）；二次元件应指明操作的屏柜（分画面、装置等）及方位（上、内、后等）；

由于纯二次强电压板操作（如主变压器重瓦斯保护等）装置及后台均无信号。因此，除上述操作外，操作票最后一项均为"校核显示标志"，其意义是核对装置及后台的信号对应变化并确认最终方式正确；

除各级单位发文要求列入的部分操作技能项外，其他操作技能项可不列入操作票中；

检查项首行缩进两个"字符"，其余步骤顶格填写。

（1）操作任务的填写要求。

1）安措票的操作任务应写"装设/拆除Ⅰ×××号工作票安全措施"（该任务由PMS系统自动生成）。

2）操作票任务栏按照调度指令内容录入，不得改动。

（2）操作项目填写要求。

1）操作票面应清楚、整洁，不得涂改。

2）操作票中的一个操作项目只允许填写一个设备的操作，不得将多个设备的操作并项填写。

3）下列操作可以不用操作票，但应记入运行日志或运行记录中：①事故紧急处理；②拉、合开关的单一操作。

4）下列项目应填入操作票内：①拉、合开关；②拉、合隔离开关；③操作手车；④投、退熔丝；⑤拉、合二次空气开关、小隔离开关；⑥检查一、二次设备状态；⑦设备验电；

⑧装、拆接地线（拉、合接地刀闸），检查接地线（接地刀闸）是否拆除（拉开）；⑨投、退保护及自动装置的电源空气开关、压板、插把、电流端子；⑩设备二次转换开关的操作；⑪保护改定值或切换定值区；⑫在进行倒负荷或解、并列操作前后，检查相关电源运行及负荷分配情况。

5）下列情况应检查相关开关负荷分配情况，并在操作票中抄录三相（没有三相的抄两相或单相）电流（或电压）：①双母线接线方式倒排结束，拉开母联断路器前，应抄录母联断路器三相电流指示为零，防止漏倒；②解环操作前、合环操作后（包括旁代、旁代恢复、母联分段解合环）应抄录相关开关的三相电流分配情况；③主变压器投运时主变压器各侧开关合环后（母联或分段断路器已合上），应抄录合环侧三相电流；主变压器停运解环前（母联或分段断路器已合上），应抄录另一台主变压器的停运主变压器解环侧的三相电流分配情况；④充电操作后应抄录充电设备（包括线路、母线等）的电压情况；⑤GIS等设备热倒操作，在合上母联断路器后，应抄录母联断路器三相电流，在每把隔离开关操作后应抄录母联断路器三相电流；⑥当抄录数值异常时（如三相电流分配不平衡或很小），应综合判断（如机械位置、保护情况等），确定设备已在相应位置时，方可继续操作。

6）双工位隔离开关的操作票填写，在拉开隔离开关的操作时填写："拉开×（设备名）×隔离开关"，在设备改检修时只需填写："检查×（设备名）×接地刀闸已合上"。

7）设备检修结束后，在冷备用改热备用前，变电运维人员应检查送电范围内无遗漏接地，其中送电范围内的所有接地刀闸确已拉开的检查作为操作票的检查步骤逐条列出，在送电范围检查无其他遗留接地（包括接地线、异物等其他可能存在的接地）作为操作票的检查步骤列出，具体如下（主变压器、母线、电抗器、电容器等间隔参照执行）：①检查×××线×××接地刀闸确已拉开；②检查×××线×××接地刀闸确已拉开；③检查×××线×××接地刀闸确已拉开；④检查×××送电范围内无其他遗留接地。

（3）操作票备注栏填写要求。

1）如操作票作废，在首页备注栏内注明作废原因。调度通知作废的任务在首页的备注栏内注明调度作废时间、通知作废的调度员姓名和受令人姓名。自第二张作废页开始可只在备注栏中注明"作废原因同上页"。

2）如调度取消部分操作任务，应在备注栏中注明取消时间、取消的操作任务、取消原因及调度员姓名。

3）在操作票执行过程中因故中断操作，应在相应页的备注栏内注明中断原因。

4）评议为错误的操作票，在操作票最后一页的备注栏内写明原因。

5）其他需要注明的事项。

4. 一次操作

（1）一次设备防误操作顺序。

1）防止误分、误合断路器（开关）：①核对任务编号；②逐级停送原则，即停电时，先停负荷侧，再停电源侧。

2）防止带负荷拉、合隔离开关（刀闸）或手车触头：

a. 操作隔离开关前，检查所在间隔开关已拉开，本间隔没有开关的（如内桥的变压器隔离开关），检查相邻间隔的开关已拉开；以上核实后应立即进行隔离开关操作，本间隔隔离开关的连续操作，可仅在第一次操作前做检查，非连续操作的，应逐次检查。

b. 规程指明隔离开关允许操作的情况除外。

c. 为防止开关远方合闸操作，在操作隔离开关前应将本间隔测控屏上开关远方/就地切换开关切至"就地"位置，并在开关恢复至热备用后切至"远方"。

3）防止带接地线（接地刀闸）合断路器（隔离开关）：还称为防止带地线送电；接地点临近的隔离开关、开关禁止合闸；由于采用逐级闭锁的方式实现，即使不会立即造成后果，也不被允许的；检查操作隔离开关两侧接地点（包括有双重名称的接地刀闸及遗留接地点）的步骤一般在冷备用转热备用前执行。

4）防止带电合接地刀闸（接地线）。

a. 在进行接地前，应进行逐相验电，并在验电后立即进行。

b. 优先采用直接验电的方式，如果遇到现场设备及装备不具备直接验电条件的，应进行"二元法"的间接验电；对于间接验电采用装置指示"无电"信号的，应在装置断电前，检查装置指示"有电"，排除装置自身故障。

c. 对于接地点临近断路器，无论分合与否均视作电回路导通；同时，无论验电结果是否指示有电，接地点各方向临近隔离开关均应拉开，并按隔离开关不用分项检查，同一张操作票前序步骤检查过的隔离开关，无需重复检查。

5）防止误入带电间隔。

a. 主要针对有网（仓）门的设备，一般要求网（仓）门内导体段接地（或各侧隔离开关已拉开），同时，网（仓）门打开时禁止拆除接地（或合上隔离开关）。

b. 对于电容器等需要放电的设备，是先接地在开网门还是先开网门再接地，以及先接地如何验电，视现场设备及闭锁逻辑区别对待。

c. 接地后应对电容器组单台电容器进行逐个多次放电。

（2）一次设备一般操作顺序原则。

1）逐级停送原则，即停电时，先停负荷（低压）侧，再停电源（高压）侧。

2）热备用改冷备用，一般先操作非母线侧隔离开关，再操作母线侧隔离开关；冷备用转热备用，顺序反之。

3）变压器低压侧停役时，先操作开关手车后操作进线隔离开关，复役时反之。

4）电容器组改冷备用时，电容器组隔离开关是否分开，以现场闭锁逻辑及运规要求的为准。

5）除有预防电磁式电压互感器谐振要求的厂站，母线停役时母线电压互感器应于母线断电后改冷备用，母线复役操作时应于母线充电前改运行；具备二次并列条件电压互感器停役时，在高压侧有电时，先分开低压侧空气开关或退出熔丝，后操作高压侧隔离开关或手车，母线陪停时，采用无电操作的方式；110kV 及以上母线上开关（带均压电容）的母线停役时，电磁型电压互感器应在母线停役前分开高压侧隔离开关。

6）双母双分段接线，母线改冷备用前一半先将对应母线分段断路器改热备用，复役操作反之。

7）开关倒排操作许可和综合操作指令中，其中运行开关采用热倒[母联断路器必须合上，并将其改为非自动，先合上正母（或副母）隔离开关，再拉开副母（或正母）隔离开关]方式，热备用开关正常采用冷倒（待操作隔离开关的本回路开关必须分开，然后先拉后合母线隔离开关，下同）方式，因备自投动作可能改运行的热备用开关必须采用热倒方式。

8）专用旁路开关正常状态统一为指定母线对旁母充电，旁路开关的倒排应采用冷倒，开关停役时使其与被代开关接排相对应；开关复役时，如无单独说明则按照相应调度发布的母线接排方式进行调整，无母线正常接排的则恢复到停役前结排方式。

9）单母分段带旁路接线，非旁路所在母线间隔需旁代时，一般调度会预先发令将两段母线合环。

10）拉合被代出线开关的旁路母线隔离开关，应采用旁路母线隔离开关拉合母线充电电流的操作方式。

11）旁路开关改为代出线开关运行，被代出线开关由运行改为冷备用。

12）母线操作许可中，包含倒排操作和母线停复役；母线（含旁路兼母联接线）操作许可复役，不经备注说明的则恢复至母线正常接排方式，如无正常接排方式，则恢复至操作许可停役前方式。

13）线路停役时，线路经验明无电压后应装设接地线（合上接地刀闸）并三相短路；如仅在该线路停役前运行方式的有功送出端变电站侧挂接地线（合上接地刀闸），必须经所在市公司批准。电缆线路的操作方式有特殊规定的地区，可结合本规定自行制订典型操作任务票。

14）线路停复役操作，如涉及形成馈供方式，相关保护按照有关要求调整。

15）线路改检修，接在线路上的电压互感器应在合上线路接地刀闸后，再拉开线路电压互感器高压侧隔离开关和二次侧空气开关（或熔丝）；特殊闭锁逻辑的以现场运规要求为准。

16）母线停电时应先停电容器，后停线路；送电时先送线路，然后根据电压或无功情况投入电容器；电容器从运行状态拉闸后，应经过充分放电（不少于 5min）才能进行合闸运行。

17）消弧线圈需要调挡位或是需调至其他主变压器上运行的，由调度员发令操作。

（3）一次操作中必须具备的检查项目。

1）除部分 400V 电压等级就地（半）手动操作的断路器（总空气开关）、隔离开关外，其他一次设备操作结束，均应另行填写对应检查步骤，分相机构的开关宜指明"三相"。

2）双母线（分段）热倒操作前，应检查对应母线母联断路器在运行位置。

3）母线隔离开关操作后，应检查对应间隔保护电压切换正常，以及母差保护屏上相应切换及差流正常。

4）操作隔离开关前对本间隔远方就地切换开关的再次确认。

（4）一次设备自行掌握内容。

1）调度员发布母线工作开工许可令及接受母线工作竣工汇报时，母线的状态统一为冷备用，母线接地刀闸（或接地线）作为安措由现场运维人员自行操作。

2）现场运维人员负责母线避雷器状态改变的操作，值班调度员不发令。

3）线路停复役操作中线路电压互感器、线路避雷器操作调度不发令，由现场值班人员自行操作。

4）主变压器停、送电时，如仅为防止操作过电压，主变压器中性点接地刀闸操作由现场运维人员自行考虑；如因运行方式变化要求，主变压器 110kV 及以上中性点接地刀闸操作，由值班调度员发令操作。

5）主变压器停、复役时，运行于该主变压器中性点上的消弧线圈无调整要求的操作。

6）接地变压器停、复役时，运行于该接地变压器中性点的消弧线圈无调整要求的操作。

7）内桥接线主变压器停、送电时，由现场值班人员负责短时拉合线路开关或母联断路器。

5. 二次操作

（1）二次设备防误操作顺序。

1）旁路代主变压器，相关电流端子应在对应开关热备用时进行切换。

2）旁路代主变压器，相关电压切换，应在对旁路、主变压器母线隔离开关均合与同一段母线时进行。

3）开关运行状态时，保护修改定值必须在保护出口退出的情况下进行。220kV 及以下微机保护切换定值区的操作不必停用保护；自行恢复母联临时定值至正常定值区应在开关改热备用后进行。

4）投入晶体管或电磁型保护［主变压器非电量、开关非电量（三相不一致）］的出口压板前，应用高内阻电压表测量压板两端确无电压后，再投入压板。

5）智能变电站安措拆除后，保护投入前，应检查相关 SV 压板已投入。

6）220kV 线路配有双套保护且合用一套操作箱的，当单套保护停用时，不得断开操作箱电源空气开关。

7）开关运行中，调整电流保护定值时，必须在当前负荷电流小于所整定的电流定值时进行。

（2）二次设备一般操作顺序。

1）整套保护停用，应断开出口跳闸压板；保护的部分功能退出，应断开相应的功能压板。

2）停用整套保护中的某段（或其中某套）保护时，对有单独跳闸出口压板的保护，只须退出该保护的出口压板；对无单独跳闸出口压板的保护，应退出该保护的开入量压板，保护的总出口压板不得退出。

3）旁路代线路时，对侧厂站不能切换的纵联保护由调度发令，在本侧线路开关停役前（复役后）改信号（投跳闸）。

4）母差保护停用，应退出母差保护至其他保护或装置的起动压板（如母差动作起动主变压器开关失灵、起动分段断路器失灵、闭锁重合闸的压板），退出母差保护各跳闸出口压板。

5）非"六统一"220kV 线路重合闸停用时，应将"沟通三跳"压板投入，将重合闸切换开关切至"停用"位置，并退出合闸出口压板。

6）"六统一"配置的线路重合闸停用时应分别退出两套保护的重合闸出口压板，投入"停用重合闸"压板。当停用某一套重合闸时应退出本保护的重合闸出口压板，但不得投入"停用重合闸"压板，确保另一套保护重合闸可以正常动作。

7）停用 110kV 及以下线路重合闸应退出合闸出口压板（或软压板）。

8）对于同一功能既有硬压板也有软压板的，根据监控是否操作的原则，监控需要远方操作的（备自投、重合闸），习惯上操作软压板；同时，一般按照谁停役谁复役。

9）保护装置停役时，一般先操作功能压板，后操作出口压板，复役反之。

（3）二次操作中必须具备的检查项。

1）纵联保护投跳闸状态的，投跳前必须经通道测试正常，符合现场规程规定方可投跳；

分相电流差动保护可以检查差流的，宜用差流检查代替通道检查。

2）微机保护出口或功能压板在投入前可不测量，但投入前，应检查保护装置无异常及动作信号。

（4）掌握二次设备自行掌握内容。

1）按保护整定规定和调度下发的正式定值单，完成旁路开关的后备保护及重合闸调整操作，使之与出线开关停役前的保护及重合闸定值、方式及状态相对应。

2）开关停役时，可以切换至旁路开关的纵联保护切换至旁路开关并投相同状态，不能切换的线路纵联保护改接信号；开关复役时，已切换至旁路开关的纵联保护切回本身开关并投相同状态（投跳闸状态的，投跳前必须经通道测试正常，符合现场规程规定方可投跳），不能切换的线路纵联保护恢复开关停役前的状态（恢复跳闸状态的，投跳前必须经通道测试正常，符合现场规程规定方可投跳）。

3）旁路（或旁路母联）断路器对旁路母线充电运行时，其线路保护启用，重合闸停用；旁路母联开关做母联方式时，其线路保护和重合闸均应停用，并注意母差 TA 的调整应与一次接线方式相对应；旁路代主变压器开关，二次回路由厂站按照现场相关规程自行调整（旁路开关保护切换、重合闸调整、电流、电压回路切换等）。

4）母线复役时检验性充电由现场运维人员自行考虑。专用母联断路器（或母联方式的旁路母联断路器）对母线进行检验性充电，母联断路器的母差回路短充电保护（若无母差保护，应使用母联断路器电流保护）的起停用值班调度员不发令，由现场运维人员自行考虑；"六统一"变电站母线充电应启用母联断路器电流保护。

5）旁路断路器（或旁路方式的旁路母联断路器）对母线进行检验性充电，旁路断路器（或旁路方式的旁路母联断路器）的距离、方向零序保护在开关改充电运行前后由现场运维人员自行起停用。

6）主变压器一次设备的状态变更由值班调度员发令操作，主变压器相关的二次设备及辅助设备原则上由现场运维人员根据一次方式进行调整。主变压器检修，停用检修主变压器联跳正常运行开关的联跳压板；启用运行主变压器联跳正常运行开关（母联断路器、旁路母联断路器）的联跳压板；运行主变压器中压侧或低压侧开口运行时，停用相应的电压元件；调度发令调整主变压器中性点接地刀闸状态，相关中性点保护调整；中低压侧带小发电的变电站，倒换先关零流零压跳小发电线路的压板。

7）电容器无功优化装置的投入和退出。

8）备自投装置如满足条件，可由现场运维人员负责随站内一次设备方式调整停启用。

（5）掌握其他一次方式改变二次同步调整的内容。

1）"六统一"变电站，母差保护母联分列判据为"分列运行压板"和"母联断路器分闸位置"的，应在母联断路器分开后投入"分列运行压板"，合上前退出"分列运行压板"。

2）合解环、并解列、母线或电压互感器停送电等情况应检查相关开关负荷分配情况，并在操作票中抄录三相（没有三相的抄两相或单相）电流（或电压）。

3）对于 GIS 等设备热倒操作，由于不能直接观察到隔离开关触头的分合状况，为防止隔离开关触头发生非全相状况或隔离开关接触不良，造成带负荷拉合隔离开关，在合上母联断路器后，应检查母联断路器三相电流不平衡情况，每一个隔离开关操作后均应检查母联断路器三相电流不平衡情况以及母差保护差流告警情况，在热倒操作完成后应先检查母联断路器三相电流不平衡情况（分相记录电流值）以及母差保护无差流告警后，方可拉开母联断路器，以上检查项目作为单独步骤填入操作票。

6. 程序化操作

（1）程序化固化操作票的要求。所有可以列入的操作技能，都应尽量采用装置及算法实现。

（2）操作中断的处理。另行开票，从中断操作的步骤起，增加状态核对项，并在操作票备注栏说明。

7. 常规设备安措操作

（1）安措票内容包括装拆接地线或拉合接地刀闸、投退开关的控制及储能电源、投退待检修设备可能来电侧的隔离开关电动机电源及操作电源、投退相关二次压板和切换二次电流、电压回路等。

（2）设备停电检修，需退出检修设备保护联跳和开出至其他单元回路的压板，涉及需接拆二次回路接线的由检修人员执行。

（3）对采用 3/2 及内桥接线的变电站，如仅主变压器本体改检修而主变压器保护无工作，当 3/2 接线的边开关及中间开关或内桥接线的本侧进线开关及桥开关仍在运行时，必须退出该主变压器本体和有载调压开关瓦斯保护的出口跳闸压板。

（4）对于二次设备的工作，应在工作票终结前检查相关保护压板、电流端子、切换开关、定值区号、定值等状态是否恢复至许可前的投退状态。

（5）检修结束后恢复送电前，必须全面检查送电范围内确无遗留接地线或未拉开接地刀闸。

（6）母线隔离开关检修，本间隔其他隔离开关机构箱电动机电源应分开，机构箱门上锁。

（7）带接地刀闸的隔离开关检修时的安措要求。

8. 智能设备安措操作

（1）一次设备运行状态或热备用状态，相关电压、电流回路或合并单元检修前，相关保护装置应处于信号状态。

1）合并单元检修工作开展前，应将采集该合并单元采样值（电压、电流）的相关保护装置改接信号状态。

2）智能终端检修工作开展前，应调整采集该智能终端的开入（开关、隔离开关位置）的相关保护装置状态，并提醒检修工作人员退出相应的智能终端出口压板。

3）保护装置检修工作开展前，应将该保护装置改接信号，且与之相关的运行中保护装置的 GOOSE 接收软压板（失灵起动压板等）退出。

（2）一次设备停役情况下，在相关电压、电流回路或合并单元检修前，必须退出运行中的线路（3/2 接线）、主变压器、母差保护对应的 SV 压板、开入压板（失灵起动压板等），应按以下操作顺序执行安措。

1）退出运行保护装置中与检修合并单元相关的 SV 软压板。

2）退出运行保护装置中相关的失灵、远跳（或远传）等 GOOSE 接收软压板。

3）投入运行保护装置中对应的检修边（中）断路器置检修软压板（3/2 接线）。

4）退出检修保护装置中与运行设备相关的跳闸、起动失灵、重合闸等 GOOSE 发送软压板。

（3）一次设备送电时，智能变电站继电保护系统投入运行，应按以下操作顺序恢复安措。

1）投入检修保护装置中与运行设备相关的跳闸、起动失灵、重合闸等 GOOSE 发送软压板。

2）退出运行保护装置中对应的检修边（中）断路器置检修软压板（3/2 接线）。

3）投入运行保护装置中相关的失灵、远跳（或远传）等 GOOSE 接收软压板。

4）投入运行保护装置中与检修合并单元相关的 SV 软压板。

9．合并单元检修试验安措设置典型范例

（1）对应一次设备停电，合并单元检修试验。

1）双母线接线方式，对应间隔一次设备停电，模拟量输入式间隔合并单元检修工作安措操作步骤：①退出运行的母线、主变压器保护该间隔 SV 接收软压板；②投入该间隔合并单元"检修压板"。

2）双母线接线方式，对应双母线停电，模拟量输入式母线合并单元检修工作安措操作步骤：投入该母线电压合并单元"检修压板"。

3）3/2 接线方式，边断路器停电，模拟量输入式边断路器电流合并单元检修工作安措操作步骤：①退出对应的运行中线路保护（或主变压器保护）边断路器合并单元 SV 接收软压板；②退出母线保护该断路器合并单元 SV 接收软压板；③停用边断路器保护；④投入该边断路器合并单元"检修压板"。

4）3/2 接线方式，中断路器停电，模拟量输入式中断路器电流合并单元检修工作安措操作步骤：①退出对应的运行中线路保护（或主变压器保护）中断路器合并单元 SV 接收软压板；②停用中断路器保护；③投入该中断路器合并单元"检修压板"。

5）3/2 接线方式，线路（或主变压器）停电，模拟量输入式线路（或主变压器）电压合并单元检修工作安措操作步骤：投入该线路（或主变压器）电压合并单元"检修压板"。

6）3/2 接线方式，母线停电，模拟量输入式母线电压合并单元检修工作安措操作步骤：投入该母线电压合并单元"检修压板"。

7）变压器停电，本体合并单元检修工作安措操作步骤：投入该变压器本体合并单元"检修压板"。

（2）对应一次设备运行，单套合并单元检修试验。

1）一次设备运行，合并单元检修只针对双重化配置装置单套检修的情况，如果双套合并单元检修，应汇报调度处理。

2）双母线接线方式，对应间隔一次设备运行，模拟量输入式间隔合并单元检修工作安措操作步骤：①停用对应的间隔（线路、主变压器、母联）保护；②停用对应的母线保护；③投入该间隔合并单元"检修压板"。

3）双母线接线方式，母线运行，模拟量输入式母线合并单元检修工作安措操作步骤：①停用对应的间隔（线路、主变压器）保护（如装置采母线电压）；②停用对应的母线保护；③投入该母线电压合并单元"检修压板"。

4）3/2 接线方式，边断路器运行，模拟量输入式边断路器电流合并单元检修工作安措操作步骤：①停用对应的线路保护（或主变压器保护）；②停用对应的母线保护；③停用对应的边断路器保护；④投入该边断路器合并单元"检修压板"。

5）3/2 接线方式，中断路器运行，模拟量输入式中断路器电流合并单元检修工作安措操作步骤：①停用对应的线路保护（或主变压器保护）；②停用对应的中断路器保护；③投入该中断路器合并单元"检修压板"。

6）3/2 接线方式，线路（或主变压器）运行，模拟量输入式线路（或主变压器）电压合并单元检修工作安措操作步骤：①停用对应的线路保护（或主变压器保护）；②停用对应断路器的重合闸（如采用检电压方式）；③投入该线路（或主变压器）电压合并单元"检修压板"。

7）3/2 接线方式，母线运行，模拟量输入式母线电压合并单元检修工作安措操作步骤：①停用对应断路器的重合闸（如采用检电压方式）；②投入该母线电压合并单元"检修压板"。

8）变压器运行，本体合并单元检修工作安措操作步骤：①停用对应的主变压器保护；②投入该变压器本体合并单元"检修压板"。

10. 智能终端检修试验安措设置典型范例

（1）对应一次设备停电，智能终端检修试验。

1）双母线接线方式，对应间隔一次设备停电，间隔智能终端检修工作安措操作步骤：①如母联间隔智能终端间隔，应检查母线保护"分列运行"压板应放上；②投入该间隔智能终端"检修压板"。

2）3/2接线方式，边断路器停电，边断路器智能终端检修工作安措操作步骤：①投入线路保护边断路器强制分软压板（投边断路器检修压板）；②投入该间隔智能终端"检修压板"。

3）3/2接线方式，中断路器停电，中断路器智能终端检修工作安措操作步骤：①投入线路保护中断路器强制分软压板（投中断路器检修压板）；②投入该间隔智能终端"检修压板"。

4）3/2接线方式，母线停电，母线智能终端检修工作安措操作步骤：投入该母线智能终端"检修压板"。

5）主变压器停电，主变压器智能终端检修工作安措操作步骤：投入该本体智能终端"检修压板"。

（2）对应一次设备运行，单套智能终端检修试验。一次设备运行，智能终端检修只针对双重化配置装置单套检修的情况，如果双套智能终端检修，应汇报调度处理。

1）双母线接线方式，对应间隔一次设备运行，间隔智能终端检修工作安措操作步骤：①将母差保护中该间隔的闸刀位置强制置位；②退出该间隔智能终端跳、合闸出口压板；③退出该间隔智能终端遥控压板；④退出该间隔智能终端闭重压板；⑤投入该间隔智能终端"检修压板"。

2）3/2接线方式，边断路器运行，边断路器智能终端检修工作安措操作步骤：①停用边开关重合闸功能；②退出该边断路器智能终端跳、合闸出口压板；③退出该边断路器智能终端遥控压板；④退出该边断路器智能终端闭重压板；⑤投入该边断路器智能终端"检修压板"。

3）3/2接线方式，中断路器运行，中断路器智能终端检修工作安措操作步骤：①停用中开关重合闸功能；②退出该中断路器智能终端跳、合闸出口压板；③退出该中断路器智能终端遥控压板；④退出该中断路器智能终端闭重压板；⑤投入该中断路器智能终端"检修压板"。

4）3/2接线方式，母线运行，母线智能终端检修工作安措操作步骤：①退出对应的母线智能终端遥控压板；②投入该母线智能终端"检修压板"。

5）主变压器运行，主变压器智能终端检修（主变压器运行时，非电量保护退出运行需经公司总工批准）工作安措操作步骤：①退出非电量跳闸出口硬压板；②投入该本体智能终端"检修压板"。

11. 印章使用

操作票票面统一使用以下印章：已执行、未执行、作废、合格、不合格。具体规格见附录 A。

调度通知作废的任务票应在操作任务栏内右下角加盖"作废"章，并在备注栏内注明调度作废时间、通知作废的调度员姓名和受令人姓名。

操作票作废应在操作任务栏内右下角加盖"作废"章，在作废操作票备注栏内注明作废原因。若作废操作票含有多页在作废操作票首页备注栏内注明作废原因，自第二张作废页开始可只在备注栏中注明"作废原因同上页"。

每执行完一个操作步骤后，应在操作票中该项"执行"栏内划执行勾"√"。整个操作任务完成后，在操作票最后一步下边一行顶格居左加盖"已执行"章。若最后一步正好位于操作票的最后一行，在该操作步骤右侧加盖"已执行"章。

在操作票执行过程中因故中断操作，应在已操作完的步骤下边一行顶格加盖"已执行"章，并在备注栏内注明中断原因。若此操作票还有几页未执行，应在未执行的各页操作任务栏右下角加盖"未执行"章。

经评议票面正确，评议人在操作票备注栏内右下角加盖"合格"评议章并签名；评议为错票，在操作票备注栏内右下角加盖"不合格"评议章并签名，同时在操作票备注栏说明原因。一份操作票超过一页时，评议章盖在最后一页。

12. 评议与统计

运维人员交接班后，由下一值对上一值已执行的操作票进行评议。操作票正确性的评议包括票面和执行两个部分，凡不符合操作票填写、执行规定，操作票缺号、同号，降低安全标准或发生操作错误者，一经发现均应统计为错票。执行后的操作票应按值移交，每月由专人进行整理收存。

对于评议正确的操作票，评议人在操作票备注栏中盖"合格"章并签名；对于评议存在问题的操作票，评议人应报班组长或技术员审核，当确定为错票时，再加盖"不合格"章并签名，同时应在操作票备注栏说明原因。

班组长或技术员每月应对操作票汇总、统计、审核、评析。对存在的问题应在运行分析会上分析，提出整改措施。变电运维单位应按月组织审核，在封面上签署审核意见。每月经审核评议后的操作票应装订成册，保存一年。

操作票、安措票的装订要求：操作票分变电站、按月度装订成册，排列顺序按照票面序列号由小到大放置。安措票与工作票一并装订。

操作票按调度正令时间按月装订。安措票按工作票终结时间按月装订。

操作票合格率的计算办法

月操作票合格率＝该月已执行合格票数/该月应执行的总票数×100%

其中：该月应执行的总票数＝该月已执行合格票数＋该月已执行不合格票数。本月预发和填写的操作票，本月发令执行，但执行时间跨月的，统计在本月；隔月发令执行的，统计在下月。操作票合格率的统计包括倒闸操作票和安措票。

第四节 工作票执行要点

一、第一种工作票审核要点

运维人员收到第一种工作票后，应对工作票工作内容和所列安全措施等填写内容进行仔细的审核检查，无误后，填写收票时间并签名。

（1）单位审核要点见表 3-13。

表 3-13 单位审核要点

单位类型	填写方式	示例
单位内部的施工班组在本单位内进行的工作	工作负责人所在的部门名称	苏州市供电公司变电检修室的继电保护班在苏州某变电站工作，填写：变电检修室
公司系统内一个单位的施工班组到另一个单位工作	工作负责人所在单位名称	直属输变电检修部的继电保护班在常熟的虞东变电站工作，填写：直属输变电检修部
外单位来本公司进行的工作	施工单位名称	华东送变电公司的某分公司到本公司工作，填写：华东送变电公司

（2）工作负责人（监护人）、班组及工作班人员审核要点见表 3-14。

表 3-14 工作负责人（监护人）、班组及工作班人员审核要点

填写项目	审核要点
工作负责人（监护人）	（1）填写的本次工作负责人姓名需经本单位书面公布且具有变电第一种工作票工作负责人资格（若几个班同时工作，填写总工作负责人姓名）。 （2）非本企业的工作负责人应预先经设备运行管理单位安监部门审核确认
班组	（1）填写工作负责人（监护人）所在班组名称。 （2）两个及以上班组共同进行的工作，则填写"综合"
工作班人员（不包括工作负责人）	（1）工作班人员应全部填写，并注明"共×人"。 （2）工作班组两个及以上时，应分行填写各班组参加工作的全部人员，班组负责人的姓名放在该班组第一位，并注明各班组人数，然后注明"共×人"。 （3）使用总分工作票时，工作票总票的工作班成员栏内应分行填写参加工作的各小组负责人姓名，然后注明"等×人"（全部工作班成员总数）。工作票分票上应填写工作小组全体人员姓名（包括厂方协作人员、临时工等外来人员）。 （4）参与工作的设备厂家协作人员、临时工等其他人员也应包括在"工作班人员"中，应写清每个人员的名字、注明总人数，不同性质的人员应分行填写。 （5）工作负责人（监护人）不包括在工作票总人数"共×人"之内

（3）工作的变电站名称。应填写变电站电压等级和名称，如，110kV 榭雨变电站。

（4）工作任务审核要点见表 3-15。

表 3-15 工作任务审核要点

填写项目	审核要点
工作地点及设备双重名称	（1）详细写明工作地点（具体至哪个单元设备等），如工作地点不在设备上，则写明是哪个设备区。 （2）填写设备双重名称，并与现场实际相符

续表

填写项目	审核要点
工作内容	（1）填写对应"工作地点及设备双重名称"所要进行的工作内容。 （2）填写内容准确、明了，术语规范。如属于检修性质，写明检修内容；若属于改进性质，写明改进内容；若属于消缺，写明消缺内容。 （3）工作票的工作内容应与停电申请中的工作内容相符。 （4）若在同一间隔（或单元）的几个设备上工作，在对应的工作内容栏内，只需填写具体内容，不必重复填写设备的名称编号。但隔离开关检修要填写隔离开关的编号

具体示例如下：

工作地点及设备双重名称	工作内容
123A 通用线	（1）开关小修、预试，保护定校。 （2）电流互感器取油样。 （3）123A3 线路隔离开关小修（检修内容）
1 号主变压器	保护校验，1 号散热器渗油处理（消缺内容）
1101 1 号主变压器	开关小修、预试（检修内容）

（5）计划工作时间。

1）填写已批准的检修期限（时间）。时间用阿拉伯数字填写。非申请批准的停电时间。

2）计划工作时间应与停电申请批准的时间相符；在确定计划工作时间时，应考虑前后与计划停电时间留有装、拆安全措施的时间（具体根据装、拆安措的工作量确定，一般在 0.5～1h）。

（6）安全措施审核要点见表 3-16。

表 3-16　　　　　　　　　安 全 措 施 审 核 要 点

填写项目	审核要点
应拉断路器（开关）、隔离开关（刀闸）	（1）应按照设备情况及工作内容，根据停电要求，填写所有应拉开（包括当时运方已在拉开状态的）的断路器（开关）、隔离开关（刀闸）、熔断器、低压空气开关及二次部分（如开关和刀闸的交直流操作电源、主变压器风扇、有载开关电源、保护联跳、自动装置（备自投）压板、电流互感器二次端子短接等）。填写应装设的绝缘挡板。 （2）手车开关必须拉至试验或检修位置，应使各方面有一个明显的断开点（无法观察到明显断开点的设备除外）。与停电设备有关的变压器和电压互感器，必须将设备各侧断开。对难以做到与电源完全断开的检修设备，可以拆除设备与电源之间的电气连接。 （3）无人值班变电站开关检修，应将遥控操作回路断开，并由工作票签发人在票上写明：将××开关由"遥控"改为"就地"
应装接地线、应合接地刀闸	（1）应合接地刀闸的名称编号。 （2）装设接地线应注明需要装设的具体地点、名称。 （3）接地线代接地刀闸问题：对于需要检修的接地刀闸、影响隔离开关检修的接地刀闸，在布置安全措施时应考虑用装设接地线代替合接地刀闸的措施 （注：运维人员装设接地线有困难时，可委托检修人员代为装设接地线，但应做好监护工作，对装设地点的正确性负责，防止过程中误触有电设备）
应设遮栏、应挂标示牌及防止二次回路误碰等措施	（1）填写检修设备装设遮栏、应挂标示牌的位置（地点）和名称（设立的遮栏、标示牌应符合"安规"有关规定）、防止二次回路误碰（如设红布幔等）等具体措施。 （2）安全措施栏可只写编号不写名称

（7）工作地点保留带电部分或注意事项。对于一次设备，要填写清楚工作区域邻近（相邻第一个）的带电运行设备情况，以及同一工作的间隔内保留带电的部分（如：①若检修范围上空有带电运行的母线，则应填写"上方××母线有电"；②2257 金松线开关检修时，线

路由 22575 金松线旁路代，则在此栏应填写："22575 金松线旁路刀闸有电"）；如果某变电站进行大范围停电检修，如果检修区域内部还有个别有电设备，则应填写清楚"××设备有电"等；对于二次设备，要填写清楚与检修的保护装置相邻的其他保护的运行情况。以及其他需要向检修人员交代的注意事项。有关设备要写明编号或名称，位置要准确。

（8）工作票中图示检修设备电气一次接线图。

1）画图范围：被检修的一次设备接线（单线图）、应挂的接地线、以及与检修设备直接相连的母线、线路或其他设备，应表明设备状态、工作区域。其他相邻间隔无需画出。图中带电设备及部位应标记为红色。

2）作业范围：工作区域用虚线标注。检修设备直接连接母线（注明正副母线）、线路、变压器接线图应与现场设备状态一致，所有检修设备间隔必须使用双重名称。

3）一个配电装置全部停电的检修工作，可以只画出带电点。

二、第一种工作票许可要点

1. 现场安措执行

许可第一种票工作前，运维人员应完成工作票所要求的安全措施，若是装设接地线，填入相应接地线的编号，并经现场逐项核实与工作票所填安全措施相符后，在相应的已执行栏内手工打"√"（包括检修人员协助完成的安措）。

2. 工作地点保留带电部分

工作许可人应根据现场的实际情况，对工作地点保留带电部分予以补充，注明所采取的安全措施或提醒检修人员必须注意的事项，若没有则填"无"，不得空白。

3. 工作许可

双方共同至现场检查确认工作票所列安全措施正确完备、执行无误后，由工作许可人填写许可开始工作时间，工作许可人和工作负责人分别签字。

（1）工作许可人在许可第一种工作票过程中应注意：

1）一张工作票中，工作许可人与工作负责人不得兼任。在同一时间内，工作负责人、工作班成员不得重复出现在不同的执行中的工作票上。

2）变电站第一种工作票开工许可必须采用现场许可方式，工作许可人在完成现场安全措施后，应会同工作负责人到现场再次检查所做的安全措施，对具体的设备指明实际的隔离措施，证明检修设备确无电压。对工作负责人指明带电设备的位置和注意事项。工作许可人和工作负责人在工作票上分别确认、签名。间断后继续工作可电话告知工作许可人。

3）在变电站工作中涉及带电运行设备、需要运维人员指明或配合进行的工作以及有停电申请单工作的变电第二种工作票，必须在变电站现场办理工作许可。

4）工作许可人在布置安全措施前，应认真审查工作票中所停设备和措施是否正确完善，设备名称编号是否填写明确。安措布置完毕后，还应经检查所布置的安措是否符合现场实际情况。

5）在许可工作前，所有安全措施必须一次完成。对于变电站的多台开关需要同时检修，其安全措施不能一次完成时，应分别填用工作票。

6）许可开始工作时间一般情况不要提前于计划工作开始时间。

7）工作许可人如发现待办理的（待许可）工作票中所列安全措施不完善或有疑问，应向工作票签发人询问清楚。如工作票签发人不在现场或联系不到，工作许可人可根据工作任务与现场实际情况对工作票上的安全措施加以补充完善，并向工作负责人说明后执行。

（2）持线路、电缆和配电工作票进入变电站内工作许可：

1）线路、电缆和配电工作票上有关变电站内的安措由运维人员负责完成。对由于登高等原因，运维人员难以完成安全措施，可委托线路或变电检修人员执行，运维人员负责监护。

2）运维人员在将线路改为检修状态后，即可根据工作票要求布置安措，与线路、电缆和配电工作负责人办理工作许可手续。对于需要变电设备配合停电的工作，运维人员应执行完毕相关变电设备的停电申请单之后再办理工作许可手续。

3）变电站工作许可人在许可线路、电缆和配电工作票时，应会同线路、电缆和配电工作票负责人一起检查现场的安全措施是否正确完善。对具体的设备指明实际的隔离措施，证明线路所在间隔、配合停电的变电设备间隔确无电压；向线路、电缆和配电工作负责人指明相邻带电设备的位置和注意事项。

4）线路、电缆和配电工作负责人只有在分别得到线路工作许可人和变电站工作许可人的许可后才能开始工作。

三、第一种工作票终结要点

1. 工作终结

全部工作结束，工作负责人会同工作许可人进行验收，验收合格后做好有关记录和移交有关修试报告、资料、图纸等。工作负责人向运行人员交待所修项目、发现的问题、试验结果和存在问题等，并填写修试记录，然后双方在工作票上签名并填上工作结束时间，表明工作终结。工作负责人在工作票备注栏里填写本次工作结论，结论应写明本次检修设备是否可以投运；工作过程中需要记录的有关事宜。工作许可人填写验收结论。

工作终结时间不应超出计划工作时间或经批准的延期时间。在办理工作终结后，工作班所有人员均不得进入工作场所。

2. 工作票终结

（1）工作终结后，运行人员应拆除临时遮栏、标示牌，恢复常设遮栏，在拉开检修设备的接地刀闸或拆除接地线后，应在本变电站收持的工作票上填写"已拆除×#、×#接地线共×组"或"已拉开×#、×#接地刀闸共×副"，未拆除的接地线和未拉开的接地刀闸，汇报调度员后，方告工作票终结。

（2）若在几张工作票间有重复安措的，则在拆除安措时，由监护人在先执行的安措票备注栏内盖"因_____工作票要求，_____项不执行"章，并在该安措票对应工作票备注栏内盖"_____工作票要求，_____接地线（接地刀闸）未拆（拉开）"章，并填写工作票号及未拆（未拉开）接地线（接地刀闸）的编号，即可对该工作票进行终结。

（3）工作许可人签名并填写工作票终结时间。

（4）工作票终结后，盖"已执行"专用章。

四、变电一次设备作业现场围栏和标示牌设置范例

1. 220kV变电站室外半高层布置双母线带旁路接线设备停电检修

（1）220kV开关停电检修。以4941断路器检修为例，围栏和标示牌布置要点（设置示意见图3-27）：

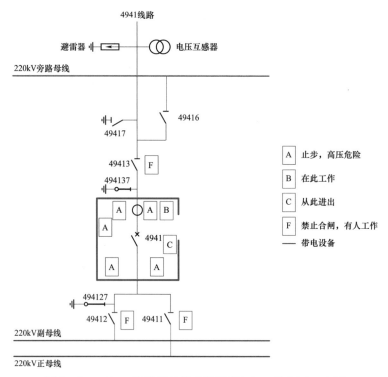

图 3-27　4941 断路器检修现场围栏和标示牌设置示意图

1）在 4941 断路器及电流互感器四周设置临时围栏，围栏不得将 49412 隔离开关包含在内。

2）在围栏上悬挂适量"止步，高压危险！"标示牌，字朝向围栏内。

3）在围栏出入口处悬挂"在此工作！""从此进出！"标示牌。

4）在一经合闸即可送电到工作地点的开关和隔离开关操作装置上悬挂"禁止合闸，有人工作！"标示牌。

（2）220kV 线路及开关停电检修。以 4941 开关及线路检修为例，围栏和标示牌布置要点（设置示意见图 3-28）：

1）在 4941 开关及电流互感器四周设置临时围栏，围栏不得将 4941B：49416 旁路隔离开关包含在内。

2）在围栏上悬挂适量"止步，高压危险！"标示牌，字面向内。

3）在围栏出入口处悬挂"在此工作！""从此进出！"标示牌。

4）在一经合闸即可送电到工作地点的开关和隔离开关操作装置上悬挂"禁止合闸，有人工作！"标示牌。

（3）220kV 线路侧避雷器停电检修。以 4941 线路侧避雷器检修为例，围栏和标示牌布置要点（设置示意见图 3-29）：

1）在 4941 线路避雷器四周设置临时围栏。

2）在围栏上悬挂适量"止步，高压危险！"标示牌，字朝向围栏内。

3）在围栏出入口处悬挂"在此工作！""从此进出！"标示牌。

4）在一经合闸即可送电到工作地点的开关和隔离开关操作装置上悬挂"禁止合闸，有人工作！"标示牌。

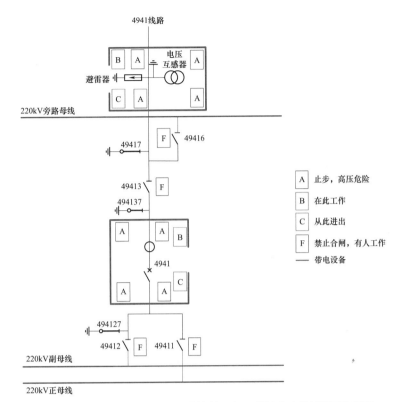

图 3-28 4941 断路器及线路检修现场围栏和标示牌设置示意图

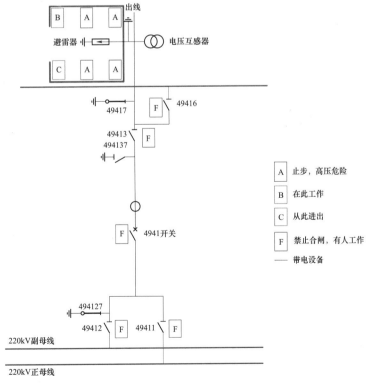

图 3-29 4941 线路侧避雷器检修现场围栏和标示牌设置示意图

（4）220kV 开关及正母隔离开关停电检修。以 4627 开关及 46271 隔离开关检修为例，围栏和标示牌布置要点（设置示意见图 3-30）：

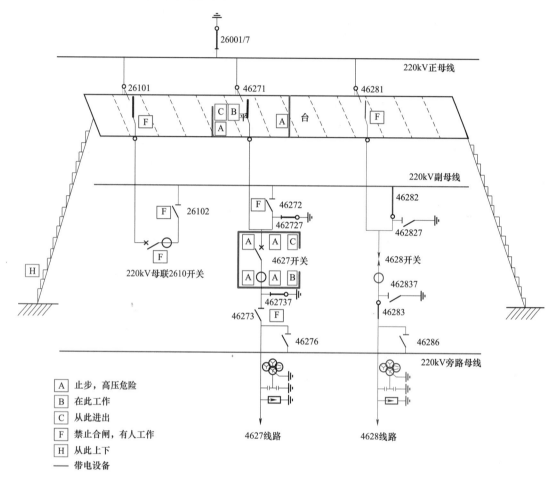

图 3-30　4627 开关及 46271 隔离开关检修现场围栏和标示牌设置示意图

1）在 4627 开关及电流互感器四周装设临时围栏，围栏不得将 4627B：46273 隔离开关包含在内；在高层平台上 46271 隔离开关一侧与邻近带电设备通道设封闭围栏，禁止检修人员通行，另一侧设半封闭围栏。

2）在围栏上悬挂适量"止步，高压危险！"标示牌，字朝向围栏内。

3）在围栏出入口处悬挂"在此工作""从此进出"标示牌；在通往高层平台上围栏出入口侧的阶梯下方悬挂"从此上下"标示牌。

4）在一经合闸即可送电到工作地点的开关和隔离开关的操作装置上，应悬挂"禁止合闸，有人工作！"标示牌。

2. 220kV 变电站平面布置双母线接线设备停电检修

（1）220kV 主变压器及三侧开关停电检修。以 1 号主变压器本体检修，1 号主变压器 220kV 侧 2601 开关、1 号主变压器 110kV 侧 701 开关、1 号主变压器 35kV 侧 301 开关检修为例，围栏和标示牌布置要点（设置示意见图 3-31）：

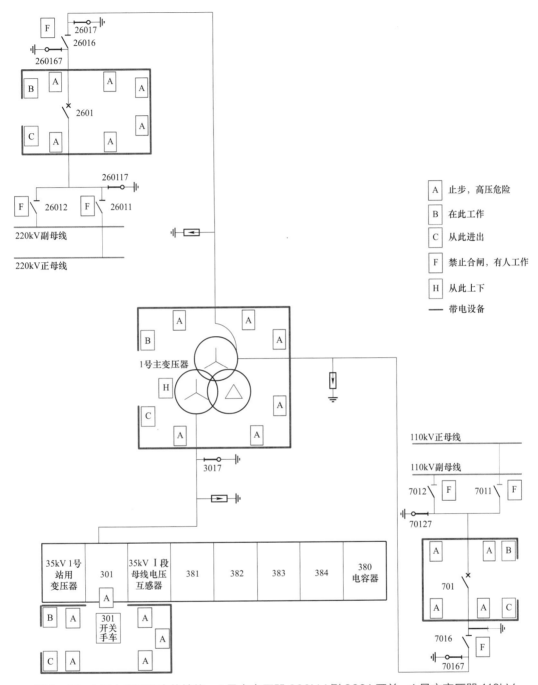

图 3-31　1 号主变压器本体检修，1 号主变压器 220kV 侧 2601 开关、1 号主变压器 110kV
侧 701 开关、1 号主变压器 35kV 侧 301 开关检修现场围栏和标示牌设置示意图

1）在 1 号主变压器、1 号主变压器 220kV 侧 2601 开关、1 号主变压器 110kV 侧 701 开
关四周设置临时围栏。在 1 号主变压器 35kV 侧 301 开关柜前设置临时围栏。

2）在围栏上悬挂适量"止步，高压危险！"标示牌，字朝向围栏内。在 1 号主变压器 301
开关柜内静触头隔离挡板处悬挂"止步，高压危险！"标示牌。

3）在围栏出入口处悬挂"在此工作！""从此进出！"标示牌。

4）在一经合闸即可送电到工作地点的开关和隔离开关的操作装置上，应悬挂"禁止合闸，有人工作！"标示牌。

5）打开 1 号主变压器本体爬梯门，并在爬梯上悬挂"从此上下！"标示牌。

（2）220kV 母联断路器停电检修。以 220kV 母联 2610 断路器检修为例，围栏和标示牌布置要点（设置示意见图 3-32）：

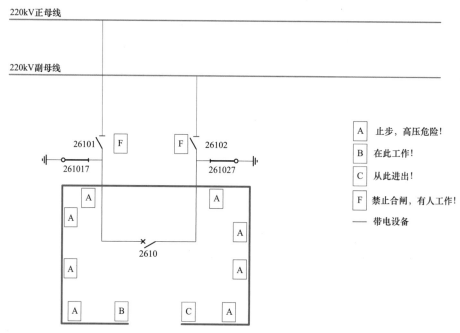

图 3-32　220kV 母联 2610 断路器检修现场围栏、标示牌设置示意图

1）在 220kV 母联 2610 断路器四周设置临时围栏，围栏不得将 2610A：26102 隔离开关包括在内。

2）在围栏上悬挂适量"止步，高压危险！"标示牌，字朝向围栏内。

3）在围栏出入口处悬挂"在此工作！""从此进出！"标示牌。

4）在一经合闸即可送电到工作地点的断路器和隔离开关操作装置上悬挂"禁止合闸，有人工作！"标示牌。

（3）220kV 母线电压互感器停电检修。以 220kV 正母线电压互感器检修为例，围栏和标示牌布置要点（设置示意见图 3-33）：

1）在 220kV 正母线电压互感器及 220kV 正母线避雷器四周设置临时围栏，围栏不得将 220kV 母线电压互感器 26001 隔离开关包括在内。

2）在围栏上悬挂适量"止步，高压危险！"标示牌，字朝围栏内。

3）在围栏出入口处悬挂"在此工作！""从此进出！"标示牌。

4）在一经合闸即可送电到工作地点的断路器和隔离开关操作装置上悬挂"禁止合闸，有人工作！"标示牌。

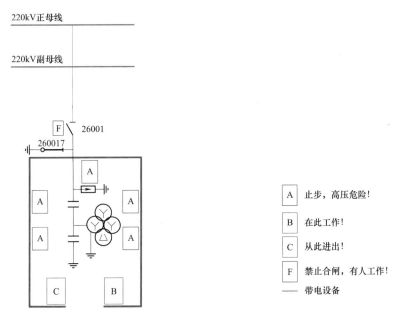

图 3-33　220kV 正母线电压互感器检修现场围栏和标示牌设置示意图

（4）室外一次设备扩建。以 220kV 2004 间隔扩建为例，围栏和标示牌布置要点（设置示意见图 3-34）：

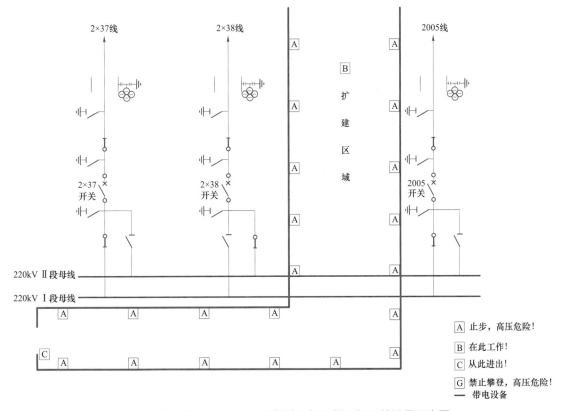

图 3-34　220kV 2004 间隔扩建现场围栏和标示牌设置示意图

275

1）在扩建区域四周设置固定式临时围栏。

2）固定临时围栏采用封闭式高度为 1.7m。

3）在围栏上设置适量"止步，高压危险！"标示牌，字朝向围栏内，并固定在封闭围栏上。

4）在围栏出入口处悬挂"在此工作！""从此进出！"标示牌，并设置行车安全限高标志。

5）在围栏内构架处悬挂"禁止攀登，高压危险！"标示牌。

3. 110kV 及以下一次设备停电检修

（1）110kV 变电站主变压器高压侧开关停电检修。以 1 号主变压器 110kV 侧 701 断路器检修为例，围栏和标示牌布置要点（设置示意见图 3-35）：

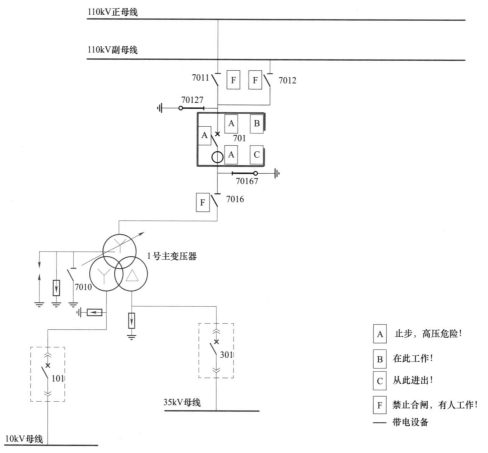

图 3-35　1 号主变压器 110kV 侧 701 断路器检修现场围栏和标示牌设置示意图

1）在 1 号主变压器 110kV 侧 701 断路器四周设临时围栏，围栏不得将 701A：701B：7016 隔离开关包含在内。

2）在围栏上悬挂适量"止步，高压危险！"标示牌，字朝围栏内。

3）在围栏出入口处悬挂"在此工作！""从此进出！"标示牌。

4）在一经合闸即可送电到工作地点的断路器和隔离开关操作装置上悬挂"禁止合闸，有人工作！"标示牌。

（2）35kV 变电站除保留 1 台站用变压器外全部停电检修。以进线侧 35kV 站用变压器运行，其他设备全停检修为例，围栏和标示牌布置要点（设置示意见图 3-36）：

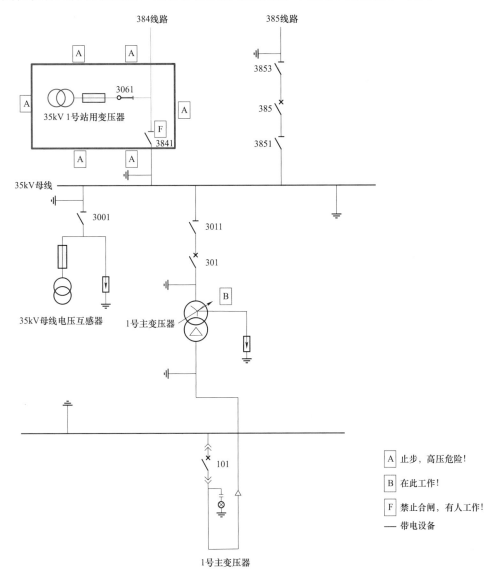

图 3-36 35kV 变电站除保留 35kV 进线侧站用变压器外，
其他设备全部停电检修现场围栏和标示牌设置示意图

1）在 35kV 1 号站用变压器四周设封闭围栏一组，围栏应将 384A、3061 隔离开关包含在围栏内。

2）在围栏四周悬挂适量"止步，高压危险！"标示牌，字面向围栏外。

3）在检修设备上悬挂"在此工作！"标示牌。

4）在一经合闸即可送电到工作地点的断路器和隔离开关操作装置上悬挂"禁止合闸，有人工作！"标示牌。

（3）10kV 开关停电检修。以 10kV 开关（手车）柜检修为例，围栏和标示牌布置要点（设置示意见图 3-37）：

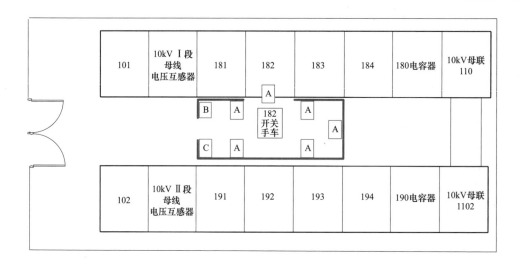

A	止步，高压危险！
B	在此工作！
C	从此进出！

图3-37 10kV开关（手车）柜检修现场围栏和标示牌设置示意图

1）在182开关柜前设临时围栏。

2）在围栏上悬挂适量"止步，高压危险！"标示牌，字朝围栏内。在182开关柜内静触头隔离挡板处悬挂"止步，高压危险！"标示牌。

3）在围栏出入口处悬挂"在此工作！""从此进出！"标示牌。

4. 紧凑型一次设备停电检修

（1）HGIS设备停电检修。以500kV户外布置，5003主变压器开关间隔检修为例，围栏和标示牌布置要点（设置示意见图3-38）：

1）在5003开关、电流互感器、50032隔离开关四周设置临时围栏。

2）在围栏上悬挂适量"止步，高压危险！"标示牌，字朝向围栏内。

3）在围栏出入口处悬挂"在此工作！""从此进出！"标示牌。

4）在一经合闸即可送电到工作地点的开关和隔离开关的操作把手上，均应悬挂"禁止合闸，有人工作！"的标示牌。

（2）GIS设备停电检修。以220kV户外布置，2×38出线间隔检修为例，围栏和标示牌布置要点（设置示意见图3-39）：

1）在2×38开关、电流互感器、线路电压互感器、线路避雷器四周设置临时围栏。

2）在围栏上悬挂适量"止步，高压危险！"标示牌，字朝向围栏内。

3）在围栏出入口处悬挂"在此工作！""从此进出！"标示牌。

4）在一经合闸即可送电到工作地点的开关和隔离开关的操作把手上，均应悬挂"禁止合闸，有人工作！"的标示牌。

5）GIS设备检修，应在围栏范围内（或上方）的带电设备的气室上悬挂"禁止攀登，高压危险！"标示牌。

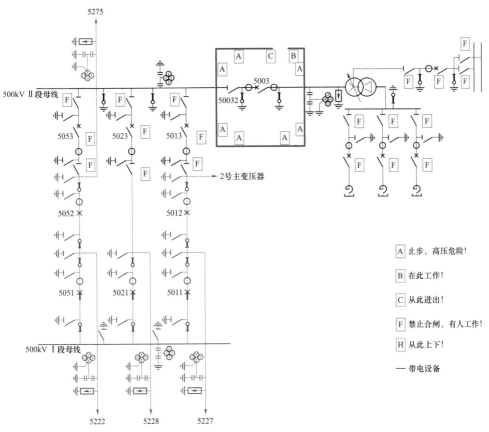

图 3-38　5003 主变压器开关间隔检修现场围栏和标示牌设置示意图

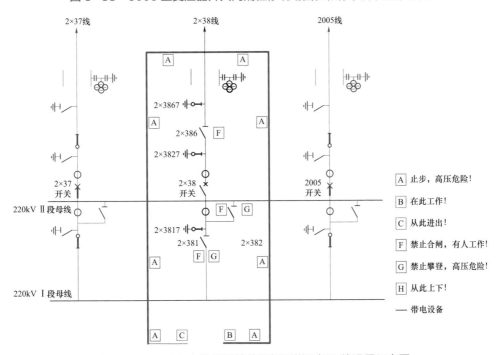

图 3-39　2×38 出线间隔检修现场围栏和标示牌设置示意图

279

（3）COMPASS 高压组合电器停电检修。

以 110kV 线路变压器组接线，COMPASS 712 断路器落地检修、电流互感器、线路电压互感器、线路避雷器检修，围栏和标示牌布置要点（设置示意见图 3-40）：

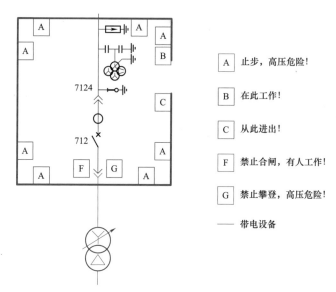

图 3-40　712 断路器落地检修、电流互感器、线路电压互感器、线路避雷器检修现场围栏和标示牌设置示意图

1）在 712 断路器、电流互感器、线路电压互感器、线路避雷器四周设置临时围栏一组。

2）在围栏上悬挂适量"止步，高压危险！"标示牌，字朝向围栏内。

3）在围栏出入口处悬挂"在此工作！""从此进出！"标示牌。

4）在一经合闸即可送电到工作地点的断路器和隔离开关的操作把手上，均应悬挂"禁止合闸，有人工作！"的标示牌。

5）712 断路器靠主变压器侧开关支架横梁上悬挂"禁止攀登，高压危险！"

以 110kV 内桥接线，710 断路器落地检修、电流互感器检修为例，围栏和标示牌布置要点（设置示意见图 3-41）：

1）在 710 断路器及电流互感器四周设置临时围栏。

2）在围栏上悬挂适量"止步，高压危险！"标示牌，字朝向围栏内。

3）在围栏出入口处悬挂"在此工作！""从此进出！"标示牌。

4）在一经合闸即可送电到工作地点的断路器和隔离开关的操作把手上，均应悬挂"禁止合闸，有人工作！"的标示牌。

5）在 710 断路器围栏内开关两侧支架横梁上悬挂"禁止攀登，高压危险""禁止合闸，有人工作！"标示牌。

以 110kV 线路变压器组接线，712 断路器不落地检修、电流互感器、线路电压互感器、线路避雷器检修，围栏和标示牌布置要点（设置示意见图 3-42）：

1）在 712 断路器、电流互感器、线路电压互感器、线路避雷器四周设置临时围栏一组。

2）在围栏上悬挂适量"止步，高压危险！"标示牌，字朝向围栏内。

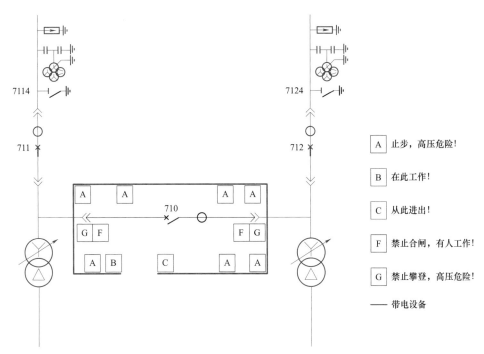

图 3-41 710 断路器落地检修、电流互感器检修现场围栏和标示牌设置示意图

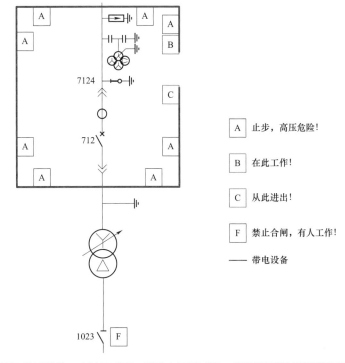

图 3-42 712 断路器不落地检修、电流互感器、线路电压互感器、线路避雷器检修现场围栏和标示牌设置示意图

3）在围栏出入口处悬挂"在此工作！""从此进出！"标示牌。

4）在一经合闸即可送电到工作地点的断路器和隔离开关的操作把手上，均应悬挂"禁止合闸,有人工作!"的标示牌。

以 110kV 内桥接线,710 断路器不落地检修、电流互感器检修为例,围栏和标示牌布置要点(设置示意见图 3-43):

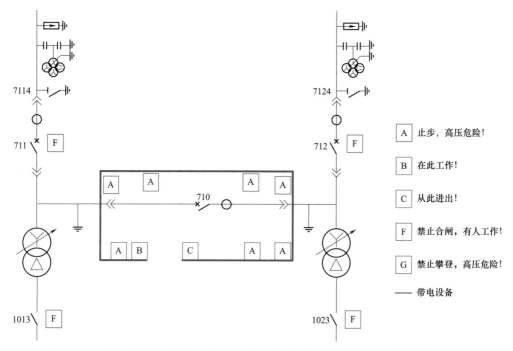

图 3-43 710 断路器不落地检修、电流互感器检修现场围栏和标示牌设置示意图

1)在 710 断路器及电流互感器四周设置临时围栏。

2)在围栏上悬挂适量"止步,高压危险!"标示牌,字朝向围栏内。

3)在围栏出入口处悬挂"在此工作!""从此进出!"标示牌。

4)在一经合闸即可送电到工作地点的断路器和隔离开关的操作把手上,均应悬挂"禁止合闸,有人工作!"的标示牌。

(4)PASS-MO(帕斯)高压组合电器停电检修。

以 110kV 线路变压器组接线,712 断路器间隔及线路电压互感器、线路避雷器检修为例,围栏和标示牌布置要点(设置示意见图 3-44):

1)在 712 断路器及电流互感器、线路电压互感器、避雷器四周设置临时围栏一组。

2)在围栏上悬挂适量"止步,高压危险!"标示牌,字朝向围栏内。

3)在围栏出入口处悬挂"在此工作!""从此进出!"标示牌。

4)在一经合闸即可送电到工作地点的断路器和隔离开关的操作把手上,均应悬挂"禁止合闸,有人工作!"的标示牌。

以 110kV 内桥接线,710 断路器、电流互感器、隔离开关检修为例,围栏和标示牌布置要点(设置示意见图 3-45):

1)在 710 断路器、电流互感器、隔离开关四周设置临时围栏一组。

2)在围栏上悬挂适量"止步,高压危险!"标示牌,字朝向围栏内。

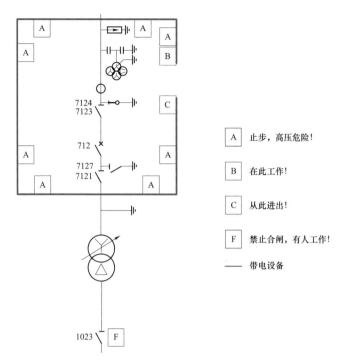

图 3-44 712 断路器间隔及线路电压互感器、线路避雷器检修现场围栏和标示牌设置示意图

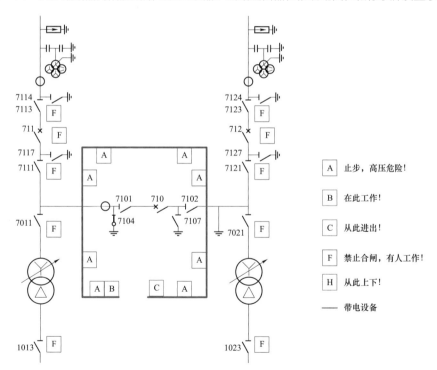

图 3-45 710 断路器、电流互感器、隔离开关检修现场围栏和标示牌设置示意图

3）在围栏出入口处悬挂"在此工作！""从此进出！"标示牌。

4）在一经合闸即可送电到工作地点的断路器和隔离开关的操作把手上，均应悬挂"禁止

合闸，有人工作！"的标示牌。

五、变电二次设备作业现场安全措施设置范例

（1）220kV 主变压器停电的二次设备工作。以 220kV 1 号主变压器停电保护校验为例，标示牌、红布幔设置要点（见图 3-46）：

屏前安措示意图

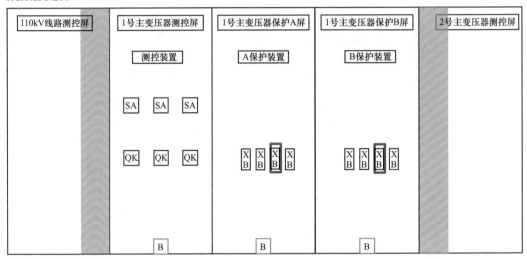

屏后安全措施示意图

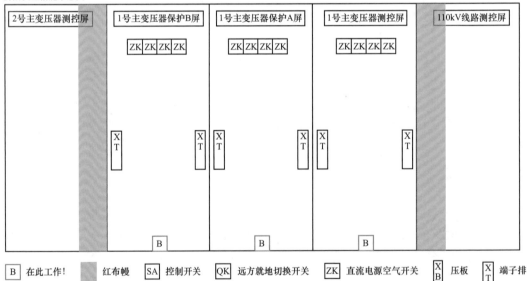

图 3-46　220kV 1 号主变压器停电保护校验二次设备安措示意图

1）在 1 号主变压器测控、保护屏前后分别悬挂"在此工作！"标示牌。

2）在邻近 1 号主变压器测控、保护屏的非检修屏上前后分别设置红布幔，将 1 号主变压器保护屏有关联跳压板用红布幔绑扎。

（2）110kV 主变压器停电的二次设备工作（双绕组变压器 110/10kV）。以 110kV 1 号主变压器保护校验为例，标示牌、红布幔设置要点（见图 3-47）：

屏前安措示意图

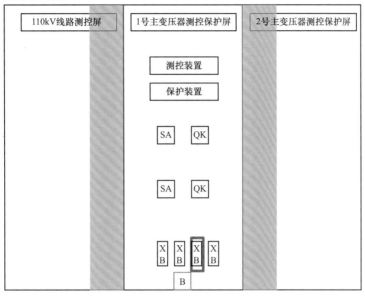

屏后安措示意图

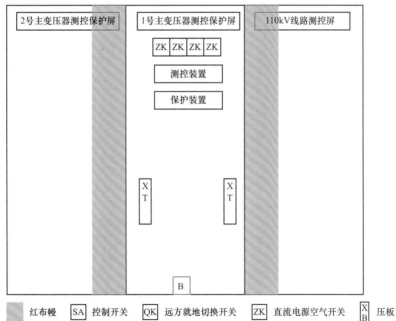

图 3-47 110kV 1 号主变压器停电保护校验二次设备安措示意图

1）在 1 号主变压器测控保护屏前后分别悬挂"在此工作！"标示牌。

2）在邻近 1 号主变压器测控保护屏的非检修屏上前后分别设置红布幔，将 1 号主变压器保护屏有关联跳压板用红布幔绑扎。

（3）220kV 主变压器保护屏内部分二次设备工作。以 220kV 1 号主变压器运行，A 套保护工作为例，标示牌、红布幔设置要点（见图 3-48）：

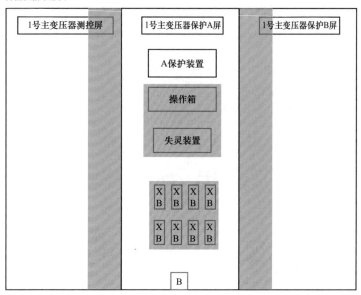

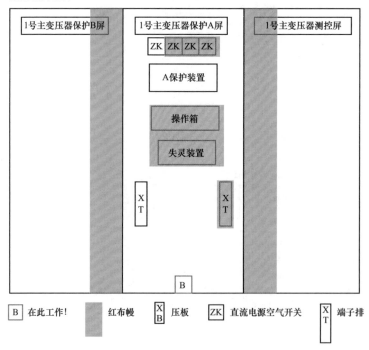

图 3-48　220kV 1 号主变压器运行，A 套保护工作二次设备安措示意图

1）在 1 号主变压器保护 A 屏前后分别悬挂"在此工作！"标示牌。

2）在邻近 1 号主变压器保护 A 屏的非检修屏上前后分别设置红布幔，将 1 号主变压器保护 A 屏其他运行装置、运行端子排、有关跳闸出口压板、公用交直流电源用红布幔遮盖。

（4）220kV 线路开关停役的二次设备工作。以 220kV 4647 开关停役，保护校验为例，标示牌及红布幔设置要点（见图 3-49）：

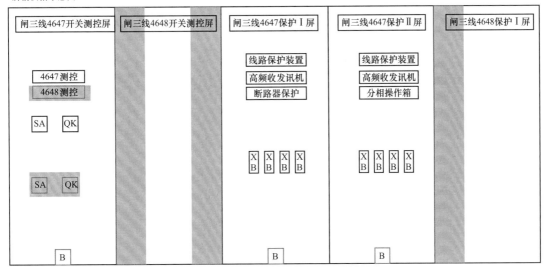

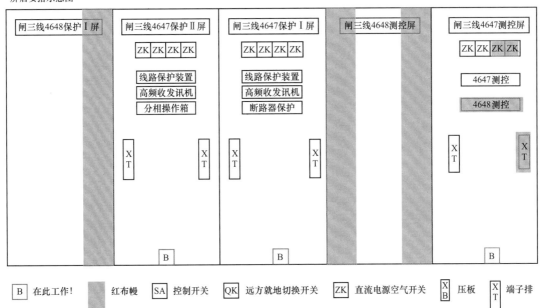

图 3-49 220kV 4647 开关停役，保护校验二次设备安措示意图

1）在 4647 开关测控、保护屏前后分别悬挂"在此工作！"标示牌。

2）在邻近 4647 开关测控、保护屏的非检修屏上前后分别设置红布幔，将 4647 开关测控检修屏上其他非检修线路测控单元装置、端子排、交直流电源用红布幔遮盖。

（5）110kV 线路开关停役的二次设备工作。以 110kV 线路 752 开关停役，保护校验为例，标示牌及红布幔设置要点（见图 3-50）：

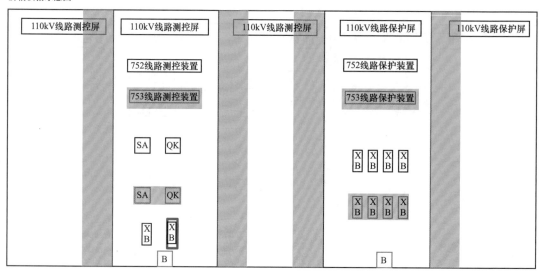

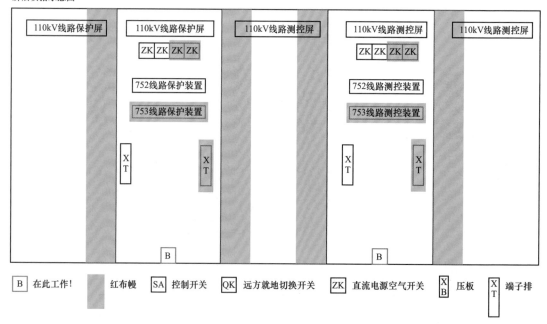

图 3-50　110kV 线路 752 开关停役，保护校验二次设备安措示意图

1）在 110kV 线路测控、保护检修屏前后分别悬挂"在此工作！"标示牌。

2）在邻近 110kV 线路测控、保护屏检修屏的非检修屏上前后分别设置红布幔，将 110kV 线路测控、保护检修屏上其他非检修线路测控、保护单元装置、端子排、有关跳闸出口压板、交直流电源用红布幔遮盖绑扎。

（6）220kV 线路运行的部分二次设备工作。以 220kV 线路 4647 开关第二套保护工作为例，标示牌及红布幔设置要点（见图 3-51）：

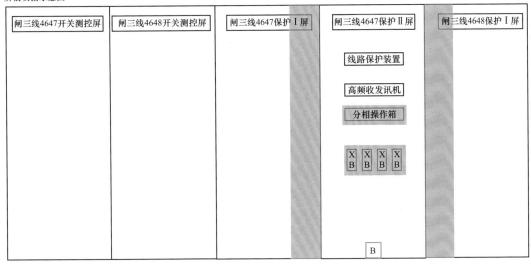

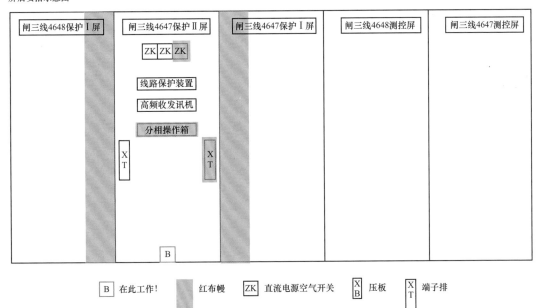

图 3-51 220kV 线路 4647 开关第二套保护工作二次设备安措示意图

1）在 4647 保护Ⅱ屏前后分别悬挂"在此工作！"标示牌。

2）在邻近 4647 开关保护Ⅱ屏的非检修屏上前后分别设置红布幔。在 4647 保护Ⅱ屏上其他运行装置、运行端子排、有关跳闸出口压板、公用交直流电源用红布幔遮盖。

（7）220kV 开关旁路代的二次设备工作。以 220kV 4647 开关旁路替代，本身开关停役，其线路保护校验为例，标示牌及红布幔设置要点（见图 3-52）：

屏前安排示意图

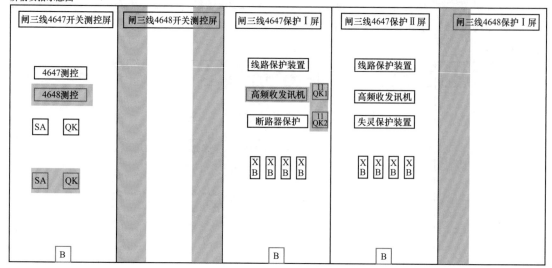

屏后安排示意图

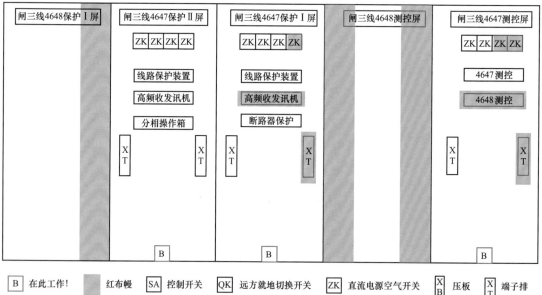

| B | 在此工作！ | | 红布幔 | SA | 控制开关 | QK | 远方就地切换开关 | ZK | 直流电源空气开关 | XB | 压板 | XT | 端子排 |

图 3-52　220kV 4647 开关旁路替代，本身开关停役，其线路保护校验二次设备安排示意图

1）在 4647 开关测控、保护屏前后分别悬挂"在此工作！"标示牌。

2）在邻近 4647 开关测控、保护屏的非检修屏上前后分别设置红布幔。

3）在 4647 开关测控、保护屏其他运行装置、运行端子排、有关跳闸出口压板、公用交直流电源用红布幔遮盖。

（8）微机母差保护上二次设备工作。以母线运行，220kV BP-2B 保护校验为例，标示牌、红布幔设置要点（见图 3-53）：

1）在 220kV 母差保护屏前后分别悬挂"在此工作！"标示牌。

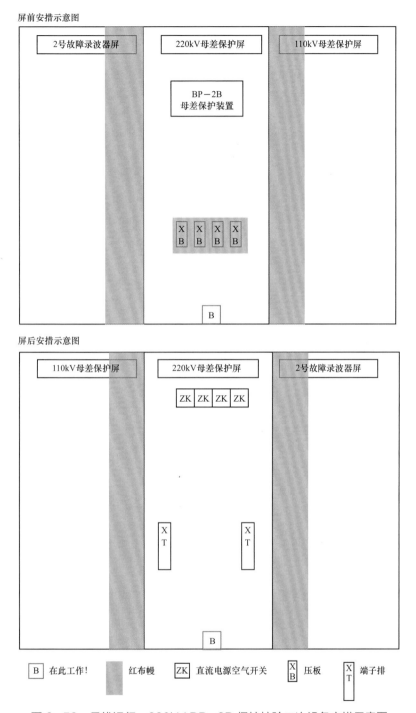

屏前安措示意图

屏后安措示意图

| B 在此工作！　　　红布幔　　ZK 直流电源空气开关　XB 压板　　XT 端子排 |

图 3-53　母线运行，220kV BP-2B 保护校验二次设备安措示意图

2）在邻近 220kV 母差保护屏的非检修屏上前后分别设置红布幔，将 220kV 母差保护屏跳闸压板用红布幔遮盖。

（9）手车开关柜二次设备工作（保护装置在开关柜上）。以 10kV 线路 162 开关保护校验为例，标示牌、红布幔设置要点（见图 3-54）：

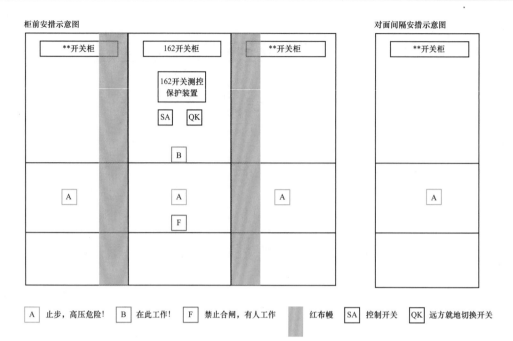

| A | 止步，高压危险！ | B | 在此工作！ | F | 禁止合闸，有人工作 | | 红布幔 | SA | 控制开关 | QK | 远方就地切换开关 |

图3-54　10kV线路162开关保护校验二次设备安措示意图

1）在162开关控制保护屏前悬挂"在此工作！"标示牌。

2）在邻近162开关控制保护屏的非检修屏前分别设置红布幔。

3）在162开关柜上以及相邻两侧和对面间隔上悬挂"止步，高压危险！"标示牌，在162开关手车操作处悬挂"禁止合闸，有人工作！"标示牌。

（10）电压切换屏二次设备工作。以110kV正母线电压二次回路工作为例，标示牌、红布幔设置要点（见图3-55）：

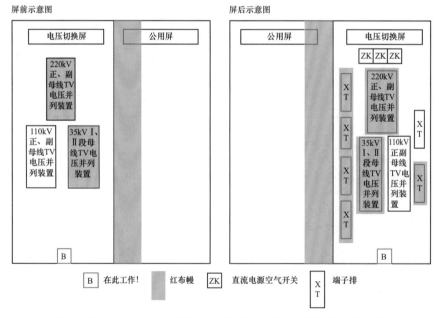

| B | 在此工作！ | | 红布幔 | ZK | 直流电源空气开关 | XT | 端子排 |

图3-55　110kV正母线电压二次回路工作二次设备安措示意图

1）在电压切换屏前后分别悬挂"在此工作!"标示牌。

2）在邻近电压切换屏的非检修屏上前后分别设置红布幔。将电压切换屏上其他运行装置、运行端子排、公用交直流电源用红布幔遮盖。

（11）交流所用电屏二次设备工作。以母线站用变压器低压侧空气开关更换为例,标示牌、红布幔设置要点（见图 3-56）:

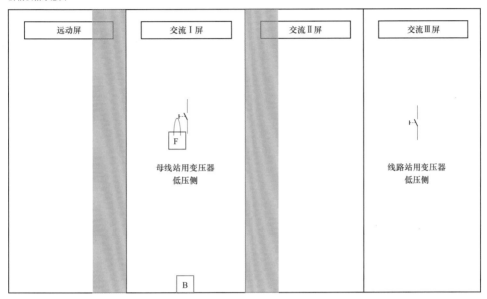

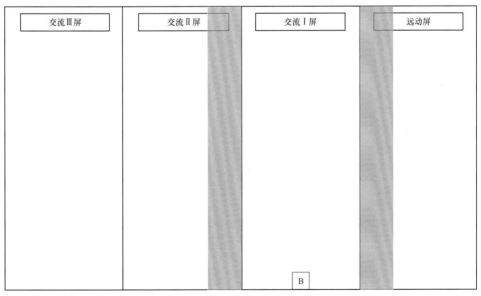

图 3-56 母线站用变压器低压侧空气开关更换二次设备安措示意图

1）在一经合闸即可送电到工作地点的隔离开关上悬挂"禁止合闸，有人工作！"标示牌。

2）在交流Ⅰ屏前后分别悬挂"在此工作！"标示牌。

3）在邻近交流Ⅰ屏的非检修屏上前后分别设置红布幔。

（12）直流屏二次设备工作。以直流Ⅱ屏第二组电池充放电试验为例，标示牌、红布幔设置要点（见图3-57）：

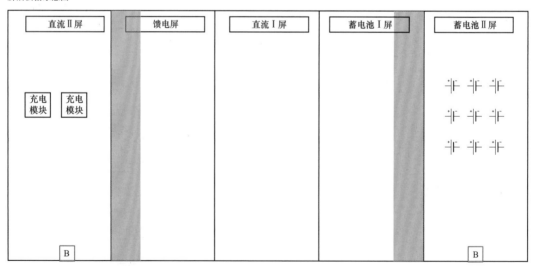

图3-57　直流Ⅱ屏第二组电池充放电试验二次设备安措示意图

1）在直流Ⅱ屏、蓄电池Ⅱ屏上前后分别悬挂"在此工作！"标示牌。

2）在邻近直流Ⅱ屏、蓄电池Ⅱ屏的非检修屏上前后分别设置红布幔。

（13）110kV 母联备自投装置二次设备工作。以 1 号主变压器 701 开关与 110kV 母联 710 开关跳合闸试验为例，标示牌、红布幔设置要点（见图 3−58）：

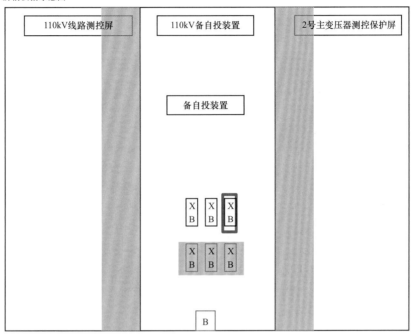

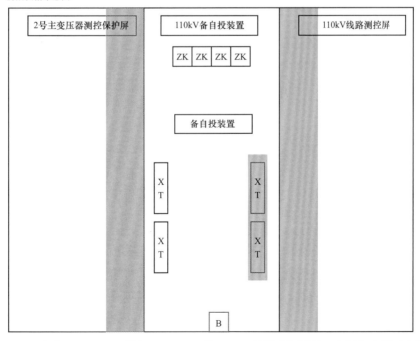

图 3−58　1 号主变压器 701 开关与 110kV 母联 710 开关跳合闸试验二次设备安措示意图（一）

屏前安措示意图

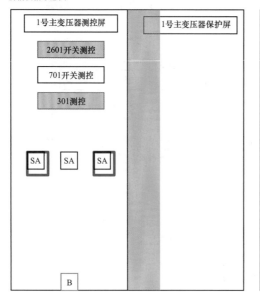

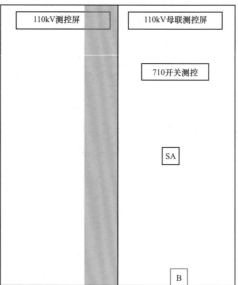

屏后安措示意图

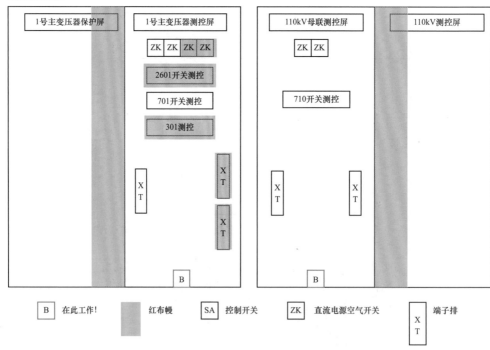

图 3-58　1号主变压器 701 开关与 110kV 母联 710 开关跳合闸试验二次设备安措示意图（二）

1）在 1 号主变压器测控屏以及 110kV 备自投装置屏前后分别悬挂"在此工作！"标示牌。

2）在邻近 1 号主变压器测控屏以及 110kV 备自投装置屏的非检修屏上前后分别设置红布幔。将 1 号主变压器测控屏、110kV 备自投装置屏上其他运行装置、运行端子排、联跳压板、公用交直流电源用红布幔遮盖或绑扎。

（14）故障录波器装置二次设备工作。以 220kV 故障录波器校验为例，标示牌、红布幔设置要点（见图 3-59）：

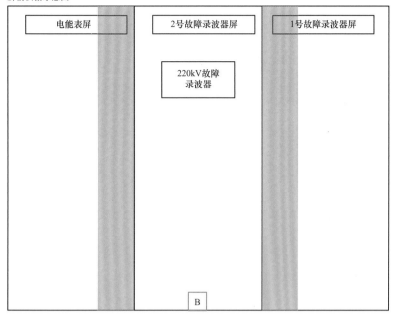

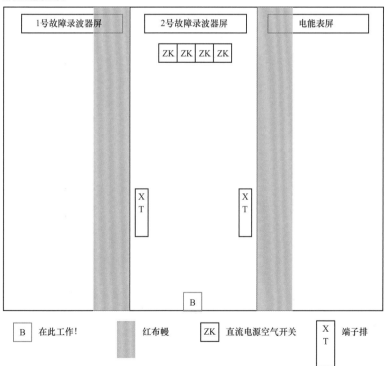

图 3-59 220kV 故障录波器校验二次设备安措示意图

1）在 220kV 故障录波器屏前后分别悬挂"在此工作！"标示牌。

2）在邻近 220kV 故障录波器屏的非检修屏上前后分别设置红布幔。

（15）室内新增测控保护屏。以新增 110kV 线路测控、保护屏为例，围栏、标示牌、红布幔设置要点（见图 3-60）：

屏前安措示意图

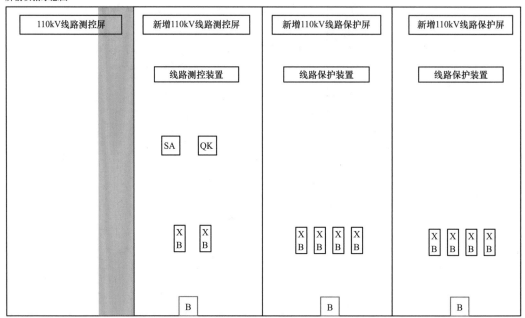

屏后安措示意图

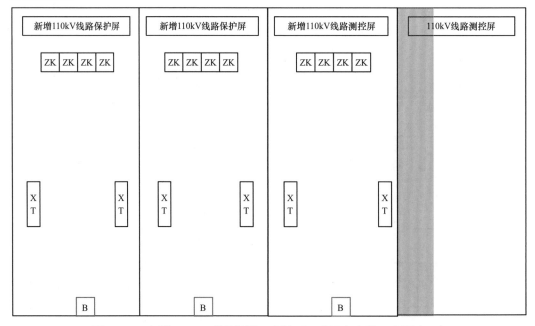

图 3-60　新增 110kV 线路测控、保护屏二次设备安措示意图（一）

控制室平面安措示意图

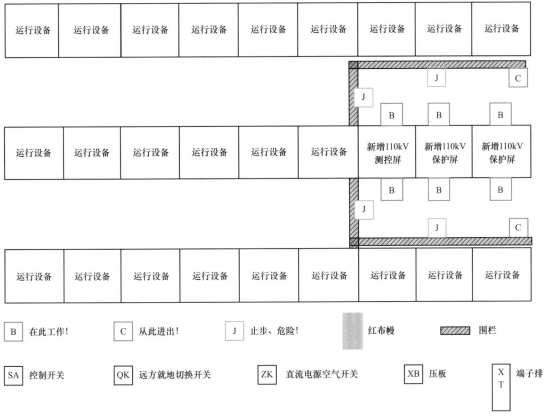

| B | 在此工作！ | C | 从此进出！ | J | 止步、危险！ | ▨ | 红布幔 | ▨ | 围栏 |

| SA | 控制开关 | QK | 远方就地切换开关 | ZK | 直流电源空气开关 | XB | 压板 | XT | 端子排 |

图 3-60　新增 110kV 线路测控、保护屏二次设备安措示意图（二）

1）在新增 110kV 线路开关测控、保护屏前后分别设置临时围栏。在围栏上向内悬挂"止步、危险！"标示牌。在围栏入口处悬挂"从此进出！"标示牌。

2）在新增 110kV 线路开关测控、保护屏前后分别悬挂"在此工作！"标示牌。

3）在邻近新增 110kV 线路开关测控、保护屏的非检修屏上前后分别设置红布幔。

（16）室外开关端子箱。以 220kV 4647 开关端子箱改造工作为例，围栏、标示牌设置要点（见图 3-61）：

端子箱安措示意图

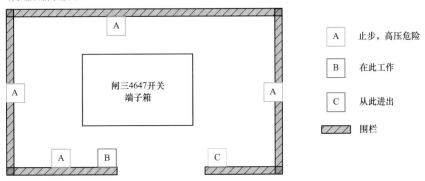

A	止步，高压危险
B	在此工作
C	从此进出
▨	围栏

图 3-61　220kV 4647 开关端子箱改造二次设备安措示意图

1）在 4647 开关端子箱四周设临时围栏。

2）在围栏上向内悬挂适量"止步，高压危险！"标示牌。

3）在围栏入口处悬挂"在此工作！""从此进出！"标示牌。

六、智能变电站二次安措执行要点

1. 智能变电站二次安全措施隔离技术

智能变电站继电保护和安全自动装置的安全隔离措施一般可采用投入检修压板，退出装置软压板、出口硬压板以及断开装置间的连接光纤等方式，实现检修装置（新投运装置）与运行装置的安全隔离。

（1）投入装置的置检修压板。智能变电站的检修机制中，继电保护、安全自动装置、合并单元及智能终端均设有一块检修硬压板。当装置置检修压板投入时，装置发送的 GOOSE/SV 报文中的 TEST 将被置位，GOOSE/SV 接收端装置将接收到 GOOSE 报文 TEST 位、SV 报文数据品质 TEST 位与装置自身检修压板状态进行比较，做"异或"逻辑判断，两者一致时，信号进行处理或动作，两者不一致时则报文视为无效，不参与逻辑运算。

通过投退装置置检修压板，将检修设备与运行设备相隔离。

（2）退出相关软压板。

1）软压板分为发送软压板和接收软压板，用于从逻辑上隔离信号输出、输入。目前智能站内只有保护、安全自动装置内设置软压板，合并单元和智能终端均未设置软压板。装置输出信号由保护输出信号和发送压板数据对象共同决定，装置输入信号由保护接收信号和接收压板数据对象共同决定，通过改变软压板数据对象的状态便可以实现某一路信号的逻辑通断。

2）从发送端而言，退出 GOOSE 发送/出口软压板，本装置将不会向其他装置发送相应的保护指令。

3）从接收端而言，退出 GOOSE 接收软压板，本装置对其他装置发送来的相应 GOOSE 信号不作逻辑处理。

4）SV 软压板退出时，装置底层硬件平台接收处理采样数据，不计入保护逻辑运算，相应采样值不显示。

5）通过操作软压板，实现运行设备与检修设备之间的逻辑隔离；同时将间隔层设备的采样值置零，实现了间隔层设备与合并单元的隔离。

（3）退出智能终端出口硬压板。智能终端整合了传统站保护的 I/O 转换模块和操作箱。智能终端出口硬压板安装于智能终端与断路器之间的电气回路中，可作为明显断开点，实现相应二次回路的通断。出口硬压板退出时，相当于断开了跳合闸脉冲与操作板的电气连接，保护、测控装置无法通过智能终端实现对断路器的跳、合闸。

（4）断开光纤。继电保护、安全自动装置和合并单元、智能终端之间都是同配置文件实现虚拟二次回路的关联关系，虚拟二次回路之间的信息传递是通过物理光纤回路实现。断开装置间的光纤能够保证检修装置（新投运装置）与运行装置的可靠隔离。

但一般插拔光纤会降低装置光口使用寿命，同时出现试验功能不完整等问题，因此，一般不宜采用断开光纤的隔离措施。

2. 智能变电站二次安措实施总则

为确保二次虚回路的安全隔离，应至少采取双重安全隔离。

（1）合并单元检修。合并单元、采集单元一般不单独投退，根据影响程度确定相应保护装置的投退。

1）双重化配置的合并单元、采集单元单台校验、消缺时，可不停役相关一次设备，但应退出对应的线路保护、母线保护等接入该合并单元采样值信息的保护装置。

2）单套配置的合并单元、采集单元校验、消缺时，需停役相关一次设备。

3）一次设备停役，合并单元、采集单元校验、消缺时，应退出对应的线路保护、母线保护等相关装置内该间隔的软压板（如母线保护内该间隔投入软压板、SV 软压板等）。

4）母线合并单元、采集单元校验、消缺时，按母线电压异常处理。

（2）智能终端检修。智能终端可单独投退，也可根据影响程度确定相应保护装置的投退。

1）双重化配置的智能终端单台校验、消缺时，可不停役相关一次设备，但应退出该智能终端出口压板，退出重合闸功能，同时根据需要退出受影响的相关保护装置。

2）单套配置的智能终端校验、消缺时，需停役相关一次设备，同时根据需要退出受影响的相关保护装置。

（3）保护检修。智能站保护装置检修时，应将保护装置的出口停用，所需操作的软压板与常规站硬压板同名。

智能变电站虚回路安全隔离应至少采取双重安全措施，如退出相关运行装置中对应的接收软压板、退出检修装置对应的发送软压板，投入检修装置检修压板（检修压板运维人员不操作，检修人员执行）。

（4）网络交换机检修。网络交换机一般不单独投退，可根据影响程度确定相应保护装置的投退。

（5）一次设备停役时，若需退出继电保护系统，宜按以下顺序进行操作：

1）退出运行保护装置中与检修合并单元相关的 SV 软压板。

2）退出运行保护装置中相关的失灵、远跳（或远传）等 GOOSE 接收软压板。

3）退出检修保护装置中与运行设备相关的跳闸、起动失灵、重合闸等 GOOSE 发送软压板。

4）退出该间隔智能终端出口硬压板。

5）投入该间隔保护装置、智能终端、合并单元检修压板。

（6）一次设备复役时，继电保护系统投入运行，宜按以下顺序进行操作：

1）退出该间隔合并单元、保护装置、智能终端检修压板。

2）投入该间隔智能终端出口硬压板。

3）投入检修保护装置中与运行设备相关的跳闸、起动失灵、重合闸等 GOOSE 发送软压板。

4）投入运行保护装置中相关的失灵、远跳（或远传）等 GOOSE 接收软压板。

5）投入运行保护装置中与检修合并单元相关的 SV 软压板。

第五节　巡视技能及要点

变电站设备巡视是变电运维工作中的一个重要组成部分，其目的主要是检查设备运行状态是否良好，从而第一时间发现设备在运行过程中存在的缺陷，并迅速处理，保障设备安全、稳定、可靠地运行。

一、设备巡视的基本方法

变电站设备巡视的主要方法有感官巡视法和工具辅助法。

1. 感官巡视法

感官巡视法是指通过巡视人员的眼看、耳听、鼻嗅、手触等方式收集、分析、判断设备运行状况，做好这项工作，运行人员必须熟悉该设备的参数、特性、缺陷、负荷、运行极限和经济运行曲线等。变电运维人员应像医生一样给变电站设备进行"体检"，"望、听、闻、切"，逐步接近、深入。

（1）"望"——目测检查法。目测检查法是用眼睛来检查看得见的设备部位，通过设备外观的变化来发现设备的"外隐"。通过目测检查法可以发现的异常现象有：变色、变形、渗漏、位移、破裂、松动、冒烟、断股散股、闪络痕迹、异物搭挂、污秽、指示不正常等，是设备巡视最常用的方法之一。以变电站的主设备变压器为例，巡视检查变压器时，一看充油部分有无渗漏；二看连接线有无破股、有无搭挂物；三看设备紧固元件有无松动或脱落；四看瓷件有无裂纹；五看仪表装置指示有无超限；六看设备有无变形、变色等。同时，要善于利用自然环境中的有利条件观察和检查设备，如雪、雨天气检查设备接头是否有蒸汽产生，判断其是否存在发热现象；检查绝缘子表面有无水波纹，判断是否存在裂纹。

（2）"听"——耳听判断法。耳听判断法是用耳朵或借助听音器械，判断设备运行时发出的声音是否正常，通过声音查找设备的"内隐"。变电站巡视时只靠看不行，还要用耳朵听。变压器在正常运行时通过交流电，其绕组铁芯会发出均匀节奏和一定响度的"嗡嗡"声；负荷大时声音略响；当内部接触不良或有故障时，会发出"吱吱"或"噼啪"的放电声。其他大多数设备在正常运行时是没有声音的。因此，当运行设备发出各类异响时，要结合其他方法综合判断设备运行状态是否正常。一般导致设备发出异响的原因有过负荷、内部零部件松动、铁磁谐振、污秽放电、绕组局部放电等。

（3）"闻"——鼻嗅判断法。鼻嗅判断法是用鼻子辨别是否有电气设备的绝缘材料因过热而产生特殊气味等，通过气味查找设备的"内隐"。巡视检查变电站设备时，要闻一闻设备接线部位有无焦味、放电焦灼味和设备泄漏的异常气体味等。如果有异味，要重点检查是否有接触不良放电、漏油漏气等缺陷，并做好相关记录。

（4）"切"——触试检查法。触试检查法是用手触试设备的非带电部分（如变压器的外壳、电动机的外壳），以检查设备的温度是否有异常升高或局部过热。对带电的高压设备（如运行中变压器的中性点接地装置），禁止使用手触法测试。对不带电且外壳可靠接地的设备，检查其温度或温升时需要用手触检查。二次设备发热、振动等可以用手触法检查。

2. 工具辅助法

由于人的能力是有限的，因此在变电站巡检中还要借助现代化的仪器，精确测量出设备温度和距离等数据。工具辅助法是指利用仪器、专用工具、在线监测工具、变电站遥视进行辅助巡视工作。

例如利用远红外成像仪或红外测温仪等，对设备外壳、线夹、触点等部位进行温度测量，根据数据统计、对比和分析，判断设备是否过热。通过调整变电站内视频监控探头的角度和远近，检查母线上有无搭接物、站内有无设备冒烟等。在恶劣天气条件下通过智能巡检机器人实现红外测温、设备外观巡视（充油类设备无渗漏油，套管绝缘子无破损裂纹，引线接头无松动，端子箱、机构箱密封良好等）、状态指示（开关、隔离开关、接地刀闸分合位置，开关储能指示，主变呼吸器受潮变色情况等）、表计读数（避雷器泄漏电流、动作次数，充油类设备油位指示，变压器温度表读数，开关 SF_6 压力表、液压机构压力表等）、保护运行情况及压板状态监视等工作。

二、几种常见巡视项目的检查及判断方法

1. 接头发热的检查及判断

（1）通过鼻闻判断是否发热。用鼻孔闻电气设备接头附近是否有焦糊味。若确认该焦糊味来自电气设备接头，则其温度必在 70℃ 以上。

（2）根据接头金属变色情况判断。例如隔离开关可以通过观察触头的颜色判别，温度过高时，触头附近颜色会发蓝，出现云状色斑。

（3）根据示温蜡片判断是否发热。示温蜡片是用温度蜡做成的，当温度超过示温蜡片额定融化温度时，示温蜡片自动融化脱落，表明过热状态。示温蜡片最早应用于电气接头过热检测的产品，有着广泛应用。巡视人员可依据示温蜡片融化与否可知晓温度情况，以对电气设备非正常工作状态作出相应的处理，确保设备可靠运行。示温蜡片温度规格是：60℃（黄色），70℃（绿色），80℃（红色）三种。

（4）利用下雪、下雨天观察接头处是否有雪融水和冒热气现象。下雪天巡视，如果接头上的雪熔化，温度约在 0℃ 以上；如接头干燥，温度约在 50℃ 以上。下雨天巡视，如果接头干燥，温度约在 50℃ 以上；如雨滴立即气化蒸发，温度约在 100℃ 以上；如发出"刺啦"声，大雨滴呈滚落状，温度约在 200℃ 以上。利用雨雪天检查接头发热情况，易发现，效率高。

（5）利用相色漆的变色判断。设备接头处涂有相色漆，巡视时若发现相色漆颜色变深、漆皮裂开，说明接头发热了。

（6）借助于测温工具测温。用红外测温仪定期对设备重点部位进行普测和精确测温，通过与历史数据及同类设备对比和分析，判断设备是否过热。

2. 注油设备油位的检查及判断

注油设备的油位变化主要取决于油量和油温变化。渗油和漏油可导致注油设备油量过低，危害设备和电网安全运行，巡视时一定要密切观察。油温的变化直接影响油体积的收缩和膨胀，从而使油位计内的油位指示上升或下降。由于设备负荷增大、气温变化、内部故障及冷却装置运行状况等原因，导致油温变化引起油位过高或过低，甚至出现假油位。

变压器储油柜的油位表一般标有 -30、+20℃ 和 +40℃ 三条线，它是指变压器使用地点在最低油温和最高环境温度时对应的油面，并注明其温度。根据这三个标志可以判断是否需要加油或放油。+40℃ 线表示安装地点变压器在环境最高温度为 +40℃ 时满载运行中油位的最高限额线，油位不得超过此线；+20℃ 线表示年平均温度为 +20℃ 时满载运行时的油位高度；-30℃ 线表示环境为 -30℃ 时空载变压器的最低油位线，不得低于此线，若油位过低，应进行加油。

对于油位计油位的观察和判断，可采用以下方法：

（1）空间上，从不同角度不同位置观察。

（2）时间上，在不同运行状态（如不同天气条件不同负荷）下观察，进行纵向对比。

（3）与其他同类设备（如两条线路的电流互感器）或不同相位设备（如同一条线路的电流互感器 A 相与 B、C 相）的油位进行横向对比。

（4）对于变压器，可对照变压器的油位—温度曲线综合判断变压器油位是否正常。

注：运行中的变压器出现假油位的原因可能是油位计堵塞、呼吸器堵塞、防爆管通气孔堵塞等情况。处理时，应先将重瓦斯保护退出，按照有关规程进行处理。

3. 变压器油温的检查及判断

变压器油温表指示的是变压器的顶层油温，运行中的油温监视点为 85℃；而温升是指变压器顶层油温与环境温度之差，运行中的变压器在环境温度为 40℃ 时，其温升不得超过 55℃。

如果变压器在相同条件（环境温度、负荷、油位等）下，油温比平时高出 10℃，或负荷不变且冷却装置正常运行时温度持续上升，则认为变压器发生内部故障（应注意温度表有无误差或失灵）。我国变压器的温升标准，均以环境温度 40℃ 为准，故变压器顶层油温一般不得超过 95℃，顶层油温如超过 95℃，其绕组内部的温度就要超过绕组绝缘的耐热强度，为了使绕组绝缘不致过快老化，规定变压器顶层油温一般不得超过 85℃。

油温的巡视与判断通常采用比较法，即与历史运行数据比较，一旦发现油温异常，应立即查明原因。巡视时通过比较变压器上不同安装位置的温度计读数，对照变压器温度—负荷曲线，并结合环境温度、负荷大小、冷却装置运行状况等因素，综合判断变压器油温是否正常。变压器发生故障时一般伴随着温度的急剧上升，此时应结合其他巡视项目（如套管各连接端子是否发热、变压运行声音是否正常）综合判断。

4. 绝缘子裂纹的检查及判断

绝缘子出现裂纹会导致绝缘强度降低，造成绝缘子进一步损坏，甚至全部击穿，绝缘子裂纹中的水结冰可造成绝缘子胀裂。因此，绝缘子裂纹对电气设备的安全运行有很大威胁。

判断绝缘子的裂纹既可在巡视时进行检查，也可在停电时检查。检查的方法有：

（1）绝缘子表面污秽越严重，其反射光线聚光点的亮度会越暗，因此对于户外绝缘子，观察绝缘子在阳光下产生的聚光点，判断是否有裂纹。

（2）雨后观察户外绝缘子是否有水波纹，判断绝缘子是否有裂纹。

（3）望远镜观察。借助望远镜进一步仔细察看，通常可以发现不太明显的裂纹。

（4）声响判断。如果绝缘子有不正常的放电声，根据声音可以判断是否损坏和损坏程度。

（5）停电时用绝缘电阻表摇测其绝缘电阻，或者采用固定火花间隙对绝缘子进行带电测量。

5. 声音的检查及判断

变压器正常运行时，会发出均匀的"嗡嗡"声，其他设备在运行时基本没有声音。对于声音的检查判断一般采用比较法。

（1）变压器声音比平时尖锐，但声音均匀，可能是电网发生过电压。电网发生单相接地或产生谐振过电压时，都会使变压器的声音增大，出现这种情况时，可结合电压表计的指示进行综合判断。

（2）过负荷时，将会使变压器发出很高而且沉重的"嗡嗡"声，若发现变压器的负荷超过允许的正常过负荷值时，应根据现场规程的规定降低变压器负荷。

（3）变压器发出强烈而不均匀的噪声或有"锤击"和"吹风"声，有可能是由于变压器上的某些零部件松动而引起的振动。如果伴有变压器声音明显增大，且电流电压无明显异常时，则可能是内部夹件或压紧铁芯的螺钉松动，使硅钢片振动增大所造成的。

（4）变压器有"噼啪"的放电声，若在夜间或阴雨天气下，看到变压器套管附近有蓝色的电晕或火花，则说明瓷件污秽严重或设备线卡接触不良。若是变压器内部放电则是不接地的部件静电放电或线圈匝间放电，或由于分接开关接触不良放电，这时应对变压器作进一步检测或停用。

（5）变压器有爆裂声，说明变压器内部或表面绝缘击穿，应立即将变压器停用检查。

（6）变压器有水沸腾声，且温度急剧变化，油位升高，则应判断为变压器绕组发生短路或分接开关接触不良引起的严重过热，应立即将变压器停用检查。

（7）电流互感器二次开路时，会发出"嗡嗡"的声响。内部螺栓松动、铁芯故障、过负荷时也会发出声响。

（8）电压互感器在电网发生谐振时会发出声响，且电压指示会异常升高或摆动。内部故障或螺栓松动时会发出声响，但电压指示正常。

6. 避雷器典型异常的检查及判断

避雷器的常见异常类型有：①避雷器爆炸；②避雷器阀片（电阻片）击穿；③避雷器内部闪络；④避雷器外绝缘套的污闪或冰闪；⑤避雷器受潮造成内部故障；⑥避雷器断裂；⑦避雷器瓷套破裂；⑧避雷器在正常情况下（系统无内过电压和大气过电压）计数器动作；⑨引线断损或松脱；⑩氧化锌避雷器的泄漏电流值有明显的变化。

（1）避雷器受潮、老化、并联电阻特性劣化的判断。

1）避雷器少量的进水受潮或阀式避雷器的并联电阻特性劣化，通常会使其阻值下降，通过的电流上升，同时温度升高；当避雷器选取的材料和设计上散热能力不同时，损耗增大。因此利用红外热成像手段可有效判断避雷器内部进水受潮、氧化锌避雷器伏安特性劣化和阀式避雷器并联电阻断裂这三类异常。

2）当避雷器因受潮或老化，并联电阻特性劣化时，避雷器的阻性电流急剧上升，使密封的避雷器内部的金属件及并联电阻温度上升，（据查其内部橡胶绝缘垫熔化的温度大于150℃），温度达 100℃以上，由于避雷器内部静止气体传热性能较差，如果橡胶垫不熔化，则很难从绝缘子外部观察出来，但由于其受潮后，总泄漏电流中有功成分增加，将改变避雷器纵向温度分布，见图 3-62。

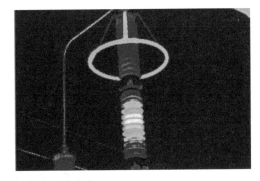

图 3-62 避雷器受潮后纵向温度分布

避雷器，一般由三节避雷器构成，尽管采用均压环等均压措施，由于对地电容的影响，正常运行时，其电压梯度分布基本上仍是呈上高下低的趋势，因此，其正常热像图中反映的绝缘子柱温度分布也略呈上高下低的趋势，各节间的平均温差较小，一般不超过 0.5℃。当设备存在缺陷时，该热像分布将明显改变。

根据 DL/T 664—2008 中 9.2 电压致热型设备的判断，避雷器异常发热电压致热故障，判断依据见表 3–17。

表 3–17　　　　　　　　　　　　判　断　依　据

设备类别和部位	热像特征	故障特征	温差（K）
避雷器	正常为整体轻微发热，较热点一般在靠近上部且不均匀，多节组合从上到下各节温度递减，引起整体发热或局部发热为异常	阀片受潮或老化	0.5～1

通过红外热成像手段发现避雷器有明显的局部过热时，应注意 220kV 避雷器的上下节温度分布情况异常，并拍摄记录三相绝缘子柱的温差。对多节组合避雷器（220kV 及以上），发现并确认异常后，应对每一节避雷器进行停电试验，并注意检测避雷器法兰温度，观察三相对应法兰的温差。磁吹避雷器的允许的最大温升及异常的判断可参照表 3–17 的规定执行。当热像异常或相间温差超过表格规定时，应用其他试验手段确定缺陷性质及处理意见。

（2）避雷器的泄漏电流值异常的判断。

1）明显增大。应立即向调度及上级主管都门汇报，并对近期的巡视记录进行对比分析，用红外线检测仪对避雷器的温度进行测量，若确认不属于测量误差，经分析确认为内部故障，应申请停电处理。

2）变小或为零。多数是表计或表计相关回路故障引起；避雷器屏蔽环软线脱落（小）；避雷器底座绝缘降低（小）；雨雪雾等潮湿天气（小）；泄漏电流表卡涩（零或小）；泄漏电流表与引线接触不良（小）；表计和绝缘电阻受潮（先降低后升高）。

三、典型巡视案例

1. 110kV 倪汇变 1 号主变压器油温偏高

（1）缺陷情况概述。2015 年 7 月 16 日，运行人员在进行高温特巡时发现 110kV 倪汇变 1 号主变压器（见图 3–63）负荷为 70%额定负荷时顶层油温已经达到 92℃，超过了正常油温，无法带满负荷运行，当日环境温度为 45℃。运行人员立即汇报相关领导及专职，随即联系检修人员处理。该主变压器型号为 SFZ–31500/110，出厂编号：99–016，2010 年 05 月 31 日投运。

图 3–63　110kV 倪汇变 1 号主变压器

（2）检测分析及处理过程。2015 年 7 月 17 日变电检修室配合运行人员现场拍摄红外图谱确认主变压器本体是否存在油短路情况及短路部位。现场排查发现，散热片 80 蝶阀操作手柄均处于开启状态，1、2 号散热片表面温度明显比 3、4、5 号散热片高。对主变压器散热片、主变压器散热片侧 80 蝶阀及 150 蝶阀导油管内、外两侧分别进行了红外测温。

对五组散热片分析：

现场红外测温报告显示散热片共 5 组，编号是正对高压侧从右往左，分别为 1～5 号散热片，主变压器散热片红外测温图像见图 3-64。

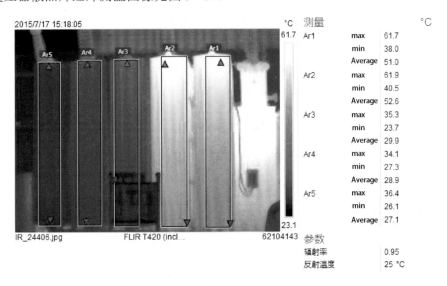

图 3-64　主变压器散热片红外测温图像

从图 3-64 可以看出，1、2 号散热片的最高温度分别为 61.7℃ 和 61.9℃，3、4、5 号散热片的温度分别为 35.3、33.1、36.4℃，与 1 号和 2 号散热片温度相差近 25℃。由此可以判断 1、2 号散热片内部油流通畅，而 3、4、5 号散热片温度接近户外温度，内部油流不通畅。

对每组散热片的每个蝶阀分析，见图 3-65 和表 3-18。

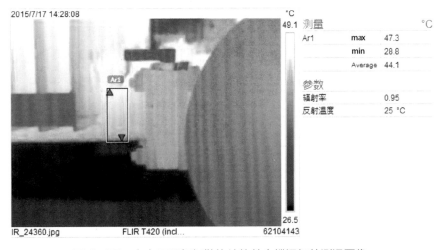

图 3-65　主变压器每组散热片的单个蝶阀红外测温图像

表3-18　　　　　　　　　　　　　每组散热片的每个蝶阀测温数据

位置	1号散热片		2号散热片		3号散热片		4号散热片		5号散热片	
	上蝶阀	下蝶阀	上蝶阀	下蝶阀	上蝶阀	下蝶阀	上蝶阀	下蝶阀	上蝶阀	下蝶阀
	外/内	外/内	外/内	外/内	外/内	外/内	外/内	外/内	外/内	外/内
温度max（℃）	66.0/61.3	47.3/45.4	65.1/64.1	50.8/49.8	45.4/60.0	39.4/44.5	43.2/55.5	38.4/44.2	48.3/56.1	31.6/45.4
温差（℃）	4.7	1.9	1	1	14.6	0.9	12.3	5.8	7.8	13.8

注　蝶阀外位置：蝶阀靠散热片侧连管处；蝶阀内位置：蝶阀靠汇流管侧连管处。

从表3-18可以看出3号散热片上蝶阀、4号散热片上蝶阀以及5号散热片下蝶阀两侧油路温差高达12～15℃，初步怀疑蝶阀不通。

对两组DN150管分析（连接油箱和汇流管之间上部2根，下部2根），如图3-66和表3-19所示。

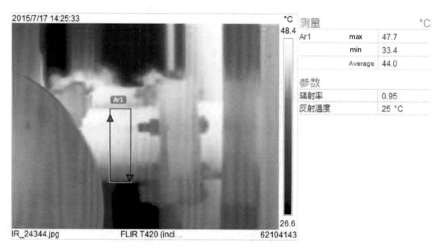

图3-66　主变压器某DN150管的红外测温图像

表3-19　　　　　　　　　　　　　两组DN150管测温数据

位置	150管（第一组）		150管（第二组）	
	上法兰	下蝶阀	上法兰	下蝶阀
	外/内	外/内	外/内	外/内
温度max（℃）	60.9/60.5	47.7/50.6	58.8/61.3	47.6/50.5
温差（℃）	0.4	2.9	2.5	2.9

根据测温结果报告分析，DN 150管法兰，蝶阀两端油路通畅。

除此之外，主变压器两只油温度计温差较大，图3-67为高压A相侧温度表，显示油温63.5℃；图3-68为高压C相侧温度表，显示油温81.5℃，两只表显示温度差值18℃，存在故障。图3-68显示高压C相侧温度计最高油温指示在实际油温指示下方，怀疑此油位计指针存在机械卡涩，导致油位显示失真。

图 3-67 倪汇变 1 号主变压器油温计 1

图 3-68 倪汇变 1 号主变压器油温计 2

综合考虑变压器运行工况，主变压器油温过高，会导致绝缘老化，应尽快安排停电检修，及时消除缺陷。停电检修前，为提高主变压器散热效果，变电检修室对倪汇变 1 号主变压器散热片无风扇侧加装两只风扇作为加强散热效果的临时措施（见图 3-69）。

2015 年 7 月 25 日，变电检修室对主变压器进行停电检查，检查时发现 3、4 号散热片上部 80 蝶阀、5 号散热片下部 80 蝶阀实际操作手柄指示位置为打开（见图 3-70），然而内部阀门并未开启（见图 3-71），现场判定阀门开关损坏。

图 3-69 倪汇变 1 号主变压器临时散热措施

这就导致主变压器本体油无法通过 3、4、5 号散热片进行油循环，起不到散热效果，检查情况与红外测温结果相吻合。同时其他散热片 80 蝶阀（包括主变压器本体上部两只 150 蝶阀）由于使用时间较长，也存在不同情况机械卡涩，因此现场对存在问题的蝶阀进行了更换处理。

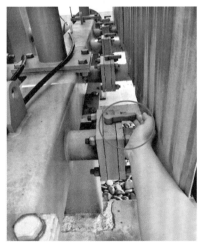

图 3-70 3、4 号散热片上部 80 蝶阀、
5 号散热片下部 80 蝶阀实际操作手柄位置

图 3-71 3、4 号散热片上部 80 蝶阀、
5 号散热片下部 80 蝶阀内部阀门

2015 年 7 月 26 日，变电检修室对检修后变压器进行试验，试验结果合格，并于当天 16 时 37 分投入运行。2015 年 7 月 27 日 16 时运行人员对主变压器进行现场巡检及红外测温，主变压器温度计显示 72℃，现场红外测温本体温度为 71℃，恢复正常。

2. 220kV 庙港变电站 4×47 庙长线 B 相电流互感器渗漏油

（1）缺陷情况概述。2015 年 4 月 22 日上午 10 点运行人员对庙港变电站进行巡检时，现场发现 4×47 庙长线 B 相电流互感器放油阀门处存在渗漏油情况，漏油速度为 1 滴/5min，观察窗油位已降到最低油位指示线下方（见图 3-72 和图 3-73）。运行人员立即汇报调度申请将 4×47 庙长线停电消缺，并汇报相关专职领导联系检修处理。

图 3-72　4×47 庙长线 B 相电流互感器油位

图 3-73　4×47 庙长线 B 相渗漏油情况

4×47 庙长线 B 相电流互感器型号为 LVB-220W3，于 2008 年 5 月投运，出厂编号为 080204。

（2）检测分析及处理过程。经省调批准，4×47 庙长线停电至检修状态，检修人员及厂家人员及时赶到现场进行缺陷排查，发现 4×47 庙长线 B 相电流互感器放油阀处密封圈存在裂缝（见图 3-74），导致电流互感器出现渗漏油情况。经确认电流互感器内部实际油位在电流互感器顶部绝缘层之上。

厂家对电流互感器进行了补油处理，并对放油阀处存在裂纹的密封圈进行了更换。电试人员对注油后密封良好的电流互感器进行现场检查性试验，电流互感器油样化验结果与检查性试验结果均为合格。设备无异常，投入运行。

图 3-74　4×47 庙长线 B 相电流互感器放油阀处密封圈裂缝

3. 220kV 三兴变电站 3 号主变压器 2503 避雷器泄漏电流不平衡

（1）缺陷情况概述。2015 年 04 月 23 日运行人员现场巡检发现 220kV 三兴变电站 3 号主变压器 2503 避雷器计数器显示三相泄漏电流值分别为（A：0.1mA，B：0.4mA，C：0.1mA），三相泄漏电流误差为 150%，远远超过规定值 20%。避雷器存在缺陷，初步怀疑为泄漏电流表问题。

220kV 三兴变电站 3 号主变压器 2503 避雷器型号为 YH10W1-204/532W，出厂日期为 2010 年 1 月 1 日，2010 年 05 月 31 日入运行。

（2）检测分析及处理过程。2015 年 6 月检修人员对存在问题的避雷器进行泄漏电流表更换，发现读数数值及误差没有发生变化，因此排除了由于表计损坏引起泄漏电流读数不准的因素。同时电试班人员对三相避雷器进行带电检测，检测结果见表 3-20。

表 3-20　　　　　　　　　　　避雷器带电检测结果

设备编号	3 号主变压器 2503 避雷器		
相别序号	A	B	C
高压侧相电压	127.0	127.0	127.0
I_X（全电流）（mA）	0.426	0.399	0.431
IR_p（阻性电流）（mA）	0.068	0.064	0.069
阻性电流占全电流	16.0%	16.0%	16.0%
Φ_{I-U}（°）	83.50	83.50	83.50
计数器电流表指示值（mA）	0.10	0.40	0.10

从带电检测试验数据分析，三相避雷器本体（除底座外）泄漏电流基本平衡，误差为 7.64%，且阻性电流峰值占全电流有效值的 16.0%，符合规程规定 30% 的要求。初步排除避雷器本体受潮缺陷，怀疑引起泄漏电流三相不平衡是由于底座绝缘不良引起，具体原因需结合停电对避雷器进行试验检查。

2015 年 7 月 7 日，变电检修室对三兴变电站 3 号主变压器 2503 避雷器进行停电试验检查，试验结果见表 3-21。

表 3-21　　　　　　　　　　　避雷器停电试验结果

设备编号	3 号主变压器 220kV 侧					
相别序号	00028		00029		00030	
	A 上	A 下	B 上	B 下	C 上	C 下
单节绝缘电阻（MΩ）	15 500	15 300	21 300	24 500	18 500	16 700
底座绝缘电阻（MΩ）	0.01		780		0.01	
$U_{DC.1mA}$（kV）	153.3	153.9	153.8	153.6	155.0	153.8
$I_{0.75}U_{DC.1mA}$（μA）	6	14	8	15	5	15
I_X（$U_m/\sqrt{3}/2$）（μA）	950	945	929	947	937	952
IR_p（$U_m/\sqrt{3}/2$）（μA）	97	106	100	109	99	103

对现场检查性试验数据进行分析，三相避雷器各相数据均符合规程要求，A、C 相底座绝缘为 10kΩ，几乎为无绝缘状态，而规程规定避雷器底座绝缘不得低于 100MΩ，因此现场判断为避雷器底座受潮引起。考虑到夏季雷暴雨天气频繁，确保迎峰度夏期间设备安全稳定

运行，决定对三兴变电站 3 号主变压器 2503 避雷器进行更换处理。同时为进一步查证底座是否受潮进水，在避雷器更换过程中对底座进行了拆解，如图 3-75 所示。

图 3-75　三兴变电站 3 号主变压器 2503 避雷器底座

图 3-75 中显示，底座内部已出现积水，并且 A、B、C 三相避雷器底座均存不同程度受潮，其中，A、C 相避雷器底座金属圆柱形孔洞内壁存在贯通水痕，B 相为积水。同时工作人员通过现场仔细检查发现底座四周无出水孔，底座下部为一金属板封死，通过与制造厂求证为产品出厂制造工艺问题。

变电运维室组织人员对所有变电站避雷器进行了排查，发现同厂家同批次产品现场泄漏电流表均出现读数偏小现象。通过与制造厂沟通，处理方案为：在底座下法兰边上与安装孔对称的 4 个方向垫 4 个平垫以使水排出（在避雷器底座与过渡板之间加 5mm 垫片）。

第六节　定　期　切　换

一、定期切换及试验的目的

为确保变电站内设备的正常运行，变电站内设备除应按有关规程由专业人员根据周期进行试验外，运行人员还对有关设备进行定期切换和试验。

变电站设备的定期切换指将运行设备与备用设备进行倒换运行的方式，通过切换，减少磨损和发热等缺陷的发生，保证电力系统运行设备的完好性，在故障时备用设备能真正起到备用的作用。对备用的变压器、直流电源、调相机的备用励磁机、备用冷却器和备用副机、事故照明、消防设施以及备用电源切换装置等，必须进行定期切换使用。

变电站设备的定期试验主要是为了检验某些设备运行是否正常，设备某些功能或部件是否完好，自动投入装置是否能正确动作。对纵联差动和高频保护通道、特殊型号距离保护的阻抗元件、重合闸、各种事故信号、告警装置、调相机的某些热工自动装置等，必须进行定期切换试验。

二、定期切换及试验的周期及基本要求

设备定期切换及试验的周期及基本要求见表 3-22。

表 3-22　　　　　　　　　　　　设备定期切换及试验的周期及基本要求

设备定期切换、试验	周期	相关要求
强油（气）风冷、强油水冷的变压器冷却系统，各组冷却器的工作状态（即工作、辅助、备用状态）	每季度	（1）将"备用"冷却器切至"工作"位置； （2）将"工作"冷却器切至"辅助"位置； （3）将"辅助"冷却器切至"备用"位置； （4）检查各种冷却器运行正常，油泵油流指示正常，风冷控制箱及监控后台无异常信号
站用交流电源系统的备自投装置	每季度	（1）检查站用电交流备用电源电压正常，拉开站用交流电源系统的备自投装置主用电源电压检测空气开关，备自投装置自动切换至备用电源供电。 （2）切换正常后，再次合上备自投装置主用电源电压检测空气开关，备自投装置自动切换至主用电源供电。 （3）检查站用电各负载运行正常
主变压器冷却电源自投功能	每季度	（1）拉开主变压器冷却器主用电源进线开关，检查主变压器冷却器电源自动切换至备用电源工作，冷却器风扇运行无异常。 （2）恢复主变压器冷却器主用电源，检查主变压器冷却器电源自动切换至主用电源工作。 （3）现场风冷控制箱及监控后台无异常信号
变电站事故照明系统	每季度	合上事故照明各灯具开关，检查各灯具运行正常
GIS 设备操动机构集中供气的工作和备用气泵	每季度	（1）将备用气泵切换开关切至"工作"位置。 （2）将工作气泵切换开关切至"备用"位置。 （3）检查气泵运行正常
通风系统的备用风机与工作风机	每季度	（1）将备用风机切换开关切至"工作"位置。 （2）将"工作"风机切换开关切至"辅助"位置。 （3）检查风机运行正常
变电站内的备用站用变压器	每半年	（1）不运行的站用变压器每半年应带电运行不少于 24h。 （2）切换试验前后应检查直流、不间断电源系统、主变压器冷却系统电源情况，强油循环主变压器还应检查负荷及油温。 （3）备用站用变压器切换试验时，先停用运行站用变低压侧断路器，确认相应断路器已断开、低压母线已无压后，方可投入备用站用变压器
直流系统中的备用充电机	每半年	（1）检查备用充电机交流进线电源应合上，备用充电机输出电压与运行中 1 号充电机电压一致。 （2）将备用充电机直流输出开关切至直流 I 段母线，检查备用充电机输出电流正常。 （3）拉开 1 号充电机直流输出总开关，备用充电机带直流 I 段负载运行一段时间，检查备用充电机无异常。 （4）恢复时，按上述步骤反之
UPS 系统	每半年	（1）试验前检查 UPS 装置交流输入、直流输入、旁路输入、交流输出均正常，装置无异常告警信号。 （2）运行人员手动拉开装置交流输入开关，UPS 装置自动转为直流逆变交流模式。检查 UPS 所带各交流负载运行正常，无异常失电信号。 （3）恢复 UPS 装置交流输入电源，检查装置自动改为交流供电模式，各负载无异常信号
高频通道对时	结合例行巡视	（1）运行人员每次巡视时应手动起动高频收信机测试，检查通道是否完好，并记录高频通道的衰耗值。 （2）当通道发出 3dB 告警或衰耗值超过规程规定要求时，应及时向管理人员反映，联系专业班组处理
保护装置定值及压板状态检查	每季度	运维人员现场检查时，应依据调度定值单，使用保护装置压板状态检查表对保护装置压板、把手、空气开关的状态进行检查并记录其状态

三、设备定期切换及试验的方法及步骤

1. 主变压器风冷系统切换试验

冷却系统是风冷变压器的重要组件，大型变压器的冷却系统通常是由两路独立电源供电，通过交流接触器切换，两路电源可任选一路作为工作电源，另一路为备用电源。为了减少运行的接触器长期运行发热老化，应每个季度对冷却电源进行切换。强油（气）风冷、强油水冷的变压器冷却系统，各组冷却器的工作状态有工作状态、辅助状态和备用状态。

主变压器风冷系统切换主要包括冷却电源自投功能和各组冷却器的工作状态（即工作、辅助、备用状态）切换试验。

（1）冷却电源自投功能切换试验。正常运行时，两路电源的指示灯均亮，表示两路电源均正常。冷却电源自投功能切换试验主要是检验当工作电源发生故障时，备用电源能否自动投入，而当工作电源恢复时，备用电源能否自动退出。冷却电源的切换主要是为了减缓接触器长期运行的老化，切换方法如下：

1）检查主变压器冷却器控制箱各切换开关投切正常，所有故障报警指示灯灭，检查主变压器冷却器工作电源切换开关在"Ⅰ电源"——工作电源位置（以Ⅰ电源为例，若Ⅱ电源工作，试验方法类推），"Ⅱ电源"——备用电源三相电压正常。

2）拉开主变压器冷却器工作电源进线开关（或将冷却器工作电压切换把手切至"停用"位置），检查主变压器冷却器工作电源进线接触器已跳开，备用电源进线接触器自动合上，冷却器电源已自动切换，检查冷却器风扇运行是否正常。

3）试验正常后，恢复主变压器冷却器工作电源，检查冷却器工作电源自动切回工作电源供电，工作电源进线接触器合上，备用电源进线接触器跳开。也可将原备用电源切换为工作电源，原工作电源切换为备用电源，是否切换应符合变电站现场运行规程要求。

4）检查现场风冷控制箱及监控后台无异常信号。

注意：

1. 主变压器冷却器全停情况下，当主变压器上层油温超过75℃，主变压器跳闸；在上层油温未达75℃时，主变压器可运行60min，但在满载条件下仅能运行20min；

2. 冷却器电源切换不成功应立即恢复原运行方式，并及时通知检修处理；

3. 主变压器温度较高，辅助冷却器已投入运行时不进行冷却器电源切换试验及备用冷却器联锁试验。

（2）各组冷却器的工作状态（即工作、辅助、备用状态）切换试验。为了减少长期运行的冷却器电动机长期磨损，保证各组冷却器能随时投入工作，每个季度在保证变压器两侧冷却器分布均匀的情况下，应按现场运行规程对工作冷却器、备用冷却器、辅助冷却器进行切换。夏季高温季节来临前全面检查一次。切换流程如下：

1）检查主变压器是否在运行状态。

2）检查主变压器冷却器切换前运行情况。

3）将"备用"冷却器切至"工作"位置，将"工作"冷却器切至"辅助"位置，将"辅助"冷却器切至"备用"位置。

4）检查主变压器冷却器切换后运行情况正常（即至少有一组冷却器在运行状态）。

5）检查油泵油流指示正常，风冷控制箱及监控后台无异常信号。

2. 站用交流电源切换试验

（1）切换试验方法。为了保证站用交流电源的可靠性，变电站一般配置 2～3 路站用交流电源，所有站用变压器低压侧均接入交流屏上的交流母线，站用交流母线一般采用单母线或单母线分段方式接线。

为避免一路站用交流电源失去而造成站用电交流母线失压，站用交流电源系统一般配置一套备自投装置，当单母线运行方式的站用交流母线常用电源失去时，自动投入备用电源；当单母线分段运行方式的站用交流母线一路电源失去时，自动投入站用交流母线的母联断路器。站用交流电源系统备自投装置的切换试验就是为了确保站用交流电源的可靠供电。以单母线接线为例介绍切换试验方法：

1）检查交流屏上站用电常用电源、备用电源三相电压指示均正常。

2）分开站用交流电源系统的常用电源。

3）检查 ATS 是否自动切换至备用电源供电。

4）切换正常后，再次合上站用电系统的常用电源，检查 ATS 装置是否自动切换至常用电源供电。

5）检查 400V 母线电压是否正常，站用电各负载运行是否正常。

注意：

1. 对于单母线分段接线方式的站用电系统，切换时应注意检查 400V 分段开关是否正确动作。

2. 当站用交直流系统有工作时，严禁进行切换试验。

（2）站用交流电源切换装置常见问题及处理方法。

1）备自投装置异常告警（备自投装置发出闭锁、失电告警等信息时的处理方法）。

a. 检查备自投方式是否选择正确，检查备自投装置交流输入情况。

b. 检查备自投装置告警是否可以复归，必要时将备自投装置退出运行，联系检修人员处理。

c. 外部交流输入回路异常或断线告警时，如检查发现备自投装置运行灯熄灭，应将备自投装置退出运行。

d. 备自投装置电源消失或直流电源接地后，应及时检查，停止现场与电源回路有关的工作，尽快恢复备自投装置的运行。

e. 备自投装置动作且备用电源断路器未合上时，应在检查工作电源断路器确已断开，站用交流电源系统无故障后，手动投入备用电源断路器。工作电源断路器恢复运行后，应查明备用电源拒合原因。

f. 对于成套备自投装置，在排除上述可能的情况下，可采取断开装置电源再重起一次的方法检查备自投装置异常告警是否恢复。

2）自动转换开关自动投切失败（自动转换开关面板显示失电、闭锁等信息）。

a. 检查监控系统告警信息，检查自动转换开关所接两路电源电压是否超出控制器正常工作电压范围。

b. 若自动转换开关电源灯闪烁，检查进线电源有无断相、虚接现象。

c. 检查自动转换开关安装是否牢固，是否选至自动位置。

d. 若自动转换无法修复，应采用手动切换，联系检修人员更换自动切换装置。

e. 若手动仍无法正常切换电源，应转移负荷，联系检修人员处理。

第七节 带 电 检 测

一、红外测温

设备巡视主要以目测为主，但对于发展性缺陷，特别是设备内部缺陷，要发热到一定程度后才能发现。这不但给设备缺陷的发现和处理造成延误，而且运行设备可能已经受到了不同程度的损坏。电力设备正常运行时，会产生一定的热量，但在负载严重不平衡，接点生锈腐蚀、接触不良时，将造成接触点电阻增加、电流过大等，进而导致设备出现热态异常和过热故障现象。这些异常部位和故障点会辐射更强的红外能，通过对设备温度变化的检测，可以对设备故障及异常作出诊断，并及时予以排除。

1. 红外测温原理

高于绝对零度的物体会不断地向外辐射红外热能；温度越高，辐射的能量越大。不同温度的物体辐射出不同程度的红外线，经红外测温设备接收及转换，形成可视的红外图谱，从而判断物体表面的温度及温度场的分布。红外测温原理示意图见图 3-76。

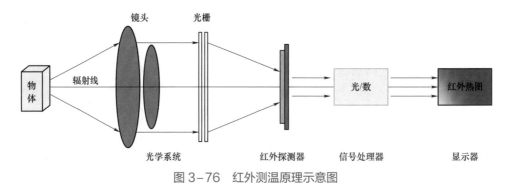

图 3-76 红外测温原理示意图

红外测温设备主要由光学系统、红外探测器、信号处理器、显示器四大模块组成，其中，光学系统用于接收目标物体发出的红外线并聚焦到红外探测器上；红外探测器用于感应透过光学系统的红外线，并把信号发送给信号处理器；信号处理器将来自于红外探测器的信号转化成红外热图像；显示器直观显示红外热图像。

2. 红外测温检测要求

（1）环境要求。

1）一般检测。

a. 环境温度不宜低于 5℃，一般按照红外热像检测仪器的最低温度掌握。

b. 环境相对湿度不宜大于 80%。

c. 风速一般不大于 5m/s，若检测中风速发生明显变化，应记录风速。

d. 天气以阴天、多云为宜，夜间最佳。

e. 不应在有雷、雨、雾、雪等气象条件下进行。

f. 户外晴天要避开阳光直接照射或反射进入仪器镜头，在室内或晚上检测应避开灯光的直射，宜闭灯检测。

2）精确检测。除满足一般检测的环境要求外，还需满足以下要求。

a. 风速一般不大于 0.5m/s。

b. 检测期间天气为阴天、多云天气、夜间或晴天日落 2h 后。

c. 避开强电磁场，防止强电磁场影响红外热像仪的正常工作。

d. 被检测设备周围应具有均衡的背景辐射，应尽量避开附近热辐射源的干扰，某些设备被检测时还应避开人体热源等的红外辐射。

（2）设备要求。

1）待测设备处于运行状态。

2）待测设备上无其他外部作业。

3）精确测温时，待测设备连续通电时间不小于 6h，最好在 24h 以上。

4）电流致热型设备最好在高峰负荷下进行检测；否则，一般应在不低于 30%的额定负荷下进行，同时应充分考虑小负荷电流对测试结果的影响。

（3）人员要求。

1）掌握热像仪的操作程序和使用方法。

2）熟悉红外诊断技术的基本原理和诊断程序。

3）了解红外热像仪的工作原理、技术参数和性能。

4）了解被测设备的结构特点、工作原理、运行状况和导致设备故障的基本因素。

5）具有一定的现场工作经验，熟悉并能严格遵守电力生产和工作现场的相关安全管理规定。

6）应经过上岗培训并考试合格。

（4）安全要求。

1）应严格执行《国家电网公司电力安全工作规程（变电部分）》的相关要求。

2）检测时应与设备带电部位保持相应的安全距离。

3）进行检测时，要防止误碰误动设备。

4）行走中注意脚下，防止踩踏设备管道。

5）应在良好的天气下进行，如遇雷、雨、雪、雾不得进行该项工作，风力大于 5m/s 时，不宜进行该项工作。

应有专人监护，监护人在检测期间应始终行使监护职责，不得擅离岗位或兼任其他工作。

3. 红外测温判断方法

红外测温结果有多种判定方法，大致可以分为：表面温度判断法、相对温差判断法、同类比较法、热谱图分析法和档案分析法等。

（1）表面温度判断法。根据测量出电力设备的表面温度，对照 GB/T 11022 等标准中各部件、材料及绝缘介质的温度和温升极限的标准值进行对比，如果表面温度超过标准值，可结合环境气候条件、负荷大小、超标程度、设备的重要性等判断电力设备的发热情况，某变电站隔离开关发热情况如图 3-77 所示。

（2）相对温差判断法。根据红外测温原理测量出电力设备的温度数值，计算设备的相对温差值，进而判断出设备的缺陷程度。相对温差 δ_t，可用公式求出

$$\delta_t = \frac{\tau_1 - \tau_2}{\tau_1} \times 100\% = \frac{T_1 - T_2}{T_1 - T_0} \times 100\%$$

式中：τ_1 为发热点的温升；τ_2 为正常相对应点的温升；T_1 为发热点的温度；T_2 为正常相对应点的温度；T_0 为环境温度参照体的温度。

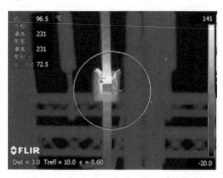

图 3-77　某变电站隔离开关发热情况

特别是对小负荷电流致热型设备，采用相对温差判断法可降低小负荷缺陷的漏判率。某变电站隔离开关 B 相发热情况如图 3-78 所示。

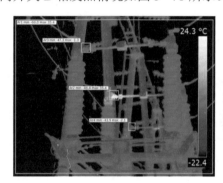

图 3-78　某变电站隔离开关 B 相发热情况

（3）同类比较判断法。主要是针对同一电气回路，若满足三相电流对称、三相设备相同的条件，则可对电路中电流致热型设备对应部位的温度值进行测量比较，根据结果能够判断出设备是否出现异常情况。若三相设备在相同时间内同时表现出温度异常，此时可与同类设备进行比较；若三相负荷电流不对称，必须要进一步考虑负荷电流产生的作用。某变电站电容器进线侧三相套管发热情况如图 3-79 所示。

图 3-79　某变电站电容器进线侧三相套管发热情况

（4）图像特征判断法。主要是对同类设备在正常情况下和异常情况下的热谱图进行对比，根据对比结果判断电力设备存在的缺陷，某变电站并联电容器发热情况如图3-80所示。

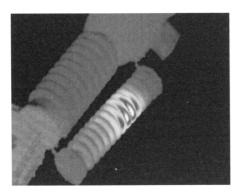

图3-80 某变电站并联电容器发热情况

（5）档案分析判断法。分析电力设备在不同阶段的各种温度数据，例如：温升、相对温差和热谱图等，根据数据找出电力设备的变化趋势和速率，将目前数据和历史数据相对比，根据对比结果判断设备的异常状态。某变电站设备历史存档图如图3-81所示。

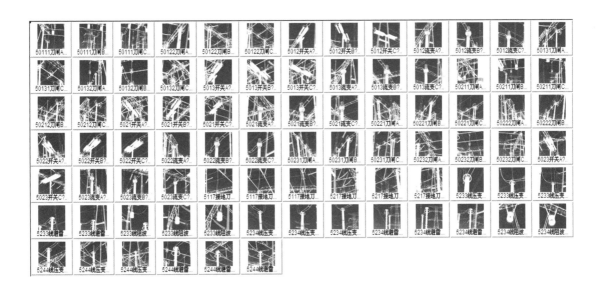

图3-81 某变电站设备历史存档图

4. 缺陷类型及处理方法

按照设备缺陷管理制度中规定的工作流程和技术要求，集中处理通过红外检测查出的过热缺陷。根据设备发热的严重程度，可将设备缺陷分为一般缺陷、严重缺陷和危急缺陷，针对不同的故障采取相应的处理措施，以满足安全性、稳定性和经济性的运行要求，详见表3-23。

表 3-23   缺陷类型及处理方法

缺陷类型	特征	处理措施
一般缺陷	设备存在过热,有一定温差,温度场有一定梯度,但不会引起事故	记录在案,观察其发展趋势,利用停电的空档有计划地进行试验检修。当发热点温升值小于 15K 时,不宜采用附录 A 的规定确定设备缺陷的性质。对于负荷率小、温升小但相对温差大的设备,如果负荷有条件或机会改变时,可在增大负荷电流后进行复测,以确定设备缺陷的性质,当无法改变时,可暂定为一般缺陷,加强监视
严重缺陷	设备存在过热,程度较重,温度场分布梯度较大,温差较大	对电流致热型设备,应减小负荷电流,同时加强巡视;对电压致热型设备,应加强监测并安排其他测试手段,针对不同性质的缺陷采取对应措施,直至缺陷消除。电压致热型设备的缺陷一般定为严重以及上的缺陷
危急缺陷	设备最高温度超过 GB/T 1102 规定的最高允许温度	对电流致热型设备,应立即调低负荷电流或立即消缺;对电压致热型设备,如果缺陷不严重,可实验检修;如果严重,必须尽快将设备退出运行并立即安排消缺

5. 红外测温步骤及注意事项

(1) 红外测温步骤。

1) 设置参数:包括辐射率、距离、环境温度和湿度等。

2) 调整焦距:使拍摄目标设备居中竖直,调节焦距至设备边缘清晰,确保测温准确;

3) 选择拍摄角度:同组三相设备拍摄距离保持一致,角度一致,便于对比,背景尽量单纯,避免干扰,对于发现温度差异的设备,进行 360° 范围内多角度拍摄,并选择最佳角度进行精确拍摄。

4) 红外检测时,应填写红外测温标准作业卡,一般先用热成像仪对所有部位进行全面扫描,找出热态异常部位,然后对异常部位和重点检测设备进行准确测温。

(2) 测温注意事项。

1) 针对不同的检测对象选择不同的环境温度参照体。

2) 测量设备发热点、正常相的对应点及环境温度参照体的温度时,应使用同一仪器相继测量。

3) 正确选择被测物体的发射率。

4) 作同类比较时,应注意保持仪器和各测温点的距离一致,方位一致。

5) 正确输入环境温度、相对湿度、测量距离等参数,并选择适当的测温范围。

6) 应从不同方位进行检测,测量出最热点的温度值。

记录异常设备的实际负荷电流和发热相、正常相及环境温度参照体的温度值。

6. 红外测温典型案例分析

●→ 案例 1 主变压器散热器冷却系统受阻

(1) 案例经过。2015 年 5 月 12 日,220kV 某变电站 2 号主变压器进行散热器渗油缺陷处理,处理完毕后投入运行。次日,在对该主变压器跟踪红外检测时,发现其 7 号散热器成像颜色、温度与其他散热器对比存在明显差异。

(2) 检测分析。发现 7 号散热器油温异常后,拍下了清晰的图谱,如图 3-82 所示。对图谱分析后发现,7 号散热器颜色及温度相较其他散热器有明显差异:7 号散热器的温度明显低于其他散热器的温度,温差在 10K 左右。根据 DL/T 664—2008《带电设备红外诊断技术应用导则》内容判断,热像图谱故障特征为散热器堵塞,散热器中的油无法进行流通,循环不畅,致使 7 号散热器温度低。缺陷性质为一般缺陷。

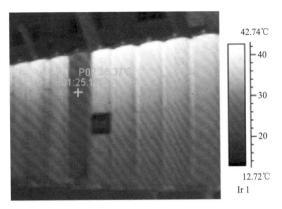

图 3-82　2号主变压器 7 号散热器红外热像图

（3）处理过程。考虑变压器运行工况，散热器长时间不能正常散热，可能引起油温升高，导致绝缘老化，应尽快安排检修，及时消除缺陷。针对该缺陷情况，制定了检修方案，于次日对该主变压器进行临时停电后检修，经检修人员现场检查，7 号散热器蝶阀确在打开位置，如图 3-83 所示。检修人员断定蝶阀内部损坏，更换后 2h，对 2 号主变压器进行红外热像检测，红外热像显示该散热器恢复正常，如图 3-84 所示。

图 3-83　散热器蝶阀检修前位置图

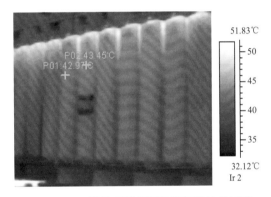

图 3-84　散热器蝶阀更换后红外热像图谱

●●→ 案例 2　电容器锁紧螺母松动

（1）案例经过。2015 年 11 月 27 日，对 220kV 某变电站全站一次设备红外成像诊断过程中，发现 10kV 2 号电容器套管红外图谱异常，发热中心部位在 A 相、C 相套管接线座下部。A 相套管接线座区域最高温度 96.9℃，B 相套管接线座区域最高温度 14.1℃，C 相套管接线座区域最高温度 96.6℃，经分析，发热原因是套管内部连接不良引起的电流致热型缺陷，确定该缺陷为危急缺陷。

（2）检测分析。图 3-85 是电容器进线侧三相套管正面拍摄的可见光照片和红外图谱。A 相套管接线座区域最高温度 96.9℃，B 相套管接线座区域最高温度 14.1℃，C 相套管接线座区域最高温度 96.6℃，应用同类比较判断法，A 相和 C 相套管接线座区域最高温度远高于 B 相同等部位的最高温度，应用表面温度判断法，A 相和 C 相套管接线座区域最高温度均超过 80℃，根据 DL/T 664—2008《带电设备红外诊断应用规范》中套管设备电流致热型缺陷诊断依据，确定该缺陷为危急缺陷。

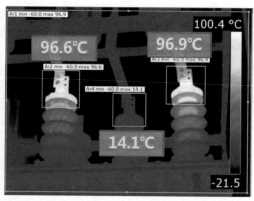

图3-85　电容器进线侧三相套管正面拍摄的可见光照片和红外图谱

（3）处理过程。11月28日，2号电容器停电检修，检修人员将A相、C相套管端部进行了解体，发现A相、C相导电杆锁紧螺母松动，红色圆圈处为导电杆锁紧螺母，对A相、C相导电杆锁紧螺母进行了紧固处理，A相锁紧螺母紧固了大约3/4螺扣、C相锁紧螺母紧固了大约1/4螺扣，如图3-86所示。

图3-86　套管端部解体后，锁紧螺母紧固

同时对B相套管进行了解体检查，发现导电杆和接线座螺纹完好、接触面积充足、软导线与导电杆焊接良好，无异常，如图3-87所示。

图3-87　其他套管解体检查

投运 6h 之后，重新对 2 号电容器进行了红外诊断，图 3-88 为诊断结果，A、B、C 三相套管接线座区域最高温度分别为 6.7、5.0、4.5℃，缺陷得到消除。

图 3-88　诊断结果

●● 案例 3　主变压器低压套管发热

（1）案例经过。2012 年 3 月 28 日，对 220kV 某变电站进行红外测温时，发现 1 号主变压器低压侧 C 相套管红外图谱异常，C 相套管连接处的最高温度为 96.0℃，而 A 相套管连接处最高温度为 28.5℃，B 相套管连接处最高温度为 28.6℃。

（2）检测分析。图 3-89 是 1 号主变压器低压三相套管正面拍摄的可见光照片和红外图谱。从红外图谱可以看到，该热像是套管顶部柱头最热的热像，发热中心部位为 C 相低压套管连接处，可以判断该发热现象为套管柱头与连接连接不良引起的电流致热型缺陷，发热原因可能由于套管柱头与连接连接松动或者柱头与连接连接面产生氧化物或脏污导致了二者连接不良，从而引发接触电阻过大所致。

图 3-89　1 号主变压器低压三相套管正面拍摄的可见光照片和红外图谱

经红外分析软件处理后红外图谱见图 3-90。可以看出，A 相套管连接区域最高温度 28.5℃，B 相套管连接区域最高温度 28.6℃，C 相套管连接区域最高温度 96.0℃，应用同类比较判断法，C 相套管连接区域最高温度远高于 A 相和 B 相同等部位的最高温度，且 C 相套管连接处的最高温度超过 80℃，当时环境参考温度 3℃，应用相对温差判断法 $\delta=(96.0-28.5)/(96.0-3)=72.6\%$

根据 DL/T 664—2008《带电设备红外诊断应用规范》电流致热型设备缺陷诊断判据中套管设备电流致热型缺陷诊断依据（热点温度大于 80℃ 或 $\delta\geqslant95\%$），确定该缺陷为危急缺陷。

（3）处理过程。根据对发热缺陷原因和缺陷性质的分析，立即降低负荷电流，对该变压器临时停电处理。检修人员用回路电阻测试仪测量连接与母排连接处的电阻值（见图 3-91），A 相、B 相、C 相三相的电阻值分别为 10.6、11.0、11.1μΩ，进一步排除了连接与母排连接处接触不良导致发热的原因。

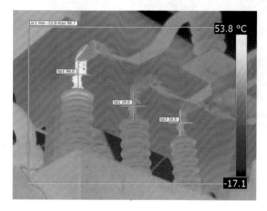

图 3-90　经红外分析软件处理后红外图谱　　　　图 3-91　连接与母排连接处的测量

然后，对变压器导电杆与连接连接处的电阻值进行了测量。测量显示，A 相、B 相、C 相三相的电阻值分别为 4.1、4.4、25.2μΩ，可以看出，C 相连接处导电杆与连接连接处的连接电阻明显偏大。

检修人员将低压侧 C 相连接线夹及导电杆连接处解体后，发现连接自身螺栓紧固良好，但是套管柱头导电螺杆及连接内丝扣有轻度锈蚀，螺杆丝扣处有轻微烧伤，见图 3-92。套管端部解体后照片见图 3-93。可以判断发热原因是导电杆丝扣间隙与连接间隙配合不好，加上丝扣锈蚀，导致连接线夹与导电杆接触不良。

图 3-92　螺杆丝扣处有轻微烧伤　　　　　图 3-93　套管端部解体后照片

检修人员现场进行了导电杆丝扣修整处理，更换了连接线夹，并重新进行了接线螺栓紧固处理。检修结束后，变压器恢复供电。在投运 6h 后，重新对其进行了红外成像诊断，见图 3-94。图谱显示 A、B、C 三相连接与导电杆连接区域最高温度分别为 14.1、14.2、14.5℃，三相套管相同区域温度达到平均，缺陷得到消除。

图 3-94 检修后的可见光照片和红外图谱

●●➡ **案例 4 变电站 110kV 隔离开关发热**

（1）案例经过。2013 年 11 月 26 日，在对 220kV 某变电站全站一次设备红外成像过程中，发现 110kV 某隔离开关三相红外图谱异常，发热中心部位在 B 相闸口位置，闸口区域最高温度为 232.5℃，依据红外诊断判据分析，判断为危急缺陷。

（2）检测分析。图 3-95 是该隔离开关 B 相正面拍摄的红外图谱和可见光照片。从红外图谱上可以发现，发热区域最高温度超过 200℃，明显高于 A、C 两相，发热中心部位位于该隔离开关闸口处，且发热现象明显，经红外分析结合检修工作经验判断，该缺陷是隔离开关闸口压指压接不良引起的电流致热型缺陷。

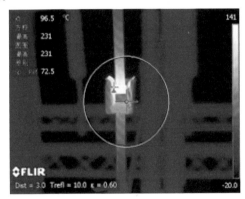

图 3-95 该隔离开关 B 相正面拍摄的可见光照片和红外图谱

经软件分析，如图 3-96 所示，该隔离开关 B 相闸口处最高温度为 232.5℃，利用表面温度判断法同时结合同类比较判断法进行分析，该隔离开关 B 相闸口区域最高温度远高于 130℃，根据 DL/T 664—2008《带电设备红外诊断应用规范》表 A.1，电流致热型设备缺陷诊断判据中隔离开关闸口电流致热型缺陷诊断依据（热点温度大于 130℃或 δ 大于或等于 95%），确定该缺陷为危急缺陷。

（3）处理过程。立即向调度申请转移负荷，将 110kV 该隔离开关停运，检修人员对该闸口弹簧触指进行弹簧压力测试，发现弹簧触指烧损严重，立即进行更换，打磨动触头，涂抹适量导电膏，进行闸口回路电阻的测量，处理完送电后重新进行红外测温检测。检修后测量发现，红外图谱上闸口发热区域带正常负荷时，最高温度降低到了 21.8℃，三相基本一致，已达正常运行时的温度水平，见图 3-97。

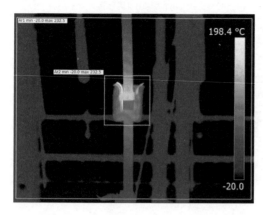

图 3-96 该隔离开关 B 相闸口处红外图谱

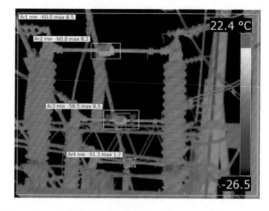

图 3-97 正常负荷运行时的隔离开关三相红外图谱

案例 5 主变压器 110kV 侧 C 相避雷器发热

（1）案例经过。2016 年 8 月 29 日外协单位人员红外精确测温中，发现 220kV 某变电站 2 号主变压器 110kV 侧 C 相避雷器整体存在发热现象，较 B、A 相避雷器，C 相避雷器高 1.6～1.7K，该避雷器发热属电压致热型缺陷，可能存在内部故障。

（2）检测分析。经软件分析，如图 3-98 所示，该避雷器 A 相 34.9℃，B 相 34.8℃，C 相 36.5℃，C 相避雷器比 A、B 两相高 1.6～1.7K，根据 DL/T 664—2008《带电设备红外诊断应用规范》电压致热型设备缺陷诊断判据中避雷器电压致热型缺陷诊断依据（热点温度大于 0.5～1K），确定该缺陷为严重及以上缺陷。

（3）处理过程。立即向调度申请将该避雷器停运，经检修人员电气试验发现，通过 A 相避雷器全电流为 0.699mA，B 相为 0.606mA，C 相为 0.784mA，带电检测见图 3-99，全电流不平衡率已达 29.4%，虽未超过规程规定三相泄漏电流误差不得超过 50%，但属于注意状态，从测试数据、红外图谱及现场情况分析基本排除其他环境因素导致发热的可能性，确定本体存在故障，立即更换避雷器。

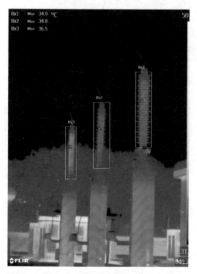

图 3-98 2 号主变压器 110kV 侧
避雷器红外热像图

主要试验仪表：MOA 避雷器在线测试仪 HV-MOA-Ⅱ								
测 试 结 果								
设备编号	2 号主变压器 110kV 侧							
相别序号 项目	A	B	C	A	B	C	A	B	C
高压侧相电压（kV）	66.7	66.8	66.8						
I_x（全电流）（mA）	0.699	0.606	0.784						
T_{xp}（阻性电流）（mA）	0.112	0.097	0.124						
ϕ（°）	83.50	83.50	83.60						
阻性电流占全电流	16%	16%	16%						

图 3-99 避雷器带电检测数据

检修人员将更换的避雷器解体后发现内部有受潮迹象，初步判断避雷器发热是因为存在密封不严、运行时间较长导致内部受潮，阀片在受潮情况下出现电腐蚀现象，特性逐步变差，从而造成避雷器本体泄漏电流变大导致发热现象。

红外诊断作为一种成熟的状态检测技术，可以直观地发现变电设备发热的缺陷，运维人员应进一步加强理论学习和技能培训，强化对发热缺陷的分析能力，加强带电设备的红外成像诊断工作，提前发现电气设备的发热缺陷并及时处理，保证设备的可靠运行。同时，还应进一步熟悉变电设备的结构，强化对发热缺陷的分析能力，才能对设备的故障提出更加准确的判断，提出更具针对性的处理意见，有助于及时的发现设备存在的缺陷问题，查找事故原因、消除事故隐患。

二、开关柜局部放电检测

1. 局部放电原理及检测技术

（1）局部放电基础知识。在开关柜绝缘系统中，当外加电压在电气设备中产生的场强，足以使绝缘部分区域发生放电，但在放电区域内未形成固定放电通道，即放电尚未击穿绝缘系统，这种现象即为局部放电。

局部放电产生的原因是由于局部电场畸变、局部场强集中，从而导致绝缘介质局部范围内的气体放电或击穿所造成的。它可能发生在导体边上，也可能发生在绝缘体的表面或内部。

局部放电既是绝缘缺陷的征兆，也是造成绝缘劣化的重要原因。局部放电带电检测能够确定高压设备是否存在放电及放电是否超标。发现其他试验不能检查出来的绝缘缺陷及故障，是实现状态检测的重要技术手段。

局部放电是一种脉冲放电，它会在电力设备内部和周围空间产生一系列的光、热、气体、电磁波、声波等物理现象和化学变化。这为监测电力设备内部绝缘状态提供检测信号。

虽然局部放电的数量级不大，但它们却会加剧老化程度并可能导致绝缘击穿。局部放电检测是目前公认的最有前景的检测绝缘早期劣化的方法，灵敏度高，预警时间长。通过检测局部放电信息可在早期发现绝缘潜在故障，减少事故发生，使得设备维护向状态维修过渡。

开关柜局部放电案例见图 3-100。

图 3-100　开关柜局部放电案例

（2）局部放电产生机理。绝缘体内部在制造或使用过程中会残留一些气泡或其他杂质，这些区域的击穿场强低于平均击穿场强，因此，在这些区域就会首先发生放电。局部放电产生的机理为：在电场作用，气隙（气泡）中空气分子游离；正负电子向不同极性集结，集聚电荷；气泡中场强增大，导致气泡击穿；电荷产生强烈中和形成脉冲电流，形成局部放电，

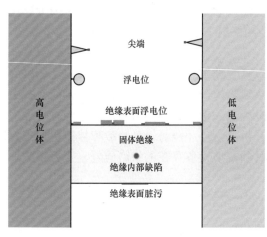

图 3-101 局部放电机理

其机理见图 3-101。

局部放电主要分为：①尖端放电（导体或接地电极上的突起或毛刺引起）；②内部放电（绝缘件内部浇铸树脂中的杂质或气隙而引起）；③表面放电（导体支撑件的脏污及潮湿、水分而引起）；④悬浮放电（导体部件接触不良或结构缺陷存在浮电位而引起）。

导致设备发生局部放电的因素主要有：①设备运行状态，如运行过电压、雷电波冲击、谐波畸变等；②设备本身的原因，如绝缘材料不均匀、内部存在空洞和杂质、导体表面存在凸出部分、绝缘强度的不足等；③环境因素的影响，如潮湿、过热。

（3）开关柜局部放电特点。主变压器低压侧进线柜其特点是电流负荷大，柜体后部绝缘件、紧固件较多，空间紧凑、电气距离近。常见的局放有：在下部的母排套管之间沿面放电、进线柜母排进线处绝缘层沿面放电、等电位线处绝缘气隙放电、母排支撑绝缘子金具处的螺杆套管悬浮放电。

馈线柜和电容器柜特点是主要的电气元件在柜体后方和下方，电缆安全对供电可靠性有着重要影响，电缆间沿面或气隙放电比较常见，有部分紧固件或金属件连接不紧而发生悬浮。如：螺栓未紧固发生悬浮性放电、穿柜套管气隙放电、电缆与零序 TA 间发生沿面放电、气隙放电、触头沿面放电。

母联开关柜及母联隔离开关柜特点是主要的元器件为母线穿心式 TA，穿柜套管。其中穿心式 TA 发生局部放电的案例较多。

站用变压器柜特点（内置式）：柜体下部温度较其他开关柜偏高，振动幅度较其他开关柜高，某些情况可检测到异常振动超声信号。

开关柜中的局部放电主要是内部放电和表面放电。开关柜发生局部放电时，具有以下特点：

1）内部放电会在开关柜内部产生几十兆赫兹的电磁波，作用到开关柜外壳上，产生暂态地电压脉冲；

2）表面放电通常在绝缘表面（套管、绝缘子、电缆终端）发生，一般会形成铜绿；

3）湿度及污秽对表面放电影响较大；

4）表面放电会产生人耳听不到的声音，可通过超声波检测仪检测到；

5）表面放电很强时，会产生臭氧和氮氧化物，黑暗中可见，人耳有时也可听到。

（4）开关柜局放检测技术。开关柜局部放电的检测目前现场应用最为广泛也最为有效的检测方法是暂态地电压（Transient Earth Voltage，TEV）检测法和超声波检测法。

1）暂态地电压检测技术。开关柜局部放电发生时，放电电量先聚集在与放电点相邻的接地金属部分，形成高频电流波并向各个方向传播，对于内部放电，放电电量聚集在接地屏蔽的内表面，而不会直接穿透，然后经屏蔽层的破损处传输到设备外表面，再经过金属箱体的接缝处或气体绝缘开关的衬垫传播出去，同时产生一个地电波，沿设备金属箱体外表面而传到地下去。通过电容耦合传感器能够检测到这种地电波信号，从而对开关柜局部放电状况进行检测。

2）超声波检测技术（AE、Ultrasonic）。开关柜局部发生放电时，在放电过程中产生声波。放电产生的声波的频谱很宽，可以从几十赫兹到几兆赫兹，其中频率低于 20Hz 的信号能被人耳听到，而高于这一频率的超声波信号必须使用超声波传感器才能接受到。根据放电释放的能量与声能之间的关系，用超声波信号声压的变化代表局部放电所释放能量的变化，通过测量超声波信号的声压，可以推测出开关柜局部放电的强弱。

接触式超声波传感器（AE）：贴在电力设备表面，检测局放产生的超声波信号在电力设备表面金属板中传播所感应的振动现象。

空气式超声波传感器（Ultrasonic）：检测放电产生的超声波信号在空气中传播时的振动现象。

2. 开关柜局部放电检测作业方法及步骤

（1）开关柜局部放电检测要求。

1）环境。①环境温度宜在 10～40℃；②禁止在雷电天气进行检测，室外检测应避免天气条件对检测的影响；③室内检测应尽量避免气体放电灯和排风系统电动机等干扰源对检测的影响；④通过暂态地电压局部放电检测仪器检测到的背景噪声幅值较小，不会掩盖可能存在的局部放电信号，不会对检测造成干扰。

2）待测设备。①开关柜处于运行状态；②开关柜投入运行超过 30min；③开关柜外壳可靠接地；④开关柜上无其他外部作业。

3）人员。进行开关柜暂态地电压局部放电带电检测的人员应具备以下条件：

a. 接受过局部放电带电检测培训，熟悉局部放电检测技术的基本原理、诊断分析方法，了解局部放电检测仪器的工作原理、技术参数和性能，掌握检测仪器的操作方法，具备现场检测能力。

b. 了解开关柜的结构特点、工作原理、运行状况和导致设备故障的基本因素。

c. 具有一定的现场工作经验，熟悉且严格遵守电力生产和工作现场的相关安全管理规定。检测当日身体状况和精神状况良好。

4）安全。

a. 严格执行《国家电网公司电力安全工作规程（变电部分）》的相关要求，填写变电站第二种工作票。

b. 局部放电带电检测工作不得少于两人。工作负责人应由有检测经验的人员担任，开始检测前，工作负责人应向全体工作人员详细布置检测工作的各安全注意事项。

c. 雷雨天气禁止进行检测工作。

d. 检测时检测人员和检测仪器应与设备带电部位保持足够的安全距离。

e. 检测人员应避开设备泄压通道。

f. 在进行检测时，要防止误碰误动设备。

g. 检测中应保持仪器使用的同轴电缆完全展开，收放同轴电缆时禁止随意舞动，并避免同轴电缆外皮受到刮蹭。

h. 在使用传感器进行检测时，如果有明显的感应电压，宜戴绝缘手套，避免手部直接接触传感器金属部件。

i. 检测现场出现异常情况，应立即停止检测工作并撤离现场。

5）检测周期见表 3-24。

表 3-24　　　　　　　　　　　　　　检　测　周　期

开关柜超声波检测周期	开关柜地电波检测周期
（1）新设备投运； （2）设备大修后一周内； （3）正常设备运行一年至少一次； （4）半年一次专业巡检； （5）设备异常后	（1）设备大修后一周内； （2）正常设备运行一年至少一次； （3）半年一次专业巡检； （4）设备异常后

（2）UltraTEV Plus+ 便携式开关柜局放检测仪，外观见图 3-102。

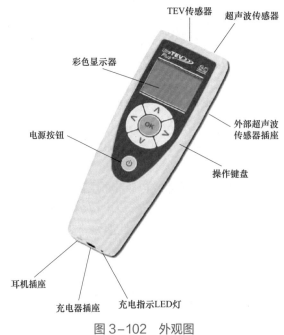

图 3-102　外观图

1）仪器的开/关。按下 ⏻ 按钮，接通仪器电源。如果启用了蜂鸣器，则仪器会发出"嘟"声确认已经加电。1s 以后，会出现 EA TECHNOLOGY 3s。按下 ⏺ 按钮，跳过该显示。若要关闭仪器，则可按下 ⏻ 按钮。

2）仪器自检。在标识显示屏显示过后，自检显示屏会显示 6s。按下 ⏺ 按钮即能跳过自检。自检过后显示屏会显示以下信息：

a. 自检结果，即显示加电自检测试的结果，显示 PASS（自检合格）或 FAIL（自检失败）。如果仪器加电自检失败，则应该将仪器送回修理/校准。

b. 型号，显示型号名称与编号。

c. 软件，显示仪器上安装的当前版本的软件。

d. 序列号，仪器的序列号。

e. 校准到期日，显示该仪器校准到期日期。

3）主菜单。在显示过自检显示屏之后，就显示主菜单：使用  与 ▼ 按钮，使菜单项高亮显示。按下 ⊙ 按钮显示菜单项，见图 3-103。

a. TEV Mode（传输地电位模式），传输地电位模式即 TEV 测量模式。

b. Ultra Mode（超声波模式），即超声波测量模式显示屏。

c. Setting（设定值），允许用户改变 TEV 和超声波模式的设定值以及系统的设定值，并浏览在加电时显示的系统信息。

4）仪器的设定。仪器出厂时 UltraTEV Plus+已经设定为默认值，仪器随时都可以立即进行测量。用户可修改设定值。

从主菜单中选择 Settings（设定值），并按下 ⊙ 按钮。Settings（设定值）菜单显示一些菜单项，见图 3-104。

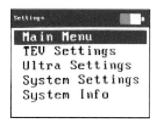

图 3-103　主菜单　　　　　图 3-104　菜单项

a. Main Menu（主菜单），返回主菜单。

b. TEV Settings（传输地电位模式设定），即 TEV 测量显示屏的设定。

c. Ultra Settings（超声波设定），即超声波测量显示屏设定。

d. System Settings（系统设定），设定背景光及蜂鸣器偏好。

e. System Info（系统信息），浏览系统信息。

5）设定值调整。在 TEV Settings（传输地电位设定）、Ultra Settings（超声波设定）、System Settings（系统设定）显示屏中，使用 ▲ 与 ▼ 按钮来选择你想要修改的设定值。按下 ⊙ 按钮，所选定的数值会以高亮红色显示。使用 ▲ 与 ▼ 按钮来修改值，并按下 ⊙ 保存。

6）TEV 设定值，见图 3-105。

a. Red（红色），设定报警红灯门限（默认值 29dB）。

b. Amber（黄色），设定提醒黄色灯门限（默认值 20dB）。

c. Frequency（频率），设定主电源基准频率，用于计算每个周期的脉冲（默认值 50Hz）。

d. Mode（模式），设定测量模式，选择 Single（单次测量）菜单项后，会在按下 ▲ 按钮后进行单次测量。选择 Continuous（连续测量）菜单项后，就不需要再按任何键就可以进行连续测量（连续测量是默认设定值）。

e. Defaults（默认值），使该菜单上的所有菜单项都恢复到默认设定值。

f. Save & Exit（保存并退出），回到主设定值菜单，并保存任何修改。

7）超声波设定值，见图 3-106。

a. Red（红色），设定报警红灯门限（默认值 6dB）。

b. Gain（增益），调整测量增益，较高的增益能够测量较小的信号（默认值 60dB）。

c. Defaults（默认值），使该菜单上的所有菜单项都恢复到出厂设定值。

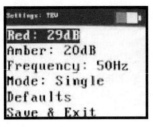

图 3-105　TEV 设定值

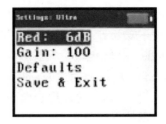

图 3-106　超声波设定值

d. Save & Exit（保存并退出），回到主设定值菜单，并保存任何修改。

8）系统设定值，见图 3-107。

a. Backlight（背光），允许用户打开或关闭显示背光。关闭背光能使用户便于在日光下观看显示屏（默认为开）。

b. Key Beep（键控声），选择是否按键按下后启用蜂鸣器。这也使系统在加电时不再发出"嘟"声（默认为开）。

c. Defaults（默认值），使该菜单上的所有菜单项都恢复到默认设定值。

d. Save & Exit（保存并退出），回到主设定值菜单，并保存任何修改。

9）系统信息，见图 3-108，该菜单项显示在加电过程中出现的自检和系统信息显示屏。

图 3-107　系统设定值

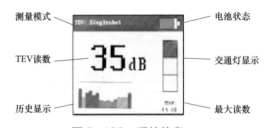

图 3-108　系统信息

a. Measurement Mode（测量模式）——通知用户仪器是处在单次测量模式（按下 ∧ 按钮进行测量），还是处在连续测量模式（其中测量值被连续更新）。

b. TEV（传输地电位）——显示当前测量到的 TEV 电平，以 dB 计。

c. 历史读数——以流动柱状态图的形式显示最近 15 个测量值，色彩编码类似于交通指示灯。

d. 交通灯显示——显示当前的 TEV，如绿色、黄色或红色，具体由设定值决定。默认值与 UltraTEV Detector 一样（小于 20dB＝绿色、20～29dB＝黄色以及大于 29dB＝红色）。

e. 最大读数——自从进入 TEV 测量模式以来，所获得的最大读数。这可以通过按下 ∨ 按钮来复位。

f. 回到主菜单——按下 OK 按钮，退回到主菜单。

10）TEV 各模式切换。TEV 测量有三种操作模式，即 Normal mode（正常模式）、pulse mode（脉冲模式）以及 PDL 模式。正常模式和脉冲模式都可以按 System Settings（系统设定值）菜单中可以选择的 Single（单次测量）模式或 Continuous（连续测量）模式来进行工作。根据缺省设置，如从主菜单中选择 TEV 模式，则会显示正常的 TEV 显示屏。若要各模式之间进行切换，则可以使用左、右方向键在各个不同显示屏之间进行切换。

11）TEV 脉冲模式显示屏。TEV 脉冲模式显示屏显示 Single（单次测量）模式或是 Continuous（连续测量）。Single（单次测量）模式下脉冲显示屏如图 3-109。

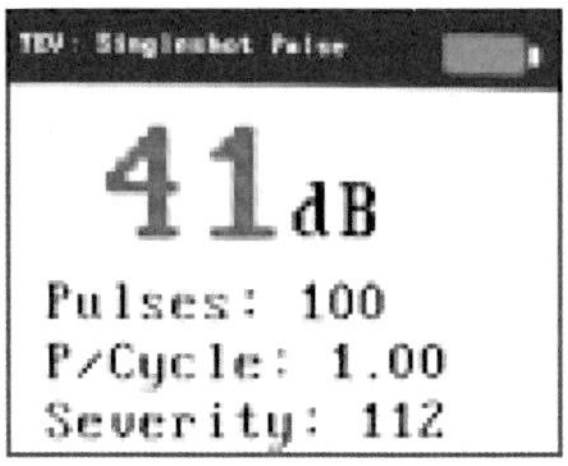

a. Pulses（脉冲），显示在 2s 期间内的脉冲计数。（UltraTEV+先测量半秒钟内的脉冲，然后将其乘以 4）。

b. P/Cycle（脉冲/周期），显示 50 或 60Hz 主频率下的每周期内的脉冲数。

c. Severity（严重度），显示短期严重度（根据 TEV 幅值 mV×每周期内的脉冲数计算）。

图 3-109 Single（单次测量）模式下脉冲显示屏

d. 按下 ^{OK} 按钮，退回到主菜单。

e. 若要在 TEV 模式各屏之间进行切换，则可以按上述方式使用 ∧ 与 ∨ 方向键。各种脉冲模式见图 3-110。

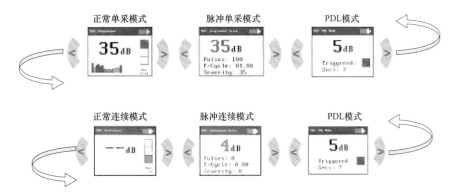

图 3-110 各种脉冲模式

12）TEV PDL 模式显示屏。PDL 模式显示屏具有与局部放电定位器 PD Locator 相同的界面，用户可以手动递增 TEV 电平并监测仪器触发时的数值，由红框指示，见图 3-111。

a. 使用 ∧ 与 ∨ 按钮来增加或减少传输地电位电平（图 3-111 中大的数字）。

b. Triggered（已触发），显示 UltraTEV Plus+是否在该 TEV 电平下触发。为了得出合适的 TEV 电平，可增加触发电平至某个点使仪器停止触发，然后再降低电平到仪器刚好触发，每 2s 应至少有 1 个脉冲。

c. Secs（读秒器），对自从上次 TEV 电平修改以来的秒数。

13）超声波测量显示屏。

a. 读数以分贝微伏（μV）为单位。

b. 报警灯显示读数是否大于 Ultra Settings（超声波设定值）一节中设定的报警门限值。默认值大于 6dB=红色。

c. 增益可以用 ∧ 与 ∨ 按钮以 20dB 的步长在 60～100dB 内调整如果增益附近的红色向上箭头闪烁（见图 3-112），则应该增加增益以提高读数的精度。如果向下的箭头闪烁，则应该减小增益。

d. 外差信号输入到耳机中去的音量大小可以用 ∧ 与 ∨ 按钮进行调整。

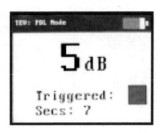

图 3-111　TEV PDL 模式显示屏

图 3-112　闪烁

14）TEV 测量程序。

a. 背景噪声。开关柜外部的一些源发出的电磁信号也可能在开关柜的外部产生传输地电位。这些源可以是架空线绝缘子、变压器进线套管、强的无线电信号甚至是附近的车流。这些干扰也可以在不连接到开关柜的金属体如变电站房门或围栏等金属体上产生传输地电位信号。因此在对开关柜进行检测之前，就应该测量这些表面上的背景噪声。如果背景噪声小于10dB，则 UltraTEV Plus+脉冲计数器不会以增量方式增加，仍然保持为零。

测量不属于开关柜组成部分的金属体如金属门、金属围栏等的背景噪声。记下三次连续的有关金属体的分贝值和计数，并取中间幅值的读数作为背景测量的读数。

b. 进行测量（见图 3-113）。开启仪器，确保 TEV 传感器处在离开金属体的空间中，否则会影响自检。选择 TEV 模式。为了进行测量，应该使 TEV 探头垂直地与在其上面要进行测量的金属体接触（最好是保持 UltraTEV Plus+本体远离邻近的金属体）。如果仪器处在连续测量模式，则应该立即显示读数，但是一旦 TEV 探头从金属体上拆下后读数就不再在显示屏上继续显示。

(a)

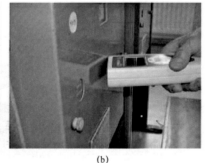

(b)

图 3-113　测量

（a）正确；（b）不正确

如果是在单次测量模式，则一旦按下按钮，仪器就会发出"嘟"的蜂鸣器声，且会在完成测量之后再次发出一声"嘟"声。在这种模式下，读数会保留显示在显示屏上。

对开关柜的测量是在每一个面板的每一个部件如电缆盒、电流互感器室、母排室、断路器以及电压互感器等的中心位置进行的。

记录每一个位置上的第一组读数。但是如果测到的幅值比背景干扰水平高出 10dB，本身幅值大于 20dB，计数又大于 50 时，就应该连续记录三组读数。

15）超声波测量程序。开启仪器，并从菜单中选择 Ultra Mode（超声波模式）插入提供的耳机并调整音量。读数会在显示屏上连续更新。

首先测量背景噪声。开始应该将增益调整到最大，而当读数变得太大时，则应该减少增益。若要检查开关柜，应该将超声波传感器指向开关柜（尤其是断路器的端口、充气式电缆盒、电压互感器以及母排室）上的空气间隙。

放电可以根据耳机中发出的"咝咝"声来识别。

（3）局部放电现场检测流程，见图3-114。

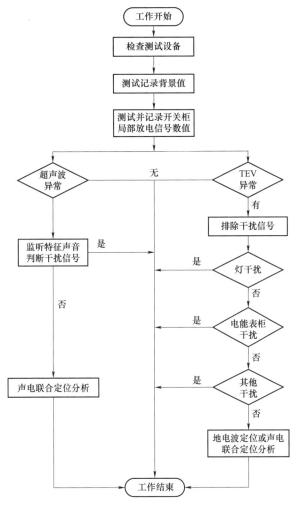

图3-114　局部放电现场检测流程图

1）测前准备。

背景值检测。在选择开关柜局部放电带电地电波超声波检测前，必须对背景值进行测量，在开关室不同位置基本相同材质检测三个点的值，取中间值作为背景信号的参考值，地电波背景值选取金属，金属体包括高压室门、备用的开关柜、备用的断路器手车等（与开关柜不连接），超声波背景值选取空气，以dB形式反映背景值，并记录在报告上。

开关柜检测位置选择。检测位置选择因不同厂家不同型号的开关柜而不同，应该根据开关柜的结构来确定。测试开关柜局部放电过程中应先确定开关柜内设备所处位置，检测母线和断路器选择开关柜前面板中部及下部，检测互感器、电缆接头、隔离开关接头、支撑绝缘件应选择开关柜后面板上部、中部、下部及侧面板上、中、下部进行检测。

开关柜检测位置常规选择。开关柜前面板选择中部、下部，开关柜后面板选择上、中、下部，共 5 个测试位置，开关柜在边上再选择侧面上、中两个测试位置，见图 3-115。

图 3-115　检测位置常规选择

开关柜检测位置点的选择，尽量选择靠近观察窗等局部放电信号易泄漏部位的金属面板上。重点应关注区域如下：

a. 电气距离最近的位置，如电缆分叉点、电缆与隔板距离近的地方、母排穿柜处。

b. 查看在柜底及防护泥位置是否聚集的不明粉末或者颗粒物，注意区分颜色和颗粒状态。

c. 查看铜排、支撑绝缘子、二次接线点、电缆接线点等各处的紧固件是否松动的（悬浮）。

d. 铜排、绝缘子、挡板处是否有水珠或凝露（变电站是否在海边、山区）。

e. 查看高压室内有无除湿机，柜内设备的工艺水平，对整体运行条件做宏观判断。

2）开关柜局放地电波检测。有两种检测模式即幅值检测模式和脉冲检测模式，每种检测模式有单个检测和连续检测两种方式，每种模式有三种检测界面。

a. 幅值检测模式有显示幅值、颜色、严重程度三种检测界面。

a）幅值：以 dB 形式显示当前的地电波测量值。

b）颜色：用黄、绿、红三种颜色显示测得的地电波结果。

c）严重程度：红色表示报警（有异常或故障）、黄色表示预警（接近异常值或故障值）、绿色表示正常。

b. 脉冲检测模式有幅值、脉冲数、放电程度三种检测界面。

a）幅值：以 dB 形式显示当前的地电波测量值。

b）每周期脉冲数：显示 50Hz 或 60Hz 工频周期频率下的地电波脉冲数。

c）放电程度：显示短期放电严重程度。

c. 开关柜局部放电地电波检测法测试步骤。

a）检查仪器是否完好，电量是否充足。

b）打开检测仪，进入仪器自检，自检应通过。

c）在检测界面下通过仪器功能键选择地电波检测，在检测模式下选择幅值检测模式或脉冲检测模式，在幅值检测模式下或脉冲检测模式下选择连续检测或单次检测。

d）检测开关柜室地电波背景值，检测开关室铁门或金属板、金属栅，取中间值，并记录幅值。

e）检测时将开关柜局部放电检测仪上地电波传感器应垂直正面轻压在检测位置测试点上，检测过程中应确保传感器与开关柜金属面板紧密接触如果出现检测数值较大的情况，建议测量三次以上以确定测试结果，数值稳定后读取并记录。

3）开关柜局部放电超声波检测法。

a. 检测模式有显示幅值、颜色灯指示、增益、耳机音量三种检测界面。

a）幅值：以 dBμV 为单位进行当前超声波测量值。

b）颜色灯指示：表示测得的超声波结果的剧烈程度红色表示报警（有异常或故障）、黄色表示预警（接近异常值或故障值）、绿色表示正常。

c）增益：通过仪器功能键在 60～100dB 间以 20dB 的增长来调整增益，如果增益旁边的黄色箭头在向上闪烁，表示要增加增益以达到较高的检测精度，如果箭头向下的，表示要减少增益。

d）耳机音量：在检测时使用耳机通过功能键来调整耳机输出音量大小。

b. 现场超声波检测法测试步骤。

a）检查仪器是否完好，电量是否充足。

b）打开检测仪，进入仪器自检，自检应通过。

c）在检测界面下通过仪器功能键选择超声波检测，在检测模式下选择幅值模式，在幅值检测模式下通过仪器功能键选择连续检测或单次检测。

d）检测开关柜室内超声波背景值，检测开关室柜 1m 以上空气的背景值，并记录。

e）检测时将开关柜局部放电检测仪上的超声波传感器沿着开关柜上的缝隙扫描进行检测，传感器与开关设备间一定要有空气通道，用来保证超声波信号可以传播出来。通过调整增益来保证检测精度，检测过程中要注意真实的局部放电所产生的超声波信号可以从耳机中听到放电破裂的声音（"咝咝"声）。声音小时，通过调整耳机音量来准确判断放电声，记录开关柜缝隙扫描测试中超声波稳定的最大值。现场如有灯、超声驱鼠器、排风机，除湿机在工作，可关闭产生声音的设备。

f）开关柜地电波、超声波检测完毕后，整理工器具、仪器，清理现场，开收工会，离开。

4）测试数据整理分析。

a. 单个数值分析，与背景值比较，有较大差异的情况要注意。

b. 横向比较，某个柜子或某几个与其他柜子比较有明显趋势变化，需关注。

c. 纵向比较，跨时间测试三次，看是否异常仍然存在。

d. 编写测试报告。

（4）判断标准。根据 Q/GDW 11060—2013《交流金属封闭开关设备暂态地电压局部放电带电测试技术现场应用导则》、国家电网公司运检一（2014）108 号《国网运检部关于印发变电设备带电检测工作指导意见的通知》、开关柜局部放电检测仪器制造商及现场的检测经验，得出以下判断标准供检测人员参考。

1）暂态地电压局放检测判断标准。开关室内背景值与开关柜测试值差值即（相对值）不大于 20dB 时，表示开关柜运行正常。开关室内背景值与开关柜测试值差值在 20dB 以上时，表示开关柜有异常，有异常可采用长时间在线监测，综合分析。变化趋势较大时可结合使用定位技术对放电点进行定位，上报专业人员检测，如结果一样，尽快停电处理。

2）超声波局部放电检测判断标准。开关柜测试值测试值小于或等于 8dB，且无典型放电波形或音响，表示开关柜正常。开关柜测试值测试值大于 8dB 且小于或等于 15dB 有明显放电声音咝咝声，表示开关柜有异常，应加强开关柜巡视，缩短检测周期，并结合超高频检测法、频谱仪、高速示波器等检测手段综合分析，结合停电处理。开关柜测试值测试值大于 15dB，表示开关柜有缺陷，上报专业人员检测，如结果一样，尽快停电处理。

（5）总结分析。

1）将测试的相关照片、图谱、视频整理。着重收集有价值的特征图谱与现场资料，以供经验积累。

2）按实际要求编写报告。

3）对有缺陷的柜子，根据其严重程度在报告中给予合理的建议并持续跟踪相关人员与单位，关注发展情况。

4）运行人员通过听觉能够发现开关柜故障，但有些检测仪器却没有指示的原因。

a. 导致电气放电的原因是复杂多变的，无法保证特定放电信号的频谱范围处于检测仪器的有效范围内。

b. 表面放电一般超声波检测比较有效。

c. 内部放电一般 UHF、TEV 检测比较有效。

d. 轻微的接触不良导致的放电频谱可能很低，完全处于超声波和 TEV 的检测范围外。

e. 极端的情况红外测温比较有效。

5）运行人员用过检测仪器检查出开关设备异常，但停电检查/试验却查不出的原因。

a. 放电源是否来自该设备。

b. 放电性质是间歇性的还是持续性的。

c. 放电痕迹是否明显，有时只有一点点痕迹。

d. 换一台仪器再测试，看看检测结果会不会有变化。

6）整个开关柜 TEV 测试结果的原因如下：

a. 开关柜的接地系统是否良好。

b. 临近设备的电磁噪声或放电经母排传递到各个开关柜。

c. 开关室内存在多个放电源，通常表现为与母排临近或存在电联接的部件存在家族性缺陷。

第八节 日常维护要点

一、日常维护项目周期

日常维护项目周期见表 3–25。

表 3-25　　　　　　　　　　　日 常 维 护 项 目 周 期

日常维护项目	周期
避雷器动作次数、泄漏电流抄录	每月，雷雨后增加 1 次
蓄电池检测	每月
全站各装置、系统时钟核对	每月
排水、通风系统维护	每月
高压带电显示装置检查维护	每月
防小动物设施维护	每月
安全工器具检查	每月
消防器材维护	每月
单个蓄电池电压测量	每月
机构箱、端子箱、汇控柜等的加热器及照明维护	每季
室内外照明系统维护	每季
室内 SF_6 气体氧量告警仪检查维护	每季
安防设施维护	每季
消防设施维护	每季
在线监测装置维护	每季
漏电安保器试验	每季
微机防误装置及其附属设备（电脑钥匙、锁具、电源灯）维护、除尘、逻辑校验	半年
接地螺栓及接地标志维护	半年
配电箱、检修电源箱检查、维护	半年
二次设备清扫	半年
管束结构变压器冷却器每年在大负荷来临前，进行 1～2 次冲洗	每年
防汛物资、设施在汛前进行全面检查、试验	每年
蓄电池内阻测试	每年
电缆沟清扫	每年
事故油池通畅检查	5 年

二、维护避雷器动作次数、泄漏电流抄录要点

（1）检查并记录避雷器动作次数有无变化。

（2）正常天气情况下，避雷器泄漏电流读数超过初始值 1.2 倍，为严重缺陷，应登记缺陷并按缺陷流程处理。

（3）正常天气情况下，泄漏电流读数超过初始值 1.4 倍，为危急缺陷，应汇报值班调控人员申请停运处理。

（4）发现泄漏电流指示异常增大时，应检查本体外绝缘积污程度，是否有破损、裂纹，内部有无异常声响，并进行红外检测，根据检查及检测结果，综合分析异常原因。

（5）发现泄漏电流读数低于初始值时，应检查避雷器与监测装置连接是否可靠，中间是

否有短接，绝缘底座及接地是否良好、牢靠，必要时通知检修人员对其进行接地导通试验，判断接地电阻是否合格。

（6）若检查无异常，并且接地电阻合格，可能是监测装置有问题，为一般缺陷，应登记缺陷并按缺陷流程处理。

（7）若泄漏电流读数为零，可能是泄漏电流表指针失灵，可用手轻拍监测装置检查泄漏电流表指针是否卡死，如无法恢复时，为严重缺陷，应登记缺陷并按缺陷流程处理。

三、高压带电显示装置检查维护要点

（1）高压带电显示装置显示异常，应进行检查维护。

（2）对于具备自检功能的带电显示装置，利用自检按钮确认显示单元是否正常。

（3）对于不具备自检功能的带电显示装置，测量显示单元输入端电压：如输入电压正常，判断为显示单元故障，自行更换；如输入电压不正常，则为感应器故障，应联系检修人员处理。

（4）高压带电显示装置更换显示单元或显示灯前，应断开装置电源，并检测确无工作电压，拆解二次线时应做绝缘包扎处理。

（5）接触高压带电显示装置显示单元前，应检查感应器及二次回路正常，无接近、触碰高压设备或引线的情况。

（6）如需拆、接二次线，应逐个记录拆卸二次线编号、位置，并做好拆解二次线的绝缘。

（7）高压带电显示装置维护后，应检查装置运行正常，显示正确。

四、全站各装置、系统时钟核对要点

（1）检查时钟同步系统对时是否正常，对时装置电源指示灯不亮或显示屏无数据显示时，检查电源开关和电源回路是否正常，否则由检修人员处理或更换。

（2）时钟同步系统运行监视灯不亮或显示异常不能复位时，可关机重新开机，否则由检修人员处理或更换。

（3）检查时钟同步系统对时信号运行情况是否正常，电源线接触不良导致对时系统不正常闪屏或输出信号线接触不良导致对时不准时，可紧固电源线及信号输出线。

（4）检查各保护装置的时钟是否正常，必要时手动调整保护时间。

五、防小动物设施维护要点

（1）防小动物挡板损坏时，应及时更换挡板；外观标识不齐全、不清晰时，应完善标识；卡槽损坏、卷边，挡板不能顺利插入、取出时，应及时修复或更换。

（2）粘鼠板出现破损、沾染灰尘、卷边、变形、黏性失效、受潮等现象时，应及时进行更换。

（3）驱鼠器工作指示灯熄灭时，应检查电源回路或接触是否良好，必要时进行更换；声音异常时，及时更换驱鼠器。

（4）驱鸟器工作指示灯熄灭时，检查电池或接触是否良好，必要时进行更换；声音异常时，检查并及时更换。

六、安全工器具检查要点

（1）每年对照台账检查安全工器具的数量有无缺失。

（2）检查安全用具的试验周期有无超期，临近周期时应及时送往专业班组进行试验。

（3）检查验电笔安全用具的电池是否充足，并及时进行更换。

（4）检查绝缘靴、绝缘手套有无破损，并及时进行更换。

七、排水、通风系统维护要点

（1）排水系统维护。在每年汛前应对水泵、管道等排水系统、电缆沟（或电缆隧道）、通风回路、防汛设备进行检查、疏通，确保畅通和完好通畅。

1）站内潜水泵、塑料布、塑料管、砂袋、铁锹完好。

2）站内集水井（池）内无杂物、淤泥，雨水井盖板完整，无破损，安全标识齐全，地面排水畅通、无积水。站内外排水沟（管、渠）道应完好、畅通，无杂物堵塞。

3）变电站各处房屋防水层完好，无渗漏，屋顶落水口无堵塞；落水管固定牢固，无破损。各处门窗完好，关闭严密。

4）站内所有沟道、围墙无沉降、损坏。

5）水泵运转正常（包括备用泵），主备电源、手自动切换正常。控制回路及元器件无过热，指示正常。

6）变电站内外围墙、挡墙和护坡有无异常，有无开裂、坍塌。

（2）通风系统维护。

1）每月进行一次站内通风系统的检查维护。

2）检查风机运转正常、无异常声响，空调开启正常、排水通畅、滤网无堵塞。

3）通风管道、夹层、隧道、通风口进行检查，保证通风口通畅无异物。

4）及时修理、更换损坏的风机。

（3）风机维护。

1）若出现风机不转，应检查风机电源是否正常；控制开关是否正常。

2）若更换电动机，应更换同功率的电动机。

3）更换电动机前，应将回路电源断开。

4）拆除损坏电动机接线时，应做好标记。

5）更换电动机后，检查电动机安装牢固，运行正常，无异常声响。

八、消防器材、设施维护要点

（1）防火封堵检查维护。

1）每季度对防火封堵检查维护一次。

2）当发现封堵损坏或破坏后，应及时用防火堵料进行封堵。

3）封堵维护时防止对电缆造成损伤。

4）封堵后，检查封堵严实，无缝隙、美观，现场清洁。

5）消防砂池补充、灭火器检查清擦维护。

6）每月对消防器材进行一次检查维护。

7）补充的砂子应干燥。

8）发现灭火器压力低于正常范围时，及时更换合格的灭火器。

9）二氧化碳灭火器重量比额定重量减少十分之一时，应进行灌装。

10）灭火器的表面保持清洁。

（2）变电站水喷淋系统、消防水系统、泡沫灭火系统检查维护。

1）每季度对水喷淋系统、消防水系统、泡沫灭火系统检查维护一次。

2）对水喷淋系统、消防水系统、泡沫灭火系统的控制柜体及柜内驱潮加热、防潮防凝露模块和回路、照明回路、二次电缆封堵修补进行维护，维护要求参照本通则端子箱部分相关内容。

3）当发现有渗漏时，及时对渗漏点进行处理。

4）对松动的配件进行紧固；对损坏的配件进行更换。

5）维护时防止装置误动作。

（3）火灾自动报警系统主机除尘，电源等附件维护。

1）每半年对火灾自动报警系统主机除尘，电源等附件维护一次。

2）清扫时动作要轻缓，防止损坏部件。

3）清扫后，应对各部件进行检查，防止接触不良，影响正常使用。

4）更换插头、插座、空气开关时，更换前应切断回路电源。

5）更换配件应使用同容量的备品。

6）更换后应检查其完好性。

（4）火灾自动报警系统操作功能试验，远程功能核对。

1）每季度对火灾自动报警系统操作功能、远程功能核对检查试验一次。

2）线型红外光束感烟火灾探测器、光电感烟火灾探测器、差定温火灾探测器功能试验正常。

3）手动、自动报警功能正常。

4）与值班调控人员核对消防报警系统告警信号正确；火灾报警联动正常。

九、蓄电池维护要点

（1）蓄电池核对性充放电。

1）全站仅有一组蓄电池时，不应退出运行，也不应进行全核对性放电，只允许用 I_{10} 电流放出其额定容量的 50%。

2）在放电过程中，蓄电池组的端电压不应低于 $2V \times N$。

3）放电后，应立即用 I_{10} 电流进行限压充电—恒压充电—浮充电。反复放充 2～3 次，蓄电池容量可以得到恢复。

4）若有备用蓄电池组替换时，该组蓄电池可进行全核对性放电。

（2）两组阀控蓄电池组。

1）全站若具有两组蓄电池时，则一组运行，另一组退出运行进行全核对性放电。

2）放电用 I_{10} 恒流，当蓄电池组电压下降到 $1.8V \times N$ 或单体蓄电池电压出现低于 1.8V 时，停止放电。

3）隔 1～2h 后，再用 I_{10} 电流进行恒流限压充电一恒压充电一浮充电。反复放充 2～3 次，蓄电池容量可以得到恢复。

4）若经过三次全核对性放充电，蓄电池组容量均达不到其额定容量的 80%以上，则应安排更换。

阀控蓄电池在运行中电压偏差值及放电终止电压值的规定见表 3-26。

表 3-26　　　　　　阀控蓄电池在运行中电压偏差值及放电终止电压值的规定

阀控密封铅酸蓄电池	标称电压（V）		
	2V	6V	12V
运行中的电压偏差值	±0.05	±0.15	±0.3
开路电压最大最小电压差值	0.03	0.04	0.06
放电终止电压值	1.80	5.25（1.75×3）	10.5（1.75×6）

（3）蓄电池组内阻测试。

1）测试工作至少两人进行，防止直流短路、接地、断路。

2）蓄电池内阻在生产厂家规定的范围内。

3）蓄电池内阻无明显异常变化，单只蓄电池内阻偏离值应不大于出厂值 10%。

4）测试时连接测试电缆应正确，按顺序逐一进行蓄电池内阻测试。

5）单体蓄电池电压测量应每月至少 1 次，蓄电池内阻测试应每年至少 1 次。

十、机构箱、端子箱、汇控柜等的加热器及照明维护

（1）汇控柜驱潮加热装置维护。

1）每季度进行一次驱潮加热装置的检查维护。

2）根据环境变化驱潮加热装置是否自动投切判断装置工作是否正常。

3）维护时做好与运行回路的隔离措施，断开驱潮加热回路电源。

4）更换损坏的加热器、感应器、控制器等元件。

5）检查加热器工作状况时，工作人员不宜用皮肤直接接触加热器表面，以免造成烫伤。

6）工作结束逐一紧固驱潮加热回路内二次线接头，防止松动断线。

（2）照明装置维护。

1）每季度进行一次照明装置的检查维护。

2）维护时做好与运行回路的隔离措施，断开照明回路电源。

3）箱内照明装置不亮时，检查照明装置及回路，如接触开关是否卡涩，回路接线有无松动。

4）更换灯泡，应安装牢固可靠，更换后，检查照明装置是否正常点亮。

十一、室内外照明系统维护

（1）每季度对室内外照明系统维护一次。

（2）每季度对事故照明试验一次。

（3）需更换同规格、同功率的备品。

（4）更换灯具、照明箱时，需断开回路的电源。

（5）更换灯具、照明箱后，检查工作正常。

（6）拆除灯具、照明箱接线时，做好标记，并进行绝缘包扎处理。

（7）更换室外照明灯具时，要注意与高压带电设备保持足够的安全距离。

十二、室内 SF$_6$ 氧量告警仪检查维护

一般由外包单位持工作票完成该维护项目。

十三、安防设施维护

（1）安防系统主机除尘，电源等附件维护。每半年对安防系统主机除尘，电源等附件维护一次。

1）清扫时动作要轻缓，防止损坏部件。

2）清扫后，应对各部件进行检查，防止接触不良，影响正常使用。

3）更换插头、插座、空气开关时，更换前应切断回路电源。

4）更换配件应使用同容量的备品。

5）更换后应检查其完好性。

（2）安防系统报警探头、摄像头起动、操作功能试验，远程功能核对维护。

1）每季对安防系统报警探头、摄像头起动、操作功能试验，远程功能核对维护。

2）对监控系统、红外对射或激光对射装置、电子围栏进行试验，检查报警功能正常，报警联动正常。

3）摄像头的灯光、雨刷旋转、移动、旋转试验正常、图像清晰。

4）在对电子围栏主导线断落连接、承立杆歪斜纠正维护时，应先断开电子围栏电源。

5）视频信号汇集箱、电子围栏、红外对射或激光对射报警主控制箱箱体、封堵修补的维护要求参照《国家电网公司变电运维管理规定　第 21 分册　端子箱及检修电源箱运维细则》相关内容。

十四、在线监测装置维护

运维人员例行巡视时检查在线监测装置是否良好，维护一般由专业班组持工作票完成。

十五、漏电安保器试验

定期检查漏电保安器上试验按钮，检查漏电保安器脱扣功能正常。

十六、微机防误装置及其附属设备（电脑钥匙、锁具、电源灯）维护、除尘和逻辑校验

（1）检查微机防误装置及其附属设备（电脑钥匙、锁具、电源灯）功能是否正常。

（2）检查电脑钥匙齐全。

（3）检查现场防误锁具锈蚀情况良好。

（4）检查防误装置中的一次设备接线图中设备状态与现场实际状态相对应。

（5）检查装置防误逻辑正确。

十七、接地螺栓及接地标志维护

运维人员例行巡视检查接地螺栓及接地标志是否正常，维护一般由外包单位持工作票完成。

（1）接地引下线维护。

1）接地引下线锈蚀，色标脱落、变色，应及时进行处理。

2）检查接地引下线连接螺栓、压接件，有松动、锈蚀时应进行紧固、防腐处理。

（2）接地导通测试。

1）测试周期：独立避雷针每年一次；其他设备、设施，220kV 及以上变电站每年一次，110（66）kV 变电站每三年一次，35kV 变电站每四年一次。应在雷雨季节前开展接地导通测试。

2）测试范围：各个电压等级的场区之间；各高压和低压设备，包括构架、端子箱、汇控箱、电源箱等，主控楼及内部各接地干线，场区内和附近的通信及内部各接地干线，独立避雷针及微波塔与主接地网之间，其他必要部分与主接地网之间。

3）测试前应对基准点及被测点表面的氧化层进行处理。

十八、配电箱、检修电源箱检查和维护

（1）每半年进行一次熔断器、空气开关、接触器、插座的检查维护。

（2）熔断器、空气开关及接触器等损坏后，应先查找回路有无短路，如仅是元件损坏，立即更换。

（3）更换配件应使用同容量备品设备，熔断器、空气开关更换应满足级差配置要求。

（4）插座配置满足设计、规范和负荷的要求，通电后插座电压测量正常。

（5）更换后，熔断器再次熔断或空气开关再次跳闸，应查明具体故障原因。

十九、二次设备清扫

一般由专业班组持工作票完成该维护项目。

二十、防汛物资、设施在汛前进行全面检查和试验

（1）防汛物资应齐全，必要时予以补充。

（2）电缆沟、排水沟、围墙外排水沟维护。

1）在每年汛前应对水泵、管道等排水系统、电缆沟（或电缆隧道）、通风回路、防汛设备进行检查、疏通，确保畅通和完好通畅。对污水泵、潜水泵、排水泵进行检查维护。

2）对于破坏、损坏的电缆沟、排水沟，要及时修复。

3）电缆沟、排水沟有杂物、淤泥、积水时应及时清理。

（3）水泵维护。

1）每年汛前对污水泵、潜水泵、排水泵进行启动试验，保证处于完好状态。

2）对于损坏的水泵，要及时修理、更换。

3）对污水泵、潜水泵、排水泵进行启、停试验前，应检查设备外观完好，必要时对电动机进行绝缘电阻测试。

二十一、电缆沟清扫

一般由外包单位持工作票完成该维护项目。

二十二、事故油池通畅检查

油池内不应有杂物，并视积水情况，及时进行清理和抽排。一般由外包单位持工作票完成该维护项目。

第九节 防 误 装 置

防误装置是防止变电站误操作事故的一种综合性装置，凡是可能发生误操作的高压电气设备，均应装设防误装置。作为防误操作的技术措施，防误装置通过在设备的电动操作回路中串联受闭锁回路控制的闭锁节点或电气锁具，在设备手动回路操控部件中加装受控的锁具，对违反操作顺序的误操作实施强制性闭锁。

对于 110kV 及以上设备，一般采用"监控系统防误闭锁＋设备间隔内电气闭锁"的方式来实现防误操作功能；若采用 GIS 设备，则一般采用"监控系统防误闭锁＋完善的电气闭锁"的方式来实现防误操作功能；35kV 及以下电压等级开关柜间隔由于接线方式简单，其防误回路相对比较简单，一般采用电气闭锁、柜内机械闭锁来实现防误功能。

一、防误装置运维

1. 防误装置运行规定

（1）防误装置的管理、维护、使用应按照本单位有关防误规定执行。

（2）防误装置正常情况下严禁解锁或退出运行。防误装置的解锁工具（钥匙）或备用解锁工具（钥匙）应封存保管，且必须有专门的保管和使用制度，任何人员禁止擅自使用解锁工具（钥匙）。

（3）防误装置整体停用应经本单位分管生产的行政副职或总工程师批准，才能退出，并报有关主管部门备案。同时，要采取相应的防止电气误操作的有效措施，并加强操作监护。

（4）运维人员及检修维护人员应熟悉防误装置的管理规定和实施细则，做到"三懂二会"（懂防误装置的原理、性能、结构；会操作、维护）。

（5）采用计算机监控系统时，远方、就地操作均应具备电气"五防"闭锁功能。

（6）防误装置的检修工作应与主设备的检修项目协调配合，定期检查防误装置的运行情况，并做好记录。防误装置检修、调试必须办理工作票。检修后的防误装置经值班人员验收合格后方可投入运行，正常防误装置由运维人员维护管理。

（7）防误装置损坏、电气回路故障应视为设备缺陷，并做好设备缺陷记录。防误装置的缺陷管理流程与其他运用中的设备缺陷管理流程相同。整组防误装置因故障必须退出运行时，应作为紧急缺陷处理。

（8）防误装置及电气设备出现异常要求解锁时，应由设备所属单位的运行管理部门防误装置专责人到现场核实无误并签字后，由变电站值班员报告当值调度员，方可解锁操作。单人操作、检修人员在倒闸操作过程中严禁解锁。如需解锁，应待增派运行人员到现场后，履行批准手续后处理。解锁工具（钥匙）使用后应及时封存。

（9）电气设备检修时需要对检修设备解锁操作，应经变电运维班班长或值班负责人批准，做好相应的安全措施，在专人监护下进行，并做好记录。

（10）若遇危及人身、电网和设备安全等紧急情况需要解锁操作，可由运维值班负责人下令紧急使用解锁工具（钥匙），并由变电站值班员报告当值调度员，做好记录。

2. 防误装置运维内容

（1）防误装置的巡视。防误装置的巡视周期同主设备，其主要的巡视内容如下：

1）防误装置的交直流电源正常。

2）防误模拟盘与现场设备实际状态对应。

3）微机防误装置主机运行良好，与监控系统通信正常，电脑钥匙充电状态正常。

4）防误装置的防尘、防锈蚀、防干扰、防异物等措施完好，户外防误装置的防雨罩完好，雨天时罩内无积水。

5）防误锁具完好无锈蚀，锁、销插入正确。

6）防误装置与断路器、隔离开关、网门等的连接牢固可靠，起到正常的防误作用。

7）解锁钥匙箱完好，相关封存记录正确。

（2）防误装置的维护。

1）防误装置的日常维护由运行值班人员负责，主要包括防误装置的巡视、清洁、定期加油、试操作，更换锁具、编码片、指示灯及其他小缺陷处理。

2）防误装置的消缺工作由各运行单位根据单位的实际情况确定部门负责。

3）每年春、秋检之前对防误装置进行一次全面的检查维护，发现问题及时处理。

4）微机防误装置及其附属设备（电脑钥匙、锁具、电源灯）维护、除尘、逻辑校验每半年一次。

5）应定期对编码锁进行对位操作，以验证锁的编码、编号及挂锁位置的正确性。

6）程序锁、机械挂锁、机械编码锁应定期加油，一般为每季度一次。

二、防误逻辑编制

防误逻辑的编制从现场设备实际配置情况出发，需要做到满足各项防误要求，从技术层面预防误操作事故的发生。

1. 防误逻辑设置原则

（1）110kV 及以上电压等级敞开式间隔。110kV 及以上电压等级敞开式间隔一般采用"站端监控系统防误闭锁＋设备间隔内电气闭锁"端的方式来实现防误操作功能，不设置独立的微机防误操作系统。

站端监控系统应具有完善的全站性防误闭锁功能，除判别本间隔的闭锁条件外，一般还对其他跨间隔的相关闭锁条件进行判别。接入站端监控系统进行防误判别的断路器、隔离开关及接地开关等一次设备位置信号一般采用常开、常闭双位置接入校验。

各电气设备间隔设置本间隔内的电气闭锁回路，一般不设置跨间隔之间的电气闭锁回路，跨间隔的防误闭锁功能由站端监控系统实现。

（2）110kV 及以上电压等级 GIS（HGIS）间隔。

1) 一般采用"站端监控系统防误闭锁+完善的电气闭锁"端的方式来实现防误操作功能，不设置独立的微机防误操作系统。各电气设备间隔设置完善的电气闭锁回路，站端监控系统防误闭锁与间隔内电气闭锁形成"串联"关系。

2) 一般线路带电显示器闭锁线路接接地开关接入本间隔电气闭锁,线路电压互感器二次电压闭锁线路接接地开关接入站端监控系统闭锁。

（3）35kV 及以下电压等级开关柜间隔。

1) 35kV 及以下电压等级开关柜间隔接线方式简单，其防误回路相对比较简单，一般采用电气闭锁、柜内机械闭锁来实现防误功能。电动操作和手动操作具有同样的闭锁功能和闭锁条件。

2) 电压互感器柜后仓若有高压设备，一般后仓门接点提供动断动断接点接于闭锁回路，一副动断接点闭锁手车电磁锁，一副动断接点串联接入电动操作回路。

3) 分段开关及分段隔离柜，一般后仓门接点提供两副动断接点接于闭锁回路，一副动断接点闭锁手车电磁锁，一副动断接点串联接入电动操作回路。

（4）专用接地装置的闭锁及布置。变电站常用临时接地线的接地点，一般设置专用接地装置。专用接地装置的位置接点接入对应测控装置，并参与防误闭锁逻辑条件判别。一般专用接地装置的动合动作接点与对应接地开关动合辅助接点并联并接入测控装置；装置的动断动作接点与对应接地开关动断辅助接点串联并接入测控装置，装置无对应接地开关的，其位置信号应单独接入测控装置。

变电站内专用接地装置的设置如下：

1) 主变压器本体各侧分别设置一个接地装置（含带消弧线圈的中性点侧）。

2) 消弧线圈进线隔离开关与消弧线圈之间设置一个接地装置。

3) 站用变压器的高、低压侧各设置一个接地装置。

4) 室外电容器、电抗器进线电缆处设置一个接地装置。

5) 35kV 及以下开关柜,在各段母线设置一个接地装置(桥架过桥处或电压互感器手车柜处)。

6) 其他无接接地开关配置但需满足检修工作的固定接地点。

2. 典型闭锁逻辑

变电站主接线方式、设备类型各有差异，导致了其采用的闭锁逻辑的差异性。现针对目前变电站常见接线形式和设备类型的典型逻辑进行展示，其他类型的接线方式和设备类型的变电站可参照执行。

（1）220（110）kV 线路闭锁逻辑。以某 220kV 侧双母线接线方式为例，其一次接线方式及相关设备的闭锁逻辑如图 3-116 所示，有专用接地装置，110kV 线路参照执行。

（2）220（110）kV 母联闭锁逻辑。以某 220kV 侧双母线接线方式为例，母联间隔一次接线方式及相关设备的闭锁逻辑如图 3-117 所示，有专用接地装置，110kV 母联参照执行。

（3）220（110）kV 分段闭锁逻辑。以某 220kV 双母线接线方式为例，分段间隔一次接线方式及相关设备的闭锁逻辑如图 3-118 所示，有专用接地装置，110kV 分段参照执行。

（4）双母线方式母线闭锁逻辑。以某 220kV 双母线接线方式为例，母线间隔一次接线方式及相关设备的闭锁逻辑如图 3-119 所示，有专用接地装置，110kV 双母线接线参照执行。

（5）单母分段方式母线闭锁逻辑。以某 110kV 变电站为例，其 110kV 侧为单母线分段接线方式，母线设备带有专用接装置。110kV 母线一次接线方式及相关设备的闭锁逻辑如图 3-120 所示。

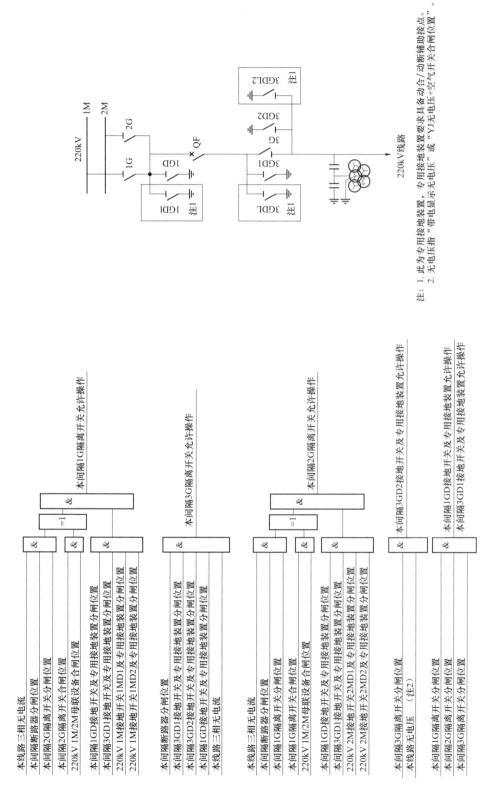

图 3-116 220kV 线路一次接线方式及相关设备的闭锁逻辑图

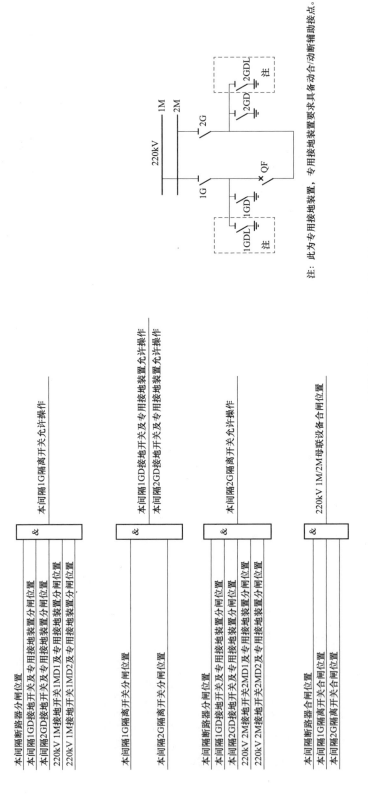

图 3-117 220kV 母联间隔一次接线方式及相关设备的闭锁逻辑图

注：此为专用接地装置，专用接地装置要求具备动合/动断辅助接点。

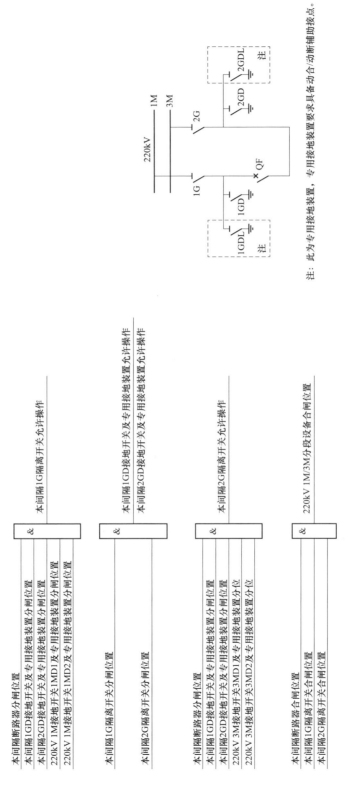

图 3-118　220kV 分段间隔一次接线方式及相关设备的闭锁逻辑图

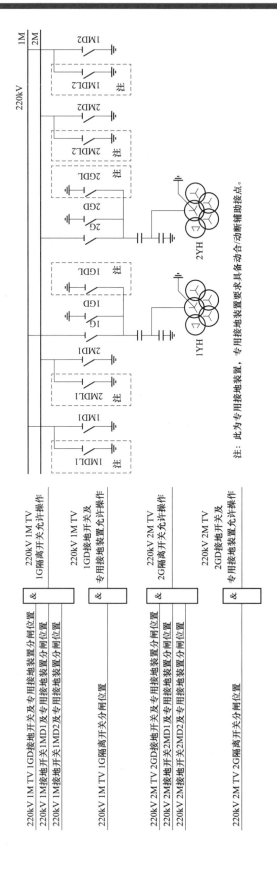

图 3-119 220kV 母线间隔一次接线方式及相关设备的闭锁逻辑图

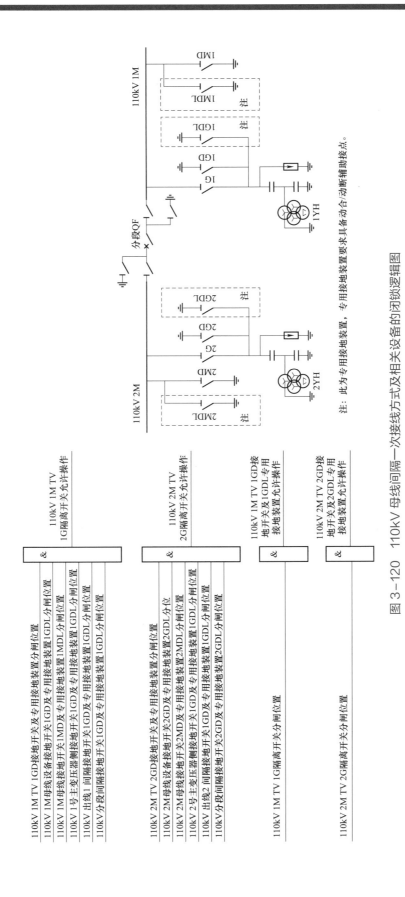

图3-120 110kV母线间隔一次接线方式及相关设备的闭锁逻辑图

（6）220kV 主变压器高（中）压侧闭锁逻辑。以某 220kV 主变压器为例，其 220kV 侧、110kV 侧均为双母线接线方式，有专用接地装置，主变压器 110kV 侧一次接线方式及相关设备的闭锁逻辑如图 3-121 所示，主变压器 220kV 侧参照执行。

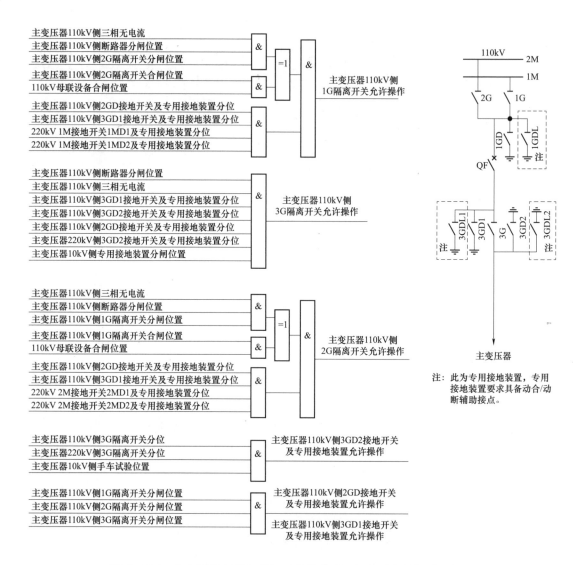

图 3-121　主变压器 110kV 侧一次接线方式及相关设备的闭锁逻辑图

（7）主变压器低压侧闭锁逻辑。以某 220kV 变电站为例，10kV 侧为两分支接线形式，其主变压器 10kV 侧带有专用接地装置。主变压器 10kV 侧一次接线及闭锁逻辑如图 3-122 所示。

（8）线变组接线方式高压侧闭锁逻辑。以某 110kV 主变压器线变组接线方式为例，有专用接地装置，高压侧一次接线及闭锁逻辑如图 3-123 所示，主变压器中低压侧闭锁逻辑参照常规方式设置。

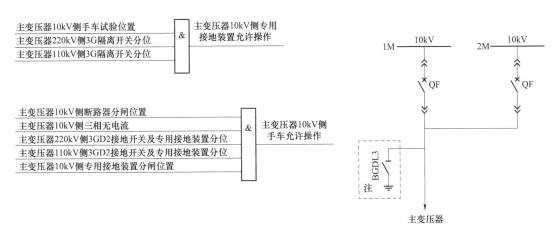

图 3-122 主变压器 10kV 侧一次接线方式及闭锁逻辑图

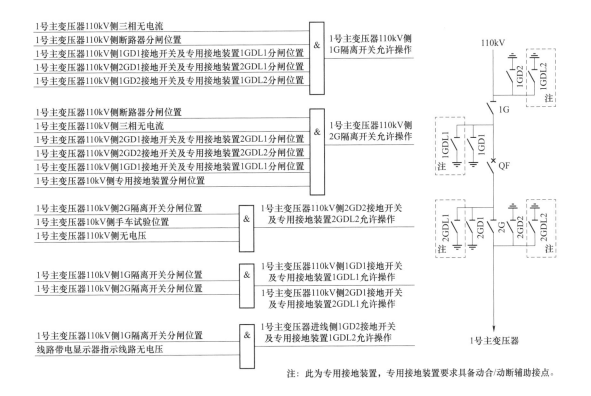

图 3-123 线变组高压侧一次接线方式及闭锁逻辑图

（9）电容器闭锁逻辑。以某 35kV 电压等级电容器为例，有专用接地装置，一次接线及闭锁逻辑如图 3-124 所示，其他结构型式的电容器闭锁逻辑类似。

（10）低压并联电抗器闭锁逻辑。以某 35kV 电压等级电抗器为例，有专用接地装置，一次接线及闭锁逻辑如图 3-125 所示，其他结构型式的电抗器闭锁逻辑类似。

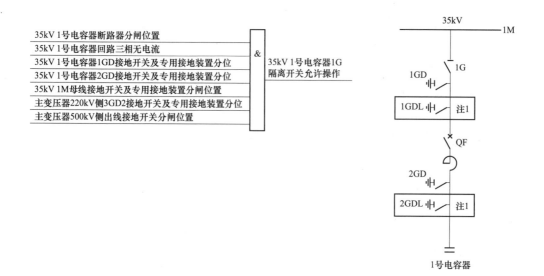

注: 1. 此为专用接地装置,专用接地装置要求具备动合/动断辅助接点。
    2. 以1号电容器为例,其余类同。

图 3-124　35kV 电容器一次接线方式及闭锁逻辑图

注: 1. 此为专用接地装置,专用接地装置要求具备动合/动断辅助接点。
    2. 以1号电抗器为例,其余类同。

图 3-125　35kV 电抗器间隔一次接线方式及闭锁逻辑图

（11）站用变压器闭锁逻辑。以某 35kV 电压等级站用变压器为例,有专用接地装置,一次接线及闭锁逻辑如图 3-126 所示,其他结构型式的电抗器闭锁逻辑类似。

（12）消弧线圈闭锁逻辑。以某主变压器 35kV 侧中性点接消弧线圈为例,有专用接地装置,一次接线及闭锁逻辑如图 3-127 所示,其他接线方式的消弧线圈闭锁逻辑类似。

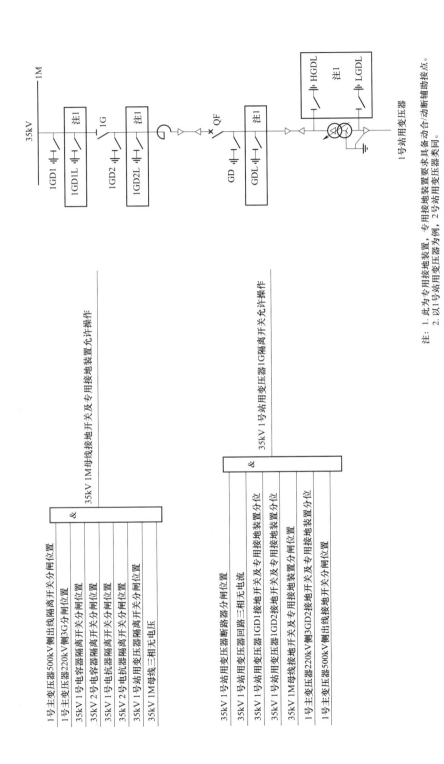

图 3-126　35kV 站用变压器间隔一次接线方式及闭锁逻辑图

注：1. 此为专用接地装置，专用接地装置要求具备动合/动断辅助接点。
　　2. 以1号站用变压器为例，2号站用变压器类同。

357

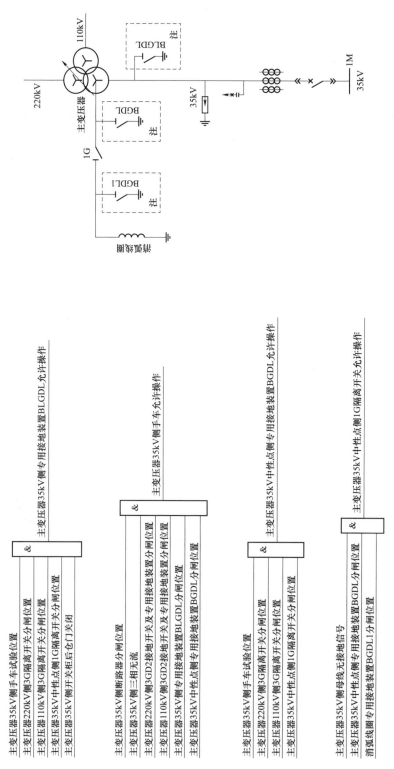

图 3-127　主变压器 35kV 侧中性点消弧线圈一次接线方式及闭锁逻辑图

注：此为专用接地装置，专用接地装置要求具备动合断辅助接点。

三、防误逻辑验收

1. 防误逻辑验收原则

（1）防误功能验收应安排在站内设备主体功能验收及"三遥"功能验收完成过后，防止防误功能验收完成后有人员改动设备二次接线，影响防误系统正常可靠运行。

（2）监控系统防误功能与电气防误功能分开验收，对每个电气设备的防误闭锁条件逐一验收打钩，防止遗漏。验收完成后，验收人员与工作负责人分别在验收表上签字。若需要部分更改防误验收表，需要得到相关运维专职同意，并在表上写明更改原因。

（3）在验收监控系统防误功能时，应将所验收的设备电气解闭锁切换开关切至"解锁"位置；在验收电气防误功能时，应将所验收的设备测控解闭锁切换开关切至"解锁"位置。

（4）电动操动机构的隔离开关，防误验收时应同时确认其手动操动机构操作情况，确保设备手动操作与电动操作防误闭锁条件完全一致。

（5）电动操动机构的隔离开关应实际验证"急停"按钮功能，以便在发生误操作时能够紧急停止操作，按照现场运行规程要求进行处理。

（6）采用自保持回路的电动隔离开关，其自保持回路应经完善的防误闭锁，防止操作人员直接按机构内分合闸接触器进行操作。

（7）专用接地装置应采用专用接地铜棒实际测试的方式进行验收，实际模拟接地线装拆，确保站内接地线纳入防误系统。

（8）带电显示装置应具有自检功能，在一次设备带电或不带电的状态下均可自检出装置本身的完好性。装置进行试验时，其装置闭锁输出应动作，应检验相应的接地开关是否被闭锁。

2. 防误逻辑验收表

为了确保防误逻辑验收的规范性、正确性、全面性，保证日后运维工作中防误逻辑的可追溯、可验证，在日常的防误逻辑验收中推荐使用规范化的防误逻辑验收表。针对每一个间隔的防误闭锁逻辑，均需编制单独的监控系统逻辑验收表及电气回路闭锁验收表。在防误验收表中，接地隔离开关的电磁锁与相应接地刀闸的闭锁逻辑一致，隔离开关手动方式与电动方式的闭锁逻辑一致。

（1）220kV 线路监控系统闭锁验收表。以某 220kV 变电站 220kV 线路间隔为例，该站 220kV 侧主接线形式为双母线接线方式，其 2919 间隔监控系统闭锁验收表见表 3-27。110kV 线路监控系统闭锁逻辑验收可参照执行。

表 3-27　　　　　　　　　220kV 2919 间隔监控系统闭锁验收表

序号	闭锁条件验收设备	29191	29192	29193	291944	291946	291945	备注
1	2919	分	—	分	—	分	—	—	
2	29191	—	—	分	合	—	分	分	—
3	29192	分	合	—	—	—	分	分	—
4	29193	—	—	—	—	分	分	分	
5	291944	分	分	分	分	分	—	—	

续表

序号	闭锁条件验收设备	29191		29192		29193	291944	291946	291945	备注
6	291946	分	分	分	分	分	—	—	—	
7	291945	—	—	—	—	分	分	—	—	
8	22041	分	分	—	—	—	—	—	—	
9	22042	—	—	分	分	—	—	—	—	
10	线路电压互感器二次	—	—	—	—	—	—	—	无电	
11	2510	—	合	—	合	—	—	—	—	
12	25101	—	合	—	合	—	—	—	—	
13	25102	—	合	—	合	—	—	—	—	
验收情况										
存在问题：										

（2）220kV 线路本间隔电气闭锁验收表。以某 220kV 变电站 220kV 线路间隔为例，该站 220kV 侧主接线形式为双母分段，其 2919 本间隔电气闭锁验收表见表 3-28。110kV 线路间隔电气系统闭锁验收可参照执行。

表 3-28　　　　　　　　　　　220kV 2919 本间隔电气闭锁验收表

序号	闭锁条件验收设备	29191		29192		29193	291944	291946	291945	备注
1	2919	分	—	分	—	分	—	—	—	
2	29191	—	—	分	合	—	分	分	—	
3	29192	分	合	—	—	—	分	分	—	
4	29193	—	—	—	—	—	分	分	分	
5	291944	分	分	分	分	分	—	—	—	
6	291946	分	分	分	分	分	—	—	—	
7	291945	—	—	—	—	分	分	—	—	
8	线路电压互感器二次	—	—	—	—	—	—	—	无电	
验收情况										
存在问题：										

（3）220kV 母联（分段）监控系统闭锁验收表。以某 220kV 变电站 220kV 母联 2510 间隔为例，其监控系统防误闭锁验收表见表 3-29。220kV 分段间隔监控系统闭锁逻辑验收可参照执行。

表 3-29　　　　　　　　　　220kV 母联 2510 监控系统闭锁验收表

序号	闭锁条件 验收设备	25101	25102	251047	251048	备注
1	2510	分	分	—	—	
2	25101	—	—	分	分	
3	25102	—	—	分	分	
4	251047	分	分	—	—	
5	251048	分	分	—	—	
6	22041	分	—	—	—	
7	22042	—	分	—	—	
验收情况						
存在问题：						

（4）220kV 母联（分段）本间隔电气闭锁验收表。以某 220kV 变电站 220kV 母联 2510 间隔为例，其本间隔电气闭锁验收表见表 3-30。220kV 分段间隔电气闭锁验收可参照执行。

表 3-30　　　　　　　　　　220kV 母联 2510 本间隔电气闭锁验收表

序号	闭锁条件 验收设备	25101	25102	251047	251048	备注
1	2510	分	分	—	—	
2	25101	—	—	分	分	
3	25102	—	—	分	分	
4	251047	分	分	—	—	
5	251048	分	分	—	—	
验收情况						
存在问题：						

（5）220kV 母线监控系统闭锁验收表。以某 220kV 变电站 220kV 母线间隔为例，其监控系统闭锁验收表见表 3-31。间隔正母隔离开关涵盖所有正母间隔隔离开关，间隔副母隔离开关涵盖所有副母间隔隔离开关。110kV 母线监控系统闭锁逻辑验收可参照执行。

表 3-31　　　　　　　　　　220kV 母线间隔监控系统闭锁验收表

序号	闭锁条件 验收设备	22041	25071	250749	22042	25082	250848	备注
1	22041	—	分	—	—	—	—	
2	25071	分	—	分	—	—	—	
3	间隔正母隔离开关	分	—	—	—	—	—	
4	250749	—	分	—	—	—	—	

续表

序号	闭锁条件 验收设备	22041	25071	250749	22042	25082	250848	备注
5	22042	—	—	—	—	分	—	
6	25082	—	—	—	分	—	分	
7	间隔副母隔离开关	—	—	—	分	—	—	
8	250849	—	—	—	—	分	—	
验收情况								
存在问题:								

（6）220kV 母线本间隔电气闭锁验收表。以某 220kV 变电站 220kV 母线间隔为例，其本间隔电气闭锁验收表见表 3-32。110kV 母线本间隔电气闭锁验收可参照执行。

表 3-32　　　　　　　　　　　220kV 母线本间隔电气闭锁验收表

序号	闭锁条件 验收设备	22041	25071	250749	22042	25082	250848	备注
1	22041	—	分	—	—	—	—	
2	25071	分	—	分	—	—	—	
3	250749	—	分	—	—	—	—	
4	22042	—	—	—	—	分	—	
5	25082	—	—	—	分	—	分	
6	250849	—	—	—	—	分	—	
验收情况								
存在问题:								

（7）主变压器 220kV 侧监控系统闭锁验收表。以某 220kV 变电站 1 号主变压器为例，220kV 侧为双母接线方式，其 220kV 侧 2501 间隔监控系统闭锁验收表见表 3-33。

表 3-33　　　　　　　　1 号主变压器 220kV 侧 2501 间隔监控系统闭锁验收表

序号	闭锁条件 验收设备	25011		25012	25013	250144	250146	250145	备注
1	2501	分	—	分	—	分	—	—	—
2	25011	—	—	分	合	—	分	分	—
3	25012	分	合	—	—	分	分	—	
4	25013	—	—	—	—	分	分	分	
5	250144	分	分	分	分	分	—	—	
6	250146	分	分	分	分	分	—	—	

续表

序号	闭锁条件验收设备	25011		25012		25013	250144	250146	250145	备注
7	250145	—	—	—	分	分	—	—	—	
8	22041	分	分	—	—	—	—	—	—	
9	22042	—	—	分	分	—	—	—	—	
10	11013	—	—	—	—	—	—	—	分	
11	110145	—	—	—	—	—	分	—	—	
12	101 手车	—	—	—	—	—	—	—	试验	
13	主变压器 10kV 侧接地电磁锁	—	—	—	—	—	分	—	—	
14	2510	—	合	—	合	—	—	—	—	
15	25101	—	合	—	合	—	—	—	—	
16	25102	—	合	—	合	—	—	—	—	
验收情况										
存在问题：										

（8）主变压器 220kV 侧本间隔电气闭锁验收表。以某 220kV 变电站 1 号主变压器为例，220kV 侧为双母接线方式，其 220kV 侧 2501 间隔电气闭锁验收表见表 3-34。

表 3-34　　　　　　　　　　1 号主变压器 220kV 侧 2501 间隔电气闭锁验收表

序号	闭锁条件验收设备	25011		25012		25013	250144	250146	250145	备注
1	2501	分	—	分	—	分	—	—	—	
2	25011	—	—	分	合	—	分	分	—	
3	25012	分	合	—	—	—	分	分	—	
4	25013	—	—	—	—	—	分	分	分	
5	250144	分	分	分	分	分	—	—	—	
6	250146	分	分	分	分	分	—	—	—	
7	250145	—	—	—	分	分	—	—	—	
验收情况										
存在问题：										

（9）主变压器 110kV 侧监控系统闭锁验收表。以某 220kV 变电站 1 号主变压器为例，110kV 侧为双母线接线方式，其 110kV 侧 1101 间隔监控系统闭锁验收表见表 3-35。

表 3-35　　　　　　　1 号主变压器 110kV 侧 1101 间隔监控系统闭锁验收表

序号	闭锁条件 验收设备	11011		11012		11013	110144	110146	110145	备注
1	1101	分	—	分	—	分	—	—	—	
2	11011	—	—	分	合	—	分	分	—	
3	11012	分	合	—	—	—	分	分	—	
4	11013	—	—	—	—	—	分	分	分	
5	110144	分	分	分	分	分	—	—	—	
6	110146	分	分	分	分	分	—	—	—	
7	110145	—	—	—	分	分	—	—	—	
8	11041	分	分	—	—	—	—	—	—	
9	11042	—	—	分	分	—	—	—	—	
10	25013	—	—	—	—	—	—	—	分	
11	250145	—	—	—	—	分	—	—	—	
12	101 手车	—	—	—	—	—	—	—	—	试验
13	主变压器 10kV 侧接地电磁锁	—	—	—	—	分	—	—	—	
14	1100	—	合	—	合	—	—	—	—	
15	11001	—	合	—	合	—	—	—	—	
16	11002	—	合	—	合	—	—	—	—	
验收情况										
存在问题：										

　（10）主变压器 110kV 侧本间隔电气闭锁验收表。以某 220kV 变电站 1 号主变压器为例，110kV 侧为双母线接线方式，其 110kV 侧 1101 间隔电气闭锁验收表见表 3-36。

表 3-36　　　　　　　1 号主变压器 110kV 侧 1101 间隔电气闭锁验收表

序号	闭锁条件 验收设备	11011		11012		11013	110144	110146	110145	备注
1	1101	分	—	分	—	分	—	—	—	
2	11011	—	—	分	合	—	分	分	—	
3	11012	分	合	—	—	—	分	分	—	
4	11013	—	—	—	—	—	分	分	分	
5	110144	分	分	分	分	分	—	—	—	
6	110146	分	分	分	分	分	—	—	—	
7	110145	—	—	—	分	分	—	—	—	
验收情况										
存在问题：										

（11）主变压器 10kV 侧监控系统闭锁验收表。以某 220kV 变电站 1 号主变压器为例，10kV 侧单母分段接线方式，其 10kV 侧监控系统闭锁验收表见表 3-37。

表 3-37　　　　　　　　　　1 号主变压器 10kV 侧监控系统闭锁验收表

序号	闭锁条件 验收设备	101 手车	102 手车	主变压器 10kV 侧接地电磁锁	备注
1	101	分	—	—	
2	101 手车	—	—	试验	
3	102	—	分	—	
4	102 手车	—	—	试验	
5	主变压器 10kV 侧接地电磁锁	分	分	—	
6	25013	—	—	分	
7	250145	分	分	—	
8	11013	—	—	分	
9	110145	分	分	—	
验收情况					
存在问题：					

（12）主变压器 10kV 侧本间隔电气闭锁验收表。以某 220kV 变电站 1 号主变压器为例，10kV 侧单母分段接线方式，其 10kV 侧 101 本间隔电气闭锁验收表见表 3-38。

表 3-38　　　　　　　　　　1 号主变压器 10kV 侧 101 本间隔电气闭锁验收表

序号	闭锁条件 验收设备	101 手车	101 开关柜后门	102 手车	102 开关柜后门	主变压器 10kV 侧接地电磁锁	备注
1	101	分	—	—	—	—	
2	101 手车	—	分	—	分	试验	
3	101 带电显示器	—	无电	—	无电	—	
4	101 开关柜后门	关	—	关	—	关	
5	102	—	—	分	—	—	
6	102 手车	—	分	—	分	试验	
7	102 带电显示器	—	无电	—	无电	—	
8	102 开关柜后门	关	—	关	—	关	
9	主变压器 10kV 侧接地电磁锁	分	合	分	合	—	
验收情况							
存在问题：							

（13）线变组接线方式高压侧监控系统闭锁验收表。以某 110kV 主变压器线变组接线方式为例，其高压侧监控系统闭锁验收表见表 3-39。主变压器中低压侧监控系统闭锁逻辑按其实际接线方式设置并验收。

表 3-39　　　　　　线变组接线方式高压侧监控系统闭锁验收表

序号	闭锁条件 验收设备	11011	11013	19××45	110144	110146	110145	备注
1	1101	分	分	—	—	—	—	
2	11011	—	—	分	分	分	—	
3	11013	—	—	—	分	分	分	
4	19××45	分	—	—	—	—	—	
5	110144	分	分	—	—	—	—	
6	110146	分	分	—	—	—	—	
7	110145	—	分	—	—	—	—	
8	101 手车	—	—	—	—	—	试验	
9	主变压器低压侧接地电磁锁	—	分	—	—	—	—	
10	线路电压互感器二次	—	—	无电	—	—	—	
验收情况								

存在问题：

（14）线变组接线方式高压侧本间隔电气闭锁验收表。以某 110kV 主变压器线变组接线方式为例，其高压侧本间隔电气闭锁验收表见表 3-40。主变压器中低压侧本间隔电气闭锁逻辑按其实际接线方式设置并验收。

表 3-40　　　　　　线变组接线方式高压侧本间隔电气闭锁验收表

序号	闭锁条件 验收设备	11011	11013	19××45	110144	110146	110145	备注
1	1101	分	分	—	—	—	—	
2	11011	—	—	分	分	分	—	
3	11013	—	—	—	分	分	分	
4	19××45	分	—	—	—	—	—	
5	110144	分	分	—	—	—	—	
6	110146	分	分	—	—	—	—	
7	110145	—	分	—	—	—	—	
验收情况								

存在问题：

3. 防误逻辑验收案例

以某 220kV 变电某间隔为例:

(1) 验收准备条件。验收前各间隔设备均冷备用状态;将设备测控解闭锁切换开关切至"解锁"位置,电气解闭锁切换开关切至"联锁"位置。

(2) 验收操作。从表 3-34 可以看出,25011 隔离开关操作条件为:2501 开关分开、250144 接接地开关分开、250146 接接地开关分开。在冷备用状态将 25011 隔离开关合分一次。

合上 2501 开关,25011 隔离开关无法操作,则在相应"分开"处打"√",分开 2501 开关。

合上 250144 接接地开关,25011 隔离开关无法操作,则在相应"分开"处打"√",分开 250144 接接地开关。

合上 250146 接接地开关,25011 隔离开关无法操作,则在相应"分开"处打"√",分开 250146 接接地开关。

至此 25011 隔离开关电气闭锁验收完毕,再依次进行其他设备验收。

验收总结。某一间隔内所有设备的电气闭锁或者逻辑闭锁全部验收完成后,在闭锁验收表内填写验收时间、验收人员姓名,并记录验收发现的相关问题。对于验收发现的问题,待整改后需进行复验收。作为设备整体验收资料的一部分,闭锁验收表需存档。

第十节　图　表　绘　制

一、变电站监控系统图形

变电站监控系统图形界面规范的相关要求:

(1) 图形界面的展示风格、字体、颜色、设备运行状态的着色及标识应统一、含义清晰。

(2) 图形描述应满足 Q/GDW 624 的要求,实现系统之间图形的导入、导出和远程浏览。

(3) 图形文件名称应统一、规范,满足远程浏览的需要,设备相关信息描述应遵循 DL/T 1171 的要求。

(4) 图形画面应实现一、二次设备基础信息的关联显示,满足电网设备运行分析、查询、统计等的需要。

1. 图形设计要素

(1) 画面比例。

1) 监控系统图形界面画布宜采用 16:9(宽高比)比例作为基准进行设计布置。

2) 图形画面宜按照 1920×1080 的显示分辨率为基准进行绘制,关联紧密的图形对象宜布置在同一幅画面内,画面打开时默认显示比例为 100%。

(2) 画面颜色。

1) 画面颜色定义采用红绿蓝色彩模式(RGB 模式)表示。红、绿、蓝三个颜色各为 255 阶亮度,其中"0"最弱,"255"最亮。

2) 画面背景颜色宜选用黑色,在纸质类打印输出时背景色宜改用白色。

3) 在电气接线图中,不同电压等级的一次设备应采用不同的颜色进行着色,设备不带电时，均使用失电颜色标识。

4）设备命名与量测名称的标注字体应统一。

5）运行画面应根据测点属性及品质值对遥信状态、遥测数据进行着色。

6）光字牌、告警汇总指示灯等应根据信号的告警等级进行着色。

（3）画面图元。图元是图形设计的基础，应规范统一、简洁美观。画面图元包含一次设备图元、二次设备图元、二次元件图元和五防设备图元等，设备图元应遵循 Q/GDW 11162—2014 中的附录 C。

1）一次设备图元包括断路器、隔离开关、小车、母线、互感器、主变压器、站用变压器、接地变压器、避雷器、电容器、电抗器和消弧线圈等。

2）二次设备图元包括保护装置、测控装置、服务器、工作站、时间同步装置、网络交换机和交直流电源设备等。

3）二次元件图元包括压板、遥测量、光字牌、网口通信、控制把手和操作按钮等。

4）五防设备图元包括网门、五防锁具和临时接地线等。

图元可在画面中直接使用，也可通过等比例缩放、旋转或组合后使用。

图元符号的线条宽度应为 $0.2a$ 或 $0.4a$，两种宽度的线条可组合使用。其中 a 为公称尺寸，用 a 的比例因式表示图元符号的实际尺寸。

图元中平行线条的最小间距不宜小于最小线宽的 2 倍。

图元中不宜采用小于 30° 的角。

（4）文字标注。

1）画面名称、间隔名称及告警信息等均应使用简体中文。

2）厂站名称、设备命名和频率、电压、电流、有功、无功以及主变压器分接头档位等数值统一使用宋体。

3）同类标注的字体大小宜一致，并和对应的设备大小保持一定比例，能够清晰辨认。以断路器设备名称为例。

4）一次设备及间隔的命名标注：

a. 线路、主变压器间隔标注该间隔完整的调度命名。变压器调度命名宜标注在变压器左侧，线路间隔命名宜标注在间隔靠近画面边界的一侧。

b. 开关、隔离开关纵向布置的，调度命名标注在设备的右侧；横向布置的，调度命名标注在设备的上方。在不引起歧义的情况下可只标注调度命名中的设备编号或不加标注。

c. 其他一次设备命名的标注位置可根据运行习惯确定。在不引起歧义的情况下可只标注调度命名中的设备编号或不加标注。

（5）遥测标注。

1）遥测数据在接线图上应按固定顺序排列，一般可不标注数值单位，并支持用鼠标热跟踪方式查看其属性；有功单位默认为 MW，无功单位默认为 Mvar，电流单位默认为 A，电压单位默认为 kV，频率单位默认为 Hz，温度单位默认为℃；如有特殊需要才标注单位，如 380V 等级电压宜标注 V，3U0 宜标注 V。

2）画面上有功、无功、电流、电压、功率、功率因数、温度等遥测均按四舍五入保留小数点后两位；频率按四舍五入保留小数点后三位小数；对精度有特殊要求的数据，则按需选择精度单位。

3）有功、无功、电流依次纵向排列，右端小数点对齐。

4）有功和无功宜用"+""-"来表示潮流方向。潮流方向以母线为参照对象，送出为"+"，可以省略；受进为"-"，必须标注。对于非 3/2 接线的连接两条母线的开关，潮流方向则以正母送副母、Ⅰ母送Ⅱ母为正，反之为负。

5）电容器及电抗器的无功量测应根据发电机原则用"+"来表示发出无功，可以省略。用"-"来表示吸收无功，必须标注。

a. 主接线图按精简方式标注数据。

a）线路标注：有功、无功和 A 相电流。

b）变压器标注：各侧有功、无功、A 相电流、主变压器挡位和油温。

c）电容器、电抗器标注：无功和 A 相电流。

d）母线标注：线电压（一般取 Uab）和频率（220kV 及以上母线标注）。

e）母联（分段）断路器标注：有功、无功和 A 相电流。

b. 遥测数据位置。

a）母线的电压、频率应和母线号标注在母线同一端。

b）线路、电容器等母线出线的遥测数据标注在间隔名称的外侧。

c）变压器遥测数据标注在变压器各侧连线旁边，温度标注在变压器本体右侧；若有分支开关，则遥测量标注在开关附近。

d）母联断路器遥测量标注在开关的外侧。

间隔分图按全数据方式标注该间隔相关的测量点数值。

（6）接线布局。

1）双母线带旁路：两条母线横向平行排列，开关纵向放置在双母线的外侧，旁路母线置于开关外侧，双母接线宜正母在上、副母在下布置（采用正母、副母命名方式定义双母接线方式下的母线名称，若采用Ⅰ母、Ⅱ母命名方式的，原则上以Ⅰ母对应正母，Ⅱ母对应副母）。线路和母联置于母线外侧（画面的靠边界的一侧），变压器开关、母线接地刀闸、母线 TV 置于母线内侧，所有出线开关横向均匀排列。双母接线某间隔的两把母线隔离开关，正母隔离开关宜与开关垂直对齐，副母隔离开关宜在左侧。双母带旁母间隔的旁路隔离开关应在间隔中心线右侧，并与母线垂直放置。

2）双母线：两条母线横向平行排列，开关纵向放置在双母线的外侧，双母接线宜正母在上、副母在下布置。线路和母联置于母线外侧，变压器开关、母线接地刀闸、母线 TV 置于母线内侧，所有出线开关横向均匀排列。双母接线某间隔的两把母线隔离开关，正母隔离开关宜与开关垂直对齐，副母隔离开关宜在左侧。

3）单母线：开关与母线垂直放置，线路置于母线一侧，变压器开关、母线接地刀闸、母线 TV 宜置于母线另一侧，所有出线开关均匀排列。

4）母线分段：母线水平排列，母线分段断路器宜与母线平行放置，小编号分段母线在左，大编号分段母线在右。

5）35kV 及以下低压线路：宜将无功补偿设备、TV 及站用变压器画于母线一侧，线路布置在另一侧，当低压出线较多，无法在一侧布置时，出线也可以两侧布置。

6）接地刀闸方向宜与对应开关、线路等设备平行，与母线垂直。

7）接线图中各间隔顺序应与现场保持一致。

2. 图形界面

（1）索引图。系统启动后默认进入首页索引图。首页索引图宜在顶部正中央布置标题为"××kV××变电站画面索引"，单击标题可跳转至主接线图，见图 3-128。

图 3-128　××kV ××变电站画面索引图

索引图应包含快捷跳转按钮，按钮为白色，文字为宋体，黑色，均链接至相应的分图。按钮按列水平等间距分布，每列按行垂直等间距分布，按照列数最少原则根据按钮数量灵活分配列数和行数。

索引图中跳转按钮宜能反映链接画面的状态。链接画面中事故信号动作时，跳转按钮显示红色；异常告警信号动作时，跳转按钮显示黄色；告知信号动作时，跳转按钮显示蓝色，动作的事故信号、告警信号或告知信号闪烁时，跳转按钮进行红灰闪烁、黄灰闪烁或蓝灰闪烁；事故信号与告警信号同时发生时，显示事故信号的状态。

（2）光字牌图。光字牌信号索引图（见图 3-129）顶部为画面标题和跳转按钮。

图 3-129　光字牌信号索引图示意图

光字牌索引图应按照间隔的数量合理划分各层次区域，并以表格形式，层次分明地细分和显示各间隔告警汇总光字牌及其索引。

画面顶部正中央布置标题为"××kV××变电站光字牌信号索引图"，单击标题可跳转至首页索引图。

光字牌索引图以报警指示灯的形式显示全站各间隔的报警汇总合成信号，每个间隔设置一个报警汇总指示灯，用来汇总每个间隔内的所有事故和告警信号。

光字牌索引图间隔报警汇总指示灯右侧为该间隔的跳转标签，各间隔光字牌信息布置在各间隔分图上。单击跳转标签可链接至相应的间隔分图，查看各间隔详细的告警信号光字牌。

在光字牌索引图上，当间隔内有事故信号动作时，间隔报警汇总指示灯显示红色，当间隔内有告警信号动作时，间隔报警汇总指示灯显示黄色，当间隔内有事故信号和告警信号同时发生时，显示事故信号的状态，间隔内没有任何报警信号动作时，指示灯透明显示。值班人员未确认间隔内事故信号和告警信号时，间隔报警汇总指示灯应闪烁。

应用功能（如 VQC 功能）产生的各间隔告警信号也应作为各间隔内的告警信号光字牌，进行统一监视和管理。

公用信号光字牌图（见图 3–130）以方框分块布局，包含各公用系统及公用装置的信号光字牌，以及公用测控装置通信状态的监视等。

图 3–130　公用信号光字牌图示意图

（3）主接线图（见图 3–131）。主接线图一般按电压等级分成若干区域。单幅画面应设置一个主区域，根据需要可有若干辅区域，主区域宜在画面左上部分。将变电站最高电压等级置于画面主区域，其他电压等级根据实际要求分置于画面辅区域。各区域的位置、大小、比例、图元和标注内容等可根据实际需要加以确定。

变电站内同一电压等级的主设备间隔顺序应按照现场实际间隔顺序，并以其所属电压等级的母线为中心均匀布置。在画面某主（或辅）区域内，同一间隔的图形应中心垂直对齐，不同间隔的同类图元间宜水平对齐。

图元之间、标注之间、图元与标注之间必须满足最小间隔 $1.0a$ 的要求，须保证全屏正常显示时各图元、标注之间界限清晰，易于分辨。

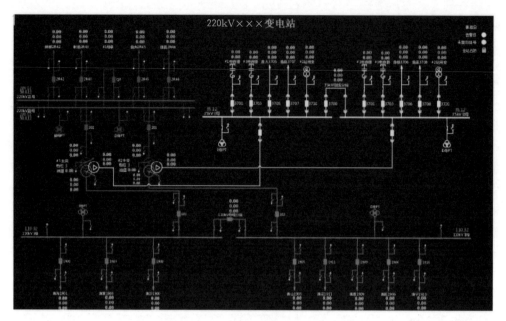

图 3-131　××变电站主接线图

主接线图画面顶部正中央布置标题为"××kV××变电站"，单击标题可跳转至首页索引图。

在主接线图右上角布置全站"事故总"和"告警总"指示灯，用于指示全站事故总和告警总信号，单击"告警总"可链接至该站的光字牌索引图。

在全站"事故总"和"告警总"指示灯下布置全站"未复归信号"指示灯按钮，单击该跳转按钮可以展示全站未复归信号。

在全站"未复归信号"按钮下布置监视全站五防投退状态的五防锁图元，单击五防锁具可以弹出全站五防投退操作对话框，具备全站五防投退操作权限的操作人员可进行全站五防的投退操作。

主接线图所有间隔名为白色宋体，单击间隔名可链接至相应的间隔分图，各间隔出线均以实心箭头指示，每个间隔名旁附遥测值。线路遥测统一显示 P、Q、Ia，主变压器各侧显示 P、Q、Ia，容抗器遥测统一显示 Q、Ia，母联（分段）遥测统一显示 PP、Q、Ia，母线统一显示 Uab、f。

主接线图的图形符号及标注应水平对齐或垂直对齐。同一电压等级的同类设备的图形尺寸、同类标注的字体大小应一致。

主接线图按照最终规模绘制，未建设的远期间隔，用亮灰色虚线框标识，以示区别。

设备和连接线带电时显示电压等级的颜色，失电时显示失电颜色。

电气主接线图中有设备编号的电气间隔可只标注开关设备的调度编号，隔离开关、接地刀闸等设备的调度编号可不在主接线图上标注。

电容器组内电抗器及避雷器、放电间隙、TV 和 TA 等组件根据电气主接线图的布局情况，可不在主接线图中显示。

变电站内对于开关、隔离开关、变压器的操作控制必须进入间隔分画面接线图执行，全站主接线图不允许开放操作和控制功能，如果一个遥控点在多个间隔分图中均有体现时，只允许在其中一个分图上进行控制操作。

鼠标移到开关、隔离开关、变压器等设备上时应能以标签方式显示设备的调度命名及其主要参数。

在主接线图上应能显示设备挂接的操作牌并实现对一次设备、间隔或全站的标志牌的挂牌和摘牌操作。标志牌能以图标方式或文字方式进行显示。文字显示时颜色、字体和显示底色可进行设置。

（4）间隔分图。间隔分图顶部为画面标题和跳转按钮，画面区域一般按变电站监控功能进行划分，从左到右依次为接线图及量测信息，二次设备操作和告警光字牌三个区域。左侧区域上部分布置电气间隔的接线图，左侧区域下部分布置该间隔的量测信息。中间区域布置操作把手、软硬压板、定值区切换、装置复归以及程序化控制等信息。右侧区域上部分布置该间隔装置信息和通信状态监视，右侧区域下部分布置该间隔的告警光字牌，告警光字牌宜按设备进行合理的划分。

主变压器宜以高、中、低三侧及本体的全部设备为一个间隔进行布置，主变压器间隔应显示主变压器的全部信息，主变压器告警光字牌宜按主变压器高、中、低三侧、主变压器本体和主变压器保护信号进行划分。

母联或分段设备宜以母联或母线分段的全部设备为一个间隔进行布置，母联或母线分段间隔应显示母联或分段的全部信息。

站用变压器间隔宜包括所有站用变压器和站用电母线段设备信息。

母线设备间隔宜将正母和副母布置在同一幅间隔分图上。母线设备间隔应显示包括母线TV、母线接地刀闸在内的母线设备的全部信息。对于35kV及以下电压等级的母线，可以将多段母线设备布置在同一幅画面上。

对于信息较多的间隔，可按测控和保护信息进行划分，布置在两幅画面上。如500kV整串及主变压器间隔分图宜设置两幅画面，并将保护信息单独布置在间隔保护信息分图上，其他设备间隔分图宜将测控和保护信息布置在同一幅画面上。

间隔保护信息分图顶部为画面标题和跳转按钮，画面区域一般按该间隔所配置的保护从左到右依次划分为多个区域。每个区域从上到下依次为该保护装置信息及通道状态监视、保护定值区切换、保护软硬压板、保护装置远方复归和保护告警光字牌等。

间隔分图顶部正中央布置标题为"××kV××变电站××间隔分图"，单击标题可跳转至首页索引图。标题正下方为"主接线图"和"光字牌索引"跳转按钮。如设置单独的间隔保护信息分图，在间隔信息分画面标题正下方还应设置"保护信息"跳转按钮。

间隔保护信息分图顶部正中央布置标题为"××kV××变电站××间隔保护信息分图"，单击标题可跳转至首页索引图。标题正下方为"主接线图"、"光字牌索引"和"测控信息"跳转按钮，可链接至主接线图、光字牌索引图和间隔分图。

间隔分图中整个图形应有外边框，图形内各个分区应有小边框，以层次分明地规划细分各类显示内容；边框的线条颜色为白色。

间隔分图中的接线图应在所有一次设备旁附调度名和调度编号。

在间隔分图中将鼠标移到开关、隔离开关、变压器等设备上时应能以标签方式显示设备的调度命名及其主要参数。

具有分相位置的开关设备在间隔分图中应显示其分相位置。

五防模拟预演时，间隔分图中的一次设备旁应显示网门、临时接地线等设备。

间隔的量测信息以表格形式显示，表格分为三列，分别为量测项、量测值和单位。线路、母联及主变压器间隔应能显示三相电压、3U0、三相电流、有功、无功、功率因数。母线间隔应能显示三相电压、三个线电压和母线频率。电容器、电抗器间隔应能显示三相电流、三相电压、线电压和无功。变压器本体还应包括主变压器分接头位置、主变压器绕组温度和主变压器油温等。

操作把手部分应显示对运行人员进行正常倒闸操作有较大影响的一些信号，如一次设备"就地/远方"把手状态、间隔五防投退把手等。

间隔分图的操作控制区域及间隔保护信息分图中各保护装置区域中的装置操作控制部分应布置对微机保护及各智能 IED 的远方复归操作按钮，同时还应具备远方切换微机保护定值区和远方投退微机保护软压板操作界面以及对其他功能硬压板信号的监视。为方便运行人员的操作，可采用在单一设备间隔中或采用输入设备双重命名方式来选择被操作的保护对象。输入正确的操作人和监护人口令后，才开放控制权限，否则提示无权控制信息。

间隔分图上压板标注宜在压板的左侧。

程序化操作界面应位于间隔分图操作控制区域内的下方。对于单母线路间隔通常定义 4 个状态：运行、热备、冷备和检修。对于双母线路间隔通常定义 7 个状态：正母运行、副母运行、正母热备、副母热备、冷备用、开关检修和线路检修。对于带旁路母线的间隔还要有旁代运行态。接线图中当前间隔的状态应与程序化操作状态信息界面状态应保持一致。在当前程序化操作的间隔状态图中，用红色状态按钮表示当前间隔所处运行状态，当前其他状态按钮则为天蓝色显示。

1) 主变压器间隔分图见图 3-132，间隔保护信息分图见图 3-133。

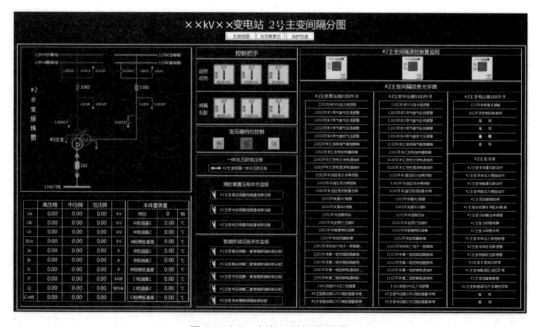

图 3-132　主变压器间隔分图

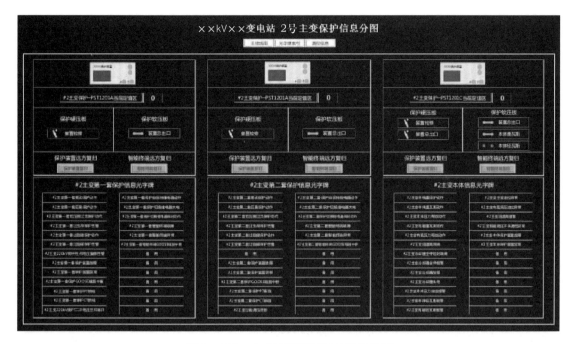

图 3-133　主变压器间隔保护信息分图

2）线路间隔分图见图 3-134。

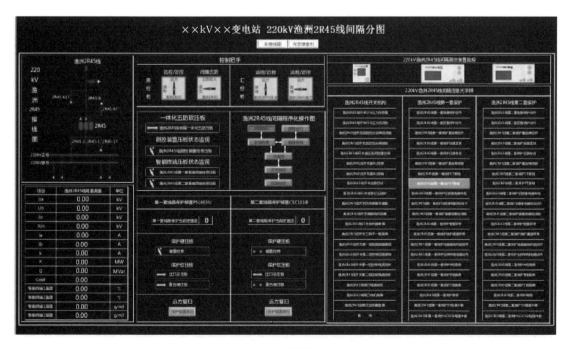

图 3-134　线路间隔分图

3）母联间隔分图见图 3−135。

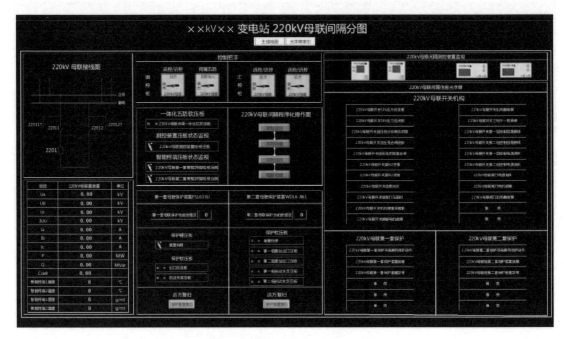

图 3−135　母联间隔分图

4）分段间隔分图见图 3−136。

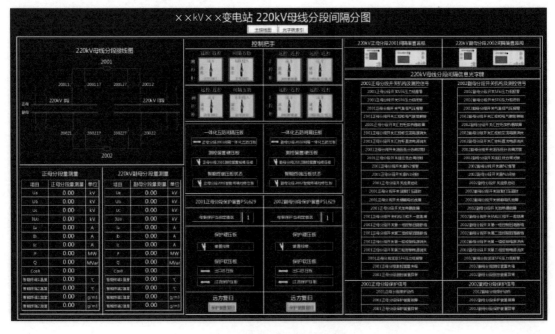

图 3−136　分段间隔分图

5）母线设备间隔分图见图 3-137。

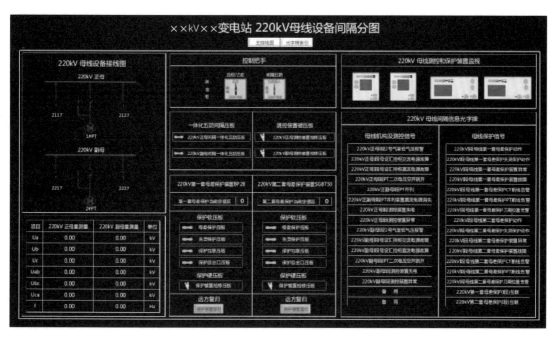

图 3-137 母线设备间隔分图

6）站用变压器间隔分图见图 3-138。

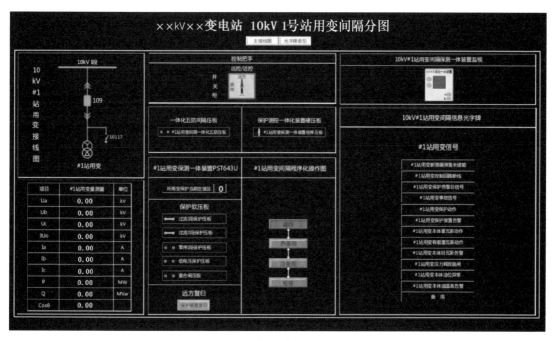

图 3-138 站用变压器间隔分图

7）接地变压器间隔分图见图 3－139。

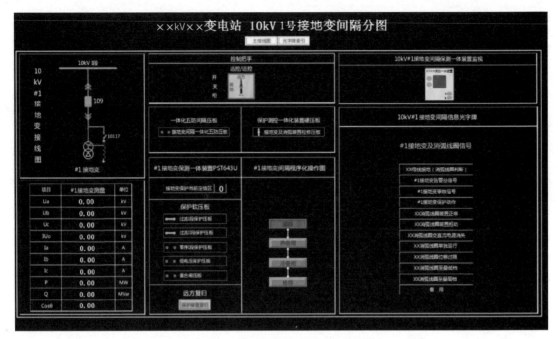

图 3－139　接地变压器间隔分图

8）电容器间隔分图见图 3－140。

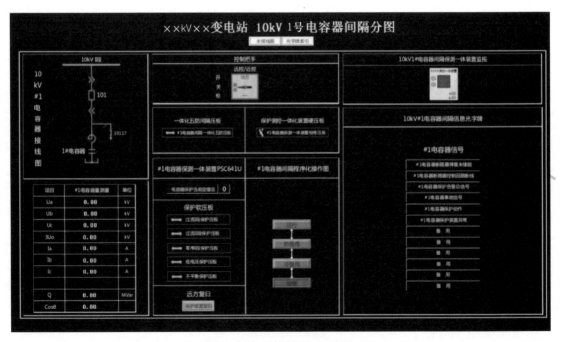

图 3－140　电容器间隔分图

9）电抗器间隔分图见图 3-141。

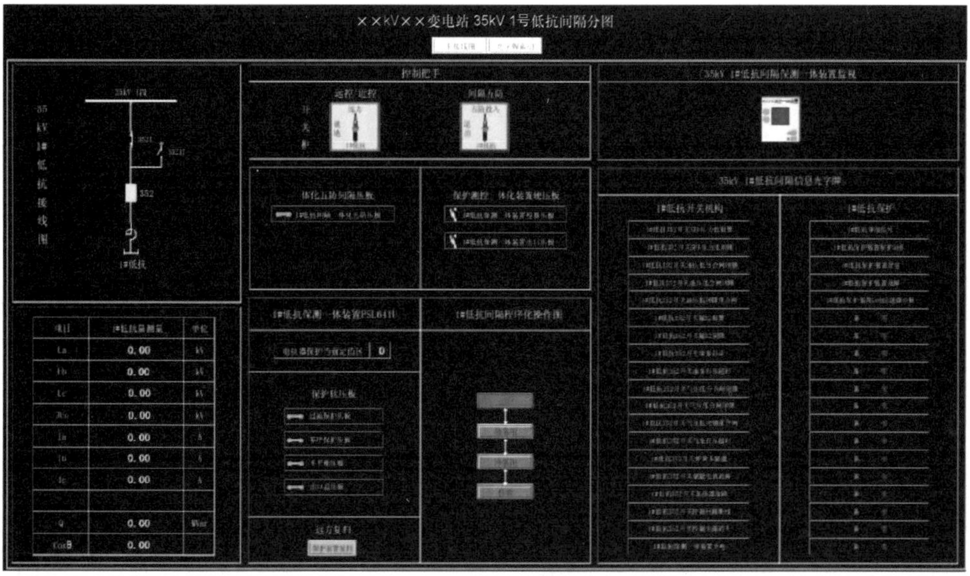

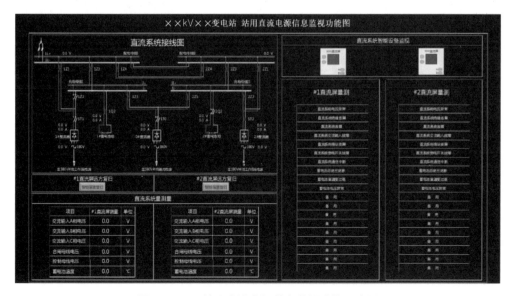

图 3-141 电抗器间隔分图

（5）应用功能分图。变电站应用功能分图主要包括 VQC 功能图、接地选线试跳功能图和五防模拟预演功能图等。应用功能分图画面顶部为画面标题和跳转按钮，画面区域一般分为左右两个区域。左侧区域从上至而下可根据功能要求分别布置功能图，功能投退、复归及功能切换等控制按钮和相关量测信息。右侧区域可布置设备信息和告警信息光字牌。应用功能分图的布局可根据实际显示内容做适当的调整。五防模拟预演可直接使用主接线图和间隔分图。

1）站用直流电源信息监视功能见图 3-142。

图 3-142 站用直流电源信息监视功能示意图

画面顶部正中央布置标题为"××kV××变电站站用直流电源信息监视功能图",单击标题可跳转至首页索引图。

若直流电源划分成几个部分,则设置多幅监视画面分别显示,并在标题正下方设置"××kV××变电站站用直流电源××部分"跳转按钮,实现直流电源各部分信息监视功能图之间的互相跳转。

站用直流电源信息监视功能画面以方框分块布局,包含直流电源接线图、直流电源智能装置远方复归、光字牌形式的告警显示、智能设备型号及其通信状态监视、表格形式的量测显示等。

若直流电源智能设备未采集直流电源接线的隔离开关位置,在直流电源接线图上应能通过人工置数方式使直流电源接线图上运行方式和实际一致。

2)站用交流电源信息监视功能见图3-143。

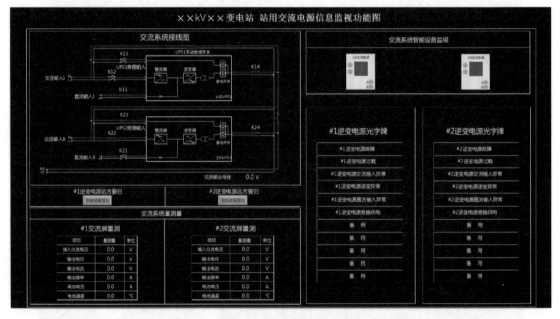

图3-143 站用交流电源信息监视功能画面示意图

画面顶部正中央布置标题为"××kV××变电站站用交流电源信息监视功能图",单击标题可跳转至首页索引图。

若交流电源划分成几个部分,则设置多幅监视画面分别显示,并在标题正下方设置"××kV××变电站站用交流电源××部分"跳转按钮,实现交流电源各部分信息监视功能图之间的互相跳转。

站用交流电源信息监视功能画面以方框分块布局,包含交流电源接线图、交流电源智能装置远方复归、光字牌形式的告警显示、智能设备型号及其通信状态监视、表格形式的量测显示等。

若交流电源智能设备未采集交流电源接线的隔离开关位置,在交流电源接线图上应能通过人工置数方式使交流电源接线图上运行方式和实际一致。

3）五防模拟预演主接线和间隔分图示意见图 3－144 和图 3－145。

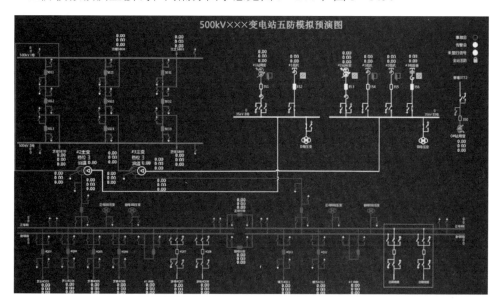

图 3－144　五防模拟预演主接线示意图

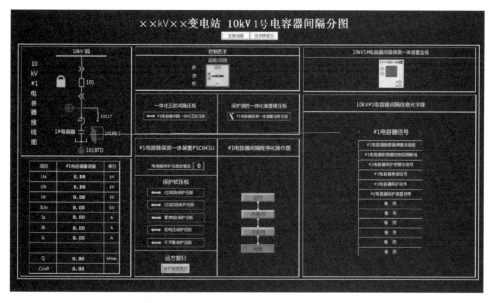

图 3－145　五防模拟预演间隔分图示意图

　　五防模拟预演图宜直接使用系统主接线图和间隔分图，利用画面分层方式增加网门、临时接地线、五防间隔投退状态等相关信息。

　　五防模拟预演图应包括运行人员倒闸操作所涉及的相关设备。

　　监控系统切换到五防模拟预演态，进行五防模拟预演功能时，主接线画面顶部正中央应显示标题为"××kV××变电站五防模拟预演图"，单击标题可跳转至首页索引图。

　　在五防模拟预演图中，网门、临时接地点图元放置在五防模拟预演画面对应现场实际位置处，其中接地桩编号标注在临时接地点图元右上方；临时接地线仅在挂接时在画面上显示，拆除时将不在画面上显示；在五防预演间隔分图中，间隔接线图左上方或右上方还应显示五防间隔投退状态。

五防模拟预演功能应具备良好的权限管理，在操作人和监护人输入正确的口令后，系统才开放模拟操作预演权限，否则提示无权预演信息。

五防模拟操作预演结果，不应改变系统中各电气设备实际的遥信状态和遥测值，不应启动顺控程序，不应发出控制命令。

在五防模拟预演图上应提供临时接地线操作（设置）界面，实现临时接地线的挂接和拆除操作。运行人员可将临时接地线设置在所有可能挂接地线的位置，确保临时接地线和现场接地线实际位置相一致。操作人和监护人输入正确的口令后，系统才能开放设置或拆除临时接地线权限，否则提示无权操作信息。

五防模拟操作预演尚未结束时，退出预演态时，提示是否取消五防模拟任务。

五防模拟操作票界面应具备填写、打印操作票功能，操作票页面格式、语句、编号应能够更改以满足要求，操作票填写应具有添加、删除操作语句功能。

（6）二次设备状态监视图。二次设备状态监视图包括"变电站二次设备结构总图"（见图 3-146）和"各小室二次设备状态监视图""交换机端口状态监视图""GOOSE 链路状态图""SV 链路状态图""间隔五防 GOOSE 网络链路图"及"二次设备对时状态监视图"等二次设备状态监视分图。

图 3-146　变电站二次设备结构总图

变电站二次设备结构总图顶部为画面标题，画面区域一般分为上中下三个区域。上侧区域布置站控层设备信息，中侧区域布置间隔层设备信息，下侧区域布置设备图例信息及过程层设备信息。

变电站二次设备结构总图应能反映全站二次设备的配置情况及其运行工况，并设置监视分图的跳转按钮，点击跳转按钮可直接跳转至各小室二次设备状态监视图、GOOSE 链路图和二次设备对时状态监视图等监视分图。

变电站二次设备结构总图顶部正中央布置标题为"××kV××变电站二次设备结构总

图"。画面应显示整个变电站二次系统的网络结构，监视监控主机、数据服务器、综合应用服务器以及通信网关机等站控层设备的运行工况，并能反映间隔层和过程层设备的运行工况以及中心交换机级联端口的通信状态。

二次设备状态监视分图顶部正中央布置为"××kV××变电站××kV 小室二次设备状态信息监视图"，单击标题可跳转至变电站二次设备结构总图。画面应显示各小室二次设备的网络结构，监视保护装置、测控装置及其他与站控层通信的二次智能设备的运行工况，并可以通过标签等方式显示二次设备的型号、设备名称、生产厂家等信息，见图 3-147。

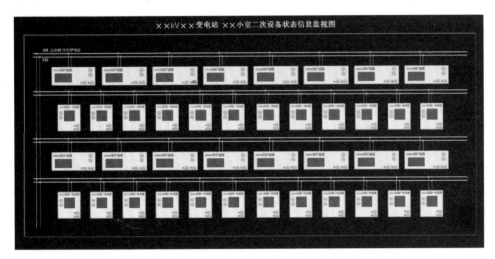

图 3-147　××小室二次设备状态信息监视分图示意图

二次设备对时状态监视图顶部正中央布置标题为"××kV××变电站二次设备对时状态监视图"，单击标题可跳转至变电站二次设备结构总图。画面应显示整个时间同步系统的对时网络结构，并按照对时来源布置各类二次设备，显示二次设备的对时状态，见图 3-148。

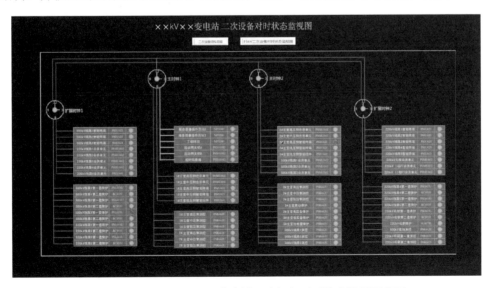

图 3-148　××kV××变电站二次设备对时状态监视示意图

交换机端口状态监视图顶部正中央布置标题为"××kV××变电站交换机端口状态监视图",单击标题可跳转至变电站二次设备结构总图。交换机端口状态监视图应能显示交换机连接的网络拓扑结构及各端口的工作状态,见图3-149。

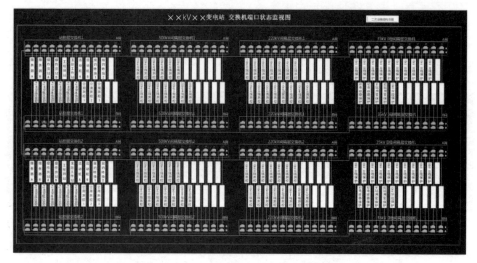

图3-149 交换机端口状态监视示意图

链路状态图顶部正中央布置标题为"××kV××变电站××链路状态图",单击标题可跳转至变电站二次设备结构总图。GOOSE 链路或 SV 链路图以二维表的形式显示各设备之间链路的通信状态,横列为接收端装置,纵列为发送端装置。如链接采用双网连接,需要列出A、B 网的通信状态,并以文字标注网络标识,见图3-150。

图3-150 链路状态示意图

二、空气开关熔丝级差配置

变电站设计资料中应提供全站直流系统上下级差配置图和各级断路器(熔断器)级差配

合参数。直流电源系统除蓄电池组出口保护电器外，应使用直流专用断路器，蓄电池组出口回路宜采用熔断器，也可采用具有选择性保护的直流断路器。

1. 直流断路器额定电流

直流电源系统保护电器的选择性配合原则应符合下列要求：

（1）熔断器装设在直流断路器上一级时，熔断器额定电流应为直流断路器额定电流的 2 倍及以上。

（2）各级直流馈线断路器宜选用具有瞬时保护和反时限过电流保护的直流断路器。当不能满足上、下级保护配合要求时，可选用带短路短延时保护特性的直流断路器。

（3）充电装置直流侧出口宜按直流馈线选用直流断路器，以便实现与蓄电池出口保护电器的选择性配合。

（4）2 台机组之间 220V 直流电源系统应急联络断路器应与相应的蓄电池组出口保护电器实现选择性配合。

（5）采用分层辐射形供电时，直流柜至分电柜的馈线断路器宜选用具有短路短延时特性的直流塑壳断路器。直流分电柜电源回路断路器额定电流应按直流分电柜上全部用电回路的计算电流之和选择，上一级直流母线馈线断路器额定电流应大于直流分电柜馈线断路器的额定电流，电流级差宜符合选择性规定。

（6）上、下级均为直流断路器的，额定电流宜按照 4 级及以上电流级差选择配合。

（7）变电站内设置直流保护电器的级数不宜超过 4 级。

2. 直流断路器典型级差配合

各选择性配合见表 3-41～表 3-45。

表 3-41　　　　　　　　集中辐射形系统保护电器选择性配合表（标准型）

网络图	$L_1=2(1×\square mm^2)\square m$　ΔU_{p1}　F_1 $\square A$　S_1 d_1　S_2 $\square A$　d_2　$L_2=2×\square mm^2 \square m$　ΔU_{p2}　S_3 $\begin{matrix}6A\\4A\end{matrix} d_3$ $2A$					
L_2 电缆电压降	$\Delta U_{p2}=3\%U_n$（110V 系统） $\Delta U_{p2}=2\%U_n$（220V 系统）			$\Delta U_{p2}=5\%U_n$（110V 系统） $\Delta U_{p2}=4\%U_n$（220V 系统）		
下级断路器 S_2/S_3 电流比 蓄电池组	2A	4A	6A	2A	4A	6A
110V 系统 200～1000Ah	10（20A）	7（32A）	6.5（40A）	8（16A）	5（20A）	5（32A）
220V 系统 200～2400Ah	17（40A）	12（50A）	10.5（63A）	12（25A）	7（32A）	6（40A）

注：1. 蓄电池组出口电缆 L_1 压降按 $0.5\%U_n \leqslant \Delta U_{p1} \leqslant 1\%U_n$，计算电流为 1.05 倍蓄电池 1h 放电率电流（取 $5.5I_{10}$）；

2. 电缆 L_2 也计算电流为 10A；

3. 断路器 S_2 采用标准型 C 型脱扣器直流断路器，瞬时脱扣范围为 $7I_n$～$15I_n$；

4. 断路器 S_3 采用标准型 B 型脱扣器直流断路器，瞬时脱扣范围为 $4I_n$～$7I_n$；

5. 断路器 S_2 应根据蓄电池组容量选择微型断路器或塑壳断路器，直流断路器分断能力应大于断路器出口短路电流；

6. 括号内数值为根据 S_2/S_3 电流比，推荐选择的 S_2 额定电流。

表 3-42　　　　　　　　分层辐射形系统保护电器选择性配合表（标准型）

网络图	$L_1=2(1\times\square mm^2)\square m$　　ΔU_{p1}　　F_1 $\square A$　$S_1\square A\times$ d_1　S_2 $\square A$ d_2　$L_2=2\times\square mm^2\square m$　ΔU_{p2}　S_3 $\square A$ d_3　$L_3=2\times\square mm^2\square m$　ΔU_{p3}　S_4 $6A$ $4A$ d_4 $2A$					
L_2、L_3 电缆电压降	$\Delta U_{p2}=3\%U_n$　$\Delta U_{p3}=1\%U_n$			$\Delta U_{p2}=5\%U_n$　$\Delta U_{p3}=1.5\%U_n$		
下级断路器 S_3/S_4 电流比 蓄电池组	2A	4A	6A	2A	4A	6A
110V 系统 200～1000Ah	12（25A）	10（40A）	10*	11（25A）	8（32A）	8*
220V 系统 200～1600Ah	19（40A）	14*	13*	16（32A）	10（40A）	9*

注：1. 蓄电池组出口电缆 L_1 压降按 $0.5\%U_n\leq\Delta U_{p1}\leq1\%U_n$，计算电流为 1.05 倍蓄电池 1h 放电率电流（取 $5.5I_{10}$）；

　　2. 电缆 L_2 计算电流：110V 系统为 80A，220V 系统为 64A，电缆 L_3 计算电流为 10A；

　　3. 断路器 S_3 采用标准型 C 型脱扣器直流断路器，瞬时脱扣范围为 $7I_n\sim15I_n$；

　　4. 断路器 S_4 采用标准型 B 型脱扣器直流断路器，瞬时脱扣范围为 $4I_n\sim7I_n$；

　　5. 断路器 S_2 为具有短路短延时保护的断路器，短延时脱扣值为 $10\times（1\pm20\%）I_n$；

　　6. 括号内数值为根据上、下级断路器电流比计算结果，推荐选择的上级断路器的额定电流。

* 根据电流比选择的 S_3 断路器额定电流不应大于 40A，当额定电流大于 40A 时，S_3 应选择具有短路短延时保护的微型直流断路器。

表 3-43　　　　　　　　分层辐射形系统保护电器选择性配合表（一）

网络图	$L_1=2(1\times\square mm^2)\square m$　ΔU_{p1}　F_1 $\square A$　$S_1\square A\times$ d_1　S_2 $\square A$ d_2　$L_2=2\times\square mm^2\square m$　ΔU_{p2}　S_3 $\square A$ d_3　$L_3=2\times\square mm^2\square m$　ΔU_{p3}　S_4 $6A$ $4A$ d_4								
L_2、L_3 电缆电压降	$\Delta U_{p2}=3\%U_n$　$\Delta U_{p3}=1\%U_n$			$\Delta U_{p2}=5\%U_n$　$\Delta U_{p3}=1.5\%U_n$					
下级断路器 S_3/S_4 电流比 蓄电池组	2A	4A	6A	2A	4A	6A			
110V 系统 200～1000Ah	4（16A）	4（16A）	3（20A）	4（16A）	3（16A）	3（20A）			
220V 系统 200～1600Ah	6（16A）	5（20A）	4（25A）	5（16A）	4（16A）	3（20A）			
下级断路器 S_2/S_3 电流比 蓄电池组	16A	20A	25A	32A	40A	16A	20A	25A	32A	40A
110V 系统 200～1000Ah 220V 系统 200～1600Ah	3（63A）		3（100A）		3（125A）	3（63A）		3（100A）		3（125A）

注：1. 蓄电池组出口电缆 L_1 压降按 $0.5\%U_n\leq\Delta U_{p1}\leq1\%U_n$，计算电流为 1.05 倍蓄电池 1h 放电率电流（取 $5.5I_{10}$）；

　　2. 电缆 L_2 计算电流：110V 系统为 80A，220V 系统为 64A，电缆 L_3 计算电流为 10A；

　　3. 断路器 S_2 采用 GM5FB 型直流断路器，短路短延时范围为 $5I_n\sim7I_n$；

　　4. 断路器 S_3 采用 GM5-63/CH 型直流断路器，瞬时脱扣值为 $12I_n\sim15I_n$；

　　5. 断路器 S_4 采用 GM5-63/CL 型直流断路器，瞬时脱扣值为 $7I_n\sim10I_n$；

　　6. 括号内数值为根据上、下级断路器电流比计算结果，推荐选择的上级断路器的额定电流。

表 3－44　　　　　　　　　分层辐射形系统保护电器选择性配合表（二）

L₂、L₃ 电缆电压降	$\Delta U_{p2}=3\%U_n$ $\Delta U_{p3}=1\%U_n$			$\Delta U_{p2}=5\%U_n$ $\Delta U_{p3}=1.5\%U_n$		
下级断路器 S_3/S_4电流比 蓄电池组	2A	4A	6A	2A	4A	6A
110V 系统 200～1000Ah	6（16A）	6（25A）	6（40A）	5（16A）	5（20A）	5（32A）
220V 系统 200～1600Ah	9（20A）	8（32A）	7（40A）	7.5（16A）	6（25A）	5（32A）

下级断路器 S_2/S_3电流比 蓄电池组	16A	20A	25A	32A	40A	16A	20A	25A	32A	40A
110V 系统 200Ah	6	5	4	3	2.5	5	4	2	2.5	2
	（100A）					（80A）				
110V 系统 300～500Ah	7.5	6	5	4	3	5.5	4.5	4	3	2.5
	（125A）					（100A）				
110V 系统 600～1000Ah	9	7	5.5	4.5	3.5	6	5	4	3	2.5
	（140A）					（100A）				

注：1. 蓄电池组出口电缆 L_1 压降按 $0.5\%U_n\leqslant\Delta U_{p1}\leqslant1\%U_n$，计算电流为 1.05 倍蓄电池 1h 放电率电流（取 $5.5I_{10}$）；

2. 电缆 L_2 计算电流：110V 系统为 80A，220V 系统为 64A，电缆 L_3 计算电流为 10A；

3. 断路器 S_2 采用 NDM2ZB 直流断路器，短延时脱扣值为 $10\times（1\pm20\%）I_n$，瞬时脱扣值为 $18\times（1\pm20\%）I_n$；

4. 断路器 S_3 采用 NDB2Z－C（G）型直流断路器，瞬时脱扣值为 $13\times（1\pm10\%）I_n$；

5. 断路器 S_4 采用 B 型直流断路器，瞬时脱扣范围为 $4I_n\sim7I_n$；

6. 括号内数值为根据上、下级断路器电流比计算结果，推荐选择的上级断路器的额定电流。

表 3－45　　　　　　　　直流电源系统蓄电池出口保护电器选择性配合表

蓄电池容量范围（Ah）		200	300	400	500	600	800	900
短路电流 （$\Delta U_{p1}=0.5\%U_n$）（kA）		2.74	4.08	5.38	6.66	8.16	10.76	12.07
熔断器	额定电流（A）	125～400			224～500		500	500
断路器	额定电流（A）	125～400			225～500		500	500
	短时耐受电流（kA）	≥3.00	≥4.50	≥5.50	≥7.00	≥8.50	≥11.00	≥12.50

续表

蓄电池容量范围（Ah）	1000	1200	1500	1600	1800	2000	2400
短路电流（$\Delta U_{p1}=0.5\%U_n$）（kA）	13.33	16.31	20.00	21.49	4.48	27.29	32.31
熔断器 额定电流（A）	630	700	1000	1000	1000	1250	1400
断路器 额定电流（A）	630	700	1000	1000	1000	1250	1600
断路器 短时耐受电流（kA）	≥13.50	≥16.50	≥20.00	≥21.50	≥25.00	≥27.50	≥32.50

注：1. 蓄电池出口保护电器的额定电流按≥$5.5I_{10}$，或按直流柜母线最大一台馈钱断路器额定电流的2倍选择，两者取大值；

2. 当蓄电池出口保护电器选用断路器时，应选择仅有过载保护和短延时保护脱扣器的断路器，与下级断路器按延时时间配合，其短时耐受电流不应小于表中相应数值，短时耐受电流的时间应大于断路器短延时保护时间加断路器全分闸时间。

第十一节　技　术　文　档

一、现场运行规程

变电站现场运行规程是变电站运行的依据，每座变电站均应具备变电站现场运行规程。变电站现场运行规程分为"通用规程"与"专用规程"两部分。"通用规程"主要对变电站运行提出通用和共性的管理和技术要求，适用于本单位管辖范围内各相应电压等级变电站。"专用规程"主要结合变电站现场实际情况提出具体的、差异化的、针对性的管理和技术规定，仅适用于该变电站。

1. 运行规程管理要求

变电站现场运行专用规程由省检修公司、地市公司组织编制，由分管领导组织运检、安质、调控等专业会审并签发执行。每座变电站应编制独立的专用规程，采用"单位名称+电压等级+名称+变电站现场运行专用规程"的形式命名。

变电站现场运行规程应依据国家、行业、公司颁发的规程、制度、反事故措施，运检、安质、调控等部门专业要求，图纸和说明书等，并结合变电站现场实际情况编制。变电站现场运行规程应在运维班、变电站及对应的调控中心同时存放。

新建（改、扩建）变电站投运前一周应具备经审批的变电站现场运行规程，之后每年应进行一次复审、修订，每五年进行一次全面的修订、审核并印发。

变电站现场运行规程编制、修订与审批应严格执行管理流程，并填写《变电站现场运行规程编制（修订）审批表》，应与现场运行规程一同存放。变电站现场运行规程审批表的编号原则为：单位名称+运规审批+年份+编号。

2. 运行规程的修订

（1）当发生下列情况时，应修订通用规程：

1）当国家、行业、公司发布最新技术政策，通用规程与此冲突时。

2）当上级专业部门提出新的管理或技术要求，通用规程与此冲突时。

3）当发生事故教训，提出新的反事故措施后。

4）当执行过程中发现问题后。

（2）当发生下列情况时，应修订专用规程：

1）通用规程发生改变，专用规程与此冲突时。

2）当各级专业部门提出新的管理或技术要求，专用规程与此冲突时。

3）当变电站设备、环境、系统运行条件等发生变化时。

4）当发生事故教训，提出新的反事故措施后。

5）当执行过程中发现问题后。

变电站现场运行规程每年进行一次复审，由各级运维检修部门组织，审查流程参照编制流程执行。不需修订的应在《变电站现场运行规程编制（修订）审批表》中出具"不需修订，可以继续执行"的意见，并经各级分管领导签发执行。变电站现场运行规程每五年进行一次全面修订，由各级运维检修部门组织，修订流程参照编制流程执行，经全面修订后重新发布，原规程同时作废。

3. 运行规程主要内容

变电站现场运行规程应涵盖变电站一次、二次设备及辅助设施的运行、操作注意事项、故障及异常处理等内容。变电站现场运行通用规程中的智能化设备部分可单独编制成册，但各智能变电站现场运行专用规程须包含站内所有设备内容。

通用规程的主要内容包括规程的引用标准、适用范围、总的要求；系统运行的一般规定；一次设备倒闸操作、继电保护及安全自动装置投退操作等的一般原则与技术要求；变电站事故处理原则；一、二次设备及辅助设施等巡视与检查、运行注意事项、检修后验收、故障及异常处理。

专用规程的主要内容包括变电站简介；系统运行（含调度管辖范围、正常运行方式、特殊运行方式和事故处理等）；一、二次设备及辅助设施的型号与配置，主要运行参数，主要功能，可控元件（空气开关、压板、切换开关等）的作用与状态，运行与操作注意事项，检修后验收，故障及异常处理等；典型操作票（一次设备停复役操作，运行方式变更操作，继电保护及安全自动装置投退操作等）；图表（一次系统主接线图、交直流系统图、交直流系统空气开关保险级差配置表、保护配置表、主设备运行参数表等）。

4. 运行规程格式

格式如下：

1　变电站基本情况

2　系统运行

2.1　调度管辖范围划分

2.2　运行方式

2.3　事故处理

3　一次设备

3.1　变压器（高压电抗器）

3.2　高压断路器

3.3　组合电器

3.4　隔离断路器

3.5　高压隔离开关

3.6　电压互感器

8　辅助设施

8.1　变电站消防系统

8.2　变电站安全防范系统

8.3　变电站视频监控系统

8.4　变电站安全防汛排水系统

8.5　变电站通风系统

8.6　变电站在线监测系统

8.7　变电站 SF_6 气体含量监测系统

8.8　变电站智能机器人巡检系统

附录 A　图表

A.1　变电站一次系统主接线图

A.2　变电站站用电系统图

A.3　变电站直流系统图

A.4　交直流系统空气开关保险级差配置表

A.5　保护配置表

A.6　主设备运行参数表附录

附录 B　变电站典型操作票

二、生产准备报告

变电工程的生产准备任务主要包括运维单位明确、人员配置、人员培训、规程编制、工器具及仪器仪表、办公与生活设施购置、工程前期参与、验收及设备台账信息录入等。

一类变电站由省公司设备部组织编制变电站生产准备工作方案报国网运检部审核批准；二类变电站由运维单位组织编制变电站生产准备工作方案，报省公司设备部审核批准；三、四类变电站由地市公司、省检修公司运维检修部组织编制变电站生产准备工作方案并实施。

1. 生产准备管理要求

新建变电站核准后，主管部门应在 1 个月内明确变电站生产准备及运维单位。运维单位应落实生产准备人员，全程参与相关工作。

运维单位应结合工程情况对生产准备人员开展有针对性的培训。

运维单位应在建设过程中及时接收和妥善保管工程建设单位移交的专用工器具、备品备件及设备技术资料。应填写好移交清单，并签字备案。

工程投运前 1 个月，运维单位应配备足够数量的仪器仪表、工器具、安全工器具、备品备件等。运维班应做好检验、入库工作，建立实物资产台账。

工程投运前 1 周，运维单位组织完成变电站现场运行专用规程的编写、审核与发布，相关生产管理制度、规范、规程、标准配备齐全。运维班将设备台账、主接线图等信息按照要求录入 PMS 系统。变电站现场应完成设备标志牌、相序牌、警示牌的制作和安装。

2. 生产准备报告

生产准备报告主要包括变电站设备的运维班组职责分工明确；现场设备命名、一次系统模拟图、一二次设备标识牌安装，运行规程及典型票的修订、生产人员培训、安全工器具及备品备件配置等工作完成情况；新设备起动投运方案的学习及起动操作的准备情况；变电站现场消防设施、通信设施的配置及验收情况等。

三、设备投运方案

在变电站新设备投运工作中，新设备投运方案是指导和协调各生产部门进行投运操作的重要技术文档。充分认识和分析新设备投运操作中的危险点以及做好相应的控制措施是新设备投运的重要安全措施。

1. 设备投运方案的主要内容

（1）启动方案（调度编制）。

（2）投运操作安排。

（3）投运危险点分析及预控措施。

（4）投运操作期间事故预案。

（5）投运期间相关测试等工作安排。

2. 设备投运方案的编写要点

（1）投运范围。明确新设备投运地点、投运设备单元、相应的一二次设备及主设备的型号。

（2）投运条件。明确投运前需要完成的工作，说明投运设备应具备的条件。

（3）汇报调度。汇报调度的主要内容包括新设备所属的调度及向调度提交投运申请，调度与变电站进行设备核对的内容。

（4）投运步骤。投运步骤主要包括各级调度发令操作的步骤及内容、各相关变电站操作的任务及时间顺序、相关变电站的操作人员安排等。

（5）最终运行方式。最终的运行方式包括新设备启动后相关变电站所有设备的结排方式，以及二次保护、重合闸、自动装置的停启用方式。

（6）附件。附件主要包括相关变电站的主接线图。

第四章

相 关 数 据 汇 总

第一节 五 通 类 数 据

一、周期类

（1）变电站巡视见表 4-1。

表 4-1   变 电 站 巡 视

变电站类型	例行	全面	熄灯	专业
一类	2 天	周	月	月
二类	3 天	半月	月	季
三类	周	月	月	半年
四类	2 周	2 月	月	年

（2）带电检测见表 4-2。

表 4-2   带 电 检 测

变电站电压等级（kV）	红外普测	精确测温	设备接地引下线导通测试
特高压	周	周	1 年
500（330）	2 周	月（330～750kV）	1 年
220	月	季	1 年
110（66）	季	半年	3 年
35 及以下		年	4 年

（3）日常维护见表 4-3。

表 4-3   日 常 维 护

周期	项 目	
	日常维护	其他
月	(1) 安全工器具检查; (2) 防小动物装置检查; (3) 高压带电显示装置检查; (4) 排水、通风系统检查; (5) 消防器材检查; (6) 检查和清理覆盖物,漂浮物; (7) 端子箱及电源检修箱封堵检查维护; (8) 全站各装置、系统时钟核对; (9) 避雷器动作次数、泄漏电流抄录; (10) 单个蓄电池电压测量	(1) 事故预想; (2) 综合分析; (3) 技术、技能培训; (4) 计划执行情况检查; (5) 班长、副班长、现场工程师参加巡视
季	(1) 安防设施检查; (2) 事故照明检查; (3) GIS 操动机构—气泵检查; (4) 漏电保安器检查; (5) 室内外照明检查; (6) 防火封堵检查; (7) 在线监测装置检查; (8) 变压器冷却系统; (9) 驱潮、加热装置检查; (10) 室内 SF_6 氧量告警仪检查; (11) 交流电源备自投试验; (12) 主变压器冷却电源备(自)投试验; (13) 备用风机与工作风机切换试验; (14) 安防系统报警探头、摄像头启动、操作功能试验; (15) 机器人巡检数据备份	(1) 反事故演习; (2) 变电站机器人巡检,视频、图片保存时间(3 个月)
半年	(1) UPS 系统试验; (2) 二次设备清扫; (3) 配电箱、检修电源箱; (4) 安全工器具清查盘点; (5) 110(66) kV 红外热成像检测精确测温; (6) 端子箱及电源检修箱检查维护; (7) 端子箱及电源检修箱红外检测、精确测温; (8) 接地螺栓及接地标志检查; (9) 备用站用变压器启动试验; (10) 直流系统中的备用充电机试验; (11) 微机防误装置及其附属设备维护、除尘、逻辑校验	

续表

周期	项　目	
	日常维护	其他
年	（1）蓄电池内阻测试； （2）电缆沟清扫； （3）独立避雷针接地导通检测； （4）电容器谐波测试（有谐波源用户接入）； （5）开关柜红外精确检测 750kV 及以下； （6）暂态地电压局部放电检测	（1）变电设备运维细则培训； （2）验收人员参加变电设备技术技能培训； （3）工作票、标准作业卡、操作票、维护记录、台账保存时间
每年至少 2 次	端子箱内部元器件红外测温记录	
不大于 5 年	非地下变电站定期通过开挖抽查等手段确定接地网腐蚀情况	
5 年	事故油池检查	
6 年	独立避雷针接地网接低阻抗检测	

二、时间/日期类

（1）精益化评价见表 4-4。

表 4-4　　　　　　　精　益　化　评　价

时间节点	项　目
1～5 月	500（330）kV 及以上，运维单位、运检部组织专业人员开展自评价
6～9 月	500（330）kV 及以上，省公司设备部组织专家赴现场开展 1～2 周评价
6～9 月	运维单位、运检部组织本单位专家开展 1～2 周复核评价
1～9 月	35kV 运维单位组织专业人员开展自评价
10～11 月	220、110kV 省公司设备部组织专家赴自评价变电站开展 1～2 周的评价
11～12 月	35kV 地市公司运检部组织专家对有异议的问题进行评审，消除异议后总结和排名
1 月 31 日	每年及时调整本单位负责运维的各类变电站目录，报国网设备部备案
4 月 30 日	500（330）kV 及以上，省公司设备部组织开展设备年度状态评价工作
4 月 30 日	省公司设备部组织开展设备年度状态评价工作
5 月	220kV 及以下，运维单位、运检部组织年度评价执行班组开展年度状态评价
5 月	500（330）kV 及以上，省检修公司设备部组织年度评价班组开展年度评价，提出初评意见
5 月 31 日	220kV 及以下，运维单位、运检部组织专家审核设备状态评价报告
5 月 31 日	500（330）kV 及以上，省检修公司设备部组织专家审核状态评价报告
6 月	220kV 及以下，省评价中心进行复核，编制复核工作报告
6 月	500（330）及以上，省评价中心复核设备状态评价报告，编制状态检修综合报告

续表

时间节点	项 目
6月30日	220kV及以下，省公司设备部审核复核结果，批复状态检修综合报告
6月30日	500（330）kV及以上，省公司设备部审核设备状态检修综合报告
7月	500（330）kV及以上，国网评价中心复核，编制设备状态评价复核报告
7月30日	500（330）kV及以上，国网设备部审核、发布复核结果
9月	35kV完成自评价工作
9月30日	220、110kV运维单位设备部向省公司设备部报送参评名单
9月30日	500（330）kV及以上，省公司设备部向国网设备部报送参评站名单
12月31日	500（300）kV及以上变电站评价流程
12月31日	220、110kV运维单位设备部组织编制下一年自评价工作方案
12月31日	500（300）kV及以上，省公司设备部编制发布下一年自评价工作方案

（2）其他见表4-5。

表4-5 其 他

项 目	时间
500（330）kV变电站基建工程竣工（预）验收开始时间，应提前计划投运时间20个工作日	20个工作日
检修后评价在工作结束后2周内完成	2周
（1）铁芯接地电流检测工作完成后，应在15个工作日内完成检测报告整理并录入PMS系统。 （2）红外热像检修工作结束后，应在15个工作日内将实验报告整理、录入系统。 （3）现场试验结束后，应在15个工作日内完成实验报告整理并录入PMS。 （4）暂态地电压局部放电检测后，应在15个工作日内完成检测报告整理并录入PMS。 （5）技改工程验收：应在15个工作日内完成关键点见证工作总结并提交物资管理部门。 （6）220kV变电站基建工程竣工（预）验收开始时间，应提前计划投运时间15个工作日	15个工作日
物资部门提前15天，将变压器出厂试验方案提交运检部	15天
110（66）kV及以下变电站基建工程竣工（预）验收开始时间，应提前计划投运时间10个工作日	10个工作日
（1）新安装及A/B类检修后开关柜在重新投运后1周内进行红外测温。 （2）不良工况后、带电检测异常评价应在1周内完成	1周
（1）项目管理单位在电力电缆施工前5个工作日，将工作计划提交运检单位。 （2）建设管理单位在验收前5个工作日，通知运检单位。 （3）技改工程隐蔽工程验收前，项目管理单位5个工作日内组织进行隐蔽工程验收	5个工作日
变电检测前，2个工作日完成标准作业卡的编制和审核	2个工作日
带电检测发现异常，220及以上应在1个工作日上报省公司运检部和状态评价中心	1个工作日

项　目	时间

（1）强油循环风冷变压器，冷却系统故障切除全部冷却器时，变压器在额定负载可运行 20min。

（2）强油循环结构的潜油泵启动应逐台启用，延时间隔应在 30s 以上。

（3）使用拉路路法查找直流接地，断开直流时间不超过 3s。

（4）组合电器发生故障有气体外溢，事故后 4h 内，任何人员进入室内必须穿防护服。

（5）小电流接地系统发生母线单相接地，运行时间不超过 2h。

（6）新变压器投入运行前冲击五次，大修后三次，第一次送电后运行时间 10min，停电 10min 后再第二次冲击合闸，以后每次间隔 5min。

（7）蓄电池容量应按照确保全站交流电源事故停电后直流供电不小于 2h。

（8）设备投运 30min 后，可进行带电局放测试。

（9）中性点位移电压在相电压额定值的 15%～30%，消弧装置允许运行时间不超过 1h。

（10）红外测温检测期间天气为阴天、多云、夜间或日落 2h 后。

（11）红外热像检测精确测温，连续通电时间不小于 6h。

（12）暂态地电压局放检测，开关柜投入运行超过 30min。

（13）电压互感器运行。

中性点接地/中性点非有效接地		运行电压（额定电压倍数）	允许运行时间
中性点接地		1.2 倍	连续运行
		1.5 倍	30s
中性点非有效接地	无自动切除对地故障保护	1.9 倍	8h
	有自动切除对地故障保护	1.9 倍	30s

三、运行规定类

（1）变电站各设备室相对湿度不得超过 75%。

（2）气温低于 5℃或湿度大于 75%，应复查驱潮、加热装置是否正常。

（3）高温天气期间，二次设备室、保护装置在就地安装的高压开关室应保证室温不超过 30℃。

（4）智能控制柜柜内最低温度应保持在 5℃以上，湿度应保持在 90%以下。

（5）电流互感器本体热点温度超过 80℃，引线接头温度超过 130℃，应立即汇报值班调控人员申请停运。

（6）电流互感器本体热点温度超过 55℃，引线接头温度超过 90℃，应加强监视。

（7）隔离开关导电回路长期工作温度不宜超过 80℃。

（8）构架式电容器，应在上部三分之一处贴 45～50℃示温蜡片。

（9）红外测温发现组合电器接头温度异常升高，发热部分和正常温差不超过 15K，增加测温次数。

（10）红外测温发现组合电器接头温度异常升高，若发热部分最高温度≥90℃或相对温差≥80%，加强检测。

（11）红外测温发现组合电器接头温度异常升高，若发热部分最高温度≥130℃或相对温差≥95%，上报调控中心，申请转移负荷或倒换运方，必要时停运。

（12）开关柜内相对湿度保持在 75%以下。

（13）开关室长期运行温度不得超过 45℃。

（14）母线及接头长期允许工作温度不宜超过 70℃。

（15）蓄电池室温度保持在 5～30℃。

（16）蓄电池室运行温度保持在 15～30℃。

（17）油浸风冷变压器停风扇后，顶层油温不超过 65℃，允许带额定负荷运行。

（18）油浸式变压器冷却介质最高温度：自然循环风冷 40℃，强迫油循环风冷 40℃。

（19）油浸式站用变上层油温不超过 95℃，正常运行不宜经常超过 85℃。

（20）运行中的并联电容器组电抗器室温度不超过 35℃，当超过 35℃时，干式三相重叠安装的电抗器线圈表面温度不超过 85℃，单独安装不超过 75℃。

（21）红外热成像检测条件，环境湿度不大于 85%。

（22）暂态地电压局部放电检测，环境相对湿度不大 80%。

（23）铁芯接地电流检测，环境相对湿度不大于 80%。

（24）大型电力变压器长期急救周期性负载下运行，最大温度 115℃，过负荷最长运行时间 1h。

（25）电缆终端套管各相同位置部件温差不宜超过 2K，设备线夹、与导线连接部位各相相同位置部件温差不宜超过 6K。

（26）电流致热型，发热点温升小于 15K，不宜采用相对温差判断法。

（27）红外测温发现电容器壳体相对温差 δ≥80%的，可先采取轴流风扇等降温措施。

（28）现场温度计指示的温度、控制室温度显示装置、监控系统的温度基本保持一致，误差一般不超过 5℃。

（29）油浸式电流互感器瓷套整体温升增大、且上部温度偏高，温差为 2～3K，可判为内部绝缘降低，应立即申请停运处理。

（30）运行中 SF_6 气体年漏气率≤0.5%/年，运行中的组合电器有灭弧分解物的气室气体湿度应≤300μL/L，无灭弧室应≤500μL/L。

（31）电气设备金属部件的连接热点温度>80℃或相对温差≥80%，为严重缺陷。

（32）220kV 以及上变电站中，当电源电压波动较大，经常使站用电母线电压偏差超±5%，应采用有载调压站用变压器。

（33）变压器并列，阻抗电压值偏差应小于 10%。

（34）变压器运行电压不应高于分接电压的 105%，且不得超过系统最高运行电压。

（35）并联电容器组允许在不超过额定电流 30%的情况下长期运行，三相不平衡电流不超过 5%。

（36）并联合闸脱扣器在合闸装置额定电压的 85%～110%范围内应可靠动作，并联分闸脱扣器在分闸装置额定电压的 65%～110%（直流）或 85%～110%（交流）范围内应可靠动作。

（37）穿墙套管额定热短时电流为额定电流的 25 倍。

（38）带有自动调整控制器的消弧线圈脱谐度应调整在 5%～20%。

（39）电池监测仪的测量误差应不大于 2‰。

（40）电抗器工作电流不应大于 1.3 倍的额定电流。

（41）电缆沟底部应有 0.5%～1% 的排水坡度或设置过水槽。

（42）电容器允许在额定电压±5%波动内连续运行。

（43）电压互感器允许在 1.2 倍的额定电压下连续运行。

（44）隔离开关电动操动机构操作电压在额定电压的 85%～110%。

（45）全站仅有一组蓄电池时，不应退出运行，也不应进行全核对性放电，只允许用 I_{10} 电流放出其额定容量的 50%。

（46）组合电器室彻底通风或检测室内氧气含量正常不低于 18%。

（47）同型号、同规格、同批次电流互感器一、二次绕组直流电阻和平均值差异不大于 10%。

（48）蓄电池容量低于 80%，将蓄电池进行不合格处理。

（49）使用电磁机构时，合闸铁磁线圈通流时端电压为操作电压额定值的 80%，关合峰值电流等于或大于 50kA 时为 85%。

（50）站用变在额定电压下运行，二次电压变化范围一般以超过 −5%～10%。

（51）站用直流电源系统验收时需进行负荷能力试验，即设备在正常浮充电状态下运行，投入冲击负荷，直流母线上电压不低于直流标称电压的 90%。

（52）系统中发生单相接地或中性点位移电压大于 15%U_N 时，禁止操作或手动调节该段母线上的消弧线圈。

（53）正常天气下，避雷器泄漏电流读数超过初始值 1.2 倍，为严重缺陷，超过 1.4 倍为危急缺陷。

（54）红外热像检测中被测设备的辐射率一般取 0.9 左右。

（55）电流致热型红外测温最好在高峰负荷下进行，否则一般应在不低于 30% 的额定负荷下进行。

（56）并联电容器组放电装置断电后 5s 内将剩余电压降到 50V 以下。

（57）查找和处理直流接地时，应使用内阻大于 2000Ω/V 的高内阻电压表。

（58）300Ah 以下的阀控蓄电池，可安装在电池柜内。

（59）大型变压器是指三相最大额定容量 100MVA 及以上，单相最大额定容量在 33.3MVA 及以上的电力变压器。

（60）220 直流系统两极对地电压绝对值差超过 40V 或绝缘降低到 25Ω，视为直流接地。

（61）阀控蓄电池组浮充电压值应控制为（2.23−2.28）V×N。

（62）隔离开关可以拉合 10kV 以下时，电流小于 70A 的环路均衡电流。

（63）交流电源三相不平衡值小于 10V。

（64）蓄电池容量为 200Ah 及以上选用单节电池电压为 2V 的蓄电池。

（65）中性点位移电压不得超过 15%U_N，中性点电流应小于 5A。

（66）变压器铁芯接地电流大于 300mA 应考虑铁芯存在多点接地故障。

（67）500kV 及以下变压器铁芯接地电流检测结果应≤100mA，1000kV 变压器铁芯接地电流检测结果应≤300mA。

（68）独立避雷针导通电阻低于 500mΩ 时应进行校核测试，其他部分导通电阻大于 50mΩ

时应进行校核测试，应不大于 200mΩ 且初值差不大于 50%。

（69）接地引下线导通测试，若测试结果为 1Ω 可判断设备与主接地网未连接。

（70）接地引下线导通测试，状况良好的设备测试值应在 50mΩ，50mΩ 以上时应反复测试。

（71）接地引下线导通测试，测试电流不小于 5A。

（72）事故油池室外单台油量在 1000kg 以上的站用变压器应设置储油坑及排油设施。

（73）设备区出入门应有防鼠板，高度不低于 40cm。

（74）变电站照明灯具悬挂高度应不低于 2.5m。

（75）变电站实体围墙应不低于 2.3m。

（76）变电站征地范围应为站区围墙外 1m。

（77）变压器防火隔墙高度应高于储油柜顶端 0.3m。

（78）电缆沟每隔 60m 采取防火隔离措施。

（79）电缆夹层、电缆竖井、电缆沟敷设的非阻燃电缆应包绕防火包带或涂防火涂料，涂刷应覆盖防火墙两侧不小于 1m 范围。

（80）独立避雷针及其接地装置与道路或建筑物的出入口等距离≤3m，对避雷针进行改造或采取均压措施、铺设卵石或沥青地面。

（81）避雷针与主接地网的地下连接点至 35kV 及以下设备与接地网的地下连接点，沿接地体长度不得小于 15m。

（82）端子箱内元器件检修要求线芯外露不大于 5mm。

（83）端子箱中加热元件与各元件、电缆及电线的距离应大于 50mm。

（84）覆冰天气，覆冰厚度不超过 10mm，冰凌桥接长度不宜超过干弧距离的 1/3，八点不超过第二伞裙，不出现中不伞裙爬电现场。

（85）户外检修电源箱防潮防小动物，底部应高出地坪 0.2m。

（86）跌落式熔断器的熔断件轴线与铅垂线夹角应为 15°～30°。

（87）接地开关可动部件及其底座铜质软连接的截面积不小于 50mm²。

（88）接地线与接地极或接地极之前连接部位外侧 100mm 范围作防腐处理。

（89）临空护栏高度不应小于 1.05m，设置离地面 100mm 高度挡板。

（90）楼梯通道高度小于 1.8m 时应设置碰头线。

（91）配电装置室长度超过 7m，应设置两个出口。

（92）通风口应有防止雨水进入室内措施，金属网眼最大直径小于 5mm。

（93）同一变压器使用同一种变色吸湿剂，颗粒直径 4～7mm，且留有 1/5～1/6 空间。

（94）防火隔墙与变压器散热器外绝缘之间有不少于 1m 的散热空间。

（95）屋顶的防水卷材铺至女儿墙垂直墙面上，泛水高度不小于 250mm。

（96）硬母线长度超过 30m 时应设置伸缩节。

（97）站区大门宜采用轻型电动门，大门高度不低于 2.0m。

（98）测量空气背景，可在开关室内原理开关柜的位置，放置 20cm×20cm 金属板。

（99）红外测温时，精确测温的风速要求为不大于 0.5m/s。

（100）红外热像检测一般检测风速不大于 5m/s，精确检测风速不大于 0.5m/s。

（101）在就地端子箱处，应使用截面不小于 100mm² 的裸铜排。

第二节　现场技术类数据

（1）$X_0/X_1 \leqslant 4 \sim 5$ 为大接地电流系统。$X_0/X_1 > 4 \sim 5$ 为小接地电流系统。

（2）35kV 和 10kV 为 10A、3～6kV 为 30A。超过装设消弧线圈。

（3）逆调压：高峰时，增高电压不超过额定电压 1.05 倍。低谷时，接近于额定电压。

（4）顺调压：高峰时，不得低于额定电压 97.5%。低谷时，不得高于额定电压 107.5%。

（5）恒调压：任何负荷下，保持中枢点电压比额定电压高 5%。

（6）220kV 电压等级的地面最大场强 $E_m = 3kV/m$。

（7）6 度法则：变压器电缆纸在 80～140℃，湿度每升高 6℃，绝缘寿命将减少一半。

（8）变压器参数变化规定：

1）电压变化：5%范围内额定容量保持不变，即电压升高（降低）5%，额定电流应降低（升高）5%。

2）电源电压不得超过额定电压 10%。

3）线圈温度：不得超过 105℃。

4）大修周期：投运后的第 5 年内，以后每 10 年大修 1 次。

（9）中性点不接地的变压器，中性点电压不得超过相电压的 1.5%。

（10）高频闭锁起动后收到高频信号，而且持续时间 5～7ms，收信机收到上述信号后又收不到信号，本侧正方向元件动作，才能出口跳闸。

（11）新或大修后变压器，重瓦斯在 24 小时后由信号改接跳闸。

（12）变电站地网接地电阻：大电流系统 $R \leqslant 1000/I$，$I > 4000A$ 时，可取 $R \leqslant 0.5\Omega$；小电流系统，当用于 1000V 以下设备时，$R \leqslant 125/I$，当用于 1000V 以上设备时，$R \leqslant 250/I$，但任何情况下不大于 10Ω。独立避雷针接地电阻不大于 25Ω，构架避雷针接地电阻不大于 10Ω。

（13）防止反击：独立避雷针与变电设备空间距离大于 5m，避雷针的接地装置与最近的地网间的地中距离大于 3m。避雷针与人行过道间距离大于 3m。避雷针在地网上的引入点与变压器在地网上的连接距离大于 15m。

（14）隔离开关可以拉合 220kV 及以下的母线充电电流，拉合小于 2A 电感电流，小于 5A 电容电流。

（15）TV 一次绝缘使用 1000～2500V 绝缘电阻表测量，电阻大于 50MΩ；二次绝缘用 1000V 绝缘电阻表测量，电阻大于 1MΩ。

（16）自动重合闸操作顺序：分—θ—合分—t—合分；θ 无电流时间 0.3～0.5s，t 强送时间 0.3～0.5s，大于 180s。

非自动重合闸操作顺序：分—t—合分—t—合分；t 取 15s。

（17）SF_6 含水标准：交接验收值：有电弧分解物的隔室 $\leqslant 150 \times 10^{-6}$；无电弧分解物的隔室 $\leqslant 500 \times 10^{-6}$；运行允许值：有电弧分解物的隔室 $\leqslant 300 \times 10^{-6}$；无电弧分解物的隔室 $\leqslant 1000 \times 10^{-6}$。

（18）当变压器对母线充电时，充电电流以 3 次谐波为主，这时电容器电路和电源侧阻抗接近谐振条件，电流可达其额定电流的 2～5 倍，引起过电流保护动作。

（19）振荡对电流继电器的影响：振荡时电流增大，电流继电器会动作，如果保护动作时间大于 1.5s 时就可以躲过振荡。

（20）一般电网事故：

1）电网失去稳定。

2）110kV 及以上电网非正常解列成三片及以上。

3）变电站 110kV 及以上母线全停。

4）35kV 变电站全停。

5）容量在 3000MW 及以上频率超过（50±0.2）Hz，时间超过 30min；或频率超过（50±0.5）Hz，时间超过 15min。

6）容量在 3000MW 以下频率超过（50±0.5）Hz，时间超过 30min；或频率超过（50±1）Hz，时间超过 15min。

7）电压控制点电压超过电网调度规定电压值±5%，时间超过 120min；超过电网调度规定电压值±10%，时间超过 60min。

（21）一类障碍：

1）电网非正常解列。

2）容量在 3000MW 及以上频率超过（50±0.2）Hz，时间超过 20min；或频率超过（50±0.5）Hz，时间超过 10min。

3）容量在 3000MW 以下频率超过（50±0.5）Hz，时间超过 20min；或频率超过（50±1）Hz，时间超过 10min。

4）电压控制点电压超过电网调度规定电压值±5%，时间超过 60min；超过电网调度规定电压值±10%，时间超过 30min。

（22）TA、TV 工作原理区别：

1）TA 二次可短路，不得开路；TV 二次开路，不允许短路。

2）TV 是恒压源，内阻很小；TA 是恒流源，内阻很大。

3）TV 正常工作时磁通接近于饱和，故障时磁通密度下降；TA 正常工作时，磁通密度很低，而短路时磁通密度远远超过饱和值。

（23）保护装置、继电器的绝缘电阻测量要求：交流回路用 1000V 绝缘电阻表；直流回路用 500V 绝缘电阻表。

（24）220kV 中性点经放电间隙零序电压保护的整定值为 180V，0.3～0.5s。110kV 零序电流保护的整定值为 40～100A，0.3～0.5s。

（25）接地距离最末一段：220kV：300Ω；零序保护最末一段：300A；

（26）控制电缆：强电不小于 1.5mm，弱电不小于 0.5mm。

（27）0.8MVA 及以上油浸变电器；0.4MVA 及以上车间油浸式变压器，装设瓦斯保护。

（28）新变压器油闪点：不低于 140℃。

（29）油绝缘强度合格标准：

1）35kV 的设备，30kV。

2）110kV 和 220kV 的设备，35kV。

附录 A 印 章 规 范

A.1 已执行

字体：楷体 字号：一号 颜色：红色

A.2 未执行

字体：楷体 字号：一号 颜色：红色

A.3 作废

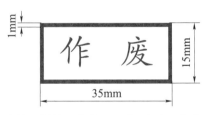

字体：楷体 字号：一号 颜色：红色

A.4 合格

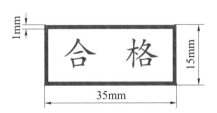

字体：楷体 字号：一号 颜色：红色
（样式一）

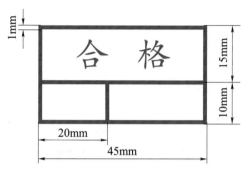

字体：楷体　字号：一号/四号　颜色：红色
（样式二）

A.5　不合格

字体：楷体　字号：一号　颜色：红色
（样式一）

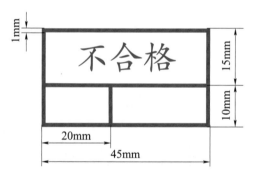

字体：楷体　字号：一号/四号　颜色：红色
（样式二）

附录 B 电流致热型设备缺陷诊断判据

设备类别和部位		热像特征	故障特征	缺陷性质			处理建议
				一般缺陷	严重缺陷	危急缺陷	
电气设备与金属部件的连接	接头和线夹	以线夹和接头为中心的热像，热点明显	接触不良	温差超过15K，未达到严重缺陷的要求	热点温度>80℃或 $\delta \geqslant 80\%$	热点温度>110℃或 $\delta \geqslant 95\%$	
金属导线		以导线为中心的热像，热点明显	松股、断股、老化或截面积不够				
金属部件与金属部件的连接	接头和线夹	以线夹和接头为中心的热像，热点明显	接触不良	温差超过15K，未达到严重缺陷的要求	热点温度>90℃或 $\delta \geqslant 80\%$	热点温度>130℃或 $\delta \geqslant 95\%$	
输电导线的连接器（耐张线夹、接续管、修补管、并沟线夹、跳线线夹、T 型线夹、设备线夹等）							
隔离开关	转头	以转头为中心的热像	转头接触不良或断股				
	触头	以触头压接弹簧为中心的热像	弹簧压接不良				测量接触电阻
断路器	动静触头	以顶帽和下法兰为中心的热像，顶帽温度大于下法兰温度	压指压接不良	温差超过10K，未达到严重缺陷的要求	热点温度>55℃或 $\delta \geqslant 80\%$	热点温度>80℃或 $\delta \geqslant 95\%$	测量接触电阻
	中间触头	以下法兰和顶帽为中心的热像，下法兰温度大于顶帽温度					
电流互感器	内连接	串并联出线头或大螺杆出线夹为最高温度的热像或顶部铁帽发热为特征	螺杆接触不良	温差超过10K，未达到严重缺陷的要求	热点温度>55℃或 $\delta \geqslant 80\%$	热点温度>80℃或 $\delta \geqslant 95\%$	测量一次回路电阻
套管		以套管顶部柱头为最热的热像	柱头内部并线压接不良				
电容器		以熔丝中部靠电容侧为最热的热像	熔丝容量不够				检查熔丝
	熔丝座	以熔丝座为最热的热像	熔丝与熔丝座之间接触不良				检查熔丝座

注：相对温差计算公式

$$\delta_t = (\tau_1 - \tau_2)/\tau_1 \times 100\% = (T_1 - T_2)/(T_1 - T_0) \times 100\%$$

式中，τ_1 和 T_1 为发热点的温升和温度；τ_2 和 T_2 为正常相对应点的温升和温度；T_0 为环境温度参照体的温度。

附录 C　电压致热型设备缺陷诊断判据

设备类别		热像特征	故障特征	温差（K）	处理建议
电流互感器	10kV 浇注式	以本体为中心整体发热	铁芯短路或局部放电增大	4	伏安特性或局部放电量试验
	油浸式	以瓷套整体温升增大，且瓷套上部温度偏高	介质损耗偏大	2～3	介质损耗、油色谱、油中含水量检测
电压互感器（含电容式电压互感器的互感器部分）	10kV 浇注式	以本体为中心整体发热	铁芯短路或局部放电增大	4	特性或局部放电量试验
	油浸式	以整体温升偏高，且中上部温度大	介质损耗偏大、匝间短路或铁芯损耗增大	2～3	介质损耗、空载、油色谱及油中含水量测量
耦合电容器	油浸式	以整体温升偏高或局部过热，且发热符合自上而下逐步的递减的规律	介质损耗偏大，电容量变化、老化或局部放电	2～3	介质损耗测量
移相电容器		热像一般以本体上部为中心的热像图，正常热像最高温度一般在宽面垂直平分线的 2/3 高度左右，其表面温升略高，整体发热或局部发热	介质损耗偏大，电容量变化、老化或局部放电		
高压套管		热像特征呈现以套管整体发热热像	介质损耗偏大		介质损耗测量
		热像为对应部位呈现局部发热区故障	局部放电故障，油路或气路的堵塞		
充油套管	绝缘子柱	热像特征是以油面处为最高温度的热像，油面有一明显的水平分界线	缺油		
氧化锌避雷器	10～60kV	正常为整体轻微发热，较热点一般在靠近上部且不均匀，多节组合从上到下各节温度递减，引起整体发热或局部发热为异常	阀片受潮或老化	0.5～1	直流和交流试验
绝缘子	瓷绝缘子	正常绝缘子串的温度分布同电压分布规律，即呈现不对称的马鞍型，相邻绝缘子温差很小，以铁帽为发热中心的热像图，其比正常绝缘子温度高	低值绝缘子发热（绝缘电阻在 10～300MΩ）	1	
		发热温度比正常绝缘子要低，热像特征与绝缘子相比，呈暗色调	零值绝缘子发热（0～10MΩ）		

设备类别		热像特征	故障特征	温差（K）	处理建议
绝缘子	瓷绝缘子	其热像特征是以瓷盘（或玻璃盘）为发热区的热像	由于表面污秽引起绝缘子泄漏电流增大	0.5	
	合成绝缘子	在绝缘良好和绝缘劣化的结合处出现局部过热，随着时间的延长，过热部位会移动	伞裙破损或芯棒受潮	0.5～1	
		球头部位过热	球头部位松脱、进水		
电缆终端		以整个电缆头为中心的热像	电缆头受潮、劣化或气隙	0.5～1	
		以护层接地连接为中心的发热	接地不良	5～10	
		伞裙局部区域过热	内部可能有局部放电	0.5～1	
		根部有整体性过热	内部介质受潮或性能异常		

附录 D　电气设备红外测温标准作业卡

测温日期：＿＿＿年＿＿月＿＿日＿＿时＿＿分至＿＿时＿＿分

变电站名：＿＿＿＿＿＿＿　电压等级：＿＿＿＿＿＿＿　工作票号：＿＿＿＿＿＿

作业范围：＿＿＿＿＿＿　设备型号：＿＿＿＿＿＿＿　生产厂家：＿＿＿＿＿＿

作业人员：＿＿＿＿＿＿＿＿＿＿＿＿＿＿＿＿＿＿

一、测温准备阶段

序号	准备工作	内　容	√
1	劳动组织及人员要求	巡视人员职责明确，数量充足，精神状态正常，着装符合要求，并经批准上岗	
2	危险点源分析	测量时与带电设备保持足够安全距离	
		进入 SF$_6$ 高压室提前通风 15min，或 SF$_6$ 检测信息无异常、含氧量正常	
		熟悉现场道路情况，现场防摔跌警示标识、措施完备	
3	工器具与材料	测温仪器、工器具应合格齐备	

二、测温准备阶段

序号	内容	注意事项	√
1	测温设备开启	开启测温仪器开关，预热设备至图像稳定	
2	设置仪器参数	正确调节环境温度、辐射率、测温范围等参数	
3	全面扫描	取下仪器镜头盖，将仪器的镜头对准要检测的设备，调节至合适焦距，扫描设备	
4	异常拍摄	针对温度异常设备进行红外图谱的拍摄，并记录环境温度、异常设备温度和负荷电流等数据	
5	拍摄结束	将镜头盖盖上，防止划伤镜头	

三、测温结束段

序号	内容	注意事项	√
1	数据处理	把缺陷分析情况汇报值班长和相关人员，联系专业人员进行精确测温，判别缺陷性质并按缺陷流程进行处理	
2	工器具和仪表归位	将工器具和仪表清点收拢，放回原位	
3	生产管理系统维护	将测温记录和缺陷录入生产管理系统	

四、作业发现问题

序号	问题描述	解决措施	√
1			
2			
3			

注：已执行的正常项打"√"，需要记录数据的应填写数据，已执行项的异常项打"△"，并在作业发现问题栏内如实填写；
　　不执行项打"/"。

工作负责人：＿＿＿＿＿＿＿＿